住房城乡建设部土建类学科专业“十三五”规划教材
普通高等学校土木工程专业新编系列教材
中国土木工程学会教育工作委员会　审订

工 程 地 质

（第 5 版）

主　编　陈新民　孙家齐

主　审　罗国煜

武汉理工大学出版社
·武　汉·

【内 容 提 要】

本书系统介绍了工程地质学的基本原理、工程地质勘察测试技术与方法、地质灾害防治等方面的基本知识。内容主要包括:岩石及其工程特性、第四纪沉积土及其工程特性、地质构造与工程、地下水与工程、地表地质作用与工程、工程地质勘察、典型工程勘察与评价、地质灾害及其防治以及工程地质报告和图件的编制等。

本书可作为土木工程及相关专业的教学用书,也可供工程地质、水文地质专业技术人员及土木工程设计和科研人员阅读参考。

【主编简介】

陈新民 男,1962 年出生,南京工业大学教授。1984 年本科毕业于南京大学地理系地貌与第四纪地质专业,1995 年硕士毕业于南京大学地球科学系水文地质工程地质专业,1998 年博士毕业于南京大学地球科学系水文学及水资源专业。长期从事工程地质教学和研究工作,获国家级、省部级教学及科研成果奖 5 项,教育部优秀教材奖 2 项。获建设部有突出贡献中青年专家等称号,是国家首批通过考核认定的注册土木工程师(岩土)。

孙家齐 女,1942 年出生,南京工业大学教授。1963 年本科毕业于南京大学地质系,1966 年研究生毕业于南京大学地质系构造地质专业。长期从事野外地质调查、科研与教学工作,先后参加陕西秦岭花岗岩与成矿、新疆东天山构造演化与成矿等部级和国家级研究项目并获奖。近年主要研究方向为地质灾害防治。

图书在版编目(CIP)数据

工程地质 / 陈新民, 孙家齐主编. —5 版. —武汉:武汉理工大学出版社, 2024.6(2025.6 重印)
ISBN 978-7-5629-7008-8

Ⅰ.①工… Ⅱ.①陈… ②孙… Ⅲ.①工程地质-高等学校-教材 Ⅳ.①P642

中国国家版本馆 CIP 数据核字(2024)第 038273 号

工程地质

GongCheng DiZhi
项目负责人:高 英 汪浪涛
责 任 编 辑:丁 冲
责 任 校 对:张莉娟
排 版 设 计:芳华时代
出 版 发 行:武汉理工大学出版社
社　　　址:武汉市洪山区珞狮路 122 号
邮　　　编:430070
网　　　址:http://www.wutp.com.cn
经　　　销:各地新华书店
印　　　刷:荆州市精彩印刷有限公司
开　　　本:889×1194 1/16
印　　　张:14.25
彩　　　插:1
字　　　数:455 千字
版　　　次:2024 年 6 月第 5 版
印　　　次:2025 年 6 月第 2 次印刷 总第 51 次印刷
印　　　数:5001—8000 册
定　　　价:38.00 元
凡购本书,如有缺页、倒页、脱页等印装质量问题,请向出版社发行部调换。
本社购书热线电话:027-87391631 87664138 87523148

水平岩层 新疆哈密头道沟

倾斜岩层 量产状 四川彭县

背斜与向斜 四川彭县

断层 南京大石碑

黄土柱 陕北

节理构造 陕西蓝田花岗岩

风化页岩形成鳞片状剥落 新疆雅买苏

溶沟、石芽石灰岩的化学风化 安徽巢湖

断层镜面 浙江杭州

风化皲裂 苏州天平山花岗岩

山间急流 川西龙门山

铁锤以上为坡积物，以下为
风化花岗岩 苏州金山浜

河漫滩 四川彭县鸭子河上游

第四纪河床冲积土 北京八宝山

现代长江河漫滩沉积物——粉土和黏土 南京燕子矶

海湾、岬角、海蚀柱 大连

海蚀柱与砾质海滩 大连

泥裂构造 大连 寒武纪地层

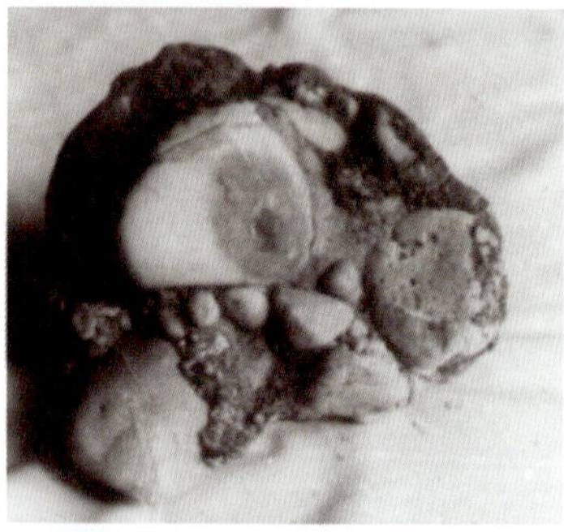

已被胶结的碎石土——河床沉积
南京第四纪雨花台组Q_1

长石 新疆

云母 新疆

水晶晶簇 新疆

1976年唐山地震航空影像

1990年南京晨光厂滑坡 最高处为滑坡后壁

普通高等学校土木工程专业新编系列教材

编 审 委 员 会

前　言

（第 5 版）

为适应工程地质学科迅速发展以及工程地质教学改革的需要，我们于 2021 年启动了《工程地质》教材第 5 版的修编工作，对十年前的版本进行了全面升级和更新。此次修编旨在为土木工程领域的学生、研究者和从业人员提供一本全面且实用的工程地质教材。

新版《工程地质》教材在内容上进行了全面的调整、更新和扩充。增添了新的研究成果、案例研究和工程应用，以反映工程地质领域的最新发展。特别是结合二十大报告提出的“推动绿色发展，促进人与自然和谐共生”的总体要求，凸显“尊重自然、顺应自然、保护自然，是全面建设社会主义现代化国家的内在要求”。在绪论中突出阐述了人与自然和谐共生理念下的土木工程与地质环境的相互作用，增加了工程地质学科的特点和发展简史的介绍，明确了土木工程专业学生的学习要求。将原来分散在地质构造、地表地质作用两章中的部分内容进行重新整合，并增加渗透变形的内容，形成了新增的地质灾害及其防治一章。

本版教材的组织结构更加清晰，章节之间的内在联系得到了加强。将岩土工程地质分级与分类的内容拆分后分别并入第 2 章和第 3 章，使岩石和土的地质成因与工程特性之间的联系更加直接。同时将我国常见的特殊土也纳入第 3 章，并增加了污染土的内容。每个章节都以重要概念和关键原理的介绍开始，接着深入讨论与该主题相关的理论基础、实践技术和案例研究。每章开头明确学习目标，以帮助读者把握学习重难点；每章结束时，有本章小结和习题，以帮助读者巩固所学内容并激发更深入的思考。

与本教材配套的教学视频已同步上线中国慕课。在教学方法上，致力于采用多样化的教学策略，除了传统的理论解释和示例分析外，还引入了实地考察、实验室实践和计算机模拟等互动教学方法，以帮助学生更好地理解和应用所学知识。

本次教材修编工作由陈新民、胡彦博、李博南共同完成。陈新民负责教材架构的搭建、最终统稿以及第 1 章的撰写，李博南负责第 2、3、4、6 章的修编，胡彦博负责第 5、7、8、9 章以及附录的修编。教材修编过程中，张昊、徐嘉泽、冯文博、钱锋、宋康南等研究生在图件绘制和文字录入等方面做了大量工作。

在新版教材即将付梓出版之际，要感谢教材修编过程中所引用的众多工程地质学者和实践者的经验与见解，他们的深入研究和实践经验为我们提供了宝贵的参考和指导。也特别感谢之前版本的作者和评论者，他们的贡献对于本版教材的完善起到了重要作用。最后，要感谢出版社团队在本次修编过程中的专业支持，他们的辛勤努力使新版教材的出版成为可能。

真诚希望本版《工程地质》教材能够成为学生、教师和专业人士们不可或缺的参考资料。希望它能激发读者们对工程地质学科的兴趣，并为解决现实世界的工程地质问题提供有价值的指导。

陈新民

2023 年夏于南京

目　　录

1 绪　论

学习目标

理解土木工程建设与地质环境之间的相互关系，掌握工程地质条件、工程地质问题的概念及其内容，了解工程地质学的学科特点和简单历史，熟悉工程地质学的主要任务与研究方法。

1.1 土木工程与地质环境

迄今为止，人类的任何工程活动都发生在地球表面或地面以下不深的地方，即工程建设都处于地球表层一定的地质环境之中。因此，地质学的知识对各类工程的成功建设和安全运营至关重要。一方面，任何土木工程建设都离不开支撑它的地基基础和建设环境；另一方面，土木工程对地质环境产生越来越深刻和广泛的影响。即土木工程与地质环境之间的相互关系越来越密切。

地质环境可以直接或间接影响工程建造和使用的安全性、经济性和合理性。对于一些重要而特殊的工程，地质环境甚至可以直接决定工程是否可以修建或建在哪里。这就是工程选址问题。如大坝以及核电站的建设对工程地质条件都有着特殊的要求。还有些工程，如高层建筑、高速铁路、大型桥梁等，也会因自身的特点，对工程建设的地质条件有着一些苛刻的要求。如高的地基承载能力、小的地基变形（特别是地基的差异变形）、稳定的运行环境等。当天然地质条件不能满足这些工程要求时，就需要采取工程措施对地质条件加以改造，或者调整工程设计方案。

工程建设也会对地质环境产生影响。如我们熟知的，修建建（构）筑物时会直接对地基等岩土体施加荷载，开挖路堑和掘进隧道时涉及岩土体的卸载。此外，工程建设还可能会改变地表水体和地下水体的空间分布和流动状况，如大坝修筑以及隧道修建等。工程建设通过加卸载以及改变水流对地质环境的改造和扰动，均可能会打破原有的地质平衡而引发地质灾害。

工程地质学（Engineering Geology）是一门致力于调查、研究和解决人类工程活动与地质环境之间相互作用而产生的工程和环境问题以及预测和制定地质灾害预防或治理措施的科学。

当我们充分认识并合理利用地质环境而进行工程建设时，人类的工程建设成果可千年安澜，持续造福人类。如我国的长城、都江堰水利工程（图 1.1）、应县木塔和赵州桥等。而当我们缺少对地质环境的充分认识时，则不仅可能会直接导致工程本身的失败，甚至会殃及池鱼，产生重大灾难性后果。如加拿大特朗斯康谷仓、意大利瓦伊昂水坝工程（图 1.2）等。

都江堰水利工程位于四川省成都市都江堰市城西，成都平原西部的岷江上，是世界上迄今为止，年代最久、唯一留存、仍在一直使用、以无坝引水为特征的宏大水利工程，世界文化遗产（2000年）。建于秦昭王末年（约公元前 256 年—前 251 年）。

图 1.1　都江堰水利工程

都江堰水利工程凝聚着中国古代劳动人民的勤劳、勇敢、智慧。分水鱼嘴、飞沙堰、宝瓶口等的巧妙设计和作用，背后蕴含的工程建设智慧值得我们深入思考和挖掘。

蓄水后的瓦伊昂大坝，水位线附近可见一不稳定山坡。

不稳定山坡在水库蓄水后滑入库中，形成100多米高的巨浪，越过坝体。

被越过瓦伊昂大坝洪水摧毁前（左图）和摧毁后的下游小镇（右图），导致2000多人死亡。

图 1.2　意大利瓦伊昂大坝

1.2　工程地质学的学科特点与简单历史

1. 工程地质学的学科特点

工程地质学是从地球科学中生长出来的，因此，它具有鲜明的自然科学属性。但是，它又同基础地球科学各分支学科有着很大的差异。工程地质学在很大程度上呈现它的应用性，并由此决定了它的工程技术科学属性。从应用方面来说，地质学对人类社会担负着重大使命，主要表现在两方面：一是以地质学理论和方法指导人们寻找各种矿产资源；二是运用地质学理论和方法研究地质环境，查明地质灾害发生的规律和防治对策，以确保工程建设安全、经济和正常运行。后者即是工程地质学的工作内容。

综合性、边缘性、交叉性是工程地质学的重要特性。由于工程地质学的目标是解决问题，它借助于地质学各基础学科的成果来综合地进行工作，所以不是单一的学科。它不仅是地质学科的综合，而且还要同工程学科结合；工程地质学处在地质学科的外层，位于和工程学科接壤的部位，它在学科发展中不断吸收工程学科的理论、概念和方法，并和地质学结合起来。

工程地质解决现代大型工程建设的地质问题，更加依赖于地球科学、工程技术科学和相关基础科学的理论、概念和方法的支持，更加依赖于对地壳浅层的精细探测技术、高效的岩土体物理力学性质测试与试验技术、对地观测和地基与环境要素变化监测技术以及通过各种手段所获取的科学数据和计算机技术的广泛支持。

寻求人与自然和谐发展是工程地质工作的基本出发点，有序、合理、综合、高效与智能化成为人们追求的目标，工程地质工作是在对自然过程和人类工程活动过程及其相互作用认识与理解的基础上，通过科学规划、勘查、设计和施工保证工程的安全建设和运行，通过模拟、预测和调控实施对地球的科学管理。

2. 工程地质学的简单历史

作为地质学分支的工程地质学，是随着资源和能源开发、交通运输与城镇发展以及国防建设的需要而发展起来的。

17 世纪以前，许多国家成功地建成了至今仍享有盛名的建筑物，但人们在建筑实践中对地质环境的考虑，完全依赖于建筑者个人的感性认识。17 世纪以后，由于产业革命和工程建设的发展，出现并逐渐积累了关于地质环境对建筑物影响的文献资料。第一次世界大战结束后，整个世界开始了大规模建设时期。20 世纪 30 年代前后，奥地利的太沙基出版了《工程地质学》一书，苏联的萨瓦连斯基领导成立了工程地质教研室，奠定了工程地质学的理论基础。20 世纪 50 年代以来，在世界工程建设发展中，工程地质学逐渐吸收了土力学、岩石力学和计算数学中的某些理论和方法，完善了工程地质学科体系。

工程地质学在中国的创立与发展，大体上经历了四个阶段。

(1)萌生阶段(20 世纪上半叶)

20 世纪 20 年代，中国地质学家把自己的知识应用于工程活动，开展了建筑材料的地质调查。20 世纪 30 年代，对北方大港港址进行了地质勘察，对甘新、滇缅、川滇公路和宝天线铁路以及长江三峡和四川龙溪河坝址进行了地质调查。20 世纪 40 年代中后期，在水利工程方面曾对岷江、大渡河、台湾大甲溪、黄河和其他水系进行了一些概略的考察工作，这些都体现了工程地质学在我国的萌生。

(2)创立阶段(20 世纪 50—70 年代)

20 世纪 50 年代以后的 30 年时间里，伴随着大规模的基础工程设施建设，中国工程地质学逐步形成了以区域稳定性、地基稳定性、边坡稳定性和地下工程围岩稳定性为研究内容，以工程岩土体变形破坏机理为核心的工程地质评价与预测的研究框架；建立了地质力学与地区历史相结合，工程地质学与土力学、岩体力学、地震力学相结合的分析研究方法；广泛应用并发展了钻探、物探技术和钻孔电视、声波测试、原位大型力学试验、土层静力动力触探、模型试验以及计算机等技术。从地质成因和演化过程认识工程岩体(地质体)的结构及其赋存环境，从工程岩体(地质体)结构的力学特性及其对工程作用的响应入手，分析工程岩体变形破坏机理，进而评价与预测工程作用下岩体(地质体)的稳定性。创立了以工程岩体(地质体)结构和工程建设与地质环境相互作用为研究核心的中国工程地质理论、方法与技术体系。

(3)活跃阶段(20 世纪 80—90 年代)

中国工程地质学在这一阶段取得了重要的突破与进展。地质理论上从区域背景、成因演化、物质成分综合分析和勘测评价与地质推理，发展到岩体结构控制工程岩体稳定性、地基与上层建筑相互作用的工程地质过程研究，深化了对工程岩体变形破坏机理的认识，从描述、理解、评价，向预测、预报延伸，并向过程控制方向发展。监测、探测、物理模拟、原位测试技术的进步和计算机技术的广泛应用与发展，数值分析与数值模拟的兴起，加速了工程地质过程的综合集成分析和定量化进程。工程地质学与岩体力学、工程技术相融合，将工程建设前期的工程地质条件评价延伸到工程后效研究，从预测预报发展到施工监控和岩土体加固技术。基于数字遥感技术和区域地质构造、地质环境要素分析相结合，开拓了环境工程地质、地质灾害及其防治研究的新方向。软岩、膨胀岩、可溶岩、风化岩、断层岩、胀缩土、红黏土、盐渍土、黄土、冻土、沼泽土和软土等特殊岩土的工程地质特性、评价和改良取得了一系列新的进展。

(4)创新阶段(20 世纪 90 年代至今)

随着我国新一轮工程建设的大规模实施，工程地质学在应用中得到了大发展。高坝水库(如三峡大坝)建设、高速公路建设、跨海大桥建设、山区铁路(如青藏铁路)与高速铁路建设、引水工程(如南水北调)建设、超高层建设、海洋开发等大项目，既为工程地质工作者提供了大展宏图的平台，又对工程地质工作者提出了新问题、新挑战,同时也促进了工程地质勘察技术的创新与提高,促进了工程地质理论的完善。工程地质学科与相关学科进行了进一步相互渗透与交叉融合,如岩土体三维激光扫描技术、卫星遥感图像技术、最新原位测试技术等不断得到发展创新,使得工程地质研究从定性阶段向定量阶段逐渐跨越。

1.3 工程地质条件与工程地质问题

为了保证工程建设的稳定可靠,要求必须全面地研究工程及其周围地质环境的有关地质条件,以及当工程建成后某些地质条件可能诱发的工程地质问题。

1. 工程地质条件

工程地质条件是指工程建(构)筑物所在地区地质环境各项因素的综合。这些因素主要包括地层岩性、地质构造、水文地质条件、地表地质作用、地形地貌以及天然建筑材料等。

(1)地层岩性:是最基本的工程地质因素,包括它们的成因、时代、岩性、产状、成岩作用特点、变质程度、风化特征、软弱夹层和接触带以及物理力学性质等。

(2)地质构造:也是工程地质工作研究的基本对象,包括褶皱、断层、节理构造的分布和特征。地质构造,特别是形成时代新、规模大的优势断裂,对地震等灾害具有控制作用,因而对建筑物的安全稳定、沉降变形等具有重要意义。

(3)地下水:是重要的工程地质因素,包括地下水的成因、埋藏、分布、动态和化学成分等。

(4)地表地质作用:是现代地表地质作用的反映,与建筑区地形、气候、岩性、构造、地下水和地表水作用密切相关,主要包括滑坡、崩塌、岩溶、泥石流、风沙移动、河流冲刷与沉积等,对评价建筑物的稳定性和预测工程地质条件的变化意义重大。

(5)地形地貌:地形是指地表高低起伏状况、山坡陡缓程度与沟谷宽窄及形态特征等,地貌则说明地形形成的原因、过程和时代。平原区、丘陵区和山岳地区的地形起伏、土层厚薄和基岩出露情况、地下水埋藏特征和地表地质作用现象都具有不同的特征,这些因素都直接影响到建筑场地和线路的选择。

(6)地应力:在漫长地质作用过程中形成、赋存于岩土中的天然应力。随着地壳运动,一个地区的地应力场也在不断变化。当积累的地应力超过地质体的强度时,就会以地震等方式释放出来,形成地质灾害。

(7)天然建筑材料:是指供工程建设使用的土石料。一些基础工程的建设,如大坝、道路、堤防等需要大量的土料或石料,如果当地的工程地质条件赋存这些建筑材料,就地取材,就会节约大量资金。因此,一个地区天然建筑材料的有无,往往成为选择工程场址和决定工程结构类型的重要因素。

2. 工程地质问题

已有的工程地质条件在工程建设和运营期间会产生一些新的变化和发展,构成威胁影响工程使用和安全的地质问题称为工程地质问题。由于工程地质条件复杂多变,不同类型的工程对工程地质条件的要求又不尽相同,所以工程地质问题是多种多样的。就土木工程而言,主要的工程地质问题包括:

(1)地基稳定性问题(图 1.3)

地基稳定性问题是地面工程建设中常遇到的主要工程地质问题。在土和岩层中修建建筑物,承受建筑物全部重量的那部分土和岩层称为建筑物的地基。建筑物的基础是其下部的组成部分,又称作下部结构。基础承受整个建筑物的重量并将它们传递给地基,基础和地基共同保证建筑物的坚固、耐久和安全。而地基在其中往往起着主导作用。牢固稳定的地基是建筑物安全与正常运行的保证。地基的岩土组成、厚度、性质(物理性质及力学性质)、承载能力、产状、分布、均匀程度等情况是保证地基稳定性的基本条件。另一方面,组成地基的岩土体存在于一定的地质环境之中,建筑场地的地形、地质条件及地下水、物理地质作用等往往会影响地基承载力和地基稳定性。

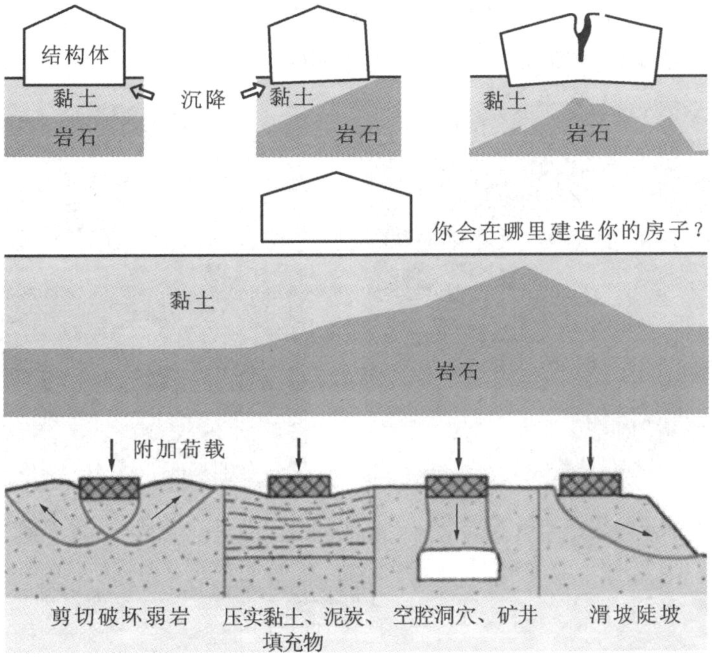

图 1.3 地基与基础

(2)斜坡稳定性问题(图 1.4、图 1.5)

自然界的天然斜坡是经受长期地表地质作用达到相对协调平衡的产物，人类工程活动尤其是道路工程需开挖和填筑人工边坡（路堑、路堤、堤坝、基坑等），斜坡稳定对防止地质灾害发生及保证地基稳定十分重要。斜坡地层岩性、地质构造特征是影响其稳定性的物质基础，风化作用、地应力、地震、地表水和地下水等对斜坡软弱结构面的作用往往破坏斜坡稳定，而地形地貌和气候条件是影响其稳定的重要因素。

图 1.4 斜坡的破坏摧毁地面工程设施(香港，1972)

图 1.5 加固后的边坡

(3)围岩稳定性问题(图 1.6、图 1.7)

隧道及地下洞室被包围于岩土体介质（围岩）中，在开挖和建设过程中破坏了地下岩体原始平衡条件，便会出现一系列不稳定现象，常遇到的有围岩塌方、地下水涌水等工程地质问题。

(4)区域稳定性问题

一般在工程建设规划和选址时要进行区域稳定性评价，研究地质体在地质历史中的受力状况和变形过程，做好山体稳定性评价，研究岩体结构特性，预测岩体变形破坏规律，进行岩体稳定性评价以及考虑建筑物和岩体结构的相互作用。这些都是防止工程失误和事故，保证工程建设和运营安全所必要和必需的工作。区域稳定性问题、地震、震陷和液化以及活断层对工程稳定性的影响，自 1976 年唐山地震后越来越引起土木工程界的注意。对于大型水电工程、地下工程以及建筑群密布的城市地区，区域稳定性问题是需要首先论证的问题。

图 1.6 锚索和喷射混凝土支撑洞室顶板（台湾省）

图 1.7 硐室侧壁的锚索加固施工（台湾省）

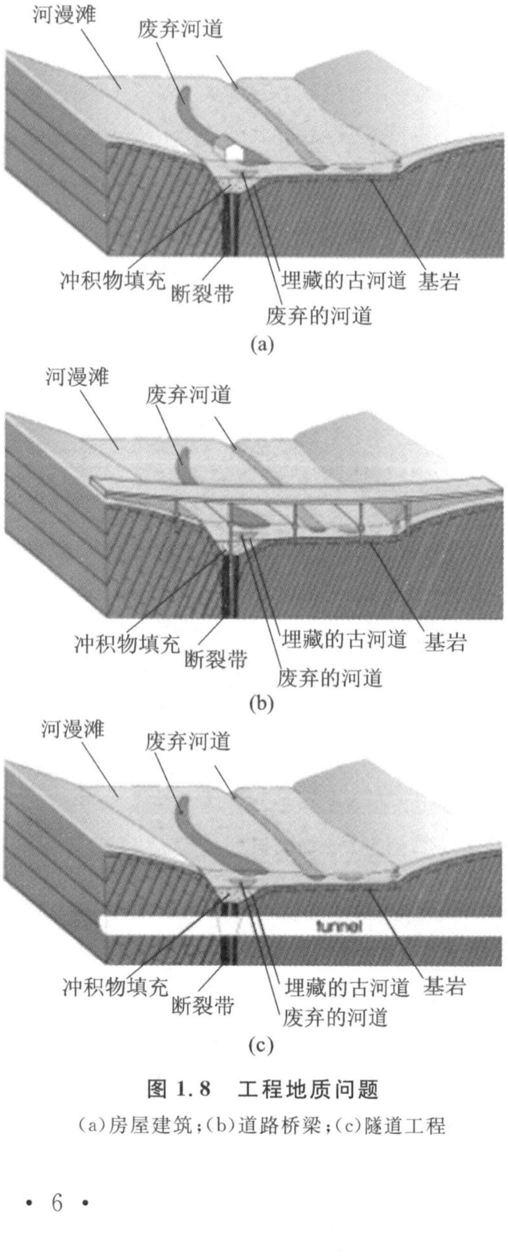

图 1.8 工程地质问题

(a)房屋建筑；(b)道路桥梁；(c)隧道工程

(5)工程建设对地质环境的影响

这是现代工程地质学在传统工程地质学上的延伸，即工程建设除了要保证自身的安全施工和使用，还要保证地质环境不会因为工程的兴建而恶化，即确保工程运营的可持续性。

扩展阅读——工程地质问题的多样性和复杂性

(1)工程地质问题是在工程建设和地质环境相互作用中产生的，因此工程地质问题既因地质环境的不同而不同，也因工程的特点不同而不同。在如图 1.8 所示的同一场地情况下，修建(a)房屋建筑、(b)道路桥梁和(c)隧道工程时，遇到的工程地质问题并不相同。

(2)场地地质条件：宽阔河谷中河漫滩平原；河漫滩有废弃河道，废弃河道中充填有机质土；河漫滩平原下有埋藏古河道；古河道下为一垂直断层，断层 200 万年无活动；岩石埋深不同。

(3)不同工程建设可能遇到的工程地质问题：

①房屋建筑：古河道因深度大，对工程无影响；废弃河道中的有机质土塑性大、强度低，可能产生不均匀沉降，甲烷、二氧化碳易产生环境灾害；建筑物靠近河流，可能受洪水威胁；断层埋深大，无活动性，对工程无影响。

②道路桥梁：废弃河道中有机土压缩性高，可能导致桩身产生负摩阻力问题；断层、古河道、岩石埋深不一，导致桩深多变；洪水影响施工以及冲刷而影响桥梁运营。

③隧道工程：断层是隧道施工的主要问题，可能导致隧道地下水突涌，开挖面坍塌以及地面下沉；废弃河道、古河道对隧道工程无影响。

1.4 工程地质学的主要任务与研究方法

1. 工程地质学的主要任务

纵观各种规模、各种类型的工程，其工程地质研究的基本任务可归结为三方面：区域稳定性，主要研究由内力地质作用引起的断裂活动、地震对工程建设地区稳定性的影响；地基和围岩稳定性，主要研究地基和围岩的牢固程度和坚实性；环境影响，主要研究人类工程活动对环境造成的影响。

工程地质学的具体任务是：评价工程地质条件，阐明地上和地下建筑工程兴建和运行的有利和不利因素，选定建筑场地和适宜的建筑型式，保证规划、设计、施工、使用、维修顺利进行。从地质条件与工程建筑相互作用的角度出发，论证和预测有关工程地质问题发生的可能性，发生的规模和发展趋势，提出及建议改善、防治或利用有关工程地质条件的措施和加固岩土体和防治地下水的方案，研究岩体、土体分类和分区及区域性特点，研究人类工程活动与地质环境之间的相互作用与影响。工程地质学在工程规划、设计以及在解决各类工程建筑物的具体问题时必须开展详细的工程地质勘察和岩土工程勘察工作，为了叙述方便通称为工程勘察工作。工程地质勘察的目的是为了取得有关建筑场地工程地质条件的基本资料和进行工程地质论证。

2. 工程地质学的研究方法

工程地质学常用的研究方法主要有以下四种：

(1)地质分析法

工程地质学的基础是地质学，指导它理论研究的主要是自然历史观。它的基本理论是认为地质成因和演化过程决定地质体的工程特性，相应地在研究方法上就是从地质体某些特性或局部特性进行研究，追索地质体在生成时的地质环境和形成地质体的地质作用和演化过程，从而在整体上及深度上认识和把握地质体的组成和结构，以及发育分布规律，并进一步探讨和预测它在工程建筑物作用下的表现和工程行为。这是所谓的工程地质成因和演化理论，也就是地质分析法，它是工程地质学的基本研究方法，也是进一步定量分析评价的基础。

(2)定量计算法

对工程建筑物的设计和运用的要求来说光有定性的论证是不够的，还要求对一些工程地质问题进行定量预测和评价，在阐明主要工程地质问题形成机制的基础上，建立模型进行计算和预测。例如地基稳定性分析、地面沉降量计算、地震液化可能性计算等。

(3)试验研究法

采用定量分析方法论证地质问题时都需要采用实验测试方法，即通过室内或野外现场试验，取得所需要的岩土的物理性质、力学性质、水理性质数据。通过长期观测地质现象的发展速度也是常用的试验方法。

(4)工程类比法

当地质条件十分复杂时，还可根据条件类似地区已有资料对研究区的问题进行定量预测，即将拟设计的工程项目与周边工程条件相类似的成功工程实例进行工程对比，吸取其他工程的成功经验和失败教训。这就是采用类比法进行评价。这种方法在工程勘察或建设初期，特别是在工程资料收集不足的情况下，是一种有效的方法。

应该说明的是，工程地质学的研究对象是复杂的地质体，所以工程实践中通常需要将地质分析法、定量计算法、工程类比法与试验研究法等密切结合，即综合应用上述定性分析和定量分析方法，才能取得可靠的结论对可能发生的工程地质问题制定出合理的防治对策。

1.5 本书的主要内容与学习要求

工程地质学内容十分丰富，涉及面很广。本书主要内容包括：岩石及其工程特性、第四纪沉积土及其工程特性、地质构造与工程、地下水与工程、地表地质作用与工程、工程地质勘察、典型工程勘察与评价、地质灾害及其防治等。若将工程建设所涉及的地质体视为有机体，对于岩石、第四纪沉积土、地形地貌、地质构造、地下水以及地表地质作用等工程地质条件的了解相当于生理研究，对地质灾害的认识以及工程建设中碰到的各类工程地质问题的鉴别和分析相当于病理研究，借助于不同方法进行的工程地质勘察则相当于诊断研究。

地质体	有机体
工程地质条件：提供工程规划、设计、施工、运维所需的地质资料	生理研究
工程地质问题：识别、分析、预测、解决工程建设中遇到的地质问题	病理研究
工程地质勘察：为工程地质条件评价和工程地质问题分析提供技术和方法	诊断研究

土木工程相关专业学生学习本课程的基本要求是：系统学习和掌握工程地质基础知识和理论，了解工程地质勘察的基本内容、工作方法，能正确提出勘察任务及要求并运用勘察数据和资料进行设计与施工，以及依据工程地质勘察成果进行一般的工程地质问题分析和采取处理措施。

主要学习内容	学习要求
岩石的成因及其工程地质特征	熟悉
土的工程性质与分类	掌握
岩体力学性质及围岩分类	掌握
地质构造、地形地貌	熟悉
地质构造对工程的影响	掌握
地下水	掌握
地下水对工程的影响	掌握
不良地质现象的工程地质问题	掌握
工程地质原位测试方法和手段	熟悉
各类工程的地质勘察方法、内容和要求	掌握
矿物岩石的识别，如石灰岩、页岩、砂岩等	掌握
地质风化作用、构造作用、河流及海浪作用等现象的观察，如剥蚀、冲刷、沉积，断层、褶曲、向斜、背斜、裂隙、层理、节理，河漫滩、江心洲等	掌握
主要地层的年代与名称，岩层走向、倾向和倾角的量测	掌握
不同类型土质、土层的认识	掌握

本章小结

工程地质学是一门致力于调查、研究和解决人类工程活动与地质环境之间相互作用而产生的工程和环境问题以及预测和制定地质灾害预防或治理措施的科学。寻求人与自然和谐发展是工程地质工作的基本出发点，有序、合理、综合、高效与智能化成为人们追求的目标，工程地质工作是在对自然过程和人类工程活动过程及其相互作用认识与理解的基础上，通过科学规划、勘查、设计和施工保证工程的安全建设和运行，通过模拟、预测和调控实施对地球的科学管理。

工程地质条件是指工程建(构)筑物所在地区地质环境各项因素的综合。这些因素主要包括地层岩性、地质构造、水文地质条件、地表地质作用、地形地貌以及天然建筑材料等。已有的工程地质条件在工程建设和运营期间会产生一些新的变化和发展，构成威胁影响工程使用和安全的地质问题称为工程地质问题。由于工程地质条件复杂多变，不同类型的工程对工程地质条件的要求又不尽相同，所以工程地质问题是多种多样的。

工程地质学的具体任务是评价工程地质条件，阐明地上和地下建筑工程兴建和运行的有利和不利因素，选定建筑场地和适宜的建筑型式，保证规划、设计、施工、使用、维修顺利进行。工程地质学常用的研究方法主要有地质分析法、理论计算法、试验研究法和过程类比法。

习 题

1.1 试说明土木工程与地质环境之间的相互关系。

1.2 试说明工程地质学的主要任务与研究方法。

1.3 什么是工程地质条件和工程地质问题？它们具体包括哪些因素和内容？

2 岩石及其工程特性

学习目标

掌握地球的圈层构造和地质作用的基本概念。了解矿物的概念、基本性质以及常见矿物种类，具备基本的鉴别能力。掌握火成岩、沉积岩和变质岩的形成过程、分类、组成、结构、构造和代表性岩石，具备基本的鉴别能力。了解岩石的工程性质及其影响因素。能够熟练计算岩体的工程分级。

2.1 主要造岩矿物

1. 矿物的概念

组成地壳的岩石，都是在一定的地质条件下，由一种或几种矿物自然组合成的集合体。

(1)地球的结构与地质作用

地球的赤道半径(6378.140 km)比两极半径(6356.779 km)要大，所以地球不是一个完全的圆球体。地球表面参差起伏，约有70.8%的面积为海域，29.2%的面积为陆地。地球包括外部层圈即大气圈、水圈及生物圈和固体地球两部分。固体地球内部也是分层的，如图2.1所示，由地壳、地幔、地核组成。地壳的密度为2.7～2.9 g/cm³，由地表所见的各种岩石组成。位于大陆的大陆地壳(陆壳)厚度大，平均约35 km，高山区可达70～80 km，其下层为深变质岩，表层多为沉积岩，陆壳形成年代老，内部构造很复杂；位于大洋底部的大洋地壳(洋壳)，厚度较小，平均为7～8 km，洋壳由玄武岩组成，表层有不厚的沉积物。地壳以下至大约2900 km深处为地幔。地幔的密度为3.3～4.6 g/cm³，由富含Fe、Mg的硅酸盐物质组成。地幔以下直到地心的部分称为地核。地核的密度为11.0～16.0 g/cm³，由含Fe、Ni的物质组成。地核由液态外核和固态内核组成。

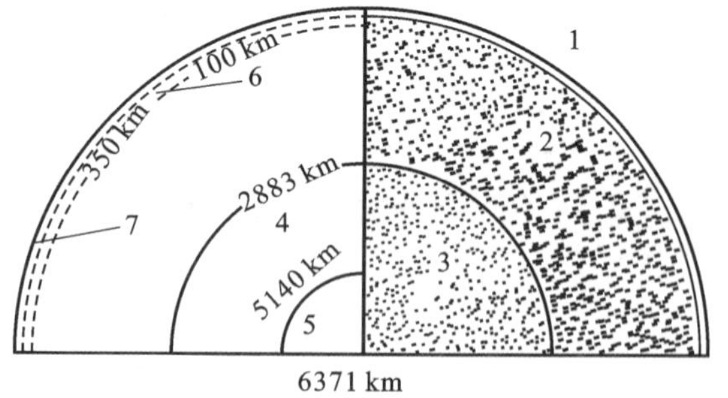

图2.1 地球内部层圈

1—地壳；2—地幔；3—地核；4—液态外部地核；5—固态内部地核；6—软流圈；7—岩石圈

对地球内部的认识主要来自对地震弹性波的研究。据研究发现，在地幔顶部(约50～250 km)存在一个地震波速度减低带，该带约有5%的物质为熔融状态，易于发生塑性流动，称为软流圈(图2.1)。软流圈以上的物质均为固态，称为岩石圈。岩石圈具有较强的刚性，分裂成许多块体，称为板块。板块驮在软流圈上随之运动，这就是板块运动，也是构造运动发生的根源。

现代地质学研究证实，地球形成之初，地表像现在的月球，并不存在水，也就没有海陆之分。大气成分中也没有二氧化碳和氧气。地球在其形成46亿年的历史中逐渐发展和演化成今天的面貌。同时，今天的地球仍以人们不易觉察的速度和方式在继续变化中。目前人们对地壳的发展演化研究得最为详细，将形成和改变地壳物质组成以及塑造地壳面貌的自然作用称为地质作用。

地质作用的动力来源，一是由地球内部放射性元素蜕变产生内热；二是来自太阳辐射热，以及地球旋转力和重力。只要引起地质作用的动力存在，地质作用就不会停止。地质作用实质上是组成地球的物质以及由其传递的能量发生运动的过程。考虑动力来源部位，地质作用常被划分为内力地质作用与外力地质作用两大类。内力地质作用的动力来自地球本身，并主要发生在地球内部，按其作用方式可分为四种：构造运动、岩浆作用、变质作用、地震。外力地质作用主要由太阳辐射热引起并主要发生在地壳的表层，包括：风化作用、剥蚀作用、搬运作用、沉积作用和固结成岩作用。

由同种原子组成的物质称为元素。目前已知元素有118种，其中在自然界存在的为92种。地壳中元素含量是极不均匀的。O、Si、Al、Fe、Ca、Na、K、Mg、Ti、H等10种元素占99.96%，其中O、Si、Al、Fe占88.31%。矿物是由各种元素组成，岩石是由矿物组成，地壳由岩石组成。

(2)矿物的化学成分及形态

矿物是地壳中的元素在各种地质作用下形成的天然单质或化合物。矿物是组成地壳岩石的物质基础，组成岩石的主要矿物成分称为造岩矿物。虽然自然界中目前发现的矿物有多达3000余种，但最常见的造岩矿物只有20～30种，每种矿物都具有特定的化学成分和形态。

矿物都具有一定的化学成分，并可用化学式来表达(如金刚石和石英的化学成分分别是C和SiO_2)。实际采集到的矿物样本中或多或少地含有各种杂质，例如石英并非是纯的SiO_2，常含有微量的Al、Fe等元素。根据化学成分，可以将矿物大体划分为：单质矿物、化合物和含水化合物三大类。

①单质矿物由一种元素组成，如金、金刚石、石墨等。

②化合物占矿物中的大多数，可进一步按组成情况分为成分固定的化合物(如石盐NaCl、石英SiO_2、方解石$CaCO_3$等)和成分可变的化合物(如橄榄石等$(Mg,Fe)_2[SiO_4]$等)。

③含水化合物是指矿物中含有水分子或OH^-、H^+、H_3O^+离子，可进一步分为水分子不参加晶格构造(如蛋白石$SiO_2 \cdot nH_2O$)和参加构造(如石膏$CaSO_4 \cdot 2H_2O$)两类。

绝大多数矿物具有确定的内部结构，即晶体，其内部的原子或离子是在三维空间成周期性重复排列的。图2.2表示石盐(NaCl)的晶体结构。在一定条件下(介质、温度、压力等)矿物内部质点按照一定规律排列的过程称为结晶过程。当生长条件合适时，同种矿物的单个晶体往往都有自己常见的形态，称晶体习性，如针状、柱状、粒状、板状、片状等习性(图2.3)。由于生长空间的局限，矿物晶体往往不能发育成如图2.3所示的完美形态，它们常常挤在一起成集合体产出。同种矿物具有相同的晶体习性，其集合体也常具特征形态，如粒状集合体、针状集合体、鳞片状集合体等。有时表现出特殊的集合体形态，如放射柱状(图2.4)、钟乳状(图2.5)以及晶腺(图2.6)等。少数矿物不具备确定的内部结构和几何外形，其质点空间排列不规则，称为非晶体，如天然沥青、褐铁、火山玻璃等。

2. 矿物的性质

(1)矿物的光学性质

光学性质反映了矿物的化学成分和晶体构造，因而可作为肉眼鉴定的理论依据。

①颜色和条痕

颜色反映了矿物对不同波长可见光的吸收和反射程度，分为自色、他色和假色。

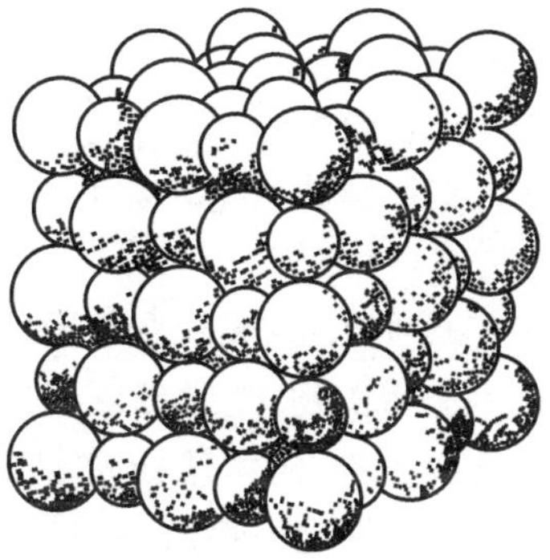

图2.2 石盐晶体结构中质点的有序排列

大球—Cl^-；小球—Na^+

A. 自色是由矿物的化学成分和晶体结构所形成的矿物本身的固有颜色，如黄金的金黄色、黄铜矿的赤黄色、孔雀石的翠绿色等。

B. 他色是矿物混入某些杂质所引起的颜色。纯净的石英是无色透明的，但含碳的微粒时呈烟灰色(即墨晶)，含锰就呈紫色(即紫水晶)，含氧化铁则呈玫瑰色(即玫瑰石英)。

C. 假色由矿物表面的氧化膜或节理面引起的反射光干涉作用造成。

条痕是矿物粉末的颜色。通常将矿物在无釉瓷板上刻画后进行观察，它对于某些金属矿物具有重要鉴定意义。例如：赤铁矿可呈赤红、铁黑或钢灰等色，而其条痕则恒为樱红色；金的条痕为金黄色，而黄铜矿的

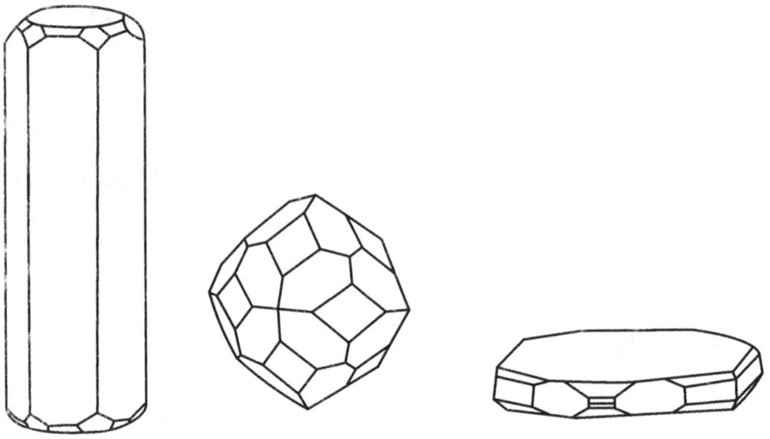

(a) (b) (c)

图 2.3　晶体的聚形和晶体习性

(a) 绿柱石聚形晶体，具柱状习性(据 Vrba，1894)；(b) 石榴子石聚形晶体，具粒状习性(据 Haüy，1801)；
(c) 板钛矿聚形晶体，具板状习性(据 Breithaupt，1847)

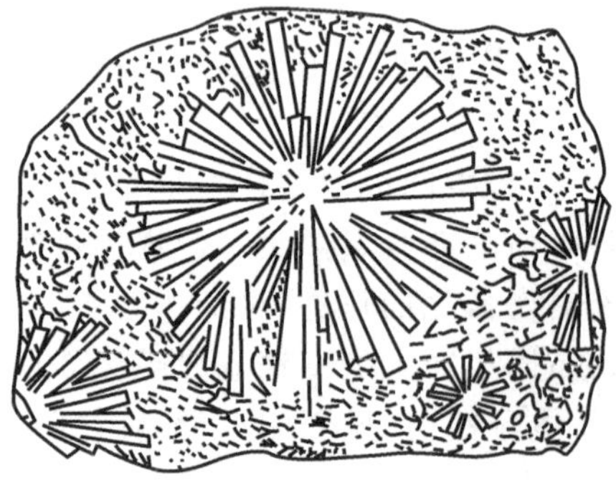

图 2.4　红柱石的放射柱状集合体

(×4/5，北京；据罗谷风，1978)

图 2.5　方解石的钟乳状集合体

(×2/3，广西融安；据罗谷风，1972)

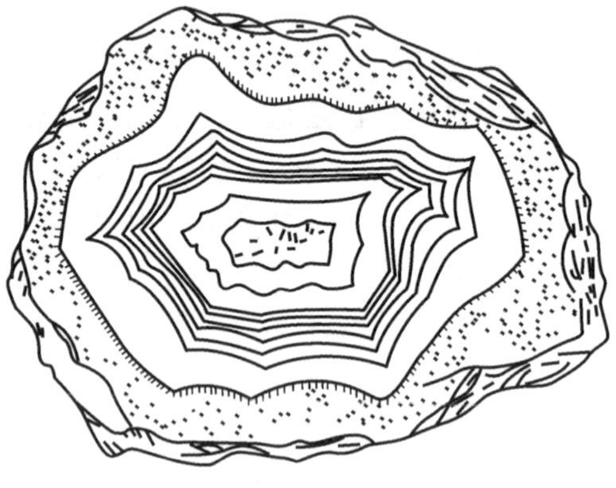

图 2.6　玛瑙的晶腺

(×2/3，河北张家口；据罗谷风，1978)

条痕为绿黑色。

②透明度和光泽

透明度是指矿物允许可见光透过的程度。按照厚度为 0.03 mm 的矿物薄片的透光能力，可将透明度分为以下三级：

A. 不透明矿物：光线几乎不能透过，如黄铁矿、磁铁矿、石墨等；

B. 半透明矿物：光线可以部分透过，如闪锌矿、辰砂等；

C. 透明矿物：绝大部分光线可以透过，如透石膏、冰洲石、水晶、普通辉石、普通角闪石、黑云母等多数非金属矿物。根据这一特点，可利用矿物、岩石的薄片进行品类鉴定。

光泽是矿物表面对可见光的反射能力。通常根据反射能力自强而弱分为：

A. 金属光泽：反射很强，类似镀铬的金属平滑表面的反光，如方铅矿、黄铁矿的光泽；

B. 半金属光泽：反射略微暗淡如同一般金属的反光，如磁铁矿的光泽；

C. 金刚光泽：反射较强如同金刚石的反光；

D. 玻璃光泽：反射较弱如同玻璃表面的反光；

E. 油脂光泽：矿物表面凹凸不平产生的如同涂上油脂的反光，如石英断口处的光泽；

F. 丝绢光泽：如同丝绢的反光，为纤维状集合体矿物所具有，如石棉的光泽；

G. 珍珠光泽：由矿物内部多次折射造成反光，柔和多彩，如云母的光泽；

H. 土状光泽：反射暗淡如同土块，如高岭土的光泽。

(2)矿物的力学性质

矿物的力学性质是指矿物在外力(如敲打、挤压、拉引和刻划等)作用下所表现出来的性质。

①硬度

硬度是矿物抵抗外力机械作用的强度。摩氏硬度是表征矿物硬度的常见手段，它反映了矿物相对硬度的顺序。以选定的十种标准矿物，人为将最软的规定为一度，最硬的规定为十度。这十种矿物由软到硬依次为：1—滑石，2—石膏，3—方解石，4—萤石，5—磷灰石，6—正长石，7—石英，8—黄玉，9—刚玉，10—金刚石。

测定某矿物的硬度，只需将待定矿物同硬度计中的标准矿物相互刻划，进行比较。例如，某矿物可以刻划正长石，而又被石英划破，则该矿物的硬度介于六度与七度之间。在野外，可用随身的工具来估算矿物的莫氏硬度，如指甲的硬度约为 2～2.5，铜钥匙为 3，小钢刀为 5，窗玻璃为 5.5，钢锉为 6.5。

②解理与断口

解理是矿物受外力作用时，能沿一定方向破裂成平面的性质。解理通常平行于晶体结构中相邻质点间联结力弱的方向发生。通常根据晶体受力时是否易于沿解理面破裂，以及解理面的大小和平整光滑程度，将解理分成完全、中等和不完全等级别。例如：云母沿解理面可剥离成极薄的薄片，为极完全解理；石盐沿解理面破裂成立方体具有完全解理(图 2.7)；角闪石呈现不光滑的阶梯状解理，为中等解理；磷灰石的解理面在大块矿物上难以观测到，仅在细小碎块上有所发育，为不完全解理。断口是矿物受外力打击后无规则的破裂面，与解理程度互为消长。根据断口的形态特征有贝壳状断口(图 2.8)、参差状断口、锯齿状断口和平坦状断口。

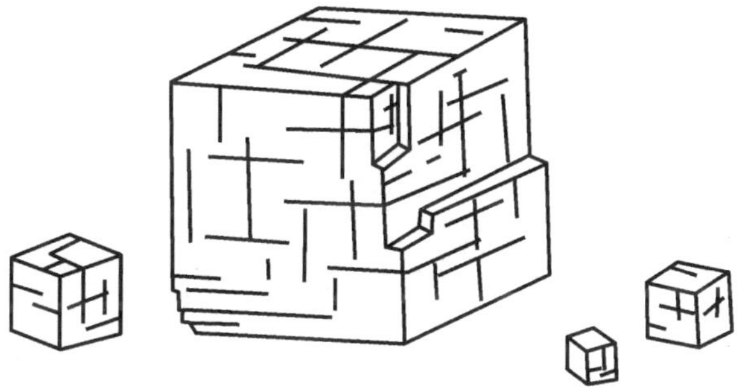

图 2.7　石盐的立方体完全解理

(×1/2，青海；据罗谷风，1974)

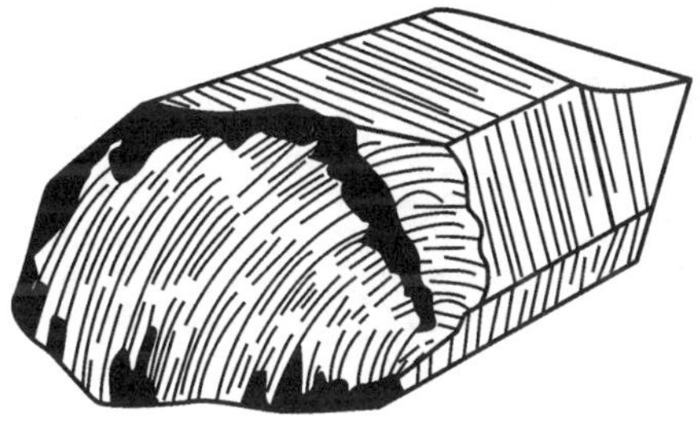

图 2.8　石英的贝壳状断口

(原大，海南屯昌；据罗谷风，1972)

③脆性和延展性

脆性是矿物在外力作用下破碎、不弯曲的特征。大部分矿物具有脆性(如方解石)。相对地，延展性是矿物在外力作用下发生塑性变形的特征。具有延展性的矿物可以锻打成片、拉细成丝(如金和铜)，用小刀刻划时，矿物表面会留下光亮的刻痕而不产生粉末。

④弹性、挠性和密度

弹性是矿物在外力撤销后恢复原状的性质，反之，不能恢复原状称为挠性，如云母的“能屈能伸”体现了弹性，绿泥石的“屈而不伸”则为挠性。矿物密度变化幅度很大，一般根据经验用手掂量，将矿物的密度分为轻、中等和重三级。轻如琥珀的相对密度小于 1，重如铂族自然元素矿物相对密度可达约 23。大多数矿物密度介于 2.5～4.0 g/cm^3 之间。

3. 常见矿物

主要造岩矿物(常见矿物)，就其化学成分而言，绝大多数为硅酸盐，其余为氧化物、硫化物、卤化物、碳酸盐和硫酸盐等。现选择主要的几种介绍，见表 2.1。

表 2.1　常见矿物

类别	矿物	化学成分	形状	颜色	条痕	光泽	硬度	解理	断口	相对密度	特性或鉴定特征
硫化物	黄铁矿	FeS_2	块状集合体或立方体	浅铜黄	绿黑	金属	6～6.5	无	参差状	5	
氧化物	赤铁矿	Fe_2O_3	致密块状及土状集合体	红褐	樱红	金属、半金属	5～6	无		4.0～5.3	
	石英	SiO_2	柱状晶簇或块状集合体	无色、乳白		玻璃、油脂	7	无	贝壳	2.65	
碳酸盐及硫酸盐	方解石	$CaCO_3$	菱形、粒状	无色、灰白		玻璃	3	三组完全		2.6～2.8	遇冷稀盐酸强烈起泡，可溶于水
	白云石	$CaMg(CO_3)_2$	块状、菱形	白色、褐色	白	玻璃	3.5～4	三组完全		2.8～2.9	粉末遇硫酸起泡
	石膏	$CaSO_4 \cdot 2H_2O$	单晶体常为板状，集合体为块状、粒状及纤维状	无色、白色	白	玻璃、丝绢	2	极好		2.3～2.37	脱水变为硬石膏（$CaSO_4$），硬石膏吸水则变为石膏，同时体积膨胀
硅酸盐	橄榄石	$(Mg,Fe)_2SiO_4$	粒状	橄榄绿、浅黄绿		玻璃	6.5～7	不完全		3.2～4.4	易风化
	辉石	$(Ca,Mg,Fe,Al)_2[(Si,Al)_2O_6]$	短柱状	黑绿	灰绿	玻璃	5.5～6	平行柱面两组交角为87°		2.4～3	易风化
	角闪石	$(Ca,Na)_{2\sim3}[Mg,Fe(Ⅱ),Fe(Ⅲ),Al]_5[(Al,Si)_8O_{22}](OH)_2$	长柱状	绿黑、黑	淡绿	玻璃	3～3.5	平行柱面两组交角为124°		3.1～3.6	
	斜长石	$Na[AlSi_3O_8]$-$Ca[Al_2Si_2O_8]$	板状、柱状	灰白	白	玻璃	6～6.5	两组近正交		2.6～2.7	
	正长石	$KAlSi_3O_8$	板状、柱状	肉红	白	玻璃	6	两组正交		2.6	常与石英伴生在花岗岩中
	白云母	$KAl_2[AlSi_3O_{10}](OH,F)_2$	片状、鳞片状	白、无色		珍珠	2.5～3	一组完全		3～3.2	薄片具有弹性
	黑云母	$K(Mg,Fe)_3[AlSi_3O_{10}](OH,F)_2$	片状、鳞片状	黑、棕黑		珍珠	2.5～3	一组完全		2.7～3.3	薄片具有弹性
	绿泥石	$(Mg,Al,Fe)_6[(Si,Al)_4O_{10}](OH)_8$	板状、鳞片状	绿色		珍珠	2～3	一组完全		2.8	薄片具有挠性
	蛇纹石	$(Mg,Fe,Ni)_3Si_2O_5(OH)_4$	细鳞片状、纤维状	浅绿、深绿	白	油脂、丝绢	2.5～3.5	中等		2.83	
	石榴子石	$(Mg,Fe,Mn)_3Al_2[SiO_4]_3$	粒状	浅黄白、深褐、黑		油脂	6～7.5		壳状、参差状	4	
	滑石	$Mg_3[Si_4O_{10}](OH)_2$	鳞片状、放射状、纤维状、块状等	白、无色	白、浅绿	土状	1	中等		2.7～2.8	具滑感，性质软弱
	高岭石	$Al_4[Si_4O_{10}](OH)_8$	土状	白色	白	土状	2			2.6～2.7	可塑性，吸水性
	蒙脱石	$(Na,Ca)_{0.33}(Al,Mg)_2Si_4O_{10}(OH)_2 \cdot nH_2O$	白色或灰白色	白、粉红	白	土状	1～2			2～3	可塑性，吸水剧烈膨胀

2.2 岩石的地质成因分类

岩石是地壳的基本组成物质，是内、外动力地质作用的产物，岩石是由矿物组成的。岩石按其形成方式有火成岩(又称岩浆岩)、沉积岩和变质岩等三大类，它们分别是岩浆作用、外力地质作用和变质作用的产物。地质作用的方式及发生的环境一方面影响着岩石的矿物组成，另一方面对岩石中矿物的形貌及彼此间的组合方式起着控制作用。通常用结构和构造来描述岩石的形貌特征，它们的含义是：①岩石的结构，是指岩石中矿物的结晶程度、颗粒大小、形状及彼此间的组合方式；②岩石的构造，是指岩石中矿物集合体之间或矿物集合体与岩石其他组成部分之间的排列和充填方式。火成岩大多具有块状构造；沉积岩是由外力作用将风化剥蚀的物质搬运后逐层沉积形成，所以具层状构造；变质岩在变质作用中岩石受到较高的温度和具有一定方向的挤压力作用，其组成矿物则依一定方向平行排列，因而具有片理构造。矿物成分和结构、构造特征是识别岩石类型的主要依据。

1. 火成岩

(1)火成岩的形成

火成岩又称岩浆岩，是岩浆作用的产物，占地壳岩石体积的 64.7%，广泛分布于陆壳与洋壳。岩浆作用是指炽热的岩浆沿地壳软弱破裂地带上升造成火山喷发或是在地下深处冷凝而形成侵入岩的过程。其中：若岩浆在地壳较深处冷凝结晶，则形成深成岩浆岩，若上升至地壳较浅部位或接近地表冷凝结晶，则形成浅成岩浆岩。

(2)火成岩的物质成分

火成岩的物质成分包括化学成分和矿物成分。火成岩的种类繁多，但总结各种火成岩的化学分析成果，占岩石 99%以上的是 O、Si、Al、Fe、Ca、Na、K、Mg、Ti 等 9 种元素，其中 O、Si 占岩石总质量的 75%、体积的 93%，其次是 Al 和 Fe，火成岩中相对富含 SiO_2 和 Al_2O_3 的岩石称硅铝质或长英质岩石，如花岗岩、流纹岩等；相对富含 Fe_2O_3、FeO 和 MgO 的岩石，称铁镁质岩石，如玄武岩、辉长岩等。

在常见的火成岩中，分布最广泛的矿物只有 6～7 种，它们是橄榄石、辉石、角闪石、黑云母、斜长石、钾长石和石英等。除石英是氧化物外，其他都是硅酸盐和铝硅酸盐矿物。分布最广的是长石，占火成岩总质量的 63%，其次是石英、辉石、角闪石和云母。石英和长石类矿物颜色较浅称浅色矿物，橄榄石、辉石、角闪石及黑云母类矿物颜色深称暗色矿物。

(3)火成岩的结构与构造

①火成岩的结构主要指组成火成岩矿物颗粒的大小和结晶程度等，常见的有：

A. 显晶质结构

显晶质结构是指岩石中的矿物全部为肉眼或放大镜能分辨的晶体颗粒(图 2.9)。这种结构是在温度和压力较高、岩浆温度缓慢下降的条件下形成的，主要是深成侵入岩所具有的结构。按矿物颗粒粗细分为粗粒(晶粒直径＞5 mm)、中粒(5～2 mm)和细粒(2～0.2 mm)三种。

B. 斑状结构

斑状结构是指岩石中较大的晶体(称斑晶)散布在较细物质(称基质)之间的结构(图 2.10)。斑晶是在地下深处，较高温度、压力条件下先结晶形成，随着岩浆上升到浅处或喷出地表，基质部分迅速冷却形成肉眼或放大镜不能分辨的细小晶体或未结晶的玻璃质。斑状结构是浅成岩或喷出岩所具有的结构。

C. 隐晶质结构

隐晶质结构矿物颗粒只有在显微镜下才能分辨。用肉眼和放大镜观察，岩石断面十分粗糙。由于岩浆快速冷却，矿物晶体十分细小，常为喷出岩及浅成岩所具有的结构。

D. 玻璃质结构

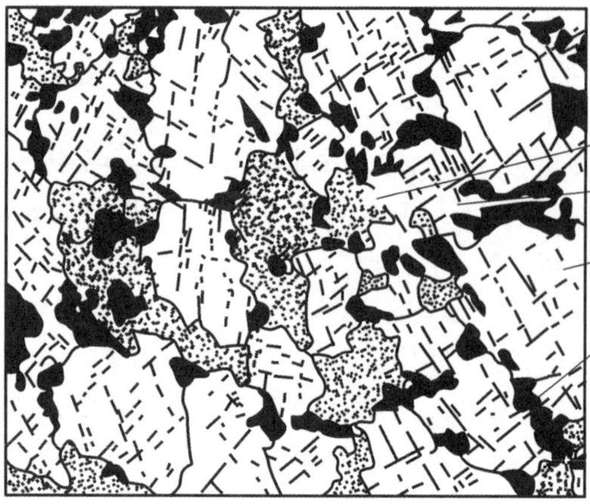

图 2.9　具等粒结构的花岗岩

1—石英；2—斜长石；3—钾长石；4—黑云母

（据 W. K. Hamblin，1992）

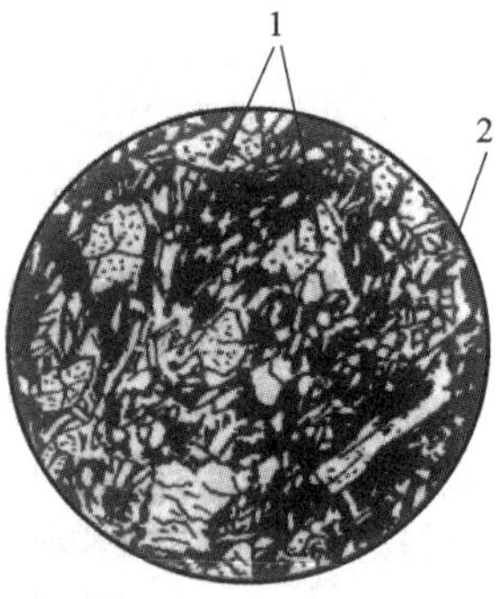

图 2.10　斑状结构

1—斑晶；2—基质

（据 W. K. Hamblin，1992）

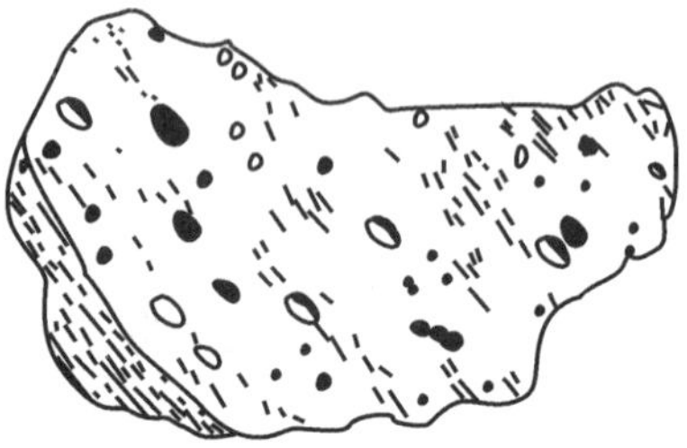

图 2.11　气孔构造

（据 W. K. Hamblin，1992）

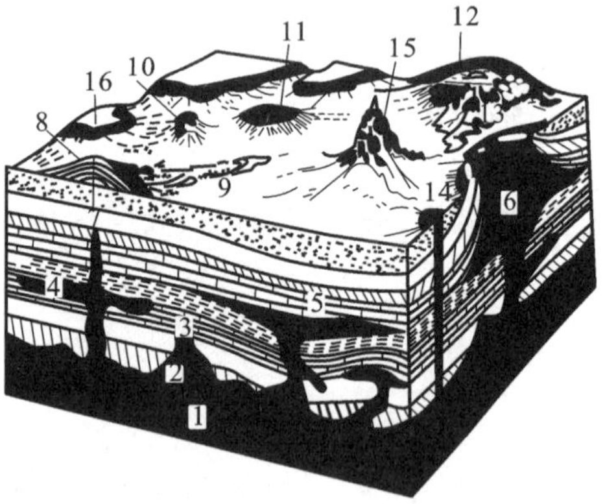

图 2.12　喷出岩与侵入岩产状综合示意图

1—岩基；2—岩株；3—岩墙；4—岩床；5—岩盆；6—被侵蚀露出的岩盖；7—火山颈；8—复式火山；9—熔岩流；10—熔渣锥；11—小型破火山口；12—大型破火山口；13—火山碎屑流；14—小火山；15—具有放射状岩墙的火山颈；16—熔岩被

玻璃质结构矿物由玻璃质组成，岩石断面光滑具玻璃光泽，为喷出岩所具有的结构。

②火成岩的构造是指岩石外表的整体特征，常见的有：

A. 块状构造

组成岩石的各种矿物均匀分布于岩石之中。

B. 气孔与杏仁构造

岩石中分布着大小不等圆形或椭圆形空洞，称气孔构造。它是岩浆中的气体逸散后留下的孔洞（图 2.11）。当气孔被后来的硅质、钙质所充填便形成杏仁构造，为喷出岩特有。

C. 流纹构造

流纹构造指不同颜色的条纹或拉长的气孔，长条状矿物沿一定方向排列，系黏度大的火山熔岩流的流动构造。

（4）火成岩的产状

火成岩产状是指岩体的形态、大小、深度以及与围岩的关系。

形成深度在地表以下 5 km 至 10～20 km 的火成岩称为深成侵入体。常见的深成岩产出状态有：

①岩基，规模巨大，面积大于 100 km^2 的侵入体。形态不规则（图 2.12），边界弯曲，大多是花岗岩岩基。

②岩株，面积为数十平方千米以内的侵入体。常常是岩基边缘的分枝或是独立的侵入体（图 2.12），其边部常有分枝伸入围岩中。深成岩体边部常有在岩浆上升过程中从围岩掉下来的碎块，称为捕虏体。

浅成侵入岩形成深度小于 5 km，规模较小。形成后因地壳上升经剥蚀后暴露地表。浅成侵入岩产状有：

①岩墙（岩脉），岩浆侵入到岩层裂隙中，冷凝而成的岩体称岩墙（岩脉）；

②岩床，岩体成层状，大致平行于周围沉积岩层理产出；

③岩盖与岩盆，形状上凸或下凹。

（5）火成岩的分类

现行火成岩分类方案通常是从岩浆的成分和冷凝固结成岩环境两方面考虑。火成岩分类首先是按火成

岩 SiO_2 的含量，分成超基性岩、基性岩、中性岩及酸性岩。此外，根据岩浆冷凝环境，火成岩又被分成侵入岩与喷出岩，侵入岩又可分为深成岩和浅成岩。不同岩浆成分和冷凝环境对应的代表性岩石见表 2.2。

表 2.2 常见火成岩类型及特征

岩类		超基性岩	基性岩	中性岩		酸性岩
SiO_2 含量(%)		＜45	45～52	53～65		＞65
矿物成分		橄榄石、辉石、角闪石	辉石、斜长石	斜长石	钾长石	钾长石、斜长石、石英、黑云母、角闪石
				角闪石、黑云母等		
侵入岩	深成岩	橄榄岩	辉长岩	闪长岩	正长岩	花岗岩
	浅成岩	金伯利岩	辉绿岩	闪长玢岩	正长斑岩	花岗斑岩
喷出岩	火山熔岩	柯马提岩	玄武岩	安山岩	粗面岩	流纹岩

(6)常见火成岩介绍

①花岗岩

花岗岩是地球上分布最广的结晶粒状深成岩，由石英、长石和云母组成。石英通常呈圆形粒状、无色透明。长石有肉红色的钾长石和灰白色的斜长石，可见到发育良好的解理。云母为片状的黑云母，有时也有白云母，以及少量黑色长柱状普通角闪石。花岗岩具有多种颜色，如灰白色、灰色、肉红色等，主要由长石的种类和颜色而定。根据组成花岗岩矿物粒径的大小分成粗粒、中粒、细粒花岗岩，长石与石英晶体特别粗大的称为伟晶岩。花岗岩常呈规模巨大的岩基或岩株产出。花岗岩形成时，岩浆往往以强注入形式侵入围岩地层中，这一过程使围岩块体进入岩体形成捕虏体。由于侵入的岩浆高温炽热，可能引起围岩热变质。花岗岩密度 2.7 g/cm，致密坚硬、孔隙度小、强度大，是人们喜爱的建筑材料，尤其细粒均匀的花岗岩可以承担任何工程荷载。而一些粗粒以及含黑云母等暗色矿物，甚至含黄铁矿的花岗岩，因易于风化而大大降低了其强度。

②闪长岩

闪长岩是一种中性深成侵入岩，主要由斜长石和普通角闪石组成，可有少量黑云母。有些含少量石英称为石英闪长岩。由于含有较多的暗色矿物，所以颜色较深，为深灰色及灰绿色。为全晶质粒状结构。闪长岩与花岗岩的差别是其石英含量少而暗色矿物含量高，所以颜色深。组成闪长岩的长石种类与正长岩不同，闪长岩以斜长石为主呈灰色，而正长岩以正长石为主呈红色。闪长岩在自然界大多与花岗岩、辉长岩伴生。单独构成岩体时多为岩株、岩盖和小型侵入体。闪长岩密度 2.6～3.1 g/cm^3，力学强度大，是很好的地基和建筑材料。

③辉长岩

辉长岩是一种基性深成侵入岩。矿物成分以普通辉石和斜长石为主，有时含少量橄榄石，极少有石英。颜色深，灰色至灰黑色。一般为中粗粒全晶质等粒结构。辉长岩体以岩株、岩盆、岩盖为常见。辉长岩具高力学强度，是很好的地基和建筑材料。一些含长石少的辉长岩往往具有细粒结构，其抗风化侵蚀的能力更强。

④流纹岩

流纹岩是酸性火山喷出岩，对应的深成岩是花岗岩。一般为灰红色，有时为灰黑色和紫色。矿物成分为石英、正长石和斜长石。通常为斑状结构，常发育有流纹构造。流纹岩中还常见气孔构造和石泡构造，后者中间多为球形空腔，其间常充填有长英质矿物。在火山玻璃中常见珍珠裂纹构造。流纹岩含有较多的火山玻璃，性脆，工程性质不如深成侵入岩。

⑤安山岩

安山岩是一种中性喷出岩，相当于深成岩中的闪长岩。一般为斑状结构，基质多为隐晶质，斑晶多是角闪石、辉石、黑云母和斜长石。颜色为灰、灰褐、紫色。力学性质比较强硬，可用作建筑材料。

⑥玄武岩

玄武岩是地球上分布最广泛的火成岩，中文“玄武”二字代表中国古代神话中的北方之神，意为黑色龟蛇鳞甲之象，这些含义与玄武岩的黑色、具多边形柱状节理有一定程度的吻合。玄武岩主要由斜长石和辉石组成，有时含橄榄石和火山玻璃，呈暗灰色至黑色，常具隐晶质结构或斑状结构，具气孔和杏仁构造。地质历史时期的海底喷发和现代海洋中脊喷发的玄武岩形成顶部圆滑的长圆形岩枕称枕状构造。陆上喷发的玄武岩常具绳状构造、碎块构造和柱状节理。玄武岩力学强度相当高，是稳固性相当好的地基和建筑材料。

⑦辉绿岩

辉绿岩是一种常见的浅成侵入岩。辉绿岩常呈岩株、岩床、岩墙产出。矿物成分与辉长岩、玄武岩相当，主要由斜长石、辉石组成。颜色为灰黑至灰色。辉绿岩常呈中粒至粗粒全晶质结构。与辉长岩不同的是，辉绿岩中辉石的粒径大于斜长石，一颗辉石包裹许多粒斜长石称为辉绿结构；而辉长岩中辉石与斜长石矿物晶体近乎等大称辉长结构。辉绿岩力学强度很大，是良好的地基，并可作建筑材料。

2. 沉积岩

(1)沉积岩的形成

由沉积物固结变硬而形成的岩石就是沉积岩。沉积岩占地壳岩石总体积的 7.9%，它是三大类岩石中在地表分布最广的，占地壳表面积的 75%。沉积岩的形成有两种途径：一是在地表条件下，由风化作用或火山作用的产物经机械搬运、沉积、固结成岩，以这种方式形成的沉积岩称碎屑岩。二是在地表常温、常压条件下由水溶液沉淀而形成化学岩，由于自然界大多水盆地化学沉淀过程中都有生物参与，所以通常又称为生物化学岩。由于沉积岩形成于地表环境，所以其中常含有古生物化石。

(2)沉积岩的矿物成分

沉积岩的矿物成分通常分为碎屑矿物和化学(生物化学)矿物两大类。碎屑矿物中最重要的是石英和黏土矿物，其次是长石和云母。由于石英在风化作用过程中常保持稳定，而长石则易被化学风化作用分解形成黏土矿物，属不稳定矿物，所以碎屑岩中石英与长石含量之比可用来指示母岩遭受化学风化强烈的程度。主要的化学矿物是碳酸盐矿物方解石、文石、白云石、菱铁矿，其次是燧石、石膏、硬石膏等。

(3)沉积岩的结构

①碎屑结构

图 2.13　碎屑、基质和胶结物

组成岩石的物质是机械沉积的碎屑物，包括岩石碎屑、矿物碎屑、生物遗体及碎片和火山碎屑物质等。按碎屑粒径大小分为：砾状结构(粒径>2 mm)；砂状结构(粒径 2～0.05 mm)；粉砂状结构(粒径 0.05～0.005 mm)；泥状结构(粒径<0.005 mm)。其中最细的泥状结构岩石，只有借助电子显微镜才能分辨其矿物颗粒。粉砂状结构岩石可用放大镜观察。砾岩和砂岩用肉眼能分辨其中的碎屑、基质和胶结物(图 2.13)。分选性是指碎屑颗粒粗细均匀程度，大小均匀者称分选性好，大小悬殊者称分选性差。磨圆度是指碎屑颗粒棱角的磨损程度，棱角全部或大部分被磨损圆化者称磨圆度好；反之称磨圆度差。

②非碎屑结构

岩石中的颗粒大多为矿物晶粒，又称结晶结构，是一部分生物化学岩所特有的结构。此外，某些岩石由生物骨骼构成格架，充填以其沉积物，称生物骨架结构。

(4)沉积岩的构造

①层理构造

层理构造是沉积岩最基本最特别的构造，是岩石各组成部分在颜色、矿物成分、碎屑颗粒大小等方面的差异变化所形成的成层性。层理有两种基本类型，如图 2.14 所示。层理中各纹层相互平行者称平行层理，而纹层倾斜或相互交错者称交错层理。交错层理的斜纹层在顶部为截切，与底面呈小角度相交或相切（图 2.15），据此常用来判断岩层的顶、底面。沉积岩极易沿层面劈开，其上表面称顶面，下表面称底面（图 2.16）。岩层的厚度可在一定范围内保持不变（图 2.16 Ⅰ），也可变厚或变薄、尖灭或呈透镜状（图 2.16 Ⅱ、Ⅲ、Ⅳ）。因此，可根据层面所分隔的单层厚度，将岩石分成：块状层（厚度＞1 m）、厚层（1～0.5 m）、中厚层（0.5～0.1 m）和薄层（0.1～0.01 m）等。

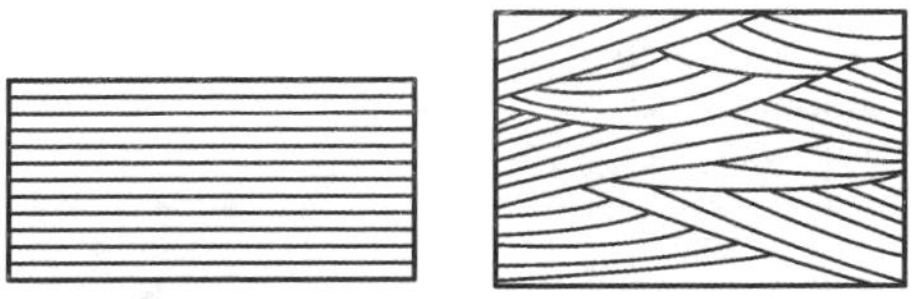

图 2.14　层理的基本类型

(a)平行层理；(b)交错层理

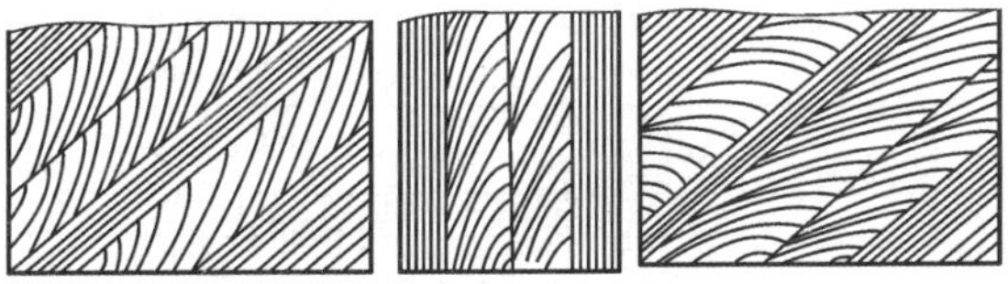

图 2.15　根据交错层理确定岩层的顶、底面

(a)顶面在左边，正常岩层；(b)顶面在右边，直立岩层；(c)顶面在右边，倒转岩层

②递变层理

递变层理是同一层内碎屑颗粒向上逐渐变细的现象（图 2.17）。

③波痕与泥裂

波痕与泥裂两者都是沉积岩层面上的构造。波痕是层面呈波状起伏的现象，是由流水或风引起的（图 2.18）。泥裂是滨海或滨湖地带泥质沉积物暴露水面失水收缩形成的，是由岩层表面向下的多边形裂隙。地质历史时期的岩石中这些裂缝已被后来的沉积物所充填（图 2.19）。

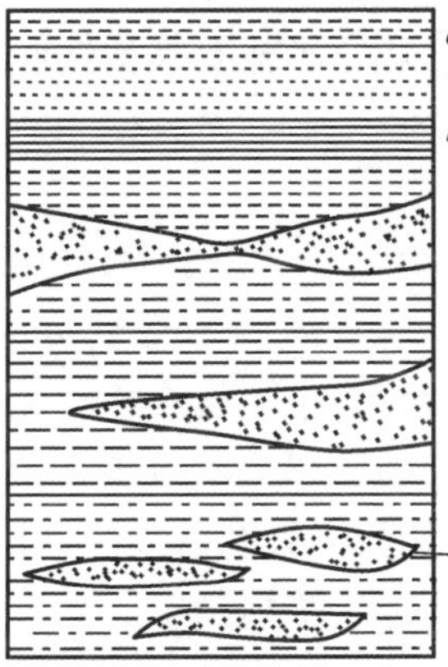

图 2.16　岩层的形态

a—顶面；*b*—底面；Ⅰ—板状岩层；Ⅱ—岩层变厚变薄；Ⅲ—岩层尖灭，呈楔形；Ⅳ—岩层呈透镜状

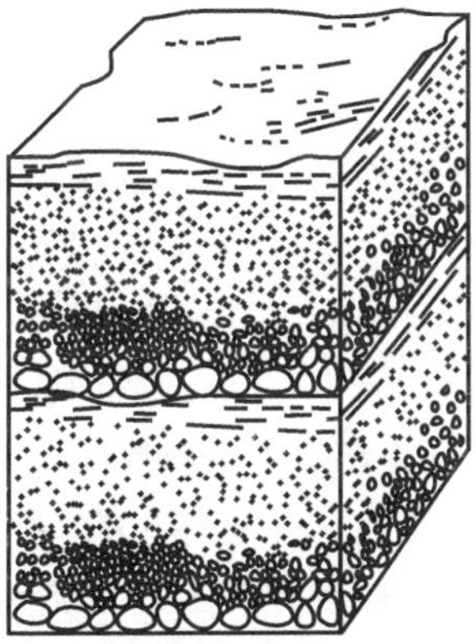

图 2.17　递变层理

（据 W. K. Hamblin，1992 修改）

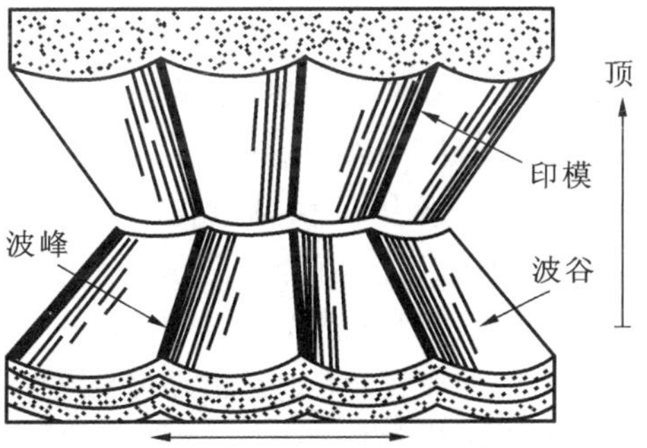

图 2.18　波痕及其印模

（据 R. R. Shrock，1948）

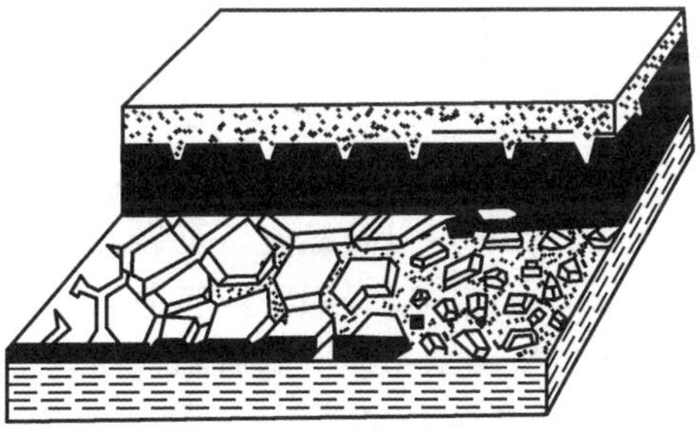

图 2.19　泥裂的示意立体图

（据 R. R. Shrock，1948）

(5)沉积岩的分类

沉积岩按成因被分为碎屑岩和化学及生物化学岩两大类,并可进一步划分为碎屑沉积岩、火山碎屑岩、非蒸发岩与蒸发岩四个亚类(表 2.3)。

表 2.3　沉积岩分类简表

碎屑岩类		化学及生物化学岩类	
碎屑沉积岩	火山碎屑岩	非蒸发岩	蒸发岩
砾岩 $d>2$ mm	集块岩 $d>50$ mm	石灰岩	岩盐
砂岩 $d=2\sim0.05$ mm	火山角砾岩 $d=50\sim2$ mm	白云岩、磷质岩	石膏
粉砂岩 $d=0.05\sim0.005$ mm 黏土岩 $d<0.005$ mm	凝灰岩 $d<2$ mm	铁质岩、硅质岩	硬石膏

注:d 代表组成岩石碎屑物质的粒径。

(6)常见的沉积岩

①碎屑沉积岩

通常按碎屑大小分成粗粒碎屑岩(砾岩、角砾岩)、中粒碎屑岩(砂岩)、细粒碎屑岩(粉砂岩、黏土岩)。根据组成岩石的碎屑颗粒占优势(>50%)的粒级进行命名。

A. 砾岩

砾岩是由大小不等,性质不同,并且磨圆度较好的卵石堆积胶结而形成的岩石。粒径大于 2 mm 的碎屑占 50%以上。胶结物通常有硅质、铁质、钙质及砂和黏土。硅质和铁质胶结砾岩强度高,但铁质易风化。泥质砾岩胶结不牢固。砾石呈圆形是长距离流水搬运或海浪冲击的结果。如砾石未被磨圆且棱角明显者称为角砾岩。

B. 砂岩

砂岩是由各种成分的砂粒(直径在 2～0.05 mm 之间的砂粒在岩石中占 50%以上)被胶结而形成的岩石。砂岩的颜色与胶结物成分有关,通常硅质与钙质胶结者颜色较浅,铁质胶结常呈黄色、红色或棕色。硅质胶结者最为坚硬。砂岩按成分分为:石英砂岩(石英含量在 90%以上,其余为少量长石及岩屑等);长石砂岩(石英占 30%～60%、长石>25%,其余为岩屑);岩屑砂岩(岩屑含量>25%、石英占 40%～60%,其余为长石等)。砂岩的强度相当高,但遇水浸泡后强度则会大大降低,尤其黏土胶结的砂岩,性能较差。钙质胶结的砂岩易被酸性水溶蚀。从总体上看,沉积岩的强度一般均低于火成岩,特别是中间有页岩或黏土岩夹层时更为不利。沉积岩的强度还与岩石形成时代、岩层厚度有关。

C. 粉砂岩

粉砂岩由直径为 0.05～0.005 mm 的砂粒占 50%以上,经胶结而生成。粉砂岩成分以石英为主,其次是长石、云母和岩石碎屑等。

D. 黏土岩

黏土岩是沉积岩中分布最广的一类,主要(>50%)由直径小于 0.005 mm 的物质组成,主要矿物成分是黏土矿物(高岭石、蒙脱石、水云母等)及少量极细小的石英、长石、云母和碳酸盐等。大多数黏土岩属于母岩风化产物的细碎屑经机械搬运沉积而生成,但还有一部分黏土岩属于胶体沉积具有化学沉积岩的特点。常见的黏土岩有页岩和泥岩以及黏土。页岩和泥岩都是已固结成岩的岩石。两者的区别是页岩具有很发育的薄片状层理又称页理,沿此面易裂开,而泥岩层理较厚呈块状。常按胶结物成分称为钙质页岩或钙质泥岩、硅质页岩或硅质泥岩等。一般由硅质和钙质胶结者比较坚硬,而其他胶结,特别是泥质胶结者在遇到水后强度会明显降低,一旦受压后便会发生流动塑性变形。黏土是黏土岩中固结微弱的一类,常呈致密块状或疏松土状。黏土具有吸水导致膨胀和干燥时发生收缩的性能,例如蒙脱石黏土,浸入水中体积膨胀,最大吸水量为其体积的 8～15 倍,所以要尽量避免作为建筑物地基。蒙脱石黏土常由火山熔岩和凝灰岩经化学风化在碱性环境下沉积生成。

②化学沉积岩

化学沉积岩是由水中溶解的无机或有机物质经过化学反应或生物作用而沉淀形成的岩石。常见的化学沉积岩有石灰岩、白云岩、硅质岩、蒸发岩等。

化学沉积岩的主要类型有：

A. 碳酸盐岩

碳酸盐岩是指以碳酸钙或碳酸镁为主要成分的沉积岩，如石灰岩、白云岩、白云质页岩等。碳酸盐岩的形成主要与生物活动有关，因为许多生物体（如珊瑚、贝类、有孔虫等）可以分泌碳酸盐来构成其外壳或骨架，并在死亡后沉积下来。碳酸盐岩也可以通过无机沉淀的方式形成，例如在温度升高或压力降低的情况下，碳酸盐会从水中析出并沉淀下来。碳酸盐岩是最常见的化学沉积岩之一，占沉积岩总量的约10%。

B. 硫酸盐岩

硫酸盐岩是指以硫酸钙或硫酸镁为主要成分的沉积岩，如石膏、硬石膏、苦卤石等。硫酸盐岩的形成主要与水分蒸发有关，因为当水分蒸发时，溶液中的硫酸盐会先于其他盐类析出并沉淀下来。硫酸盐岩一般形成于干旱或半干旱地区的封闭盆地中，如内陆湖泊、海湾、海滨平原等。硫酸盐岩占沉积岩总量的约1%。

C. 卤化物岩

卤化物岩是指以氯化物或溴化物为主要成分的沉积岩，如岩盐、钾盐、镁盐等。卤化物岩的形成也主要与水分蒸发有关，因为当水分蒸发时，溶液中的卤化物会在其他盐类析出后才析出并结晶下来。卤化物岩一般形成于干旱或半干旱地区的封闭盆地中，如内陆湖泊、海湾、海滨平原等。卤化物岩占沉积岩总量的约0.5%。

D. 硅质岩

硅质岩是指以二氧化硅为主要成分的沉积岩，如燧石、硅藻土、放射虫土等。硅质岩的形成主要与生物活动有关，因为许多生物体（如硅藻、放射虫等）可以分泌二氧化硅来构成其外壳或骨架，并在死亡后沉积下来。硅质岩也可以通过无机沉淀的方式形成，例如在深水或寒冷地区，二氧化硅会从水中析出并沉淀下来。

化学沉积岩的形成过程可以分为以下几个步骤：

A. 溶解物质或胶体物质的来源。这些物质可以来自于岩石的风化作用、火山喷发物、有机物质，或者宇宙物质等。例如，碳酸盐岩中的碳酸钙和碳酸镁可以来自于碳酸盐岩或生物体的风化，硫酸盐岩中的硫酸钙和硫酸镁可以来自于硫酸盐岩或火山喷发物的风化，卤化物岩中的氯化钠和氯化钾可以来自于海水或湖水的蒸发，硅质岩中的二氧化硅可以来自于石英或生物体的风化等。

B. 溶解物质或胶体物质的搬运和富集。这些物质可以通过水流、风、冰川等介质被搬运到不同的地方，并在一定的条件下富集起来。例如，碳酸盐岩常常形成于温暖浅水的海洋或湖泊中，因为这些环境有利于碳酸盐的沉淀和生物活动；硫酸盐岩和卤化物岩常常形成于干旱或半干旱地区的封闭盆地中，因为这些环境有利于水分的蒸发和溶液的浓缩；硅质岩常常形成于深水或寒冷地区的海洋或湖泊中，因为这些环境有利于硅胶体的稳定和沉降等。

C. 溶解物质或胶体物质的沉淀和结晶。当溶液或胶体溶液达到一定的浓度或受到一定的刺激时，溶解物质或胶体物质就会从水中析出并沉淀下来，并在一定条件下结晶成为矿物。例如，碳酸盐岩中的方解石和白云石可以通过生物作用或温度变化而沉淀；硫酸盐岩中的石膏和硬石膏可以通过水分蒸发而沉淀；卤化物岩中的岩盐和钾盐可以通过水分蒸发而结晶；硅质岩中的燧石和硅藻土可以通过生物作用或温度变化而沉淀等。

D. 沉积后作用。沉积下来的溶解物质或胶体物质在后期还会受到压实、胶结、重结晶、交代、溶蚀等作用的影响，从而改变其结构、组成、性质等。例如，碳酸盐岩中的方解石和白云石可以通过重结晶而变成大理石；硫酸盐岩中的石膏和硬石膏可以通过溶蚀而形成溶洞或岩溶地貌；卤化物岩中的岩盐和钾盐可以通过交代而形成其他矿物；硅质岩中的燧石和硅藻土可以通过胶结而形成硅质岩等。

③有机沉积岩

有机沉积岩是由有机物质的沉积和转化而形成的一类沉积岩。有机物质主要来源于生物的遗体或分泌物，如植物、动物、微生物等。有机沉积岩的形成过程包括有机物质的生产、搬运、沉积、保存和成岩作用。有机沉积岩的类型很多，常见的有煤、油页岩、白垩、硅藻土、某些石灰石和白云石等。

有机沉积岩是地球上重要的能源和矿产资源之一，它们是石油、天然气、煤、油页岩等可燃有机矿产的主要赋存层位。此外，它们也是地球演化历史的重要记录者，它们反映了古生物、古气候、古环境等信息。

3. 变质岩

变质岩是指原有的岩石经高温高压及化学活动性很强的气体和液体作用后，在固体状态下，发生矿物成分或结构构造的改变而形成的新岩石。变质岩不仅具有自身的特点，往往还保留原岩的某些特征。

(1)变质岩的矿物成分

在变质作用过程中常形成某些特征性的矿物，它们是红柱石、蓝晶石、硅线石、硅灰石、石榴子石、滑石、十字石、透闪石、阳起石、蓝闪石、透辉石、蛇纹石、石墨等。这些变质矿物的出现是鉴别变质岩的重要标志。

变质岩中还有一些在火成岩和沉积岩中都存在的矿物，它们可能是从原岩中继承下来或是在变质作用过程中形成的。这些矿物有石英、钾长石、钠长石、白云母、黑云母等。

(2)变质岩的结构

原岩的结构在变质作用过程中可以全部改变形成变质岩的结构，也可以部分残留。因此，变质岩的结构具有变晶结构和变余结构两大类。

①变晶结构

变晶结构是原岩在固态条件下发生重结晶形成的结构。由重结晶作用形成的矿物晶体称为变晶。片状(板状)、柱状、纤维状矿物，在变质过程中沿片理构造相对应的优选方位定向排列，往往分别形成鳞片变晶结构、柱状变晶结构和纤维状变晶结构，如片岩常具这些结构。一些不具有优选排列方位的粒状变晶矿物形成粒状变晶结构。按变晶大小的相对关系可分为等粒变晶结构和斑状变晶结构。前者指变晶颗粒大小近于相等，如大理岩、石英岩具有此种结构；后者是指粒度较小的矿物中有相对较大变质形成的斑晶，如片岩、片麻岩常具此种结构。

②变余结构

变余结构是指从早先岩石中保留的结构。变余结构对于判别原岩的性质类型有重要意义。例如：变质岩的原岩是砂岩或泥岩等沉积岩，则可能会出现变余砂状结构或变余泥状结构；变质岩的原岩是火成岩，则可能会有变余斑状结构等。

(3)变质岩的构造

与变质岩结构的特征类似，变质岩的构造分为变成构造与变余构造两大类。

①变成构造

变质作用形成的构造，称为变成构造。

A. 片理构造

片理构造是岩石中片状、柱状或长条状矿物，如云母、角闪石、长石等，在差异压力(或定向压力)作用下，垂直压力方向平行排列而形成的(图 2.20)。沿平行排列方向岩石易于被不甚平坦的纹理——片理所劈开。如片理面上有细小的绢云母鳞片呈规律地排列，使岩石具丝绢光泽和细小皱纹者称千枚状构造，为千枚岩所具有的构造。如矿物颗粒较粗大，用肉眼易于辨认则称片状构造。

B. 片麻状构造

组成岩石的矿物以长石为主并伴随有平行排列的片状、柱状矿物，称片麻状构造。为片麻岩所具有的构造。具片麻状构造的岩石，其矿物颗粒比较粗大，肉眼易于观察，若其中的长石特别粗大，好似眼球者称眼球状构造。

C. 板状构造

泥质岩石受较轻微的差异压力作用形成一系列平行、密集而平坦的破裂面，沿此面岩石易劈开成板状。

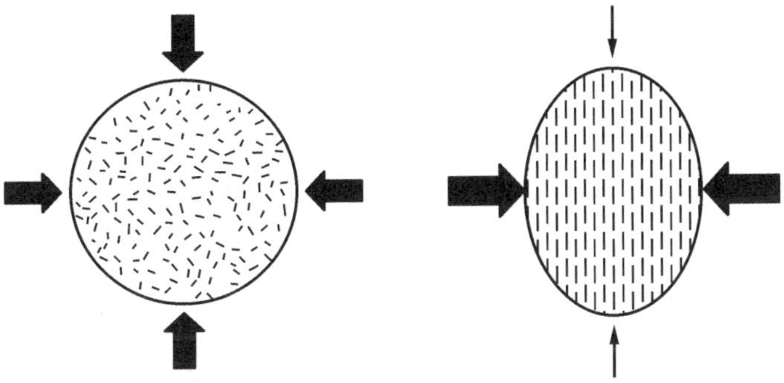
(a) (b)

图 2.20 在差异压力作用下矿物的平行排列

(a)均匀压力;(b)差异压力

(据 W. K. Hamblin,1992)

沿劈开面有丝绢光泽。板状构造为板岩所具有,并常具有变余泥状结构。

D. 斑点构造

由于温度升高,原岩中化学组分发生迁移并聚集成或疏或密的斑点,成分常为碳质、硅质、铁质等。某些板岩具斑点构造称斑点板岩。

E. 块状构造

矿物均匀分布,无定向排列,是岩石受各个方向均匀压力作用而形成的。大理岩、石英岩常具块状构造。

②变余构造

变余构造是变质岩中残留原岩的构造。如变余层理构造、变余气孔构造、变余杏仁构造等。

(4)变质作用类型及常见变质岩

①变质作用的类型

根据引起岩石变质的地质条件和主导因素将变质作用进一步划分为接触变质作用、区域变质作用、混合岩化作用和动力变质作用等四种类型(表 2.4)。

表 2.4 变质岩分类简表

变质作用类型	接触变质作用		区域变质作用	混合岩化作用	动力变质作用
	接触热变质作用	接触交代变质作用			
代表性岩石	斑点板岩、角岩、大理岩、石英岩	矽卡岩	板岩、千枚岩、片岩、片麻岩、大理岩、石英岩	条带状混合岩、肠状混合岩、眼球状混合岩	角砾岩、碎裂岩、糜棱岩

接触变质作用发生在侵入体与围岩的接触带上,是由于温度升高及来自岩浆的化学活动组分的作用使岩石变质。接触变质的温度较高,一般为 300~800 ℃,有时高达 1000 ℃。在靠近侵入体处温度较高,远离时温度降低,岩石变质程度也随之降低。这样变质程度不同的岩石围绕侵入体呈环带状分布,从而形成接触变质晕圈。温度升高、岩石受热后矿物发生重结晶、物质成分重新组合等变化而化学成分并无显著改变者称接触热变质作用,代表性岩石有斑点板岩、角岩、大理岩、石英岩等。如果除温度升高外,从岩浆中分泌的挥发成分产生交代作用引起大量新的矿物产生、岩石化学成分发生显著变化,则称接触交代变质作用,代表性岩石是矽卡岩。

区域变质作用是高温、高压等因素联合作用于一个广大地区范围内的变质作用。除均匀的静压力外,差异压力或定向压力常起重要作用。区域变质作用还与构造运动常相伴而发生。在区域变质条件下,岩石以具鳞片变晶结构、柱状变晶结构、纤维状变晶结构和片理构造、片麻状构造等为特征。代表性岩石有板岩、千枚岩、片岩、片麻岩等。当区域变质作用进一步发展,特别是温度很高时,石英和长石等易熔组分发生局部熔融，沿片理渗透、扩散、贯入形成的新岩石称混合岩。其中浅色的长英质成分称脉体，区域变质岩石称基体。根据脉体贯入的形态，混合岩主要有条带状混合岩、肠状混合岩和眼球状混合岩等代表性岩石。

动力变质作用与断裂构造有关，出现在断裂带两侧。在岩石以发生脆性破裂为主的部位，由动力变质作用形成角砾岩（岩石破裂后较粗大的块体）和碎裂岩（岩石破裂成细小碎块）。在地壳下部热力与压力均较高的条件下，岩石以塑性变形为主的部位，发生矿物的塑性变形、重结晶形成糜棱岩。

②常见的变质岩

变质岩的种类很多，常见的变质岩及其主要特征简述如下：

A. 板岩

板岩是由泥质岩石经较浅的区域变质作用而形成。变晶矿物极细小，肉眼一般无法分辨，仅见板理面上具明显丝绢光泽。具变余泥质结构、板状构造。因具有沿板理劈开成石板的特点，广泛用作建筑石材。

B. 千枚岩

千枚岩变质程度比板岩深，原岩的泥状结构一般不易观察到，矿物基本上已全部重结晶。主要是绢云母、绿泥石和石英等。岩石具显微鳞片变晶结构、千枚状构造。千枚岩由于质地软，基本上没什么用途。

C. 片岩

片岩具片状构造，变质程度较板岩、千枚岩高。重结晶的变晶矿物粗大，肉眼可直接观察。矿物成分主要是白云母、黑云母、绿泥石、滑石、角闪石、石英及长石等。片理面一般较粗糙，不如板理面平整。片岩岩性软弱、抗风化能力差，一般无什么用途。

D. 片麻岩

片麻岩以具片麻状构造为其特征，由各种沉积岩、火成岩及变质岩经变质而形成。矿物结晶粒度较大，以长石和石英为主（总量大于50%），其次为云母、角闪石等。可加工劈成石板用作建筑材料。它在垂直片麻理方向上的强度要比其他方向上大得多。

E. 石英岩

石英岩是一种极致密坚硬的岩石，由较纯的石英砂岩变质而生成。主要矿物成分是石英，少量长石、云母、绿泥石等。质纯的石英岩为白色，因含有杂质而呈黄色、灰色和红色等。岩石具粒状变晶结构、块状构造。石英岩由于坚硬，故开采较困难。破碎后可广泛用作建筑石料。

F. 大理岩

大理岩是由石灰岩或白云岩经区域变质或接触热变质作用而生成。岩石具粒状变晶结构、块状构造。大多数大理岩因含有杂质而显示出不同颜色的条带和层纹，故广泛用作建筑材料和雕刻原料。大理岩硬度小（小刀可刻动），与盐酸作用起泡，易于鉴别。

2.3 岩石的工程性质与分级

1. 岩石的物理性质

岩石的物理性质主要有相对密度、重度、孔隙性、吸水性、软化性、抗冻性等。

(1)相对密度

相对密度是岩石固体部分（不包括孔隙）单位体积的重量。在数值上等于岩石固体颗粒的重量与同体积的水在4℃时重量的比。大部分岩石的相对密度介于2.50～2.80之间。

(2)重度

重度是岩石单位体积（包括岩石中孔隙体积）的重量。也称容重。在数值上它等于岩石的总重量（包括孔隙中的水量）与其总体积（包括孔隙体积）之比。岩石孔隙中完全没有水存在时的重度，称为干重度。岩石中的孔隙全部被水充满时的重度，称为岩石的饱和重度。岩石重度的大小取决于岩石中矿物的相对密度、岩石的孔隙性及其含水量。岩石重度的大小，在一定程度上反映出岩石力学性质的优劣，通常岩石重度愈大，其力学性质愈好。

(3)孔隙性

岩石的孔隙性反映了岩石中各种孔隙(包括细微的裂隙)的发育程度，用孔隙度表示。孔隙性对岩石的强度产生重大影响。孔隙度在数值上等于岩石中各种孔隙的总体积与岩石总体积的比，用百分数表示。

(4)吸水性

吸水性是指岩石在通常大气压下的吸水能力，用吸水率表示。在数值上等于岩石所能吸取水的重量与同体积干燥岩石的比值，用百分数表示。岩石的吸水率大，则水对岩石颗粒间结合物的浸湿、软化作用就强，岩石强度和稳定性受水作用的影响也越显著。

(5)软化性

软化性是指岩石受水作用后强度和稳定性降低的特性。岩石的软化性用软化系数来表示。软化系数是岩石在饱和状态下的极限抗压强度与干燥状态下极限抗压强度的比。岩石的软化系数总是小于1的。其数值越小，表示岩石在水作用下的强度和稳定性越差。

(6)抗冻性

抗冻性是指岩石抵抗冻融破坏的性能。岩石的抗冻性一般用岩石在抗冻试验前后抗压强度的降低率表示。抗压强度降低率小于20%～25%的岩石认为是抗冻的，大于25%的岩石认为是非抗冻的。

常见岩石的主要物理性质列于表2.5中。

表2.5　常见岩石的主要物理性质指标

岩石名称	相对密度	天然重度		孔隙度(%)	吸水率(%)	软化系数
		kN/m^3	g/cm^3			
花岗岩	2.50～2.84	22.56～7.47	2.30～2.80	0.04～2.80	0.10～0.70	0.75～0.97
闪长岩	2.60～3.10	24.72～9.04	2.52～2.96	0.25左右	0.30～0.38	0.60～0.84
辉长岩	2.70～3.20	25.02～9.23	2.55～2.98	0.28～1.13		0.44～0.90
辉绿岩	2.60～3.10	24.82～9.14	2.53～2.97	0.29～1.13	0.80～5.00	0.44～0.90
玄武岩	2.60～3.30	24.92～0.41	2.54～3.10	1.28左右	0.30左右	0.71～0.92
砂　岩	2.50～2.75	21.58～26.49	2.20～2.70	1.60～28.30	0.20～7.00	0.44～0.97
页　岩	2.57～2.77	22.56～25.70	2.30～2.62	0.40～10.00	0.51～1.4	0.24～0.55
泥灰岩	2.70～2.75	24.04～26.00	2.45～2.65	1.00～10.00	1.00～3.00	0.44～0.54
石灰岩	2.48～2.76	22.56～26.49	2.30～2.70	0.53～27.00	0.10～4.45	0.58～0.94
片麻岩	2.63～3.01	25.51～29.43	2.60～3.00	0.30～2.40	0.10～3.20	0.91～0.97
片　岩	2.75～3.02	26.39～28.65	2.69～2.92	0.02～1.85	0.10～0.20	0.49～0.80
板　岩	2.84～2.86	26.49～27.27	2.70～2.78	0.45左右	0.10～0.30	0.52～0.82
大理岩	2.70～2.87	25.80～26.98	2.63～2.75	0.10～6.00	0.10～0.80	
石英岩	2.63～2.84	25.51～27.47	2.60～2.80	0.00～8.70	0.10～1.45	0.96

2. 岩石的力学性质

(1)岩石的力学指标

①岩石的变形特性

根据岩石应力应变特征可以将其力学属性划分为弹性、塑性、黏性、脆性和延性。在一定应力范围内，物体受外力作用产生全部变形，而去除外力后立即恢复其原有的形状和尺寸大小的性质称为弹性。产生的变形称弹性变形，把具有弹性性质的物体称弹性介质。岩石受力作用后产生的弹性变形性能一般用弹性模量和泊松比两个指标表示。

弹性模量是应力和应变之比。岩石的弹性模量越大，变形越小，说明岩石抵抗变形的能力越强。弹性模量的国标制单位为“帕斯卡”，用符号 Pa 表示（$1Pa=1N/m^2$）。

岩石在轴向压力作用下，除产生纵向压缩外，还会产生横向拉伸。这种横向应变与纵向应变的比，称为岩石的泊松比，用小数表示。泊松比越大，表示岩石容易发生横向变形。岩石的泊松比一般在 0.2～0.4 之间。

严格地讲，岩石并不是理想的弹性体。通常所提供的弹性模量和泊松比的数值，仅代表一定条件下的平均值。

②岩石的强度特性

岩石抵抗外力破坏的能力，称为岩石的强度，国际制单位为“帕（Pa）”。岩石的强度与受力形式有关：受压变形破坏的为抗压强度；受拉变形破坏的为抗拉强度；受剪应力作用剪切破坏的为抗剪强度。

A. 抗压强度：是指岩石在单向压力作用下抵抗压碎破坏的能力。在数值上相当于岩石受压破坏时的极限压应力。岩石抗压强度的大小与岩石矿物组成、生成条件以及岩石的结构构造有关，差别很大。一些岩石的极限抗压强度值，列于表 2.6 中，仅供参考。

表 2.6　常见岩石的极限抗压强度

岩石名称及主要特征	极限抗压强度	
	MPa	kg/cm^2
胶结不良的砾岩，各种不坚固的页岩	＜20	＜200
中等坚硬的泥灰岩、凝灰岩、页岩，软而有裂缝的石灰岩	20～39	200～400
钙质砾岩，裂隙发育、风化强烈的泥质砂岩，坚固的泥灰岩、页岩	39～59	400～600
泥质灰岩，泥质砂岩，砂质页岩	59～79	600～800
强烈风化的软弱花岗岩，正长岩，片麻岩，致密的石灰岩	79～98	800～1000
白云岩，坚固的石灰岩、大理岩，钙质致密砂岩，坚固的砂质页岩	98～118	1000～1200
粗粒花岗岩、正长岩，非常坚固的白云岩，硅质坚固的砂岩	118～137	1200～1400
片麻岩，粗面岩，非常坚固的石灰岩，轻微风化的玄武岩、安山岩	137～157	1400～1600
中粒花岗岩、正长岩、辉绿岩，坚固的片麻岩、粗面岩	157～177	1600～1800
非常坚固的细粒花岗岩、花岗片麻岩、闪长岩，最坚固的石灰岩	177～196	1800～2000
玄武岩，安山岩，坚固的辉长岩、石英岩，最坚固的闪长岩、辉绿岩	196～245	2000～2500
非常坚固的辉长岩、辉绿岩、石英岩、玄武岩	＞245	＞2500

B. 抗剪强度：是指岩石抵抗剪切破坏的能力。相当于岩石受剪切破坏时，沿剪刀破坏面的最大剪应力。

C. 抗拉强度：它在数值上等于岩石单向拉伸，拉断破坏时的最大张应力。岩石的抗拉强度远小于抗压强度。

以上几种强度中，岩石的抗压强度最高，抗剪强度居中，抗拉强度最小。抗剪强度约为抗压强度的 10%～40%。抗拉强度仅是抗压强度的 2%～16%。岩石越坚硬，其值相差越大，软弱的岩石差别较小。岩石的抗压强度和抗剪强度是评价岩石稳定性的重要指标。

（2）岩石力学性质的影响因素

①矿物成分

矿物成分对岩石物理力学性质的影响是容易理解的。如酸性火成岩（花岗岩、花岗斑岩、流纹岩）的相对密度普遍小于基性火成岩(辉长岩、辉绿岩、玄武岩),这是因为基性岩中相对密度大的暗色矿物(辉石、角闪石)含量高。

②岩石的结构构造

对于结晶类的岩石来说,一般粗粒结晶岩石强度低于细粒结晶岩石。如细粒花岗岩的抗压强度可达177～196 MPa,而粗粒花岗岩一般在118～137 MPa之间。成分相同的岩石,结晶岩石强度小于非结晶岩石,如大理岩的抗压强度一般在98～118 MPa之间,而最坚固的石灰岩可达196 MPa。

对于沉积岩,其强度和稳定性主要决定于胶结物成分和胶结类型。就胶结物的成分来说,硅质胶结的强度和稳定性高,泥质胶结的强度和稳定性低,而钙质和铁质胶结介于二者之间。胶结类型有基底式胶结、孔隙式胶结和接触式胶结三种(图2.21)。基底式胶结的碎屑物散布于胶结物中,碎屑颗粒互相不接触,所以岩石孔隙度小,强度和稳定性完全取决于胶结物的成分。孔隙式胶结的碎屑物颗粒互相直接接触,胶结物充填于碎屑间的孔隙中,所以其强度与碎屑和胶结物的成分都有关系。接触式胶结则仅在碎屑的相互接触处有胶结物连接,所以接触式胶结的岩石,一般孔隙度都比较大、重度小,吸水率高、强度低。

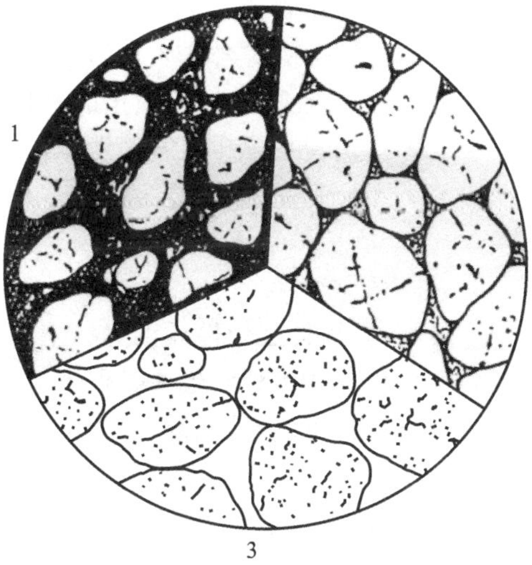

图2.21 胶结类型示意图

1—基底式胶结;2—孔隙式胶结;3—接触式胶结

沉积岩的强度还与岩石形成年代有关。形成年代老,固结成岩作用充分,胶结物往往会发生重结晶形成新生矿物,加强了碎屑物之间的结构连接,所以增强了岩石强度和稳定性。

岩石的层理、片理构造对岩石强度影响很大。一般,垂直层面方向的抗压强度大于平行层面方向的抗压强度。由于层理裂隙的发育使平行层面方向的透水性大于垂直层面方向的透水性。当强度和透水性这两方面情况同时存在则将会降低岩石的强度和稳定性。

③构造裂隙和风化作用

关于构造裂隙和风化作用的概念将在本书后续部分详细介绍。此处仅举例说明它们的影响。南京地区白垩纪(形成于0.65～1.44亿年前)红层(湿热气候条件下生成的红色碎屑沉积岩)新鲜岩石极限抗压强度可达50 MPa,但经构造破碎和风化后,降低为1.6 MPa。新鲜花岗岩极限抗压强度可以超过100 MPa,风化后降低,可低至4 MPa甚至更低。

3. 岩体及其工程分级

岩体是指包括各种结构面的原位岩石的综合体。工程岩体是指工程影响范围内的岩体。岩体的结构面是指在构造应力作用下岩体中所产生的各种构造遗迹(包括断层、节理、层理和破碎带等)具有一定方向、延展较大、厚度较小的两维面状地质界面。结构面的特征包括结构面的规模、形态、物质组成、延展性、密集程度、张开度和充填胶结特征等,它们对结构面的物理力学性质有很大的影响。

(1)分级的目的

作为工程建筑物地基或围岩的岩体称工程岩体,从工程的实际要求出发,对它们进行分级,并根据其特性,进行试验,得出相应的设计计算指标或参数,以便使工程建设达到经济、合理、安全的目的。

根据用途的不同,岩体工程分级有通用的分级和专用的分级两种。前者是供各个学科领域、各国民经济部门笼统使用的分级,是一种较少针对性的、原则性的、大致的分级;而专用的分级,是针对某一学科领域,某一具体工程,或某一工程的具体部位岩体的特殊要求,或专为某种工程目的服务而专门编制的分级。与通用分级相比,专用分级所涉及的面要窄一些,考虑的影响因素要少一些,但更深入和细致。

分级的目的不同,其要求也不一样。对水利水电工程来讲,须着重考虑水的影响这一特点;对于地下工程，则应着重研究地压问题；对于为钻进、开挖用的分级，则主要是考虑岩石的坚硬程度。一般对大工程要求高些，小工程就可放宽一些。同是大型工程，初设阶段和施工图设计阶段的要求也各不相同。

总之，岩体工程分级是为一定的具体工程服务的，是为某种目的编制的，其内容和要求须视工程类型、不同设计阶段和所要解决的问题而定。

(2)影响岩体工程性质的主要因素

影响岩体工程性质的因素主要有：岩石强度和质量、岩体完整性、地下水和地应力等。

①岩石强度和质量

岩石质量的优劣对岩体质量的好坏有着明显的影响。

从工程的观点来看，岩石质量的好坏主要表现在它的强度（软、硬）和变形性（结构上的致密、疏松）方面。而作为工程建筑物基础和围岩的岩体，欲衡量其工程性质属性的好坏，主要也表现在岩体的强度和变形性这两个方面。评价和衡量岩石质量好坏，至今没有统一的方法和标准，目前多沿用室内单轴抗压强度指标来反映。

②岩体的完整性

一般来说，岩体工程性质的好坏基本上不取决于或很少取决于组成岩体的岩块的力学性质，而是取决于包括受到各种地质因素和地质条件影响而形成的软弱面、软弱带和其间充填的原生或次生物质的性质。因此，即使组成岩体的岩质相同，其岩体的完整性却不一定相同，其工程性质也会迥然不同。

岩体被断层、节理、层面、片理等结构面或不连续面所切割是导致岩体完整性遭到破坏和削弱的根本原因。因此，岩体的完整性可以用被节理切割之岩块的平均尺寸来反映；也可以用节理裂隙出现的频度、性质、闭合程度等来表达；还可以根据灌浆时的耗浆量，施工中选用的掘进工具、开挖方法、日进尺量，钻孔钻进时的岩心获得率，抽水试验中的渗流量，弹性波在地层中的传播速度，甚至变形试验中的变形量、室内外弹模比和现场动静弹模的比值等多种途径去定量地反映岩体的完整性。总之，岩体的完整性可用地质、试验和施工等各种定性、定量指标参数来表达。

③水的影响

水对岩体质量的影响表现在两个方面，一是使岩石的物理力学性质恶化；二是沿岩体的裂隙形成渗流，影响岩体的稳定性。现就第一方面作简要论述。

水对岩石的影响主要还是表现在对其强度的削弱方面，这种削弱的程度深受岩石成因的影响。一般来说，水对火成岩类和大部分的变质岩类以及少部分的沉积岩类的影响要小些；而对部分变质岩、少数火成岩和大多数的沉积岩类的影响较大，尤其对那些泥质岩类的影响则甚为显著。水对一些特殊岩类，如石膏、岩盐等的影响，则需作专门的研究。考虑到水对岩石的影响主要表现在其强度的削弱方面，而理论上和实践中均知道，岩石的各种强度可用它的抗压强度来表示。因此，水对岩石的影响就有可能用岩石浸水饱和前后的单轴干、湿抗压强度之比来表示。

(3)岩体的工程分级方案

20 世纪 70 年代以来，国内外提出了许多工程岩体的分级方法，其中影响较大的有 RMR 系统、RSR 系统、Q 系统和 Z 系统。尽管这些分级方法都从不同角度反映了岩体的结构特征、岩体所处环境特征和岩体力学特征，但它们所依据的原则、标准和测试方法都不尽相同，彼此缺乏可比性、一致性。有鉴于此，中华人民共和国住房和城乡建设部批准编制了《工程岩体分级标准》(GB 50218—2014)，并于 2015 年 5 月 1 日起实施。该标准属于国家标准第二层次的通用标准，适用于各部门、各行业的岩石工程。*BQ* 分级系统是对其主要计算公式和参数的简要说明。下面对该标准作专门介绍。

影响工程岩体稳定的因素是多种多样的，但只有岩体的物理力学性质和构造发育情况是独立于各种工程类型的，反映了岩体的基本特性。而在岩体的各项物理力学性质中，对稳定性关系最大的是岩石坚硬程度。岩体的构造发育状况体现了岩体是地质体的基本属性；岩体的不连续性及不完整性是这一属性的集中反映。这两者是各种类型岩石工程的共性，对各种类型工程岩体的稳定性都是重要的，是控制性的。因此，岩体基本质量分级的因素应是岩石坚硬程度和岩体完整程度。但它们远不是影响岩体稳定的全部重要因素，地下水状态、初始应力状态、工程轴线或走向线的方位与主要软弱结构面产状的组合关系等，也都是影响岩体稳定的重要因素。为此，《工程岩体分级标准》(GB 50218—2014)提出了对工程岩体进行初步分级和详细分级的两类分级方法。

①工程岩体质量的初步分级

工程岩体质量初步分级是通过对岩体坚硬程度和岩体完整程度两项指标进行定性和定量分析基础上确定的。

A. 岩石坚硬程度的定性划分

岩石坚硬程度的定性划分方法见表2.7。

表2.7 常见岩石坚硬程度的定性划分

名称		定性鉴定	代表性岩石
硬质岩	坚硬岩	锤击声清脆，有回弹，震手，难击碎；浸水后大多无吸水反应	未风化—微风化的花岗岩、正长石、闪长岩、辉绿岩、玄武岩、安山岩、片麻岩、石英片岩、硅质板岩、石英岩、硅质胶结的砾岩、石英砂岩、硅质石灰岩等
	较坚硬岩	锤击声较清脆，有轻微回弹，稍震手，较难击碎；浸水后有轻微吸水反应	1.弱风化的坚硬岩；2.未风化—微风化的熔结凝灰岩、大理岩、板岩、白云岩、石灰岩、钙质胶结的砂岩等
软质岩	较软岩	锤击声不清脆，无回弹，较易击碎；浸水后指甲可刻出印痕	1.强风化的坚硬岩；2.弱风化的较坚硬岩；3.未风化—微风化的凝灰岩、千枚岩、砂质泥岩、泥灰岩、泥质砂岩、粉砂岩、页岩等
	软　岩	锤击声哑，无回弹，有凹痕，易击碎；浸水后手可掰开	1.强风化的坚硬岩；2.弱风化—强风化的较坚硬岩；3.弱风化的较软岩；4.未风化的泥岩等
	极软岩	锤击声哑，无回弹，有较深凹痕，手可捏碎；浸水后可捏成团	1.全风化的各种岩石；2.各种半成岩

B. 岩石坚硬程度的定量确定

岩石坚硬程度的定量指标，应采用岩石饱和单轴抗压强度的实测值 R_c(MPa)。当无条件取得实测值时，也可采用点荷载强度指数 $I_{S(50)}$ 的换算值，式中点荷载强度指数 $I_{S(50)}$ 是指直径50 mm圆柱形试件径向加压时的点荷载强度，并按下式换算：

$$R_c = 22.82 I_{S(50)}^{0.75}$$

岩石单轴饱和抗压强度(R_c)与定性划分的岩石坚硬程度的对应关系见表2.8。

表2.8 R_c 与定性划分的岩石坚硬程度的对应关系

R_c(MPa)	>60	60～30	30～15	15～5	<5
坚硬程度	坚硬岩	较坚硬岩	较软岩	软岩	极软岩

C. 岩体完整程度的定性划分

岩体完整程度的定性划分见表2.9。其中，结构面的结合程度按表2.10确定。

表2.9 岩体完整程度的定性划分

名　称	结构面发育程度		主要结构面的结合程度	主要结构面类型	相应结构类型
	组　数	平均间距(m)			
完　整	1～2	>1.0	结合较好或一般	节理、裂隙、层面	整体状或巨厚层状结构
较完整	1～2	>1.0	结合差	节理、裂隙、层面	块状或厚层状结构
	2～3	1.0～0.4	结合好或一般		块状结构

续表 2.9

名　称	结构面发育程度		主要结构面的结合程度	主要结构面类型	相应结构类型
	组　数	平均间距(m)			
较破碎	2～3	1.0～0.4	结合差	节理、裂隙、层面、小断层	裂隙块状或中厚层状结构
	≥3	0.4～0.2	结合好		镶嵌碎裂结构
			结合一般		中、薄层状结构
破　碎	≥3	0.4～0.2	结合差	各种类型结构面	裂隙块状结构
		≤0.2	结合一般或差		碎裂状结构
极破碎	无序		结合很差		散体状结构

表 2.10　结构面结合程度的划分

名称	结构面特征
结合好	张开度小于 1 mm,无充填物;张开度 1～3 mm,为硅质或铁质胶结;张开度大于 3 mm,结构面粗糙,为硅质胶结
结合一般	张开度 1～3 mm,为钙质或泥质胶结;张开度大于 3 mm,结构面粗糙,为铁质或钙质胶结
结合差	张开度 1～3 mm,结构面平直,为泥质或泥质和钙质胶结;张开度大于 3 mm,结构面粗糙,多为泥质或岩屑充填
结合很差	泥质充填或泥夹岩屑充填,充填物厚度大于起伏差

D. 岩体完整程度的定量确定

岩体完整程度的定量指标采用岩体完整性指数的实测值。当无条件取得实测值时,也可采用岩体体积节理数按表 2.11 确定。岩体完整性指数与定性划分的岩体完整程度的对应关系按表 2.12 确定。

表 2.11　J_V 与 K_V 对照表

J_V(条/m^3)	<3	3～10	10～20	20～35	>35
K_V	>0.75	0.75～0.55	0.55～0.35	0.35～0.15	<0.15

表 2.12　K_V 与定性划分的岩体完整程度的对应关系

K_V	>0.75	0.75～0.55	0.55～0.35	0.35～0.15	<0.15
完整程度	完整	较完整	较破碎	破碎	极破碎

②岩体基本质量分级

在上述岩体质量定量评价的基础上,可据下式确定岩体基本质量指标:

$$BQ = 90 + 3R_c + 250K_V$$

式中 R_c 的单位为 MPa。

这样,根据岩体基本质量指标,可按表 2.13 对岩体质量进行初步分级。

表 2.13　岩体基本质量分级

基本质量级别	岩体基本质量的定性特征	岩体基本质量指标(BQ)
Ⅰ	坚硬岩,岩体完整	>550
Ⅱ	坚硬岩,岩体较完整; 较坚硬岩,岩体完整	550～451

续表 2.13

基本质量级别	岩体基本质量的定性特征	岩体基本质量指标(BQ)
Ⅲ	坚硬岩,岩体较破碎; 较坚硬岩或软硬互层,岩体较完整; 较软岩,岩体完整	450～351
Ⅳ	坚硬岩,岩体破碎; 较坚硬岩,岩体较破碎～破碎; 较软岩或软硬岩互层,且以软岩为主,岩体较完整～较破碎软岩,岩体完整～较完整	350～251
Ⅴ	较软岩,岩体破碎; 软岩,岩体较破碎～破碎; 全部极软岩及全部极破碎岩	≤250

③工程岩体质量的详细分级

当遇有地下水、岩体稳定性受软弱结构面影响且由一组起控制作用或存在表 2.14 所列的高初始应力现象时,应用岩体基本质量指标修正值($[BQ]$),按表 2.13 对岩体质量进行详细分级。岩体基本质量指标修正值的计算式如下:

$$[BQ]=BQ-100(K_1+K_2+K_3)$$

式中 K_1——地下水影响修正系数;

K_2——主要软弱结构面产状影响修正系数;

K_3——初始应力状态影响修正系数。

它们的值分别按表 2.15、表 2.16、表 2.17 确定。当情况超出表中所列时,修正系数取 0。

表 2.14 高初始应力地区岩体在开挖过程中出现的主要现象

应力情况	主　要　现　象	R_c/σ_{max}
极高应力	1.硬质岩:开挖过程中时有岩爆发生,有岩块弹出,洞壁岩体发生剥离,新生裂隙多,成洞性差;基坑有剥离现象,成形性差 2.软质岩:岩心常有饼化现象,开挖过程中洞壁岩体有剥离,位移极为显著,甚至发生大位移,持续时间长,不易成洞;基坑发生显著隆起或剥离,不易成形	<4
高应力	1.硬质岩:开挖过程中可能出现岩爆,洞壁岩体有剥离和掉块现象,新生裂隙较多,成洞性较差;基坑时有剥离现象,成形性一般尚好 2.软质岩:岩心时有饼化现象,开挖过程中洞壁岩体位移显著,持续时间较长,成洞性差;基坑有隆起现象,成形性较差	4～7

注:σ_{max} 为垂直洞轴线方向的最大初始应力。

表 2.15 地下水影响修正系数(K_1)

BQ	>450	450～351	350～251	≤250
潮湿或点滴状出水	0	0.1	0.2～0.3	0.4～0.6
淋雨状或涌流状出水,水压≤0.1 MPa 或单位出水量≤10 L/(min·m)	0.1	0.2～0.3	0.4～0.6	0.7～0.9
淋雨状或涌流状出水,水压>0.1 MPa 或单位出水量>10 L/(min·m)	0.2	0.4～0.6	0.7～0.9	1.0

表 2.16 主要软弱结构面产状影响修正系数(K_2)

结构面产状及其与洞轴线的组合关系	结构面走向与洞轴线夹角<30°,结构面倾角 30°～75°	结构面走向与洞轴线夹角>60°,结构面倾角>75°	其他情况
K_2	0.4～0.6	0～0.2	0.2～0.4

表 2.17　初始应力状态影响修正系数(K_3)

BQ	>550	550～451	450～351	350～251	≤250
极高应力区	1.0	1.0	1.0～1.5	1.0～1.5	1.0
高应力区	0.5	0.5	0.5	0.5～1.0	0.5～1.0

扩展阅读——我国岩石种类分布

(1)火成岩

中国火成岩的分布特点主要与中国地理位置、地质构造和岩浆活动有关：

①地理位置：中国地处欧亚板块和太平洋板块交界处，是一个地质构造复杂、地震频繁的地区。在中国境内，存在许多火山和火山岛，如长白山、昆仑山、祁连山、海南岛等，这些地区都是火成岩分布比较集中的地带。

②地质构造：中国地质构造非常复杂，有许多构造带和构造活动，如华北克拉通、喜马拉雅造山带、西南地区的构造体系等，这些构造带和构造活动的存在为岩浆侵入和岩浆喷发提供了条件，因此火成岩在这些区域分布比较广泛。

③岩浆活动：中国的火山活动比较频繁，尤其是在青藏高原、东北、华南和华东等地区，这些地区的火成岩主要由火山岩和玄武岩等组成。

(2)沉积岩

中国沉积岩的分布特点主要与中国的地形地貌、地质构造、气候和水文地质条件有关：

①地形地貌：中国地形地貌复杂多样，包括高山、高原、盆地、平原、丘陵、海岸等不同的地形类型。在中国境内，不同的地形地貌对沉积岩的分布产生了不同的影响。例如，平原地区沉积岩的分布比较广泛，主要包括黄土、砂岩、泥岩、煤等；而海岸地区则主要有砾岩、砂岩、泥岩等。

②地质构造：中国地质构造复杂，包括克拉通、造山带、断裂带等不同的构造单元。在中国境内，不同的构造单元对沉积岩的形成和分布也产生了不同的影响。例如，在华北克拉通和四川盆地等区域，是沉积岩分布比较广泛的地区。

③气候和水文地质条件：中国气候和水文地质条件的不同也对沉积岩的形成和分布产生了影响。例如，在南方的湿润地区，岩石比较容易受到水的侵蚀和风化作用，沉积岩比较常见；而在北方干旱地区，风化程度较低，因此砂岩、页岩等岩石类型比较常见。

(3)变质岩

中国变质岩的分布特点主要与中国的地质构造、岩石圈演化历史、地质年代和岩石类型等因素有关：

①地质构造：不同的构造单元对变质岩的形成和分布产生了不同的影响。例如，造山带是变质岩分布的重要区域，如青藏高原、喜马拉雅山脉、华夏造山带等。

②岩石圈演化历史：中国岩石圈演化历史悠久，自元古代以来就经历了多次大地构造运动和岩浆活动，这些作用使得一部分原始沉积岩、火成岩和变质岩发生了深部变质作用，形成了不同类型的变质岩。

③地质年代：中国境内不同地区的变质岩形成年代不同，主要有古生代、中生代和新生代等不同的时期。例如，东北地区是典型的古生代变质岩分布区，而华夏造山带则是中生代变质岩分布区。

案例分析——中老铁路西双版纳隧道

(1)项目概况

北起中国昆明、南至老挝万象的中老铁路全长 1035 km(图 2.22),是习近平总书记两次批示的重点项目,也是首条以中方为主投资建设、全线采用中国技术标准、使用中国设备并与中国铁路网直接联通的国际铁路。中老铁路联通了两国壮丽山河,更联通了两国人民逐渐扩大的经济人文交流,"一带一路"绘出了中国与邻国同舟共济、权责公担的命运共同体的和谐画面。中国的影响力与日俱增,越来越多国家愿意与中国合作发展,铁路正好是搭起合作的桥梁,希望以中老铁路为契机,未来中国与周边邻国能进一步加强经济交流与合作。

图 2.22　中老铁路

西双版纳隧道位于云南省西双版纳傣族自治州景洪市,全长 10.7 km,最大埋深 620 m,最小埋深 20 m,穿越澜沧江断裂带及多条断层,围岩破碎、地下水丰富,高风险围岩段占 98%,并集高地应力、高地热于一体,溜塌、突涌、大变形等不良地质灾害频发,犹如在"豆腐渣"中打洞。

(2)超前地质预报

在隧道掘进前,中交二航局项目部采用超前钻探、物探相结合的综合超前地质预报法,一方面采用 TSP、地质雷达、瞬变电磁法等手段进行长距离探测,及时将地质预报结果反馈前场,以指导施工;另一方面通过超前钻探和加深炮孔来进一步验证预报结果,设置了 C6 钻机常驻 2 号斜井,随时对围岩突变、极破碎、弱围岩段或渗水严重地段主动实施超前钻探,从而有效获取了围岩相关信息,并能根据施工需要进行超前管控。在施工过程中,项目部根据围岩变化情况,同时结合挖机、铣挖机、湿喷机械手、开挖台架等现场机械设备的作业性能及效率,不断调整施工台阶高度及长度,降低临空面,减少机械设备的前期辅助工作时间,提高工作效率。

(3)控制围岩变形

为了克服软弱围岩极不稳定造成的变形塌方风险,在隧道掘进前,采用了超前钻探、物探相结合的综合超前地质预报法,及时准确地预报地质结果,精细调整每一循环开挖进尺。为攻克隧道掘进难题,隧道采取"长隧短打"方案,增设迂回平导,增加工作面、施工人员和机械设备等方式,实现多点开花、多头掘进。特别是针对膨胀土软弱地质,研发了四台阶加大锁脚的工法,有效控制了软弱围岩的变形,创下高风险Ⅴ级围岩单月掘进 106 m 的施工记录。与此同时,项目部还采用"短进尺、快循环"的开挖工法和机械化全工序作业,实现了"快挖、快支、快封闭",增强了围岩自稳能力,有效控制了围岩变形。

(4)生态环境保护

隧道从野象谷车站一路穿山越岭直到景洪市区,进口毗邻亚洲象自然保护区,出口是碧波荡漾的澜沧江,隧道穿越的山体表面果蔬、橡胶树等琳琅满目,风景如画。为保护环境,滇南铁路建设指挥部组织参建各方合理优化人力、机械等资源配置,严格落实生态环境保护制度,控制施工范围,优化取、弃土场和施工便道等临时设施,采用道路硬化、种草植树等防护措施,最大限度降低对生态环境的影响,修筑与山川同美的绿色生态廊道。

2021 年 1 月,西双版纳隧道全隧贯通,2021 年 12 月中老铁路建成通车。截至 2022 年 6 月 2 日,中老铁路累计发送旅客 327 万人次,其中国内段 286 万人次、老挝段 41 万人次;发送货物 403

万吨，其中跨境货物64.7万吨。长远来看，中老铁路必将成为我国辐射东南亚的重要国际大通道，也是中国工程建设在世界范围内的一张亮眼名片。

本章小结

(1)地质作用就是形成和改变地壳物质组成和内部构造，塑造地壳外部形态特征的各种自然作用。其中内力地质作用包括：构造运动、岩浆作用、变质作用、地震。外力地质作用包括：风化作用、剥蚀作用、搬运作用、沉积作用和固结成岩作用。地壳是由地质作用形成的各种岩石组成的。

(2)矿物是地壳中的元素在各种地质作用下形成的天然单质或化合物。矿物的形态、颜色、光泽、条痕、硬度、解理、断口等是鉴别矿物的主要标志。

(3)矿物的集合体组成岩石。岩石中矿物的结晶程度、颗粒大小、形态及彼此间的关系称作结构。而岩石中矿物集合体之间或矿物集合体与岩石其他组成部分之间的排列组合特征称为构造。结构与构造反映岩石的外貌特征。矿物成分、结构和构造是鉴别岩石的重要依据。

(4)火成岩是岩浆作用的产物。火成岩中分布最广的矿物有：橄榄石、辉石、角闪石、黑云母、斜长石、钾长石和石英。深成侵入岩常呈巨大的岩基或岩株产出，多具中粒或粗粒显晶质结构、块状构造。浅成侵入岩常呈岩墙、岩床、岩盆、岩盖等产出，多具细粒显晶质结构或斑状结构、块状构造。喷出岩常呈熔岩流、熔岩被产出，多具斑状结构、隐晶质结构和玻璃质结构，具气孔构造、杏仁构造和流纹构造。花岗岩和玄武岩是火成岩中分布最广的侵入岩和喷出岩。它们的力学强度高，尤以细粒花岗岩性能最佳，是优良地基和建筑材料。

(5)沉积岩最基本、最显著的特点是具有层理构造。沉积岩按其成因分为碎屑岩、化学或生物化学岩两大类。碎屑沉积岩的矿物成分以石英、黏土矿物为主，其次是长石和云母。按组成岩石的碎屑颗粒大小，以占50%以上的优势粒级为依据，将沉积岩划分为砾岩、砂岩、粉砂岩、页岩、泥岩和黏土等。非蒸发岩是最常见的化学和生物化学岩，主要有石灰岩、白云岩和硅质岩。蒸发岩则是纯化学成因岩石，主要有岩盐、石膏和硬石膏等。从总体上看，沉积岩的强度低于火成岩，形成时代老、岩层厚度大的沉积岩力学强度大。通常砾岩、砂岩强度都相当高，而黏土岩类一般较低且遇水则更差。

(6)由动力变质作用形成的角砾岩、碎裂岩和糜棱岩发育在断裂带中。由混合岩化作用形成的多种混合岩往往与区域变质岩石相伴生。接触变质作用发生在围岩与侵入体的接触带。片麻岩、石英岩、大理岩、板岩皆具有较高的力学强度，广泛地用作各种建筑材料。千枚岩和片岩岩性软弱。

(7)岩石主要的物理性质有相对密度、重度、孔隙性、吸水性、软化性、抗冻性等。岩石受力后其弹性变形性能一般用弹性模量和泊松比两个指标表示。岩石的强度按受力形式分为抗压强度、抗剪强度及抗拉强度。

(8)工程岩体分级应采用定性与定量相结合的方法，并分两步进行，先确定岩体基本质量，再结合具体工程的特点确定工程岩体级别。

习　题

2.1　最重要的造岩矿物有哪几种？其主要的鉴别特征是什么？

2.2　试对比沉积岩、火成岩、变质岩三大类岩石在成因、产状、矿物成分、结构构造等方面的不同特性。

2.3　简述沉积岩代表性岩石的特征及其工程地质性质。

2.4　简述火成岩代表性岩石的特征及其工程地质性质。

2.5　简述变质岩代表性岩石的特征及其工程地质性质。

2.6　岩石有哪些主要的物理性质和力学性质？

2.7　影响岩体工程性质的主要因素有哪些？

3 第四纪沉积土及其工程特性

学习目标

了解地质年代包括相对年代与绝对年代的概念。掌握利用地层层序律、生物层序律与切割律确定相对年代的基本方法。会查询地质年代表。熟悉第四纪沉积土的基本类型、成因以及工程特性。掌握土的物理力学指标以及工程分类原则。了解特殊土的种类和基本工程性质。

3.1 地质年代与第四纪沉积

1. 地质年代

(1)相对地质年代与绝对地质年代

地球形成至今已有46亿年。在整个地质历史时期,地质作用贯穿始终。因此时间的概念极其重要,地质学以相对年代和绝对年代两种方法计算时间。表示地质事件发生的先后顺序为相对年代,表示地质事件发生至今的年龄称为绝对年代(同位素年龄)。

①相对地质年代的确定方法

A. 地层层序律

地层层序律是确定地层相对年代的基本方法。未经过构造运动改造的层状岩层大多是水平岩层。水平岩层的层序为每一层都比它下伏的相邻层新而比它上覆的相邻层老,即下老上新(图3.1(a))。这就是地层层序律的基本内容。

岩层因构造运动而发生倾斜但未倒转时,倾斜面以上的岩层新,倾斜面以下的岩层老(图3.1(b))。

当构造运动使岩层层序颠倒称地层倒转,则老岩层就会覆盖在新岩层之上(图3.2)。这时要仔细研究沉积岩的泥裂、波痕、递变层理、交错层等原生构造来判别岩层的顶、底面。

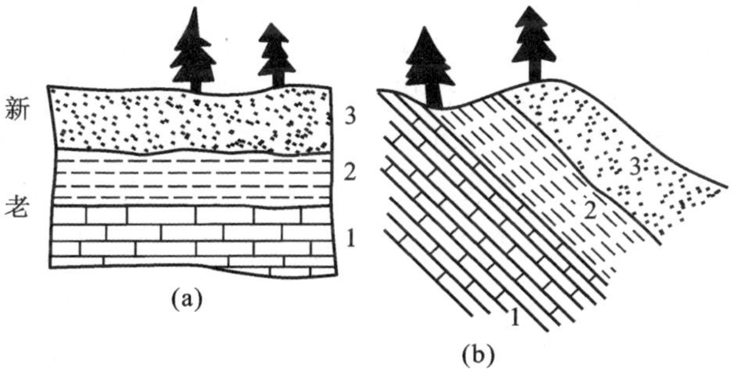

图3.1 岩层层序正常时地层层序律

(a) 岩层水平;(b) 岩层倾斜

1、2、3,依次从老到新

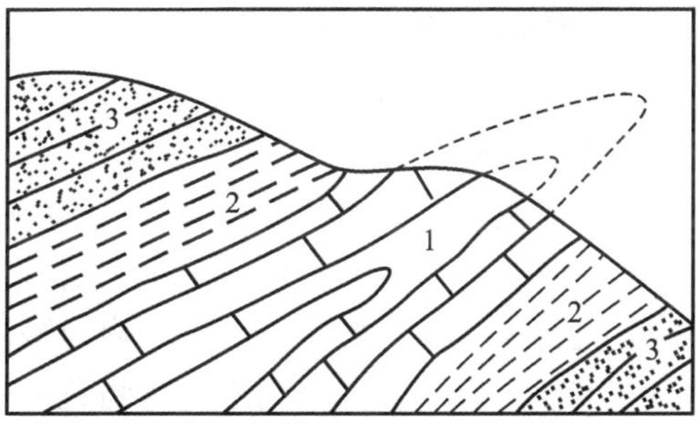

图3.2 岩层层序倒转时地层层序律

(图的中部新岩层被老岩层所覆盖)

1、2、3,依次从老到新

B. 生物层序律

沉积岩中保存的地质时期生物遗体和遗迹称为化石。化石的成分常常已变为矿物质，但原来生物骨骼或介壳等硬件部分的形态和内部构造却在化石里保存下来。在漫长的地质历史时期内，生物从无到有、从简单到复杂、从低级到高级发生不可逆转的发展演化。所以，不同地质时代的岩层中含有不同类型的化石及其组合。而在相同地质时期的相同地理环境下形成的地层，如果原先的海洋和陆地是相通的，则都含有相同的化石。这就是生物层序律。注意寻找和采集古生物化石标本，尤其是那些对确定地质年代有决定意义的标准化石，就可以依据古生物地层学方法确定岩层的地质年代。

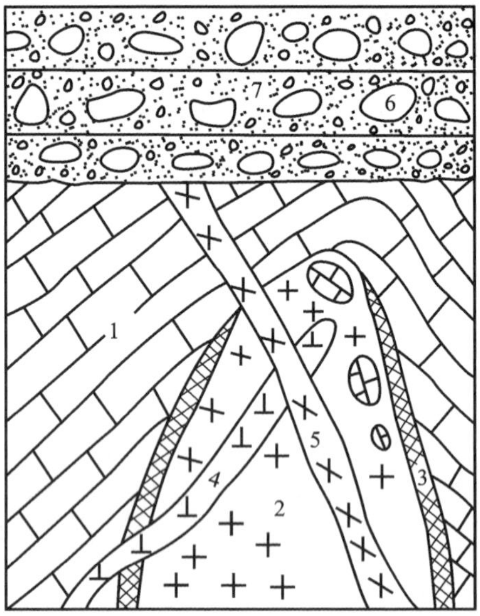

图 3.3　运用切割律确定岩石形成顺序

1—石灰岩，最早形成；2—花岗岩，形成晚于石灰岩，并有石灰岩捕虏体；3—矽卡岩，形成时间同花岗岩；4—闪长岩，晚于花岗岩形成；5—辉绿岩，晚于闪长岩形成；6—砾石，早于砾岩形成；7—砾岩，最晚形成

C. 切割律

不同时代的岩层或岩体常被侵入岩侵入穿插，就侵入岩与围岩相比，侵入者时代新，被侵入者时代老（图 3.3），这就是切割律。包裹者新，被包裹者老。如侵入体中捕虏体形成年代要老于侵入体（图 3.3）。砾岩中砾石的形成年代比砾岩老。此法还适用于有交切关系的地质体，图 3.3 中，砾岩与石灰岩为不整合接触关系（详见第 4 章）。不整合面以下的岩层时代老。

②绝对地质年代的确定方法

自 20 世纪 30 年代发现了元素的放射性后，同位素地质年代测定方法得到越来越广泛的应用。基本原理是基于放射性元素具有固定的衰变系数（衰变系数 λ 代表每年每克母体同位素能产生的子体同位素的克数），而且矿物中放射性同位素蜕变后剩余的母体同位素含量（N）与蜕变而成的子体同位素含量（D）可以测出，根据下列公式：

$$t=\frac{1}{\lambda}\ln\left(1+\frac{D}{N}\right)$$

就可以计算出该矿物从其形成到现在的实际年龄，即代表岩石的绝对年代。

通常用来测定地质年代的放射性同位素有：钾-氩、铷-锶、铀-铅和碳-14 等。其中，碳-14 专用于测定最新地质事件和大部分考古材料的年代。其余几种主要用来测定较古老岩石的地质年龄。

（2）地质年代表

通过对全球各个地区地层划分和对比以及对各种岩石进行同位素年龄测定，按年代先后进行系统性的编年，列出“地质年代表”（表 3.1）。它的内容包括地质年代单位、名称、代号和绝对年龄值等。

地质年代表使用不同级别的地质年代单位和年代地层单位。地质年代单位包括宙、代、纪、世，与其相对应的年代地层单位分别是宇、界、系、统。宙是地质年代的最大单位，根据生物演化，把距今 6 亿年以前仅有原始菌藻类出现的时代称为隐生宙，距今 6 亿年以后称为显生宙，是地球上生命大量发展和繁荣的时代。

代是地质年代的二级单位。隐生宙划分为两个代：太古代和元古代。显生宙进一步划分成三个代：古生代、中生代、新生代。与代相应的时段内形成的岩石地层相应单位为界。古生代是地球上生物繁盛的时代。所以，从寒武纪开始，就可以利用古生物化石来划分地层。中生代意为“中等生物”的时代，以陆上爬行动物盛行为特征。

纪是地质年代的三级单位。古生代分为六个纪，中生代分为三个纪，新生代分为两个纪（表 3.1）。在纪的时段内形成的岩石地层其年代地层单位称作系。世是纪下面的次一级地质年代单位。一般一个纪分成三个或两个世，称为早世、中世、晚世或早世与晚世，并在纪的代号右下角分别标出 1、2、3 或 1、2 表示之。比较特殊的是新生代划分为七个世（见表 3.1）。与世相应的年代地层单位称作统，它们相应地称为下统、中统和上统。

表 3.1 地质年代表

相对年代 宙(宇)	代(界)	纪(系)	世(统)代号	距今年龄[①](Ma)	生物开始出现时间	主要地壳运动
显生宙(宇)	新生代(界)Kz	第四纪(系)Q	全新世(统)Qh	0.01	←现代人	
			更新世(统)Qp	2.0		喜马拉雅运动
		第三纪(系)R 晚第三纪(系)N	上新世(统)N_2	5.3		
			中新世(统)N_1	24.6	←古猿	
		第三纪(系)R 早第三纪(系)E	渐新世(统)E_3	38.0		
			始新世(统)E_2	54.9		
			古新世(统)E_1	65		燕山运动
	中生代(界)Mz	白垩纪(系)K	晚(上)白垩世(统)K_2 早(下)白垩世(统)K_1	144	←被子植物	
		侏罗纪(系)J	晚(上)侏罗世(统)J_3 中(中)侏罗世(统)J_2 早(下)侏罗世(统)J_1	213	←哺乳类	印支运动
		三叠纪(系)T	晚(上)三叠世(统)T_3 中(中)三叠世(统)T_2 早(下)三叠世(统)T_1	248		海西运动(华力西运动)
	古生代(界)Pz 晚古生代(界)Pz_2	二叠纪(系)P	晚(上)二叠世(统)P_2 早(下)二叠世(统)P_1	286		
		石炭纪(系)C	晚(上)石炭世(统)C_3 中(中)石炭世(统)C_2 早(下)石炭世(统)C_1	360	←爬行类	
		泥盆纪(系)D	晚(上)泥盆世(统)D_3 中(中)泥盆世(统)D_2 早(下)泥盆世(统)D_1	408	←裸子植物 ←两栖类	加里东运动
	古生代(界)Pz 早古生代(界)Pz_1	志留纪(系)S	晚(上)志留世(统)S_3 中(中)志留世(统)S_2 早(下)志留世(统)S_1	438	←蕨类植物 ←鱼类	
		奥陶纪(系)O	晚(上)奥陶世(统)O_3 中(中)奥陶世(统)O_2 早(下)奥陶世(统)O_1	505	←无颌类	
		寒武纪(系)Є	晚(上)寒武世(统)$Є_3$ 中(中)寒武世(统)$Є_2$ 早(下)寒武世(统)$Є_1$	590		蓟县运动
隐生宙(宇)	元古代(界)Pt	震旦纪(系)Z	晚(上)震旦世(统)Z_2 早(下)震旦世(统)Z_1	800	←无脊椎动物	
				2500		五台运动
	太古代(界)Ar				←菌藻类	

① 据 W. B. Harland, A. V. Cox, etc, 1982。

各个代、纪延续时间不一(表 3.1),总趋势是年代越老延续时间越长,年代越新延续时间越短;年代越新者保留下来的地质事件的记录——地层越全,划分越细。此外,地质年代单位的划分也考虑到生物进化的阶段性，年代越新，生物进化的速度加快，反映出地质环境演化速度加快。

各地区在地质历史中所形成的地层事实上是不完全相同的。地方性岩石地层划分，首先是调查岩石性质、运用确定相对年代的方法研究它们的新老关系，对岩石地层进行系统划分。岩石地层单位，或称作地方性地层单位，可分为群、组、段等不同级别。群是岩石地层的最大单位，常常包含岩石性质复杂的一大套岩层，它可以跨一或二个统，如南京附近有象山群。组是岩石地层划分的基本单位，岩石性质比较单一，可以代表一个统或比统小的年代地层单位，如南京附近有栖霞组、龙潭组等。段是组内次一级的岩石地层单位，代表组内具有明显特征的一段地层，如南京附近栖霞组分出臭灰岩段、下硅质岩段、本部灰岩段等。群、组、段的前面常冠以该地层发育地区的地名。在岩石地层层序建立的基础上，通过古生物化石研究以及同位素绝对年龄测定建立地方性地层表或地层柱状图。

(3)我国地史概况

①太古代(界、Ar)

太古界主要分布于华北地区，为各类片岩、片麻岩。在冀东迁西地区发现同位素年龄为34.3亿～36.7亿年的变质岩，这是我国目前已知的最老地层。太古代时可能地球上已有原始生物，但至今尚未发现可靠化石。太古代末有一次强烈的地壳运动，我国称五台运动，表现为元古界不整合覆于太古界之上，同时有花岗岩侵入。

②元古代(界、Pt)

元古界主要分布于华北及长江流域，此外还分布在塔里木盆地及天山、昆仑山、祁连山等地。元古界分上、下两部分：下部为下元古界，为浅变质的沉积岩或沉积-火山岩系；上部称震旦系，为未变质的砂岩、石英岩、硅质灰岩(产藻类化石)和白云岩组成。早元古代末期的地壳运动，称吕梁运动。

③古生代(界、Pz)

古生代地层主要为石灰岩、白云岩、碎屑岩等海洋环境沉积。中、上石炭统和上二叠统在一些地区含煤。二叠纪末部分地区上升成为陆地。

早古生代的地壳运动，世界上称为加里东运动(表3.1)。在我国南方表现为泥盆系与前泥盆系，为角度不整合接触。二叠纪末期地壳运动影响广泛，内蒙、天山、昆仑山都发生强烈褶皱上升成山，并有岩浆活动，称之为海西运动(表3.1)。古生代末，海水消退，中国大陆雏形出现。

④中生代(界、Mz)

中生代时除南方部分地区和西藏等地为海洋环境外，我国大部分已形成为陆地。三叠系、侏罗系都是主要含煤地层。中生代发生多次强烈地壳运动，主要有印支运动和燕山运动(表3.1)，并伴随有广泛的岩浆侵入活动和火山爆发。中生代构造活动，奠定了我国东部地质构造的基础。

⑤新生代(界、Kz)

第三纪仅台湾和喜马拉雅地区仍被海水淹没，我国第三系主要为陆相红色碎屑岩沉积并含有丰富的岩盐。第三纪末期的地壳运动称为喜马拉雅运动(表3.1)，它使台湾和喜马拉雅地区褶皱上升成为山脉，并伴有岩浆活动，我国其他地区表现为断块活动。

2.第四纪地质

第四纪是新生代最晚的一个纪，也是包括现代在内的地质发展历史的最新时期。第四纪的下限一般定为二百万年。第四纪分为更新世和全新世，将更新世分为早、中、晚三个世(见表3.2)。大约在二百多万年前地球上出现了人类，这是最重大的事件。北京附近周口店的石灰岩洞穴中发现了大约生活在四五十万年以前的“北京猿人”头盖骨化石及其使用的工具。第四纪时期地壳有过强烈的活动，为了与第四纪以前的地壳运动相区别，把第四纪以来发生的地壳运动称为新构造运动。地球上巨大块体大规模的水平运动、火山喷发、地震等都是地壳运动的表现。第四纪气候多变，曾多次出现大规模冰川。地区新构造运动的特征，对工程区域稳定性问题的评价是一个基本要素。

表 3.2 第四纪地质年代表

地质年代			绝对年龄（万年）	
纪	世		距今时间	时间间隔
第四纪Q	全新世Q_4		1	1
	更新世	晚更新世Q_3	10	9
		中更新世Q_2	73	63
		早更新世Q_1	200	127

(1)气候变化特征

第四纪气候冷暖变化频繁，气候寒冷时期冰雪覆盖面积扩大，冰川作用强烈发生，称为冰期。气候温暖时期，冰川面积缩小，称为间冰期。第四纪冰期，在晚新生代冰期中，规模最大，地球上的高、中纬度地区普遍为巨厚冰流覆盖。当时气候干燥，因而沙漠面积扩人。中国大陆在冰期时，海平面下降，渤海、东海、黄海均为陆地，台湾与大陆相连，气候干燥、风沙盛行、黄土堆积作用强烈。第四纪冰川不仅规模大而且频繁。根据深海沉积物研究，第四纪冰川作用有 20 次之多，而近 80 万年每 10 万年有一次冰期和间冰期。

(2)新构造运动

20 世纪 40 年代以来，出于军事目的和对石油资源的需求，进行了大规模海底地质调查，获得大量成果，导致全球构造理论——板块构造学说的诞生。

1915 年德国魏根纳提出大陆漂移说，他认为大约距今 1.5 亿年前，地球表面有个统一的大陆，他称之为联合古陆。联合古陆周围全是海洋。从侏罗纪开始，联合古陆分裂成几块并各自漂移，最终形成现今大陆和海洋的分布。奥地利地质学家休斯对大陆漂移学说作了进一步推论，认为古大陆不是一个而是两个，北半球的一个称劳亚古陆，南半球的一个称冈瓦纳大陆。大陆漂移说的主导思想是正确的，但限于当时地质科学发展水平而未得到普遍接受。

20 世纪 50—60 年代大量科学观测资料支持大陆漂移说重新抬头。60 年代末形成板块构造理论，把大陆、海洋、地震、火山以及地壳以下的上地幔活动有机地联系起来，形成一个完整的地球动力系统。

板块学说认为：刚性的岩石圈分裂成六个大的地壳块体（板块），它们驮在软流圈上作大规模水平运动。各板块边缘结合地带是相对活动的区域，表现为强烈的火山（岩浆）活动、地震和构造变形等，而板块内部是相对稳定区域。全球划分出六个大的板块是：太平洋板块、美洲板块、非洲板块、印度洋板块、南极洲板块、欧亚板块，以及六个小型板块，共十二个板块（图 3.4）。

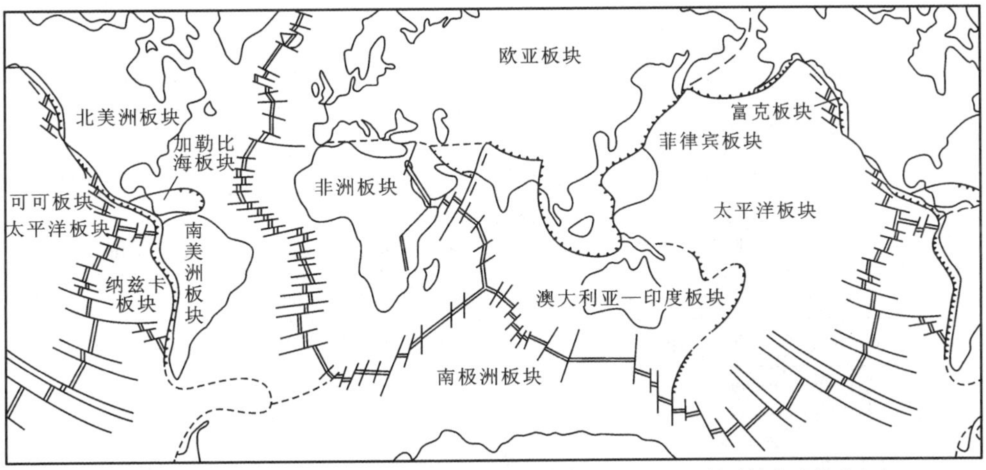

板块边缘：═══ 扩张脊 ┴┴┴┴ 消减带 ——— 转换断层 ----- 被动边缘或性质未定

图 3.4 全球板块的划分

（引自 Arthur N. Strahler，1977）

相邻板块间的结合情况有三种类型：

①岛弧和海沟，表现为大洋地壳沿海沟插入地下，构成消减带，并引起火山作用、地震以及挤压应力作用，如太平洋板块与欧亚板块间的情况(图3.5)。

②洋中脊，是地壳生成的地方，表现为拉张应力，如非洲板块与美洲板块之间。

③转换断层，是横穿过洋中脊的大断裂，表现为剪切应力作用。板块间的结合带与现代地震、火山活动带一致。板块构造学说极好地解释了地震的成因和分布。

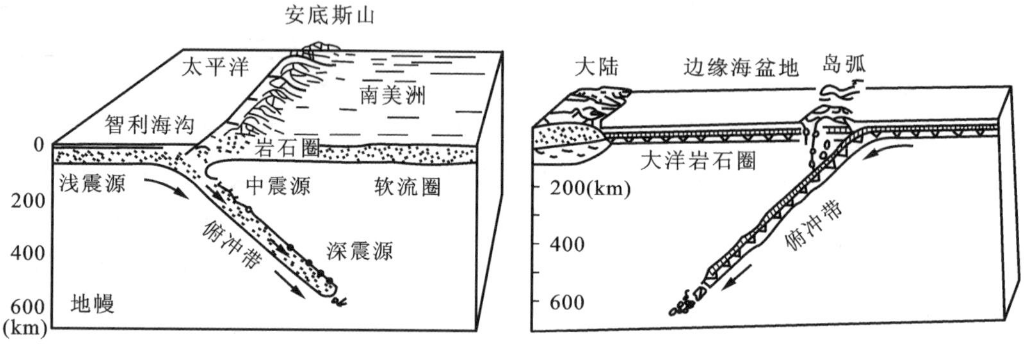

(a)　　　　(b)

图3.5　岛弧和海沟

(a)东太平洋俯冲作用形成的火山山脉及地震震源的分布；(b)西太平洋俯冲作用形成火山岛弧及边缘海盆地

3.2　土的地质成因类型

土是人类工程经济活动的主要地质环境，它是位于地壳表层的尚未固结成岩的松软堆积物，包含固、液和气体成分，由各类岩石经风化作用而成，主要为第四纪时期的产物(大多数不会早于更新世)。土与岩石一样是自然历史产物，区别在于土不具有刚性的联结，物理状态多变，力学强度低等。

第四纪历史虽然只有二百万年左右，但新构造运动强烈，海平面和气候变化频繁。因而第四纪沉积环境极为复杂。第四纪沉积物形成时间短，成岩作用不充分，常常成为松散、多孔、软弱的土层(土体)覆盖在前第四纪坚硬岩层(岩体)之上。表3.3列出了第四纪沉积物成因类型及其主导地质作用。

表3.3　第四纪沉积物成因类型及其主导地质作用

沉积物	成因类型	主导地质作用
风化残积	残　积	物理、化学风化作用
重力堆积	坠　积	较长期的重力作用
	崩塌堆积	短促间发生的重力破坏作用
	滑坡堆积	大型斜坡块体重力破坏作用
	土　溜	小型斜坡块体表面的重力破坏作用
大陆流水堆积	坡　积	斜坡上雨水、雪水间有重力的长期搬运、堆积作用
	洪　积	短期内大量地表水流搬运、堆积作用
	冲　积	长期的地表水流沿河谷搬运、堆积作用
	三角洲堆积(河-湖)	河水、湖水混合堆积作用
	湖泊堆积	浅水型的静水堆积作用
	沼泽堆积	潴水型的静水堆积作用

续表 3.3

沉积物	成因类型	主导地质作用
海水堆积	滨海堆积	海浪及岸流的堆积作用
	浅海堆积	浅海相动荡及静水的混合堆积作用
	深海堆积	深海相静水的堆积作用
	三角洲堆积(河-海)	河水、海水混合堆积作用
地下水堆积	泉水堆积	化学堆积作用及部分机械堆积作用
	洞穴堆积	机械堆积作用及部分化学堆积作用
冰川堆积	冰碛堆积	固体状态冰川的搬运、堆积作用
	冰水堆积	冰川中冰下水的搬运、堆积作用
	冰碛湖堆积	冰川地区的静水堆积作用
风力堆积	风　　积	风的搬运堆积作用
	风-水堆积	风的搬运堆积作用后来又经流水的搬运堆积作用

1. 残积土(Q^{el})

岩石经物理风化和化学风化作用后残留在原地的碎屑物称残积物或残积土，因其成层覆盖在地表，故又称残积层。残积土向上逐渐过渡为土壤层。土壤层直接分布在地表，因富含有机质颜色较深或有植物根系分布其中。残积层向下逐渐过渡为半风化岩石和新鲜基岩。半风化岩石自地表向地下，风化程度渐渐减弱，依次可划分出强风化岩石、中等风化岩石和弱风化岩石。土壤层、残积层、风化岩层和新鲜岩石形成完整的风化壳。残积碎屑物粒径由地表向深处由细变粗是其最重要的特征。

残积土不具有层理，粒度和成分受气候条件和母岩岩性控制。在干旱或寒冷地区，化学风化作用微弱而以物理风化作用为主，岩石风化产物多为棱角状的砂、砾等粗碎屑物质，其中缺少黏土矿物。在垂直剖面上，上部碎屑的粒径较小，向下部逐渐粗大。半干旱地区，除物理风化作用外，尚可有化学风化作用进行，残积物中常形成黏土矿物、铁的氢氧化物与Ca、Mg碳酸盐和石膏等。气候潮湿地区，化学风化作用活跃，物理风化作用不发育，残积物主要由黏土矿物组成，厚度也相应增大。气候湿热地区，残积物中除黏土矿物外，铝土矿和铁的氢氧化物含量高，常为红色。

残积土成分与母岩岩性关系密切。花岗岩的残积物中常含有由长石分解形成的黏土矿物，而石英则破碎成为细砂。石灰岩的残积物往往成为红黏土。碎屑沉积岩的残积物外观上变化不大，仅恢复其未固结前松散状态的特征。

残积土的厚度往往与地形条件有关，在陡坡和山顶部位常被侵蚀而厚度小。平缓的斜坡和山谷低洼处因不易被侵蚀而厚度较大。

残积土表部土壤层孔隙率大、压缩性(土在压力作用下体积缩小的特性)高、强度低。而其下部残积层常常是夹碎石或砂粒的黏性土或是被黏性土充填的碎石土、砂砾土，其强度较高。

2. 坡积土(Q^{dl})

在雨水或雪水的洗刷或本身的重力作用下，高处的风化碎屑物质向下搬运，堆积在平缓的斜坡或坡脚处，成为坡积土。坡积土的成分与高处的岩石性质往往有关。坡积物一般不具层理，有时局部可有层理。碎屑物一般呈棱角状或因经一段距离搬运而呈次棱角状。坡积物可以具有一定分选性，细小和粗大的碎块往往夹杂在一起，由于重力作用，比较粗大的碎屑物往往堆积在紧靠斜坡的位置，而细小的碎屑和黏土则分布在离开斜坡稍远处。坡积土厚度变化较大，在陡坡地段较薄，而在坡脚处较厚。

3. 洪积土(Q^{pl})

大雨或融雪水将山区或高地的大量碎屑物沿冲沟搬运到山前或山坡的低平地带堆积而成。洪积土在沟口往往呈扇状分布，扇顶在沟口，向山前低平地带展开，称为洪积扇(图 3.6)。

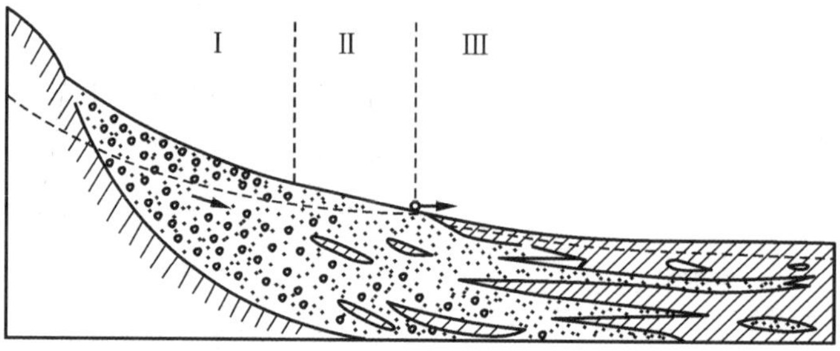

图 3.6　洪积扇沉积物(据胡广韬等，1983 改编)

Ⅰ—上部；Ⅱ—中部；Ⅲ—下部

洪积土具有一定程度的分选和磨圆。从水平方向看扇顶部位为粗碎屑物质，向扇体边缘逐渐变细成为砂类土和黏性土。因每次洪水流量大小不同，堆积物也不相同，因而洪积土常具有较明显的层理以及夹层、透镜体等。洪积土的厚度从扇顶向外逐渐变薄。

干旱与半干旱地区物理风化作用盛行，碎屑物质丰富。加之这些地区一般雨量集中，因而洪积土发育。我国华北、西北地区的洪积扇如图 3.6 所示，一般分为上、中、下三部分。它们具有不同的工程地质特征。上部多以砾石、卵石为主要成分。强度高、压缩性小，可作为工业、民用建筑的良好地基。但其孔隙大、透水性强，不易建坝。中部以砂土为主，下部以黏性土为主，一般是良好地基。主要在砂土向黏性土过渡地带及主要为黏性土分布地带，由于透水性的差异及地下水埋藏浅等因素的影响，常有泉水出露，形成沼泽。沼泽地带泥炭层强度低、压缩性大。

4. 冲积土(Q^{al})

河流沉积物称为冲积土。根据形成条件和环境分为：河床冲积土、河漫滩冲积土、牛轭湖冲积土和河口三角洲冲积土。它们具有一些基本共同的特性，因受河流长期搬运使碎屑物质磨圆度和分选性都较好；具有清楚的层理构造；具有良好的韵律性，表现在剖面上两种或两种以上沉积物交替、重复出现，例如卵石层、粗砂层构成的组合多次重复出现；除水平层理外，冲积物中交错层理往往很发育。

河床冲积土因河床水流速度大，沉积物较粗。山区河流或河流上游大多是粗大的石块、砾石和粗砂。河流中下游或平原区河流河床沉积物逐渐变细，但厚度增大。河漫滩冲积土主要分布于河流的中下游和平原区河流。洪水期河水漫溢，河漫滩被淹没，沉积的土粒较细，为粉土、粉质黏土或黏土。河漫滩冲积土之下常为早先河床沉积的砾、砂和粉细砂。这样河漫滩沉积及下面的河床沉积一起构成了“二元结构”。牛轭湖是河流废弃的弯道。牛轭湖静水环境中沉积形成淤泥和泥炭层，洪水期成为溢洪区，上部被细砂或粉质黏土覆盖。河口三角洲冲积土是在河流入海入湖处，将所搬运的大量细小碎屑物沉积而成，其面积广、厚度大，并常有淤泥质土和淤泥分布。大面积河漫滩和河口三角洲是冲积平原的主要类型，也常是人口聚集、经济较发达地区。

冲积土的工程地质特征可概括介绍如下：古河床冲积物的压缩性低、强度较高，是良好的建筑地基。现代河床冲积物密实度较差、透水性强，尤其不利于作为水工建筑物地基。河漫滩及阶地冲积土一般都是较好的地基，但要注意其中的软弱夹层以及粉细砂在地震时易产生振动破坏的问题。牛轭湖冲积物常是一些压缩性很高而强度很低的软弱土层，不宜作为建筑物天然地基。三角洲冲积物，土常呈饱和状态，强度较低，但三角洲冲积土最上层，因长期干燥比较硬实，强度较下面高，俗称硬壳层，可用作低层建筑物的天然地基。

5. 湖泊沉积土（Q^{l}）

湖泊是大陆上主要的沉积场所。湖水在风力作用下产生波浪称为湖浪。湖浪的大小与风力强弱、湖面的大小及水深等有关。一般在水深 20 m 以下的湖底就不受波浪干扰成为静水环境。在湖岸带，湖浪冲蚀湖岸形成湖蚀洞穴和湖蚀崖等地形。湖浪侵蚀的碎屑物以及由入湖河流等带来的碎屑物被湖流和湖浪等动力向湖心方向搬运。一般地说，搬运动力由湖岸向湖心逐渐减弱。较粗的砾、砂沉积在湖岸附近，具有较好的磨圆度及明显的层理和交错层理，并形成湖滩、沙洲、沙坝及沙嘴等地形。较细的碎屑物质被带到湖心发生沉积。湖心沉积物颗粒度细为黏土和淤泥，常夹有粉砂、细砂薄层。

湖岸沉积土以近岸带土的强度高，远岸较差。湖心沉积物一般压缩性高、强度很低。

湖泊淤塞后可变成沼泽，地表水聚集或地下水出露的洼地也会形成沼泽。沼泽沉积物主要是腐烂的植物残体、泥炭和部分黏土与细砂，组成沼泽土。泥炭含水量极高，强度低，一般不宜作天然地基。

6. 海洋沉积土（Q^{m}）

根据海底地形起伏和海水深度，由岸向海洋方向分为滨海带、浅海带、大陆斜坡和深海带。滨海带是海水运动强烈的近岸水域。波浪的作用一方面与其他外力作用共同破坏海岸带形成大量碎屑物质，另一方面又能引起海岸带物质的搬运与沉积。在进流和回流的作用下，碎屑物质得到很好的磨圆和分选，较粗的部分沿海岸形成砾滩、沙滩，而较细的在距岸一定距离的水下沉积形成沙堤或沙坝及沙嘴。这些沉积物都具有良好的层理和交错层理。滨海带沉积土一般都具有高强度，但透水性强。

浅海位于大陆架主体上，水深下限为 200 m。受较强的波浪影响海水较为动荡。浅海沉积土主要来自大陆，有细粒砂土、黏性土及淤泥，水平层理和交错层理十分发育。除碎屑沉积外，还有化学沉积和生物化学沉积（包括 Al、Fe、Mn 的氧化物及磷酸盐的化学沉积以及石灰质、硅质等生物化学沉积）。浅海沉积土较滨海疏松、含水量高、强度低。

大陆斜坡和深海沉积以生物软泥、黏土及粉细砂为主。海洋沉积土中，水下海底表层的砂砾层稳定性差，选择它作为地基时应注意海浪作用下发生移动变化的可能。

7. 冰碛土与冰水沉积土（Q^{gl}）

冰川融化，其搬运物就地堆积形成冰碛。巨大的石块和泥质混合在一起极不均匀，缺乏分选，磨圆差，棱角分明，不具成层性。砾石表面常具有磨光面或冰川擦痕，砾石因长期受冰川压力作用而弯曲变形，这些都是冰碛土的主要特点。

冰雪融化后形成的水流可冲刷和搬运冰碛土进行再沉积，形成冰水沉积。冰水沉积土具有一定程度分选和良好的层理。季候泥（纹泥）具有细薄的水平层理，颜色深浅相同，颗粒粗细不同。

8. 风积土（Q^{eol}）

干旱地区，地面无植被保护，岩石风化碎屑物被风吹扬，在风力减弱时发生沉积形成风积土。风积土中最常见的是风成砂与黄土。风成砂主要由砂、粉砂及少量黏土组成，分选性好，磨圆度高，具有层理和大型交错层理。风成黄土具有垂直节理，均匀无层理，孔隙大，具有湿陷性。

3.3 土的工程性质与分类

以松散土为对象，以服务于工程建筑为目的的分类称为土的工程分类（也称土质分类）。土的工程分类的任务是将用于工程建设目的的各种自然土，按其工程地质性质的差异划分为类或组。土质分类在土质学、土力学中一向是一个重要的基础理论课题，就土质分类的系统而言，应属于普通分类。松散土具有区别于岩石的独特性质，在工程实践中遇到的问题也多，研究历史悠久。

土(或土体)是地球表面还没有固化成岩的松散堆积物，它是在自然历史时期经过各种地质作用形成的地质体。大量的科学实验结果及生产实践均证明，土的工程地质性质与其形成方式、形成与发展变化的条件有着密切的关系，即与土的成因类型和形成的地质历史有关。同一成因类型的土，具有近似的工程地质性质；具有特殊性质的岩土，其生成条件也必将与众有所不同。

1. 土的物理力学性质

(1)粒径与粒组

土是由固体颗粒、水和气体三部分所组成的三相体系，土的物理性质主要用于描述土体三相的质量与体积间的相互比例关系，以及固、液两相相互作用所表现出来的特征。

土中固体颗粒的大小通常用土粒的直径(简称粒径)表示。工程上将土粒按粒径分组成为粒组，它表示某一级粒径的变化范围。土中各粒组的相对含量称为土的粒径级配。

(2)密度与重度

土粒密度是指固体颗粒的质量与其体积之比，即土粒的单位体积质量。土粒密度仅与组成土粒的矿物密度有关，而与土的孔隙大小和含水多少无关。砂土的土粒密度一般为 2.65 g/cm^3 左右；黏土的土粒密度一般为 2.70～2.75 g/cm^3。

土的密度是指土的总质量与总体积之比，也即为土的单位体积的质量。工程中还常用重度来表示类似的概念，土的重度定义为单位体积土的重量。土的密度取决于土粒的密度、孔隙体积及大小孔隙中水的质量多少，它综合反映了土的物质组成和结构特征。

(3)孔隙性和含水性

土的含水性指土中含水情况，说明土的干湿程度。土的含水率定义为土中水的质量与土粒质量之比，以百分数表示。土的孔隙中水的质量多少，综合反映了土的物质和结构特征。土的孔隙全部被普通液态水充满时的含水率称饱和含水率。天然状态下土的含水率称土的天然含水率。土中孔隙水的体积与孔隙体积之比称为土的饱和度，以百分数表示。饱和度愈大，表明土孔隙中充水愈多，饱和度的数值在 0～100%之间。干土的饱和度为 0；土中孔隙全部为水充填时，饱和度为 100%。

孔隙性指土中孔隙大小、数量、形状、性质以及连通情况。孔隙率是土的孔隙体积与土的总体积之比，或单位体积土中孔隙的体积，以百分数表示。孔隙比是土中孔隙体积与土粒体积之比，以小数表示。

(4)黏性土的稠度和塑性指标

稠度是指土的软硬程度或土对外力引起变形或破坏的抵抗能力。随着土中含水量的增加，土的状态可为固体、半固体到可塑直至流动状态。土从某种状态进入另外一种状态的分界含水量称为土的特征含水量或稠度界限。工程上常用的稠度界限有液性界限(简称液限)和塑性界限(简称塑限)。液限是土从可塑状态转变为流动状态时的含水量；塑限是土从半固体状态转变为可塑状态时的含水量；液限和塑限的差值称为塑性指数。液限、塑限和塑性指数统称为土的塑性指标。

2. 土的工程分类

土的工程分类分普通分类和专门分类两种。普通分类原则上应包括工程建设中所常遇到的各种土类。专门分类是以某一种特定的建筑工程为对象，按某一个或某几个单项指标所提出来的分类，它密切结合建筑类型，直接为某设计或解决某一具体问题服务。

(1)工程通用标准

有些虽只针对某些松散土或某一地区的松散土，但具有通用意义的分类也属此类。例如松散土按粒度组成、砂土按密度、黏性土按塑性指数、黄土按湿陷性的分类等。普通分类适用于各类工程建设，适用性广，一般多用于分析、对比和综合研究各类土的形成和变化规律，同时也是制订专门分类和高等学校进行教学的基础。

我国已建立了较为完整的土的工程分类体系，并于1991年颁布了中华人民共和国国家标准《土的分类标准》(GBJ 145—90)，现已被原建设部颁布的《土的工程分类标准》(GB/T 50145—2007)代替。此外，各行业的工程部门根据各自的专门需要，编制了专门分类标准，如《建筑地基基础设计规范》(GB50007—2011)和《岩土工程勘察规范》(GB50021—2001)等。分类中考虑了土颗粒组成及其特征、土的塑性指标(液限、塑限和塑性指数)以及土中有机质的存在情况等三方面的指标。

①分类的一般规定

A. 土的粒组应按表3.4规定的土颗粒粒径范围进行划分。

B. 土颗粒组成特征应根据土的级配指标的不均匀系数(C_u)和曲率系数确定(C_c)，并应符合下列规定：

(a)不均匀系数按下式计算

$$C_u = \frac{d_{60}}{d_{10}}$$

式中 d_{60}——限定粒径(mm)，即土样中小于该粒径的土粒质量占土粒总质量的60%；

d_{10}——有效粒径(mm)，即土样中小于该粒径的土粒质量占土粒总质量的10%。

表3.4 粒组的划分

粒组	颗粒名称		粒径 d 的范围(mm)
巨粒	漂石(块石)		$d>200$
	卵石(碎石)		$60<d\leqslant 200$
粗粒	砾粒	粗砾	$20<d\leqslant 60$
		中砾	$5<d\leqslant 20$
		细砾	$2<d\leqslant 5$
	砂粒	粗砂	$0.5<d\leqslant 2$
		中砂	$0.25<d\leqslant 0.5$
		细砂	$0.075<d\leqslant 0.25$
细粒	粉粒		$0.005<d\leqslant 0.075$
	黏粒		$d\leqslant 0.005$

(b)曲率系数按下式计算

$$C_c = \frac{(d_{30})^2}{d_{10}d_{60}}$$

式中 d_{30}——土样中小于该粒径的土粒质量占土粒总质量的30%的粒径值(mm)。

C. 细粒土根据塑性图分类。塑性图的横坐标为土的液限，纵坐标为塑性指数。当取质量为76 g、锥角为30°的液限仪锥尖入土深度为17 mm对应的含水量为液限时，按塑性图3.7分类。

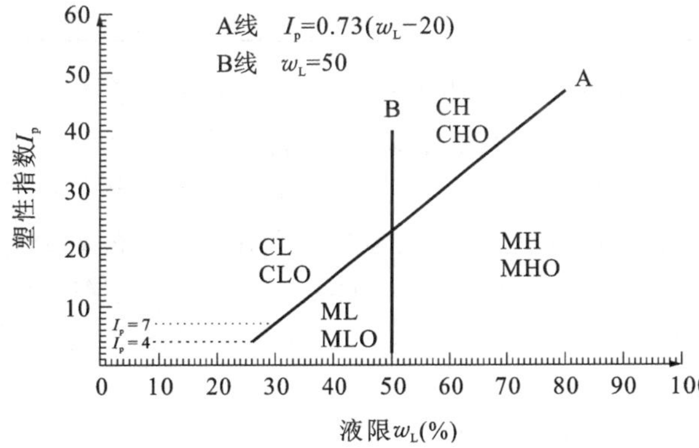

图3.7 塑性图

②一般土的分类

工程用土分为一般土和特殊土两大类。该标准的特殊土包括黄土、膨胀土和红黏土，可按其塑性指标在塑性图上的位置初步判别。下面主要介绍一般土的分类。

一般土按其不同粒组的相对含量划分为巨粒土和含巨粒土、粗粒土、细粒土。

A. 巨粒土和含巨粒土、粗粒土按其粒组、级配、所含细粒的塑性高低划分，分类和定名见表 3.5～表 3.7。

表 3.5　巨粒土和含巨粒土的分类

土类	粒组含量		土代号	土名称
巨粒土	巨粒含量>75%	漂石含量大于卵石含量	B	漂石(块石)
		漂石含量不大于卵石含量	Cb	卵石(碎石)
混合巨粒土	50%<巨粒含量≤75%	漂石含量大于卵石含量	BSI	混合土漂石(块石)
		漂石含量不大于卵石含量	CbSI	混合土卵石(碎石)
巨粒混合土	15%<巨粒含量≤50%	漂石含量大于卵石含量	SIB	漂石混合土(块石)
		漂石含量不大于卵石含量	SICb	卵石混合土(碎石)

表 3.6　砾类土的分类

土类	粒组含量		土代号	土名称
砾粒土	细粒含量<5%	级配：$C_u \geqslant 5, 1 \leqslant C_u \leqslant 3$	GW	级配良好砾
		级配：不同时满足上述要求	GP	级配不良砾
含细粒土砾	5%≤细粒含量<15%		GF	含细粒土砾
细粒土质砾	15%≤细粒含量<50%	细粒组中粉粒含量不大于 50%	GC	黏土质砾
		细粒组中粉粒含量大于 50%	GM	粉土质砾

表 3.7　砂类土的分类

土类	粒组含量		土代号	土名称
砂	细粒含量<5%	级配：$C_u \geqslant 5, 1 \leqslant C_c \leqslant 3$	SW	级配良好砂
		级配：不同时满足上述要求	SP	级配不良砂
含细粒土砂	5%≤细粒含量<15%		SF	含细粒土砂
细粒土质砂	15%≤细粒含量<50%	细粒组中粉粒含量不大于 50%	SC	黏土质砂
		细粒组中粉粒含量大于 50%	SM	粉土质砂

B. 细粒土是指土样中细粒组质量大于或等于总质量 50% 的土。其中，粗粒组质量占总质量的 25%～50% 者称含粗粒的细粒土，含部分有机质者称有机质土。

细粒土、含粗粒的细粒土和有机质土均据塑性图所确定的类别，按表 3.8 进行分类。但对于含粗粒的细粒土，还要根据所含粗粒的类别作进一步的划分。当粗粒中砾粒占优时，称含砾细粒土，应在相应的细粒土代号后缀以符号 G，如 CHG、CLG、MHG、MLG 等；当粗粒中砂粒占优时，称含砂细粒土，应在相应的细粒土代号后缀以符号 S，如 CHS、CLS、MHS、MLS 等。对于有机质土，则在土类代号后缀以符号 O，如 CHO、CLO、MHO、MLO 等。

(2)地基土的分类

该分类属专门分类，它将作为建筑物地基的土分为碎石土、砂土、粉土、黏性土和人工填土等。

表 3.8 细粒土的分类

土的塑性指标在塑性图 3.7 中位置		土类代号	土类名称
$I_P \geq 0.73(w_L-20)$ 和 $I_P \geq 7$	$w_L \geq 50\%$	CH	高液限黏土
	$w_L < 50\%$	CL	低液限黏土
$I_P < 0.73(w_L-20)$ 或 $I_P < 4$	$w_L \geq 50\%$	MH	高液限粉土
	$w_L < 50\%$	ML	低液限粉土

注：黏土～粉土过渡区(CL-ML)的土可按相邻土层的类别细分。

①碎石土是指粒径大于 2 mm 的颗粒含量超过全重 50%的土。碎石土根据粒组含量和颗粒形状，按表 3.9 分为漂石、块石、卵石、碎石、圆砾和角砾。

②砂土是指粒径大于 2 mm 的颗粒含量不超过全重 50%、粒径大于 0.075 mm 的颗粒超过全重 50%的土。砂土据粒组含量，按表 3.10 分为砾砂、粗砂、中砂、细砂和粉砂。

③粉土是指粒径大于 0.075 mm 的颗粒含量不超过全重的 50%、塑性指数小于或等于 10 的土。粉土据粒组含量可分为砂质粉土(粒径小于 0.005 mm 的颗粒不超过全重的 10%)和黏质粉土(粒径小于 0.005 mm 的颗粒超过全重的 10%)。

④黏性土是指塑性指数大于 10 的土。黏性土的工程性质与土的成因、形成年代的关系非常密切，不同成因和年代的黏性土，尽管其某些物理性质指标值可能很接近，但其工程性质可能相差很悬殊。因而，黏性土可按沉积年代、塑性指数进行分类。

表 3.9 碎石土的分类

土的名称	颗粒形状	粒组含量
漂石 块石	圆形及亚圆形为主 棱角形为主	粒径大于 200mm 的颗粒超过全重的 50%
卵石 碎石	圆形及亚圆形为主 棱角形为主	粒径大于 20mm 的颗粒超过全重的 50%
圆砾 角砾	圆形及亚圆形为主 棱角形为主	粒径大于 2mm 的颗粒超过全重的 50%

注：定名时应根据粒组含量由大到小以最先符合者确定。

表 3.10 砂的细分

土的名称	粒组含量
砾砂	25%≤砾砂粒含量<50%
粗砂	粗砂粒及以上含量>50%
中砂	中砂粒及以上含量>50%
细砂	细砂粒及以上含量>85%
粉砂	粉砂粒及以上含量≥50%

注：定名时应根据粒组含量由大到小以最先符合者确定。

A. 黏性土按沉积年代分类

(a)老黏土：老黏土是指第四纪晚更新世(Q_3)及其以前沉积的黏性土。它是一种沉积年代久、工程性质较好的黏性土，一般具有较高的强度和较低的压缩性(土在压力作用下体积压缩变小的性能)，其物理力学性质比具有相近物理指标的一般黏性土要好。广泛分布于长江中下游的晚更新世的下蜀黏土(Q_3)、湖南湘江两岸的网纹状黏性土(Q_2)和内蒙古包头地区的下亚层(Q_3)都属于老黏土。

(b)一般黏性土：一般黏性土是指第四纪全新世(Q_4)(文化期以前)沉积的黏性土。其分布面积最广，遇到的也最多，工程性质变化很大。

(c)新近沉积的黏性土：新近沉积的黏性土是指文化期以来新近沉积的黏性土，强度较低。其野外鉴别方法见表 3.11。

表 3.11 新近沉积黏性土的野外鉴别方法

沉积环境	颜色	结构性	包含物
河漫滩和山前洪、冲积扇(锥)的表层；古河道；已填塞的湖塘、沟、谷；河道泛滥区	颜色较深而暗，呈褐、暗黄或灰色，含有机质较多时带灰黑色	结构性差，用手扰动原状土时极易变软，塑性较低的土还有振动水析现象	在完整的剖面中无原生的粒状结核体，但可能含有圆形及亚圆形的钙质结核体(如姜结石)或贝壳等，在城镇附近可能含有少量碎砖、瓦片、陶瓷、铜币或朽木等人类活动的遗物

B. 黏性土按塑性指数分类

黏性土按塑性指数的指标值分为粉质黏土和黏土。其分类标准见表 3.12。

表 3.12 黏性土的分类

土的名称	塑性指数
粉质黏土	$10<I_P\leqslant17$
黏土	$I_P>17$

⑤土根据有机质含量可按表 3.13 分类。

表 3.13 土按有机质含量分类

分类名称	有机质含量 W_u(%)	现场鉴别特征	说明
无机土	$W_u<5\%$		
有机质土	$5\%\leqslant W_u\leqslant10\%$	深灰色,有光泽,味臭,除腐殖质外尚含少量未完全分解的动植物体,浸水后水面出现气泡,干燥后体积收缩	1. 如现场能鉴别或有地区经验时,可不做有机质含量测定; 2. 当 $w>w_L$,$1.0\leqslant e<1.5$ 时称淤泥质土; 3. 当 $w>w_L$,$e\geqslant1.5$ 时称淤泥
泥炭质土	$10\%<W_u\leqslant60\%$	深灰或黑色,有腥臭味,能看到未完全分解的植物结构,浸水体胀,易崩解,有植物残渣浮于水中,干缩现象明显	可根据地区特点和需要按 W_u 细分为: 弱泥炭质土($10\%<W_u\leqslant25\%$) 中泥炭质土($25\%<W_u\leqslant40\%$) 强泥炭质土($40\%<W_u\leqslant60\%$)
泥炭	$W_u>60\%$	除有泥炭质土特征外,结构松散,土质很轻,暗无光泽,干缩现象极为明显	

注:有机质含量 W_u 按灼失量试验确定。

3.4 我国常见特殊土

特殊土是指具有一定分布区域或工程意义上具有特殊成分、状态或结构特征的土。我国的特殊土不仅类型多,而且分布广。下面简要介绍我国几种主要特殊土的基本特性。

1. 黄土

(1)黄土的成因和分布

黄土是第四纪干旱和半干旱气候条件下形成的一种特殊沉积物。颜色多呈黄色、淡灰黄色或褐黄色。黄土按成因分为原生黄土和次生黄土,一般认为不具层理的风成黄土为原生黄土。原生黄土经过流水冲刷、搬运和重新沉积而形成的为次生黄土。次生黄土一般具有层理,并含有砂砾和细砾。

黄土在天然状态下土质坚硬、压缩性小、强度较高。有些地区的黄土浸水后结构受到破坏,强度迅速降低,会发生突然下沉现象,这种性质称为黄土的湿陷性。而有些地区的黄土并不发生湿陷。非湿陷性黄土的工程性质接近一般黏性土。

我国黄土分布面积约 64 万 km^2。其中具有湿陷性的约 27 万 km^2。分布在北纬 33°～47°之间。黄土的湿陷性在我国总体上呈现由西北向东南逐渐减弱的趋势。

(2)黄土的堆积时代及代表地层

我国黄土堆积时代包括整个第四纪。形成于距今 120 万～70 万年之间的下更新世(Q_1)午城黄土和形成于距今 70 万～10 万年之间的中更新世(Q_2)离石黄土称为老黄土,其大孔结构多已退化,一般仅在黄土的上部有轻微湿陷性,或在大压力下有湿陷性。Q_2 黄土分布普遍,厚度为 50～70 m,在黄河中游最厚可达 170 m。

覆盖在上述黄土及河谷阶地之上的晚更新世(Q_3)马兰黄土,形成于距今 10 万～0.5 万年。全新世早期(Q_4)堆积的黄土,形成于距今 5000 年以内。Q_3 黄土和 Q_4^1 黄土土质相近,均匀、疏松,大孔和虫孔发育,具垂直节理,有较强烈的湿陷性,称之为新黄土。此层黄土与工程建设关系最为密切。

在全新世上部，部分地段还有新近堆积的黄土存在，称为 Q_4^2 黄土，为最新堆积物，多分布于河漫滩、低阶地、山间洼地的表层及洪坡积地带，生孔、大孔发育，结构松散，承载力较低，具有高压缩性和湿陷性。

(3)黄土的成分和结构

黄土以粉土，尤以粗粉土(粒径为 0.01～0.05 mm)为主，平均含量达 50%以上。黄土的矿物成分以石英、长石、碳酸盐岩等为主，并含部分黏土矿物。黏土矿物多为水云母，并有少量蒙脱石和高岭石等。

黄土的化学成分与黄土的矿物成分和风化有关。主要有 SiO_2、Al_2O_3、CaO，其次为 Fe_2O_3、MgO 和 K_2O，此外尚含微量分散元素。

黄土中的易溶盐类，以碳酸盐为主，氯化物和硫酸盐次之。黄土中易溶盐含量的区域性变化比较明显，不同成因黄土中易溶盐含量亦不同，例如冲积黄土易溶盐含量低于其他成因黄土。

黄土的结构与成因密切相关。残积、坡积黄土多具不等粒"斑状"结构，大孔隙多，形状复杂，孔隙边缘明显；而冲积黄土则具有细粒"等粒"结构，大孔隙少，多为长形或圆形粒间小孔，轮廓不甚清楚。

黄土孔隙率高达 40%～50%，这是由于除粒间小孔外，黄土中还发育各种特有的大孔隙。黄土孔隙率随黄土地层年代和成因而变化，一般地层越老，孔隙率越低；坡积、残积黄土的孔隙率比冲积黄土高。湿陷性黄土一般具有粒状架空接触式结构。它形成于干旱半干旱气候条件。这种结构的特点是具有大孔隙，其孔径往往超过粒径。碳酸钙颗粒起骨架作用。胶结物数量少，仅存于细砂及粉砂接触处。浸水后粒间可溶性盐类被溶解造成结构联结破坏，此外，由于在其形成过程中处于欠压密状态和保持低湿度、大孔隙特点，因而在受水浸湿后会突发沉陷。

(4)黄土的基本工程地质特征

天然状态下黄土的主要特点是压实程度差，孔隙大、孔隙率高，含水少、透水性强和强度高。

①黄土湿陷性判别

可根据浸水压缩试验在规定压力(一般为 0.2 MPa)下测定的湿陷系数 δ_S 来判定。天然黄土试样在规定压力下压缩稳定后测试样高度 h_1，然后加水浸湿再测下沉稳定后高度 h_2，设试样原始高度为 h_0，则湿陷系数 $\delta_S=(h_1-h_2)/h_0$。当 $\delta_S>0.015$ 时定为湿陷性黄土。根据湿陷系数 δ_S 大小可判定黄土湿陷性强弱：弱湿陷性为 0.015～0.03；中等湿陷性为 0.03～0.07；强湿陷性为>0.07。

②黄土的自重湿陷与非自重湿陷

黄土的湿陷是在包括上覆土自重压力和附加压力下产生的，发生湿陷现象的界限压力称为湿陷起始压力。黄土湿陷起始压力随黄土胶结物含量、湿度、密度以及土的埋深增大而增高。一般可根据浸水压缩试验所得到的 δ_S-P 关系曲线，将 $\delta_S=0.015$ 时对应的压力定为湿陷起始压力。根据湿陷起始压力判定湿陷类型。即上覆土层饱和自重力大于该土层的湿陷起始压力即产生湿陷，这类湿陷为自重湿陷。而上覆土层饱和自重力小于土层的湿陷起始压力，只有在与附加压力共同作用下才能超过土层的湿陷起始压力使其发生湿陷，这类湿陷称为非自重湿陷。区分黄土的自重湿陷与非自重湿陷在工程实践中具有现实意义。在自重湿陷型黄土地区，往往因洼地积水会造成地面下沉或因排水不当致使建筑地基产生裂缝或引起路基坍塌，而在非自重湿陷性黄土地区极少见有这种情况。

2. 红黏土

(1)红黏土的定义与形成条件

碳酸盐岩系出露区的岩石，经红土化作用形成的棕红、褐黄等色的高塑性黏土称为红黏土。其液限一般大于 50，上硬下软，具明显的收缩性，裂隙发育。红黏土的形成，一般应具备气候和岩性两个条件。其气候特点是，气候变化大，年降水量大于蒸发量，潮湿的气候有利于岩石的机械风化和化学风化；就岩性而言，主要为碳酸盐类岩石，当岩层褶皱发育、岩石破碎时，更易形成红黏土。

(2)红黏土的分布规律

红黏土主要为残积、坡积类型，也有洪积类型，其分布多在山区或丘陵地带。这种受形成条件所控制的土，为一种区域性的特殊性土。在我国以贵州、云南、广西分布最为广泛和典型，其次在安徽、川东、粤北、鄂西和湘西也有分布。一般分布在山坡、山麓、盆地或洼地中。其厚度的变化与原始地形和下伏基岩面的起伏变化密切相关，分布在盆地或洼地时，其厚度变化大体是边缘较薄，向中间逐渐增厚；分布在基岩面或风化面上时，则取决于基岩起伏和风化层深度。当下伏基岩的溶沟、溶槽、石芽等较发育时，上覆红黏土的厚度变化极大，常仅咫尺之隔，竟相差 10 m 之多。就地区论，贵州的红黏土厚度为 3～6 m，超过 10 m 者较少；云南地区一般为 7～8 m，个别地段可达 10～20 m；湘西、鄂西、广西等地一般在 10 m 左右。

(3)红黏土的成分特点

红黏土的粒度成分中，小于 0.005 mm 的黏粒含量为 60%～80%，其中小于 0.002 mm 的胶粒占 40%～70%，使红黏土具有高分散性。红黏土的矿物成分主要为高岭石、伊利石和绿泥石。红黏土的化学成分以 SiO_2、Al_2O_3 和 Fe_2O_3 为主，其次为 CaO、MgO、K_2O 和 Na_2O。黏土矿物具有稳定的结晶格架，细粒组结成稳固的团粒结构，土体近于两相系且土中水多为结合水，所有这些都是决定红黏土具有良好力学性能的基本因素。

(4)红黏土的基本工程地质特征

①红黏土的物理力学性质

红黏土的物理力学性质具有两大特点，一是天然含水量高，密度小，孔隙比高以及高塑性(液限和塑限都很高)，但却具有较高的力学强度和较低的压缩性；二是各种指标的变化幅度很大。

②红黏土的裂隙性与胀缩性

A. 红黏土的裂隙性

处于坚硬和硬塑状态的红黏土层，由于胀缩作用形成了大量裂隙。裂隙发育深度一般为 3～4 m，已见最深者达 6.0 m。裂隙面光滑，有的带擦痕、有的被铁锰质浸染，裂隙的发生和发展速度极快，在干旱气候条件下，新挖坡面数日内便可被收缩裂隙切割得支离破碎，使地面水易侵入，土的抗剪强度降低，常造成边坡变形和失稳。

B. 红黏土的胀缩性

有些地区的红黏土具有一定的胀缩性，如贵州的贵阳、遵义、铜仁，广西的桂林、柳州、来宾、贵县等。这些地区由于红黏土地基的胀缩变形，致使一些单层(少数为 2～3 层)民用建筑物和少数热工建筑物出现开裂破坏，其中以广西地区较为严重，贵州地区较轻，有些地区红黏土的胀缩性很轻微，可不作膨胀土对待。红黏土的胀缩性能表现为以缩为主。即在天然状态下膨胀量微小，收缩量较大，经收缩后的土试样浸水时，可产生较大的膨胀量。

③红黏土中的地下水特征

红黏土的透水性微弱，其中的地下水多为裂隙性潜水和上层滞水，它的补给来源主要是大气降水、基岩岩溶裂隙水和地表水体，水量一般均很小。在地势低洼地段的土层裂隙中或软塑、流塑状态土层中可见土中水，水量不大，且不具统一水位。红黏土层中的地下水水质属重碳酸钙型水，对混凝土一般不具腐蚀性。

3. 软土

(1)软土的定义和成因

软土一般是指天然含水量大、压缩性高、承载力低的一种软塑到流塑状态的黏性土。如淤泥、淤泥质土以及其他高压缩性饱和黏性土、粉土等。

淤泥和淤泥质土是指在静水或缓慢的流水环境中沉积，经生物化学作用形成的黏性土。这种黏性土含有机质，天然含水量大于液限。当天然孔隙比 e 大于 1.5 时称为淤泥；天然孔隙比 e 小于 1.5 而大于 1.0 时，称为淤泥质土；当土的烧失量大于 5%时，称有机质土；大于 60%时，称泥炭。

(2)软土的成因类型

软土按沉积环境有下列类型：

①滨海沉积

滨海沉积的软土包括：

A. 滨海相

常与海浪岸流及潮汐的水动力作用形成较粗的颗粒(粗、中、细砂)相掺杂，使其不均匀和极疏松，增强了淤泥的透水性能，易于压缩固结。

B. 泻湖相

颗粒微细、孔隙比大、强度低、分布范围较宽阔，常形成海滨平原。在泻湖边缘，表层常有厚为0.3～2.0 m的泥炭堆积。底部含有贝壳和生物残骸碎屑。

C. 溺谷相

孔隙比大、结构疏松、含水量高。分布范围略窄，在其边缘表层也常有泥炭沉积。

D. 三角洲相

由于河流及海潮的复杂交替作用，而使淤泥与薄层砂交错沉积，受海流与波浪的破坏，分选程度差，结构不稳定，多交错成不规则的尖灭层或透镜体夹层，结构疏松，颗粒细小。如上海地区深厚的软土层中夹有无数的极薄的粉砂层，为水平渗流提供了良好条件。

②湖泊沉积

湖泊沉积是近代淡水盆地和咸水盆地的沉积。沉积物中夹有粉砂颗粒，呈现明显的层理。淤泥结构松软，呈暗灰、灰绿或暗黑色，厚度一般为10 m左右，最厚者可达25 m。

③河滩沉积

河滩沉积主要包括河漫滩相和牛轭湖相。成层情况较为复杂，成分不均一，走向和厚度变化大，平面分布不规则。一般常呈带状或透镜状，间与砂或泥炭互层，其厚度不大，一般小于10 m。

④沼泽沉积

沼泽沉积分布在地下水、地表水排泄不畅的低洼地带，多以泥炭为主，且常出露于地表。下部分布有淤泥层或底部与泥炭互层。

(3)软土的分布

软土在我国沿海地区分布广泛，内陆平原和山区亦有分布。我国东海、黄海、渤海、南海等沿海地区，例如滨海相沉积的天津塘沽，浙江温州、宁波等地，以及溺谷相沉积的闽江口平原，河滩相沉积的长江中下游、珠江下游、淮河平原、松辽平原等地区。内陆(山区)软土主要位于湖相沉积的洞庭湖、洪泽湖、太湖、鄱阳湖四周和古云梦泽地区边缘地带，以及昆明的滇池地区，贵州六盘水地区的洪积扇等。

(4)软土的工程性质

①触变性

软土具有触变特征，当原状土受到振动以后，破坏了结构连接，降低了土的强度或很快地使土变成稀释状态。触变性的大小，常用灵敏度来表示，软土一般在3～4之间，个别可达8～9。为此当软土地基受振动荷载后，易产生侧向滑动、沉降及基底面两侧挤出等现象。

②流变性

软土除排水固结引起变形外，在剪应力作用下，土体还会发生缓慢而长期的剪切变形。这对建筑物地基的沉降有较大的影响，对斜坡、堤岸、码头及地基稳定性不利。

③高压缩性

软土是属于高压缩性的土，压缩系数大，这类土的大部分压缩变形发生在垂直压力为100 kPa左右。反映在建筑物的沉降方面为沉降量大。

④低强度

由于软土具有上述特性，地基强度很低。其不排水抗剪强度一般均在20 kPa以下。

⑤低透水性

软土透水性能弱，一般垂向渗透系数在 $10^{-6}\sim10^{-8}$ 量级之间，对地基排水固结不利，反映在建筑物沉降延续时间长。同时，在加载初期，地基中常出现较高的孔隙水压力，影响地基的强度，同时也反映在建筑物沉降延续的时间很长。

⑥不均匀性

由于沉积环境的变化，黏性土层中常局部夹有厚薄不等的粉土，使水平和垂直分布上有所差异，作为建筑物地基则易产生差异沉降。

4. 膨胀土

(1)膨胀土的成因和分类

膨胀土是一种对环境变化，特别是对于湿热变化非常敏感的土。其反映的是体积随水量增加发生膨胀和随水量减小而收缩，产生膨胀压力。影响土的膨胀性的主要矿物是蒙脱石。

膨胀土在我国有着广泛的分布，至今先后发现膨胀土的省区达 20 多个，尤其在"北京—西安—成都一线东南、杭州—广西一线西北"这一北东—南西向的广大区域内，分布最为普遍。

膨胀土的地质成因多以残-坡积、冲积、洪积、湖积为主。一般位于盆地内垅岗、山前丘陵地带和二、三级阶地上。我国膨胀土，按其成因及特征基本分为三类(表 3.14)：第一类为湖相沉积及风化层，黏土矿物中以蒙脱石为主，自由膨胀率、液限、塑性指数都较大，土的膨胀、收缩性最显著；第二类为冲积、冲洪积及坡积物，黏土矿物中以伊利石为主，自由膨胀率和液限较大，土的膨胀、收缩性也显著；第三类为碳酸盐类岩石的残积、坡积及洪积的红黏土，液限高，但自由膨胀率常小于 40%，故常被定为非膨胀土，但其收缩性很显著。

表 3.14　膨胀土分类表

类别	地貌	典型地层	岩性	矿物成分(<2μ)	含水量(%)	孔隙比	液限(%)	塑性指数	分布的典型地区
一类	分布于盆地边缘与丘陵地	晚第三纪至第四纪湖相沉积及其第四纪风化层	以灰白、灰绿等杂色黏土为主(包括半成岩的岩石)，裂隙特别发育，常有光滑面和擦痕	蒙脱石为主	20～37	0.6～1.7	45～90	21～48	云南蒙自、鸡街，广西宁明，河北邯郸，河南平顶山，湖北襄樊
二类	分布于河流阶地	第四纪冲积层、冲洪积层、坡洪积层(包括少量冰水沉积)	以灰褐、褐黄、红、黄色黏土为主，裂隙很发育，有光滑面和擦痕	伊利石为主	18～23	0.5～0.8	36～54	18～30	安徽合肥，四川成都，湖北枝江、郧县，山东临沂
三类	分布于岩溶地区准平原、谷地	碳酸盐类岩石的残坡积及洪积层	以红棕、棕黄色高塑性黏土为主，裂隙发育，有光滑面和擦痕		27～38	0.9～1.4	50～110	20～45	广西贵县、来宾、武宜

(2)膨胀土的工程地质特性

膨胀土一般呈红、黄、褐、灰白等色，具斑状结构，常含铁、锰或钙质结核，具网纹开裂，有蜡状光泽的挤压面，类似劈理。土层表层常因失水收缩出现纵横交错的裂隙和龟裂现象，使土体的完整性破坏，强度降低。

膨胀土中黏粒常达 35%以上。矿物成分以蒙脱石和伊利石为主，高岭石和多水高岭石较少。化学成分以 SiO_2、Al_2O_3 和 Fe_2O_3 为主。液限和塑性指数都较大，饱和度较大，一般都在 80%以上。但天然含水量较小，多为 17%～36%，一般为 20%左右。所以，膨胀土常处于硬塑或坚硬状态。膨胀土强度较高，压缩性中等偏低，故常被误认为是较好的天然地基。当含水量增加和结构扰动后，力学性质减弱明显。研究表明，浸湿且结构破坏的重塑土，其抗剪强度可比原状土降低 1/3～2/3，其中内聚力降低明显，内摩擦角减少较小；压缩性增大，压缩系数可增大 1/4～1/2。膨胀土由于具有膨胀和收缩的特性会导致建筑物开裂和损坏；导致斜坡建筑场地崩塌、滑坡、地裂。因此在膨胀土地区进行工程建设时，必须采取必要的设计和施工措施。

5. 冻土

(1)冻土的分类

冻土是指温度低于摄氏零度且含有冰的各类土。根据其冻结时间可分为季节性冻土和多年冻土。

①季节性冻土

季节性冻土是受季节性的影响，冬季冻结，夏季全部融化，呈周期性冻结、融化的土。季节性冻土在我国的华北、西北和东北广大地区均有分布。因其周期性的冻结、融化，对地基的稳定性影响较大。

②多年冻土

多年冻土是冻结状态持续多年(一般是 3 年以上)不融的冻土，多年冻土常存在于地面下的一定深度，其上部接近地表部分，往往亦受季节性影响，冬冻夏融，此冬冻夏融的部分常称为季节融冻层。因此，多年冻土地区常伴有季节性冻结现象。

(2)冻土的力学性质

①冻土的融化压缩

冻土融化过程中在无外荷作用的情况下，所产生的沉降称为融化下沉(简称融陷)。用相对融陷量——融沉系数(亦称融化系数)A_0 表示。冻土融化后，在外荷作用下所产生的压缩变形称为融化压缩。用单位荷载下的相对变形量——融化压缩系数表示。

②冻胀量

土的冻胀是土冻结过程中土体积增大的现象。土的冻胀性以冻胀率(冻胀变形量与冻结深度之比)来衡量。

③法向和切向冻胀力

地基土冻结时，随着土体的冻胀，作用于基础底面上的抬起力，称为基础底面的法向冻胀力，简称法向冻胀力。平行向上作用于基础侧表面的抬起力，称为基础侧面的切向冻胀力，简称切向冻胀力。

④冻结力

冻土与基础表面通过冰晶胶结在一起，这种胶结力称为基础与冻土间的冻结强度，简称冻结力。

⑤冻土的抗剪强度

冻土的抗剪强度是指冻土在外力作用下，抵抗剪切滑动的极限强度。冻土的抗剪强度不仅与外压力有关，而且与土温及荷载作用有密切关系。

(3)冻土的工程性质

①季节性冻土的工程性质

冻土作为建筑物地基，在冻结状态时，具有较高的强度和较低的压缩性。但冻土融化后则承载力大为降低，压缩性急剧增高，使地基产生融陷；相反，在冻结过程中又产生冻胀，对地基均为不利。冻土的冻胀和融陷与土的颗粒大小及含水量有关，一般土粒愈粗，含水量愈小，土的冻胀和融陷愈小；反之则愈大。可以根据土质、天然含水量和冻结期间地下水低于冻深的最小距离等对冻土的冻胀性进行分类。

②多年冻土的工程性质

多年冻土根据土的类别、总含水量和融化后的潮湿程度进行融陷性分级及评价。

A. 不融陷土：除基岩之外为最好的地基土，一般建筑物可不考虑冻融问题；

B. 弱融陷土：为多年冻土较良好的地基土，融化下沉量不大，一般当基底最大融深控制在 3 m 之内时，建筑物均未遭受明显的破坏；

C. 中融陷土：作为建筑物地基时，一般基底融深不得大于 1 m，因这类土不但有较大的融陷量，而且冬天回冻时，应采取专门措施，如深基、保温、防止基底融化等；

D. 强融陷土：往往会造成建筑物的破坏，因此原则上不容许地基土发生融化，宜采用保持冻土的原则设计或采用桩基等；

E. 极融陷土：因含有大量的冰，所以不但不容许基底融化，还应考虑它的长期流变作用，需进行专门处理，如采用砂垫层等。

6. 盐渍土

(1)盐渍土的成因与分类

盐渍土系指含有较多(大于 0.5%)易溶盐类的土。这类土常具有吸湿、松胀等特性。盐渍土主要形成于干旱半干旱地区，因为这些地区蒸发量大、降雨量小、毛细作用强，所以极利于盐分在地表聚集。此外，内陆盆地因地势低洼、周围封闭、排水不畅、地下水位高，也利于水分蒸发盐类聚集。而农田洗盐、压盐、灌溉退水、渠道渗漏等进入某土层也会促使盐渍化。

盐渍土的形成由于受上述条件的限制，因此其分布一般在地势比较低而且地下水位较高的地段，如内陆洼地，盐湖和河流两岸的漫滩、低阶地、牛轭湖以及三角洲洼地、山间洼地等地段。此外，盐渍土的厚度不大，一般为 1.5～4.0 m。其厚度与地下水埋深、土的毛细作用上升高度以及蒸发作用影响深度(蒸发强度)有关。

绝大部分盐渍土分布地区，地表有一层白色盐霜或盐壳，厚数厘米至数十厘米。盐渍土中盐分的分布随季节气候和水文地质条件而变化，在干旱季节地面蒸发量大，盐分向地表聚集，这时表层土含盐量最大，可超过 10%，向下随深度增加，含盐量逐渐减少；雨季时地表盐分被地面水冲洗溶解，并随水渗入地下，表层含盐量减少，地表白色盐霜或盐壳甚至消失。因此，在盐渍土地区，经常发生盐类被淋溶和盐类聚集的周期性的过程。

盐渍土按分布区域可分为滨海盐渍土、内陆盐渍土和冲积平原盐渍土，按所含盐类的性质可分为氯盐类盐渍土、硫酸盐类盐渍土和碳酸盐类盐渍土。

(2)盐渍土的工程性质

①氯盐类盐渍土

氯盐类盐渍土相关的工程问题如下：

A. 对可塑性的影响：氯盐含量越高，液限、塑限及塑性指数越低，可塑性越低。

B. 对土密度的影响：土中含有氯盐时，受颗粒间空隙的影响，土的天然孔隙比降低，土的密度、干重度提高。

C. 吸湿性：土中氯盐的存在，能使细粒分散部分起脱水作用，使土的最佳含水量降低。土体长期保持在最佳含水量附近状态，因此土体容易压实，有利施工。

D. 侵蚀性：氯(亚氯)盐渍土具有一定的腐蚀性，当氯盐含量大于 4%时，对混凝土会产生不良的影响。对钢铁、木材、砖等建筑材料也具有不同程度的腐蚀性。

②硫酸盐类盐渍土

硫酸盐类盐渍土相关的工程问题如下：

A. 含盐量对力学强度的影响：硫酸盐渍土的总含盐量对力学强度的影响与氯盐盐渍土的影响相比，效果恰好相反，即力学强度随总含盐量的增加而减小，其原因是由于硫酸盐渍土具有松胀性和膨胀性。

B. 松胀性：硫酸(亚硫酸)盐渍土中的 Na_2SO_4 含量较多，Na_2SO_4 在 32.40℃以上时为无水晶体，体积较小，当温度下降至 32.40℃以下时，吸收 10 个分子的结晶水，成为 $Na_2SO_4 \cdot 10H_2O$ 晶体，使体积变大，如此不断循环作用，从而使土体变松。松胀现象是由于盐渍土昼夜温差大而引起的，一般出现在地表下不太深的地方，大约为 0.3 m。

C. 腐蚀性：硫酸盐渍土，具有较强的腐蚀性，当硫酸盐含量超过 1%时，对混凝土产生有害影响，对其他建筑材料，也有不同程度的腐蚀作用。

(3)碳酸盐类盐渍土

由于碳酸盐渍土中存在大量的吸附性钠离子，遇水时即发生强烈的膨胀作用，使土的透水性减弱，密度减小，导致地基稳定性及强度降低，边坡坍滑等。碳酸盐的膨胀作用与硫酸盐的膨胀作用性质是不相同的。前者是由于吸附性钠离子与土中的胶体颗粒互相作用，在颗粒周围形成结合水膜，使土颗粒间的联结力减弱，土体体积增大；

后者则是由于 Na_2SO_4 吸收结晶水结晶而引起的。当碳酸盐类盐渍土中的 Na_2CO_3 含量超过0.5%时，即有明显的膨胀量，密度也随之降低。其液塑限随含盐量增高而增高。碳酸盐类盐渍土中 Na_2CO_3、$NaHCO_3$ 能加强土的亲水性，使沥青乳化，对各种建筑材料也具有不同程度的腐蚀性。

7. 填土

填土是指由人类活动而堆填的土。填土根据物质成分和堆填方式分为：素填土、杂填土和冲填土三类。

(1)填土的分类

①素填土

素填土一般由碎石、砂或粉土、黏性土等一种或几种物质组成，不含杂质或杂质很少。按主要组成物称为：碎石素填土、砂性素填土、粉性素填土、黏性素填土等。素填土经分层压实者，称为压实填土。

②杂填土

杂填土是含有大量杂物的填土。按其物质组成和特性分为：

A. 建筑垃圾土：主要由碎砖、瓦砾、朽木、混凝土块、建筑垃圾等夹土石组成，有机质含量较少；

B. 工业废料土：由工业废渣废料组成，如矿渣、煤渣、电石渣等夹少量土石组成；

C. 生活垃圾土：由居民生活中抛弃的废物，如炉灰、菜皮、陶瓷片等杂物夹土类组成。一般含有机质和未分解的腐殖质较多。

③冲填土

冲填土是使用专门设备(常用挖泥船和泥浆泵)，将夹带大量水分的泥沙吹送到河两岸或河岸边而形成的一种填土。在我国黄浦江、海河、珠江等河流两岸及滨海地段不同程度地分布着这类土。

(2)填土的工程地质问题

①素填土的工程地质问题

A. 素填土的工程性质取决于它的均匀性和密实度，在堆填过程中，未经人工压实者，一般密实度较差，但堆积时间较长，由于土的自重压密作用，也能达到一定密实度，如堆积时间超过10年的黏性素填土，超过5年的砂性素填土，可以作为一般建筑物的天然地基；

B. 素填土地基的不均匀性，反映在同一建筑场地内，填土的各种指标(干重度、强度、压缩模量)一般均具有较大分散性，因而防止建筑物不均匀沉降问题是利用填土地基的关键；

C. 对于压实填土应保证压实质量，保证其密实度。

②杂填土的工程地质问题

A. 不均匀性。杂填土的不均匀性表现在颗粒成分、密实度和平面分布及厚度的不均匀性。杂填土成分复杂，有天然土、碎砖、瓦片、石块以及人类生产、生活所抛弃的各类垃圾，其中有一些成分是不稳定的，如岩石碎块的风化，炉渣的崩解以及有机质的腐烂等，而瓦砾、石块、炉渣间常有较大空隙，而且充填程度不一，造成杂填土密实程度的特殊不均匀性。杂填土的分布和厚度往往变化悬殊，但杂填土的分布和厚度变化一般与填积前的原始地形密切相关。

B. 工程性质随堆填时间而变化。堆填时间愈久，则土愈密实，其有机质含量相对减少。

C. 由于杂填土形成时间短，结构松散，干或稍湿的杂填土一般具有浸水湿陷性。这是杂填土地区雨后地基下沉和局部积水引起房屋裂缝的主要原因。

D. 含腐殖质及水化物问题。以生活垃圾为主的填土，其中腐殖质的含量常较高。随着有机质的腐化，地基的沉降将增大；以工业残渣为主的填土，要注意其中可能含有水化物，因而遇水后容易发生膨胀和崩解，使填土的强度迅速降低，地基产生严重的不均匀变形。

③冲填土的工程地质问题

A. 冲填土的颗粒组成和分布规律与所冲填泥沙的来源及冲填时的水力条件有关。冲填的物质大多是黏土和粉砂，在冲填的入口处，沉积的土粒较粗，顺出口方向则逐渐变细。如属多次冲填而成，因泥沙的来源不同，土层多呈透镜体状或薄层状。

B. 冲填土含水量大、透水性较弱、排水固结差，一般呈软塑或流塑状态。

C. 冲填土一般比同类自然沉积饱和土的强度低、压缩性高。

8. 污染土

由于外来污染物质的侵入而改变了其原生性状的土称污染土。污染土的命名可以在原分类名称前冠以“污染”二字，如污染黏土等。

(1)污染土的特征

在工厂生产过程中，某些对土有腐蚀作用的废渣、废液渗漏进入地基，引起地基土发生化学变化。致污物质主要有酸、碱、煤焦油、石灰渣等。污染源主要有制造酸碱的工厂、石油化纤厂、煤气工厂、污水处理厂以及燃料库和某些轻工业，如印染、造纸、制革等企业。此外还有金属矿、冶炼厂、铸钢厂、弹药库等场地的地基土也可能受到污染。污染土有以下特征：

A. 受污染腐蚀后，土往往会变色变软，其状态由硬塑或可塑变为软塑，有的变为流塑。土的颜色也发生改变，有的呈黑色、褐色、灰色等，有的呈棕红、杏红，具有铁锈斑点。

B. 污染后的土颗粒分散，表面粗糙，甚至出现局部空穴，建筑物出现不均匀沉降。

C. 地下水呈黑色或其他非正常颜色，有特殊气味。

(2)污染前后土物理力学性质变化

土被污染时，土颗粒的胶结盐类被溶蚀，胶结强度被破坏，盐类在水的作用下溶解流失，土的空隙比和压缩性增大，抗剪强度降低。土颗粒被污染后，形成的新物质在土的孔隙中产生结晶而膨胀，并逐渐溶蚀或分裂成小颗粒，新生成含结晶水的盐类，在干燥条件下，体积减小，浸水后体积膨胀，经反复作用，土质受到破坏。地基土遇酸碱等腐蚀性物质，与土中的盐类形成离子交换从而改变土的性质。

地基土受污染后发生两种变形特征。一是地基土的结构被破坏而造成沉陷变形，如果腐蚀的产物为易溶盐，在地下水中流失或使土变成稀泥。强度大幅度降低，导致建筑物不均匀沉降。另一种是地基土受污染后引起地基土膨胀，腐蚀后的生成物具有结晶膨胀性质，造成基础和墙体开裂、破坏。

污染物质通过多种途径进入地基土后不断积累超过土的自净能力，就会引起污染。地基土中污染物质主要有无机污染物，如重金属汞、镉、铜、锌、铬等，非金属砷、硒等，放射性元素铯、锶等；有机污染，如酚、氰化物、石油、有机性洗涤剂。此外，城市污水和医院污水中还有有害微生物。

(3)污染土的防治处理措施

A. 防止污染物侵入场地，如隔离污染源，消除污染物等。

B. 换土措施。将已被污染的土清除，换填未污染的土。对挖出的污染土应及时处理，以免造成新的污染。

C. 采用桩基或水泥搅拌等加固以穿透污染土层，但应对混凝土桩身采取相应的防腐蚀措施。

D. 在金属结构物的表面使用涂料层进行防护。

E. 根据土的性质采取适当加固措施和防二次污染措施。

案例分析——南京江北新区地下空间建设：“豆腐”里面建“宫殿”

南京江北新区地下空间是亚洲在建规模最大的单体地下综合体(图 3.8)，将在 0.51 km^2 范围内建设总面积为 480 万 m^2 的地下空间系统。南京江北新区地下空间一期工程总投资约 131.2 亿元，总用地面积 29.66 万 m^2，包含 12 个地块及地块间道路，规划建设地下商业、停车场、公共空间、综合管廊、过境隧道及 4 条地铁线区间段和换乘站点的中央商务区。项目最深为地下七层结构，基坑最深处为地下 50.8 m，相当于把 17 层楼插入到地下，为亚洲最深的在建地铁车站。项目建成后将进一步加强南京江北、江南之间的轨道交通联系，支持南京长江经济带及江北新区城市更新建设。

图 3.8 亚洲最大地下空间工程——南京江北新区地下空间一期工程的超深基坑最深处

通常，深于 5 m 的基坑定义为“深基坑”，施工难度通常较大，下挖过程中需要对四周土层进行支护。此项目深基坑开挖深度为 50.8 m，为普通深基坑的 10 倍，加上处于距离长江仅 600 余米的长江漫滩地貌区，地质条件十分复杂，区域内地下水丰富，是典型的富水软土区，项目安全风险大、质量要求高、环保标准严。为了让 85.7 万 m^2 的空间稳固，此项目新技术新工艺占比达 70%，多项技术达到国内领先、国际先进水平。比如建设团队设计了 1500 幅深 75.06 m、厚 1.5 m 的市政领域最大、最厚、最深、最重的地下连续墙和 93 m 深成孔(槽)来固化“豆腐”结构；采用 68 根直径 1.1 m、长度 47.59～53.38 m 不等的超深钢管柱，且保持 1/1000 的超高精度确保每一块“小豆腐”被切割施工时保持稳定、精确；超深超高压大直径喷射注浆，大型泥浆固化集中处置，高强钢筋、玻璃纤维钢筋，数字化、信息化等关键新工艺、新技术、新材料共同保证了整个项目固若金汤。此外，项目在施工过程中大量运用江水热源泵中央能源系统、雨水回收系统、淤泥循环利用系统、基坑降水循环利用系统等绿色环保技术，最大限度保护环境和节约资源。经过处理后的泥饼可用于绿色种植、基坑回填等，分离后的水经过四级沉淀后符合国家污水二级排放标准，可用于道路冲洗、混凝土养护、工地施工用水以及泥浆固化中心自身循环用水等，最大限度减少污染物的排放。该项目还建立了循环水利用系统，将排出的基坑降水以及雨水收集起来，用于混凝土养护、路面降尘及绿化灌溉等，其中基坑降水利用率超过 90%。

以科技创新推进绿色建造是大势所趋，将力争把南京江北新区地下空间建成为绿色建造的标杆型项目，使其成为与地上建筑交相辉映的“城市倒影”。

(摘自中国新闻网)

案例分析——“一带一路”沿线的特殊土及其工程问题

“一带一路”贯穿亚欧非大陆，沿线特殊岩土体类别多、分布广、工程性质复杂多样，典型的有：

(1)黄土问题

“一带一路”沿线六大经济带中有四条经济走廊均不同程度地穿越黄土地区，特别是新亚欧大陆桥分别穿越中国黄土高原、中亚黄土和欧洲黄土。其中：我国黄土主要分布在昆仑山—秦岭—山东半岛以北，阿尔泰山脉—鄂尔多—阴山—大兴安岭以南的东北、华北和西北地区；中亚黄土主要分布于乌兹别克斯坦、吉尔吉斯斯坦、哈萨克斯坦和塔吉克斯坦等国家的山麓地带和河谷阶地及平原地区；欧洲黄土主要分布在阿尔卑斯山脉和北部低山一带、多瑙河流域和其他众多河流流域。

例如：郑西高速铁路是中国中西部地区第一条投入运营的时速350 km的高速铁路，也是世界上首条修建在大面积湿陷性黄土地区的高速铁路。该铁路全长505 km，其中80%的地段处于湿陷性黄土地区，施工过程中面临着土质松软、承载力低、施工风险大等地质难题。建设中，我国科技工作者和建设者克服了地质难题、创新了施工方式，有力地保障了沿线路基的工程质量，主要体现在如下方面：①全线正线桥梁达137座(312 km)，施工中广泛采用了提篮拱、V形墩连续钢构件、高烈度地震区大跨度等桥式，并通过创新钻孔桩施工技术，有效缩短了桩长，增加了承载力，减少了工后沉降；②全线隧道38座(78.2 km)，大部分为开挖断面大、施工难度大的浅埋双线黄土隧道。其中典型的为7686 m长的秦东隧道，其最大开挖断面达164 m^2，位列当前世界之最。

(2)冻土问题

“一带一路”沿线主要陆上走廊公路基础设施建设在自然地理方面需克服高寒高海拔地区公路冻土问题。中国西藏和新疆、巴基斯坦、尼泊尔均存在冻土问题，将会导致路基沉陷、波浪，路基纵向裂缝、翻浆和沥青路面开裂等病害。受多年冻土影响的地区主要是中蒙俄经济走廊东侧的高纬度冻土区和中巴经济走廊的高海拔冻土区。

例如：G213线肃祁公路全线62.769 km，项目起点位于甘肃肃南县城北白庄子，终点与青海S215省道相接，是国家“一带一路”上的咽喉要道，建成后将成为甘肃与青海连通的重要通道，对推动两省经济发展具有重要意义。由中铁四局承建施工的肃祁5标15.01 km，包括路基、桥梁、涵洞，其中东山隧道长3639 m，项目位于两省交界处，地处青藏高原东北部的祁连山脉深处，平均海拔约4000 m，属于高寒地区，是G213肃祁二级公路关注度最高、施工难度最大的工程。该项目地质为典型的高寒冻土，平均冻土深为0.5 m，最大深度是1.81 m。项目负责施工的东山隧道全长3639 m，地质条件不稳定，属于极高风险隧道。项目部组织技术骨干，开展高寒冻土隧道施工方案研究，对当地同类型隧道施工进行广泛调研，根据实际情况进行工艺设计。施工队伍按照要求采取钢拱架套拱支撑工艺，加大隧道稳固程度，在钢拱架两端采用锚杆加固，每个拱架之间通过钢板连接和超前小导管加固的方式，保证隧道稳固安全，每向前掘进1 m，还要及时灌注混凝土加固。针对祁连山雨雪天气较多的情况，项目部加大对主要运输道路及易结冰路段的巡查力度，及时通过铲车清道、撒盐化雪、人工铲雪等方式，防止路面结冰打滑，并在路面两侧设置土挡防护及安全警示牌，严防交通安全事故发生。随着该项目隧道施工的推进，洞内温度升高，冻土解冻融化，掌子面开挖溜塌现象严重，已支护段变形严重，施工安全风险较大。项目部针对冻土围岩中已悬空的隧道钢架进行了落底施工，钢架支垫不实的用预制垫块和钢板支垫牢固，开挖断面进行支护，及时喷射混凝土，消除现场安全隐患。同时，增设地表沉降观测点，每天观测地表裂缝和沉降的情况，加强洞内监控量测频次，对掌子面开挖和下台阶落底时，做到随开挖随观测，确保施工安全。

(3)膨胀土问题

膨胀土是一类遇水膨胀变形、失水收缩开裂的黏性土，性质极不稳定，素有工程“癌症”之称。该类特殊土在我国的广西、云南、湖北、安徽、四川、河南、山东等20多个省份均有分布。此外，由于非洲大陆的海侵和海退，在南非和非洲大陆的东西海岸一带形成了大量的具有膨胀性的海相沉积地层，这些膨胀性岩土从东非的埃塞俄比亚、肯尼亚、坦桑尼亚、尼日利亚到西非的安哥拉均有分布。

例如，东起广西南宁、西至云南昆明的云桂铁路(图3.9)，全长710 km，是我国干线铁路网的重要组成部分，也是“一带一路”连接西南的快速通道。该铁路在广西百色市田东县境内的要经过一段全长65 km的膨胀土路段，路基下沉风险极大，对选线和施工要求极高。为此，我国科技工作者和建设者采用了如下应对措施：首先，在选线阶段遵循对强膨胀土地带的绕避原则；其次，当无法绕避时可考虑抬高线路高程；再次，对局部膨胀土路基可采取挖除再分层回填的处理方法，但要保证换填深度大于该地区的气候影响的深度,并同时做好路基的防、排、隔水系统。自 2016 年云桂铁路全线建成通车以来,从昆明到南宁的行车时间已由原来的 12 h 缩短为 5 h 左右,其中百色与南宁间行车时间已由原来的 3 h 缩短为 1 h,铸就了西南地区出海的"黄金走廊"。

图 3.9 云桂铁路

本章小结

(1)地质学用两种方法计算时间:一是相对年代,即代表地质体的生成及地质事件发生的先后顺序;二是绝对年代(同位素年龄),即代表地质体形成或地质事件发生距今的时间。地质年代是以全球地层划分和对比为依据并综合其同位素年龄建立起来的地质历史编年。

(2)较新地层覆于较老地层之上是地层层序律的基本内容。对相互交切的地质体或地质界线来说,被切割者时代老于切割者;对于具有包裹关系的两种地质体来说,被包裹者老于包裹者,这是切割律的基本内容。

(3)第四纪是包括现代在内的地质历史的最新时期。第四纪的下限是二百万年。第四纪时地球上出现了人类。第四纪气候冷暖变化频繁,并由此引发频繁的冰川活动。现今六大板块的分布格局大约是从 1.5 亿～2 亿年以来逐渐形成的。板块边界部位是地震、岩浆作用、构造运动强烈活动的地区。

(4)第四纪松散沉积土的成因类型主要有:残积土、坡积土、洪积土、冲积土、湖泊沉积土、海洋沉积土、冰碛与冰水沉积土和风积土。它们有各自的特征和工程地质特性。

(5)土的分类是工程地质学乃至土木工程中的重要理论和实践课题。以松散土为对象,以服务于工程建设为目的的分类称为土的工程分类(也称土质分类)。土的工程分类的任务是将用于工程建设目的的各种自然土,按其工程地质性质的差异划分为类或组。土的工程分类分普通分类和专门分类两种。影响因素的多样性和不确定性决定了土的工程分类的复杂性。在学习具体分类方案时,不要死记其中的条文,而要了解各种分类的特点、所考虑的指标以及确定这些指标的方法,特别要注意某一分类方案的适用范围及其局限性。

(6)由于我国幅员辽阔,大量分布着具有特殊成分、状态或结构特征的特殊土。特殊土的特殊性主要表现在其形成环境,在分析其工程地质性质时,应重点把握其环境条件及其变化。

习　　题

3.1　试述第四纪在地质年代表中的位置、第四纪的划分及其绝对年代。

3.2　简述第四纪松散沉积物主要有哪些类型。

3.3　何谓洪积物？我国西北、华北地区的洪积扇一般可划分为几部分？它们各自具有哪些工程地质特性？

3.4　下列最新的地质年代是(　　)。

A. 奥陶纪　B. 三叠纪　C. 泥盆纪　D. 白垩纪

3.5　多年冻土的不良地质现象有下列(　　)项。

A. 冻胀　B. 热融滑坍　C. 融冻泥流　D. 热融沉陷和热融湖

3.6　下列(　　)选项属于湿陷性黄土的最主要的力学性质。

A. 压缩变形　B. 高渗透性　C. 高孔隙性　D. 湿陷性

3.7　红黏土不具备的工程特性是下列哪一项(　　)。

A. 高分散性　B. 高膨胀性　C. 高塑性　D. 高液限

3.8　软土所具备的工程性质中,下列(　　)项是不正确的。

A. 低渗透性　B. 流变性　C. 膨胀性高　D. 灵敏度高

3.9　下列除(　　)项外都属于膨胀土地区易出现的灾害。

A. 滑坡　B. 崩塌　C. 地面下沉　D. 边坡开裂

3.10　下列选项中(　　)项不属于盐渍土中常见的易溶岩。

A. 硝酸盐　B. 硫酸盐　C. 碳酸盐　D. 氯化物

3.11　一般土按其不同粒组的相对含量可以划分为哪几类?

3.12　黏性土按沉积年代可以分为几类?它们各自具有什么特点?

4 地质构造与工程

学习目标

了解地质构造和构造运动的概念。掌握岩层产状的确定方法。认识褶皱、节理和断层等最基本的地质构造的概念、要素、类型、特性及其野外识别，并熟悉与之相应的地质现象和工程地质条件。了解地质构造与工程场地选址、地基处理、防灾减灾等实际问题的关联。

4.1 岩层的空间位置

1. 构造运动与地质构造

构造运动是一种机械运动，涉及的范围包括地壳及上地幔上部即岩石圈。按运动方向可分为水平运动和垂直运动。水平方向的构造运动使岩块相互分离裂开或是相向聚汇，发生挤压、弯曲或剪切、错开。垂直方向的构造运动则使相邻块体作差异性上升或下降。

原始沉积物，多是水平或近于水平的层状堆积物，经固结成岩作用形成坚硬岩层。当它未受构造运动作用，或在大范围内受到垂直方向构造运动影响，沉积岩层基本上呈水平状态在相当范围内连续分布。这种岩层称为水平岩层。经过水平方向构造运动作用后，岩层由水平状态变为倾斜状态，称倾斜岩层。倾斜岩层往往是褶皱的一翼，断层的一盘(图 4.1)，是不均匀抬升或沉降所致。

构造运动使岩层发生变形和变位，形成的产物称为地质构造。常见的地质构造有褶皱、断层和节理。断层和节理又统称断裂构造。

2. 岩层的产状

岩层的产状是指岩层的空间位置，它是研究地质构造的基础，如图 4.2 所示。产状用走向、倾向和倾角来表示，称产状要素。

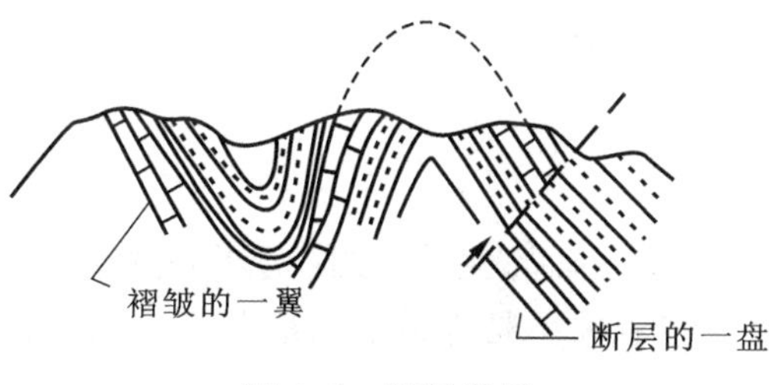

图 4.1　倾斜岩层

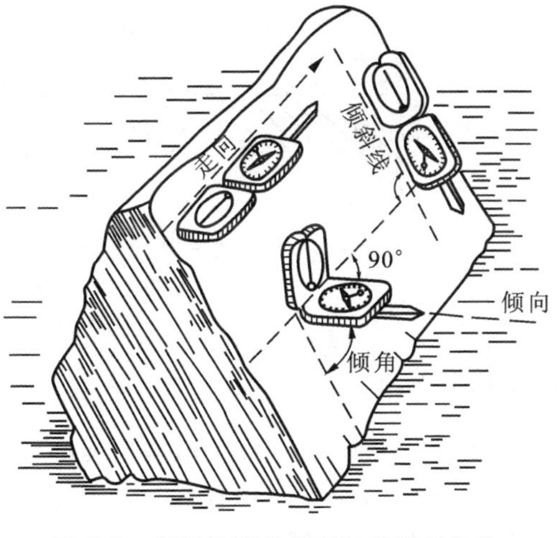

图 4.2　岩层的产状要素及其测量方法

(1)走向

层面与水平面交线的延伸方向，走向线就是层面上的水平线。

(2)倾向

层面上与走向垂直并指向下方的直线，它的水平投影方向为倾向。

(3)倾角

层面与水平面的交角。其中沿倾向方向测量得到的最大交角称为真倾角。岩层层面在其他方向上的夹角皆为视倾角。视倾角恒小于真倾角。

产状要素用地质罗盘进行测量。产状要素表示方法有：

①走向/倾向(象限)、倾角，如 330°/WS∠30°；

②倾向、倾角，如 240°∠30°等。

3. 岩层露头线

露头是一些暴露在地表的岩石。它们通常在山谷、河谷、陡崖以及山腰和山顶这些位置经常出现。未经过人工作用而自然暴露的露头称天然露头，还有一些是经人为作用暴露在路边、采石场和开挖基坑中称人工露头。露头观察发现岩层除水平状态和倾斜状态外，还有直立状态。

露头线是指岩层层面(或断层面、节理面等)与地面的交线。它的形态取决于岩层的产状和地面起伏即地形状况。水平岩层、直立岩层和倾斜岩层露头线分布特征是不相同的(图 4.3)。

水平岩层露头线与地形等高线平行重合，但不相交(图 4.3Ⅰ)。直立岩层露头线呈直线延伸，不受地形影响，其延伸方向即为岩层走向(图 4.3Ⅱ)。倾斜岩层露头线呈"V"字形形态(图 4.3Ⅲ)。但"V"字形的弧顶朝向，两侧张开或闭合程度皆受岩层倾向与地形坡向、倾角与坡角的制约。倾斜岩层走向与山脊或沟谷延伸方向垂直时，露头线"V"字形有三种分布规律：

①岩层倾向与地面坡向相反时，在沟谷处"V"字形露头线弧顶尖端指向沟谷上游(图 4.4(a))；

②岩层倾向与地面坡向相同，但岩层倾角大于地面坡角时，在沟谷处观察露线，"V"字形露头线尖端指向河谷下游(图 4.4(b))；

③岩层倾向与地面坡向相同，但岩层倾角小于地面坡角时，在沟谷处观察，"V"字形露头线尖端指向沟谷上游，其弧形紧闭程度超过地形等高线的弯曲程度(图 4.4(c))。

而图 4.4(d)所反映的是一种特殊情况，即岩层倾向与倾角分别与地面坡向与坡角相同时出现的情况。

图 4.3　岩层露头线及其水平投影(右图为平面图，图中数字表示等高线高度)

Ⅰ—水平岩层；Ⅱ—直立岩层；Ⅲ—倾斜岩层

4. 地层接触关系

在地质历史发展演化各个阶段，构造运动贯穿始终，由于构造运动的性质不同或所形成的地质构造特征不同，往往造成新老地层之间具有不同的相互接触关系。地层接触关系是构造运动最明显的综合表现。

概括起来，地层(或岩石)的接触关系有以下几种：

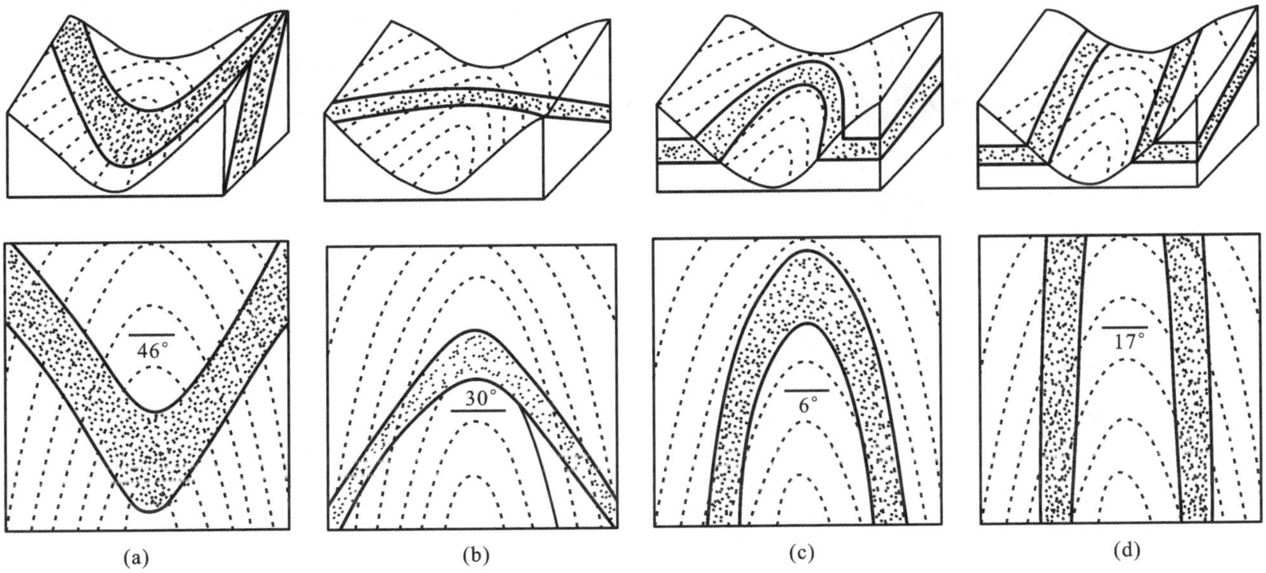

图 4.4 倾斜岩层出露界线的形态

上图为立体图，下图为地质图

(a)岩层倾向与地面坡向相反；(b)岩层倾向与地面坡向一致，岩层倾角大于地面坡角；

(c)岩层倾向与地面坡向一致，岩层倾角小于地面坡角；(d)岩层倾向与地面坡向一致，岩层倾角与地面坡角相同

(1)整合接触

表现为相邻的新、老地层产状一致，时代连续。它是在构造运动处于持续下降或持续上升的背景下发生连续沉积而形成的(图 4.5(a))。

(2)假整合接触(平行不整合接触)

为新、老地层产状平行一致而地层时代不连续。其间缺失了某些地层，标志着这期间地壳曾一度上升。上升时遭受风化剥蚀，形成具有一定程度起伏的剥蚀面(图 4.5(b))。

(3)不整合接触(角度不整合接触)

新、老地层产状不一致以角度相交，地层时代不连续，反映其间曾发生过剧烈的构造运动，致使老地层产生褶皱、断裂，地壳上升遭受风化剥蚀，形成剥蚀面。而后地壳下降至水面以下接受沉积，形成新地层(图 4.5(c))。

(4)侵入体的沉积接触

表现为侵入体被沉积岩层直接覆盖，二者间有风化剥蚀面存在(图 4.5(d))。

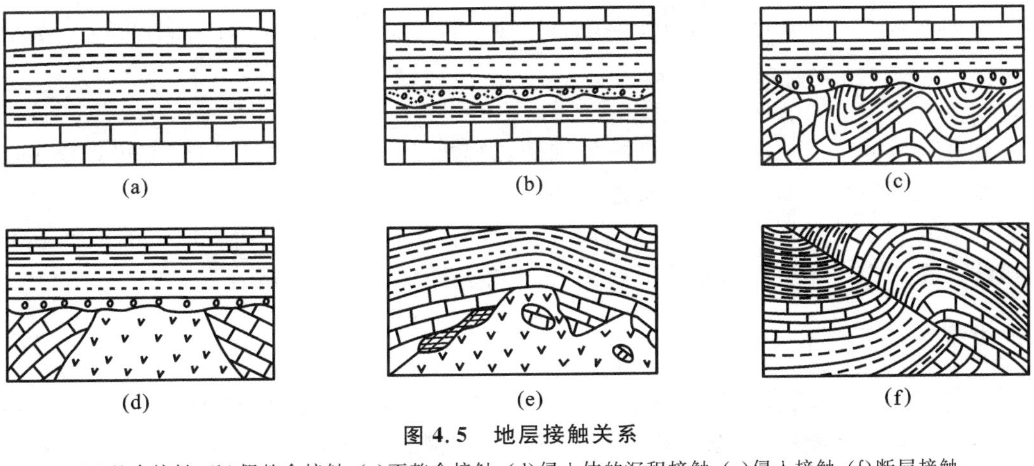

图 4.5 地层接触关系

(a)整合接触；(b)假整合接触；(c)不整合接触；(d)侵入体的沉积接触；(e)侵入接触；(f)断层接触

(5)侵入接触

侵入接触是侵入体与被侵入围岩间的接触关系。侵入接触的主要标志是,侵入体边缘有捕虏体,侵入体与围岩接触带有接触变质现象,侵入体与其围岩的接触界线多呈不规则状(图 4.5(e))。

(6)断层接触

断层接触即地层与地层之间或地层与岩体之间,其接触面本身为断层面(图 4.5(f))。

4.2 褶皱构造

岩层受力而发生弯曲变形称为褶皱(图 4.6)。

1. 褶皱要素

为了描述褶皱的空间形态,通常把褶皱的各组成部分称褶皱要素(图 4.7),现择主要褶皱要素介绍如下:

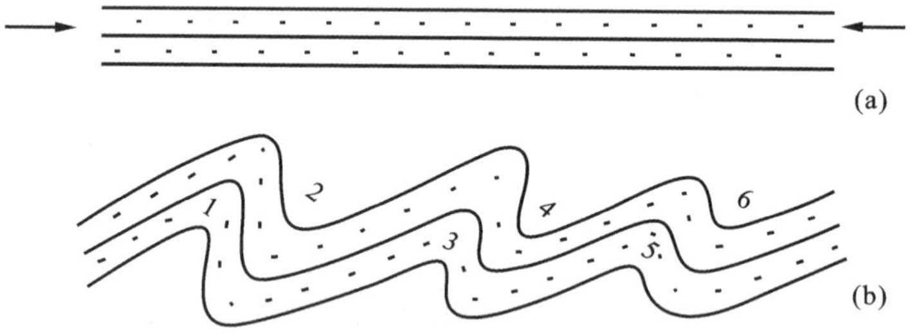

图 4.6 褶皱中背斜(1、3、5)与向斜(2、4、6)共存

(a)水平岩层受力挤压;(b)发生弯曲变形

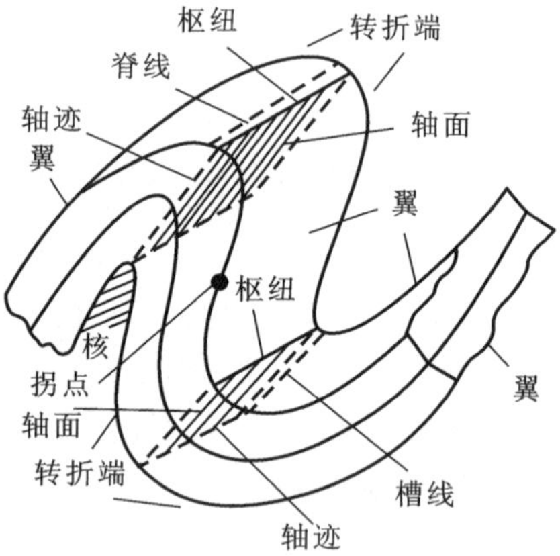

图 4.7 褶皱要素示意图

(1)核部

核部为褶皱中心部位的地层,当剥蚀后,常把出露在地面的褶皱中心部分的地层称为核。

(2)翼部

翼部为褶皱核部两侧的地层。

(3)枢纽

同一褶皱层面的最大弯曲点的连线叫作枢纽。枢纽可以是直线,也可以是曲线;可以是水平线,也可以是倾斜线。

(4)轴面

褶皱内各相邻褶皱面上的枢纽连成的面称为轴面。轴面是一个设想的标志面,它可以是平面,也可以是曲面。轴面与地面或其他任何面的交线称轴迹。

背斜的同一褶皱面上的最高点为“脊”,它们的连线为脊线;向斜的同一褶皱面上的最低点为“槽”,它们的连线称为槽线。拐点为连续地周期性波形曲线上,上凸与下凹部分的分界点。

2. 褶皱的类型

褶皱有两种基本形态:背斜和向斜。背斜是两翼岩层以核部为中心向两侧倾斜,形态上是岩层向上弯曲。向斜是两翼岩层向核部倾斜,形态上是岩层向下弯曲的褶皱。背斜核部出露的岩层时代相对较老,而翼部时代相对较新;向斜核部岩层时代较新,翼部时代较老。相邻向斜和背斜共用一个翼部(图 4.8)。

根据轴面产状，褶皱可分为：

(1)直立褶皱

轴面近于直立，两翼倾向相反，倾角大小近于相等(图4.9(a))。

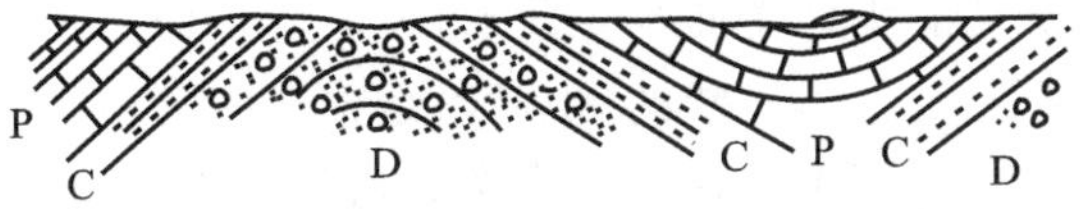

图 4.8 遭受剥蚀的背斜与向斜

(2)斜歪褶皱

轴面倾斜，两翼岩层倾斜方向相反，倾角大小不等(图 4.9(b))。

(3)倒转褶皱

轴面倾斜，两翼岩层向同一方向倾斜，倾角大小不等。其中一翼岩层为正常层序，另一翼岩层倒转(图4.9(c))。若两翼岩层向同一方向倾斜，倾角大小又相等，称同斜褶皱。

(4)平卧褶皱

轴面近于水平，一翼岩层为正常层序，另一翼岩层为倒转层序(图 4.9(d))。

(5)翻卷褶皱

轴面为一曲面(图 4.9(e))。

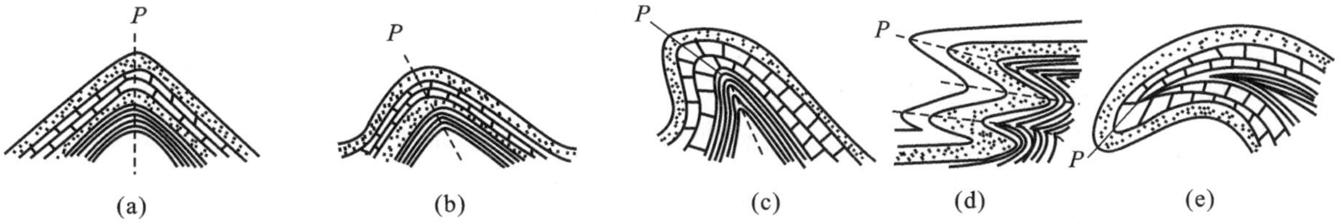

图 4.9 根据轴面产状褶皱分类

(a)直立褶皱；(b)斜歪褶皱；(c)倒转褶皱；(d)平卧褶皱；(e)翻卷褶皱；P—横剖面上的轴迹

3. 褶皱构造的工程地质评价

(1)褶皱的核部是岩层强烈变形的部位，岩石破碎、裂隙发育，直接影响到岩石强度和岩体的完整性。所以在褶皱核部布置各种建筑工程，必须注意岩层的坍塌及漏水、涌水问题。例如，甘肃某工程导流洞进口段的位置恰好处于背斜核部，岩石强烈风化破碎，施工过程中多次发生顶拱坍塌，后来改为明挖，才解决了问题。向斜构造富含地下水，在向斜地段开挖施工要特别注意漏水和涌水问题，背斜构造核部裂隙发育，岩层产状向两侧倾斜，不利于蓄水，这样又往往会造成供水困难。例如，某军工企业建于一个背斜核部，屡次寻找地下水失败，只好借助于位于相邻向斜构造上的企业。最后通过建数级泵站从附近的巢湖引水才解决了生产与生活用水问题。

(2)褶皱的翼部不同于核部，以倾斜岩层为主。在褶皱翼部布置工程时应注意岩层的产状。如果开挖边坡的走向与岩层走向基本一致，且边坡的坡向与岩层倾向一致，岩层倾角又小于边坡坡角时，则极易造成顺层滑动。但如果开挖边坡的走向与岩层走向交角大于 40°，而且坡向与岩层倾向相反，或者虽两者倾向相同但岩层倾角大于坡角，则对边坡的稳定性有利。

4.3 断裂构造

岩石受力后发生形变，当作用力超过岩石的强度时，岩石的连续完整性遭到破坏而发生破裂，形成断裂构造。断裂构造包括节理和断层，岩石破裂后，沿破裂面无明显位移者称为节理，而有明显位移滑动者称断层。相对而言，断层的规模一般比较大。

1. 节理

节理就是岩石中的裂隙(缝)。它较断层更为普遍。节理规模大小不一，细微的节理肉眼不能识别，一般常见的为几十厘米至几米，长的可延伸达几百米，甚至上千米。节理张开程度不一，有的是闭合的。节理面可以是平坦光滑的，也可以是十分粗糙的。

岩石中节理的发育是不均匀的。影响节理发育的因素很多，主要取决于构造变形的强度、岩石形成时代、力学性质、岩层的厚度及所处的构造部位。例如，在岩石变形较强的部位，节理发育较为密集。同一个地区，形成时代较老的岩石中节理发育较好，而形成时代新的岩石中节理发育较差。岩石具有较大的脆性而厚度又较小时，节理易发育。在断层带附近以及褶皱轴部，往往节理较发育。

节理的空间位置依节理面的走向、倾向及倾角而定。节理常常有规律地成群出现，相同成因且相互平行的节理称为一个节理组，在成因上有联系的几个节理组构成节理系。

(1)节理的类型

①按节理的地质成因分类

按地质成因，节理包括原生节理和次生节理两大类。

A. 原生节理

原生节理是指在成岩过程中形成的节理。例如沉积岩中的泥裂，火山熔岩冷凝收缩形成的柱状节理，岩浆侵入过程中由于流动作用及冷凝收缩产生的各种原生节理等。

B. 次生节理

次生节理是指岩石成岩后形成的节理，包括非构造节理和构造节理。

非构造节理是指岩石由风化作用、崩塌、滑坡、冰川及人工爆破等外动力地质作用下所产生的裂隙。非构造节理常分布在地表浅部的岩土层中，延伸不长，形态不规则，多为张开的张节理。

构造节理是地壳构造运动的产物，常与褶皱、断层相伴出现并在成因和产状上有一定的联系，是广泛存在的一种节理。

构造节理，按其形成的力学性质，分成张节理和剪节理两类：

(a)张节理：是由张应力作用下形成的。其方向垂直于主张应力(σ_3)，而平行于主压应力(σ_1)(图4.12)。张节理多数是张开的，节理面粗糙不平，不见擦痕。发育在粗碎屑岩中的张节理往往绕砾石和粗砂粒而过，而不切穿颗粒。张节理一般发育稀疏、节理间距大，沿走向延伸不远即消失，但在不远处又会断续出现，并有分支复合现象。

(b)剪节理：是由剪应力作用而形成的。由图4.10可知，剪节理常成对出现，称为共轭剪节理(图4.11)，两共轭剪节理面的交线与中间主应力σ_2平行一致，两面锐交角等分线常为最大主应力σ_1作用方向。节理面两侧岩块有微小位移，节理面上常可见擦痕。节理面平直光滑，并常紧闭。砾岩和砂岩中的剪节理往往平整地切割砾石和粗砾粒。剪节理沿走向和倾向延伸较远，产状稳定。一般发育密集，即节理间距小。

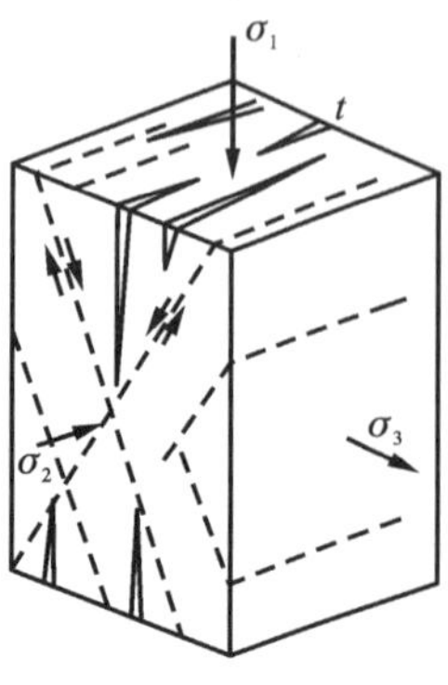

图4.10 剪节理(虚线)及张节理(t)与σ_1、σ_2、σ_3的关系

三向主应力$\sigma_1>\sigma_2>\sigma_3$(据Wilson,1982)

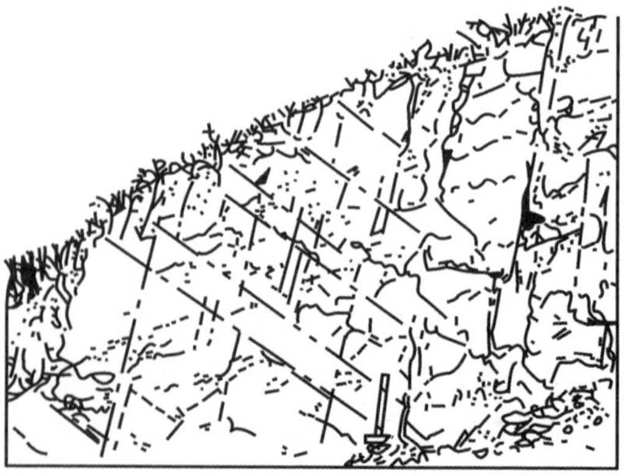

图4.11 山东诸城白垩系砂岩中发育的两组共轭剪节理

②按节理与所在岩层的几何关系分类

A. 按节理与所在岩层产状要素的关系(图 4.12)分为：

(a)走向节理：节理走向与所在岩层走向大致平行；

(b)倾向节理：节理走向与所在岩层走向大致垂直；

(c)斜向节理：节理走向与所在岩层走向斜交；

(d)顺层节理：节理面大致平行于岩层面。

B. 按节理与褶皱轴向的关系(图 4.13)分为：

(a)纵节理：二者大致平行；

(b)横节理：二者大致垂直；

(c)斜节理：二者斜交。

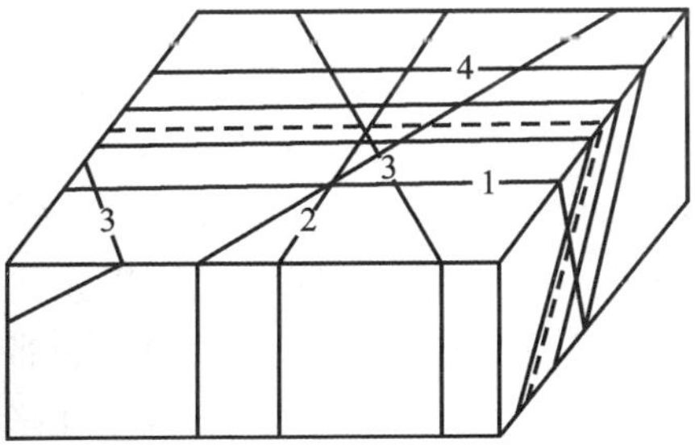

图 4.12 根据节理产状与岩层产状关系的节理分类

1—走向节理；2—倾向节理；3—斜向节理；4—顺层节理

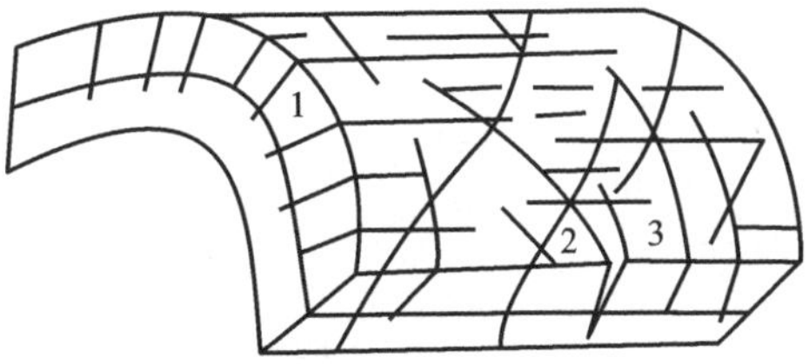

图 4.13 根据节理产状与褶皱轴向关系的节理分类

1—纵节理；2—斜节理；3—横节理

(2)节理的观测与统计

对节理性质、分布规律、形态产状进行观测与统计的目的是为了研究和评价岩体稳定性。观测点一般选择在构造特征清楚、发育良好的露头上，为了便于大量观测，露头面积最好不小于 10 m^2。

①节理野外观测的内容

A. 观察地层岩性及地质构造，测量地层产状以及确定测点所在构造部位。所选定观测点的数目，依地质构造复杂程度而定，构造越复杂，测点数目越多。

B. 观察节理性质及发育规律。首先区别非构造与构造节理，然后区分其力学性质是张节理还是剪节理。

C. 测量与登记，包括测量节理的产状、粗糙度、节理密度、观察节理充填物和测量节理壁距以及测量节理的持续性。观测节理粗糙度时，一般分成平直、波状、阶梯状三种形态，并进一步有光滑、平滑、粗糙三种分级。节理密度(线密度)是指在垂直于节理走向方向 1 m 距离内节理的数目(条数/m)，线密度的倒数即为节理的平均间距，二者都是评价岩体质量的重要指标。节理的充填物一般有泥土、方解石脉、石英脉和长英质岩脉。除泥土外，其余充填物一般对节理裂隙起胶结作用，有利于它的稳定。泥土遇水软化起润滑作用，不利于稳定。因此还要同时观察统计含水状态(干、湿、滴水、流水)和裂隙张开程度，以估计地下水涌水量。节理持续性是指节理裂隙的延伸程度。一般：<1 m 及 1～3 m，差；3～10 m，中等；10～30 m 及>30 m，好及很好。持续性越好对工程影响越大。

②室内资料整理与统计

常用的方法是制作节理玫瑰图。

A. 节理走向玫瑰图：是用节理的走向编制。如图 4.14 所示，在一半圆上分画 0°～90°和 0°～270°的方位。把所测得的节理走向按每 5°或 10°分组并统计每一组内节理数和平均走向。按各组平均走向，自圆心沿半径以一定长度代表每一组节理的

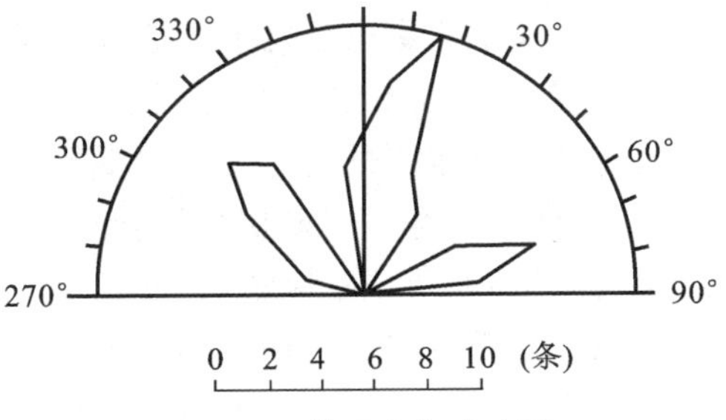

图 4.14 节理走向玫瑰图

个数，然后用折线相连，即得节理走向玫瑰图。

B. 节理倾向玫瑰图：是用节理倾向编制。把所测得的节理倾向按5°或10°间隔进行分组，统计平均倾向和条数。具体来说，是在注有方位角的圆周图上（图4.15），若以节理条数为半径，统计各组平均倾向并用折线连接，即得节理倾向玫瑰图；而若以各组平均倾向和平均倾角作图，圆半径长度代表平均倾角，则可得节理倾角玫瑰图（图4.15）。

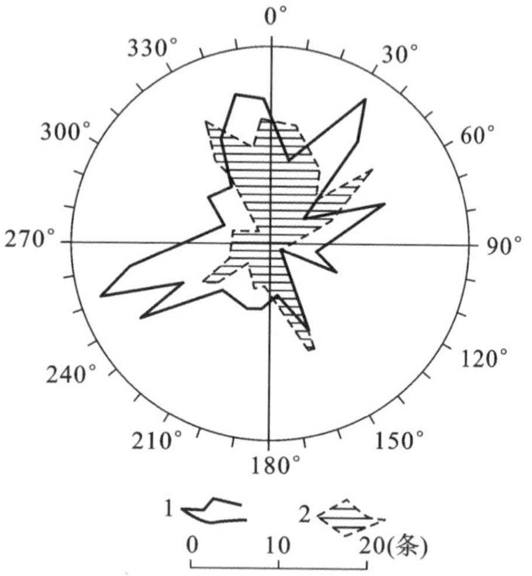

图4.15 节理倾向、倾角玫瑰图

1—倾向玫瑰图；2—倾角玫瑰图

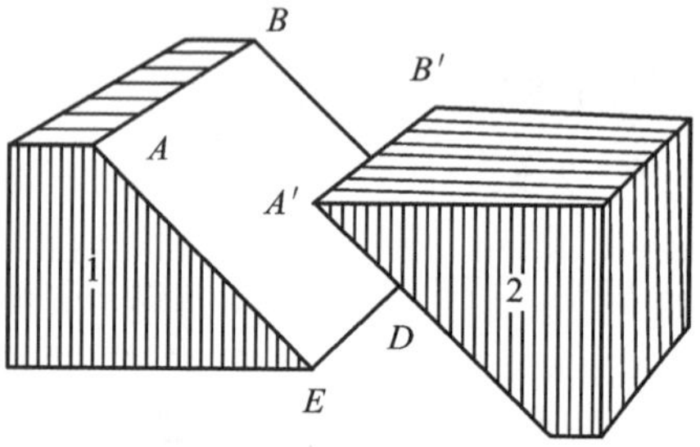

图4.16 断层的要素

ABDE—断层面；1、2—断层盘；

1—下盘（图中为仰侧）；2—上盘（图中为俯侧）；

AA′—滑距

2. 断层

岩层受力发生破裂，破裂面两侧岩块发生明显的位移，这种断裂构造称断层。断层分布广泛，形态和类型多样，规模有大有小，大断层可延长数百、数千千米，小的可在手标本及显微镜下观察。

（1）断层的要素

断层的各个组成部分称为断层要素。断层要素包括断层面、断层线、断层盘等。

断层面是指相邻两岩块断开或沿其滑动的破裂面（图4.16），它的空间位置由其走向、倾向、倾角决定。断层面可以是平面，也可以是弯曲面。断层面还常常表现为具有一定宽度的破裂带，并可以由许多破裂面组成，称为断层带。断层带宽度不一，自几米至数百米。一般断层规模越大，形成的断层带越宽。

断层面与地面的交线称为断层线，断层线的分布规律与地层露头线相同。

断层盘是指断层面两侧相对移动的岩块（图4.16中的1、2）。断层盘有上、下之分，也有上升盘（又称仰侧）与下降盘（又称俯侧）之分。当断层面直立或断层性质不明时，以方位表示断层盘。例如断层走向为东西方向，则可分出北盘与南盘。

未发生断裂前属同一层的岩层称相当层。断层发生后，相当层沿断层面移动的距离称为断距。错断前的一点在错动后分成的两个对应点之间的实际距离称滑距（图4.16中的AA'）。

（2）断层的类型

①按断层两盘相对运动分类

A. 正断层：是沿断层面倾斜线方向，上盘相对下降，下盘相对上升的断层（图4.17(a)），这种断层一般是在水平方向引张力作用或重力作用下形成的。一般断层面倾角较陡，往往大于45°或在60°以上。近年研究证实，某些断层面陡立的大型正断层，向地下深处逐渐变缓。在地壳受水平方向引张力作用的地区，伸展构造发育。正断层向深处变缓呈犁状（图4.18），若干个高角度正断层在深处联合成一个规模巨大的低角度正断层。最后，由于断层滑动造成上部浅层次年轻地层以断层直接覆盖在深层次古老岩层之上。这种犁状正断层称剥离断层，是一种伸展构造。

B. 逆断层：是沿断层面倾斜方向，上盘相对上升，下盘相对下降的断层（图4.17(b)）。逆断层一般是在两侧受到近于水平的挤压力作用下形成的。由于形成的力学条件与褶皱近似，所以多与褶皱伴生。倾角大于45°的称为高角度逆断层，常与正断层发育在一起，被归属为高角度断层一类。倾角小于45°的低角度逆断层，称逆冲断层或逆掩断层（图4.19）。规模巨大，同时上盘沿波状起伏的低角度断层面作远距离推移（数千米至数十千米）的逆掩断层，称为推覆构造（图4.20）。推覆构造多出现在地壳强烈活动的地区。例如欧洲阿尔卑斯山区的格拉鲁斯推覆构造（图4.20(a)），其上盘推覆距离达40 km。四川彭县地区（图4.20(b)），河南嵩山、西藏喜马拉雅山等地区都发育有推覆构造。

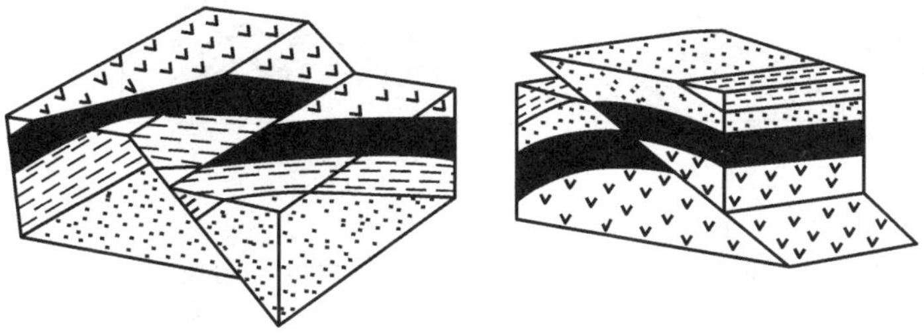

(a)　(b)　(c)

图 4.17　断层形态分类

(a) 正断层;(b) 逆断层;(c) 平移断层

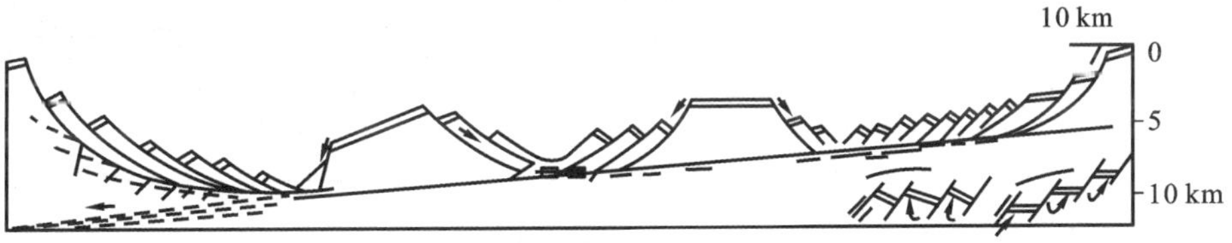

图 4.18　伸展构造及相伴产生的正断层

(据马杏垣,1984)

C. 平移断层:是断层两盘沿断层走向方向发生位移的断层(图 4.17(c))。其倾角通常很陡,近于直立。根据断层两盘相对位移方向,又可进一步区分为右行(或右旋)和左行(或左旋)平移断层。当垂直断层走向观察断层时,对盘向右手方滑动(顺时针方向)者为右行平移断层,对盘向左手方滑动(逆时针方向)者为左行平移断层。

大型平移断层称走向滑动断层或简称走滑断层。它们规模巨大,延伸可达数百至数千千米。例如北美西部圣安德列斯走滑断层,其走向北北西,延伸约 2000 km,右行平移距离达 500 km,从白垩纪至今仍在活动,形成世界著名的地震活动带。

断层两盘相对移动并非是单一地上、下或者沿水平方向进行,而经常出现沿断层面作斜向滑动。这时的断层兼具有正(逆)及平移性质。斜向滑动断层根据位移特点分出主次,采取复合命名。如称为左(右)行—正(逆)—平移断层或平移—正(逆)断层。复合命名中在后面的一种运动方式是主要的。

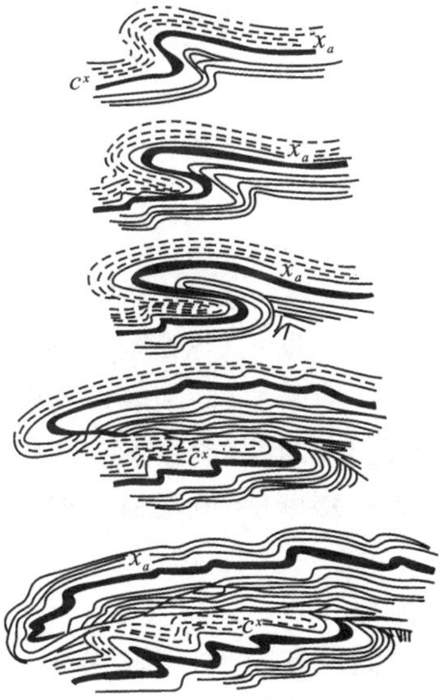

图 4.19　逆掩断层及其形成过程

②断层的组合类型

同一地区在同一应力的作用下,断层往往形成有规则的排列组合,尽管产状不尽相同,皆可组成一个断层系。断层的组合形式,常见如下几种:

A. 阶梯状断层:是由若干条产状大致相同的正断层平行排列而成(图 4.21),一般发育在上升地块的边缘。

B. 地堑与地垒:是由走向大致相同、倾向相反、性质相同的两条或数条断层组成的。如图 4.22(a)所示,断层中间有一个共同的下降盘,称为地堑;如图 4.22(b)所示,断层中间有一个共同的上升盘,称为地垒。两侧断层一般是正断层,但也可以是逆断层。地垒常呈断块隆起的山地,如著名的庐山;地堑在地貌上呈狭长的谷地、盆地与湖泊,如我国的汾渭地堑,世界上著名的莱茵地堑、贝加尔湖地堑等。

C. 叠瓦构造:是一系列产状大致相同平行排列的逆断层的组合形式(图 4.23)。各断层的上盘依次逆冲形成像瓦片般的叠覆。叠瓦构造中各断层面的倾角向下变缓,在深处有时收敛成一条主干大断层。

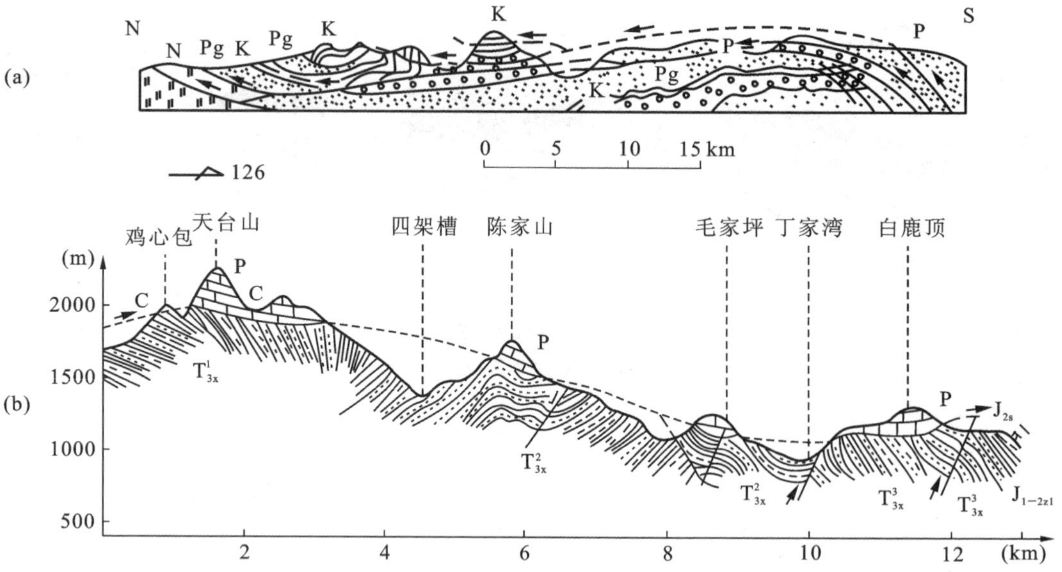

图 4.20 推覆构造剖面图

(a)阿尔卑斯山格拉鲁斯推覆构造(据 J. Oberholzer);(b)四川彭县推覆构造(据西川二区测队)

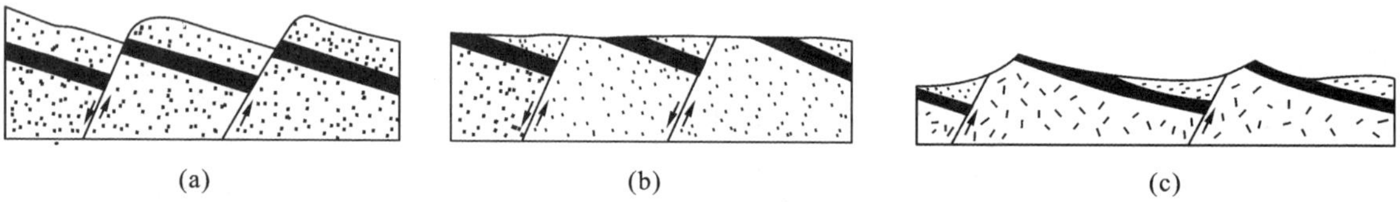

图 4.21 阶梯断层

(a) 未经剥蚀;(b) 经受剥蚀;(c) 经受剥蚀

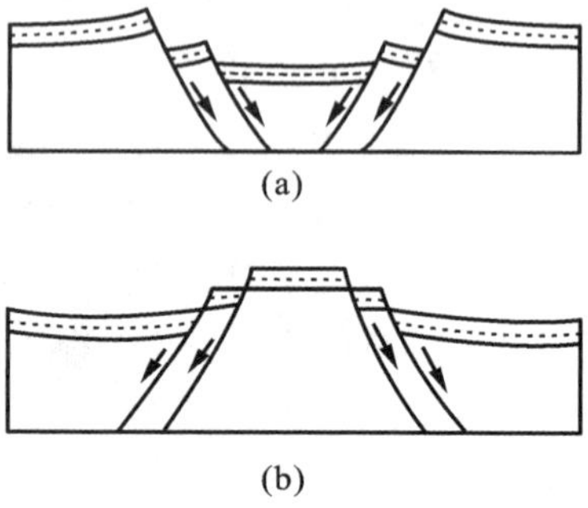

图 4.22 地堑和地垒

(a) 地堑;(b) 地垒

③按断层与所在岩层产状关系分类(图 4.24)

A. 走向断层(纵断层):断层走向与岩层走向平行;

B. 倾向断层(横断层):断层走向与岩层走向垂直;

C. 斜向断层(斜断层):断层走向与岩层走向斜交;

D. 顺层断层:断层面与岩层层理基本一致。

(3)断层存在的标志

大部分断层在形成后遭受外力地质作用剥蚀和被松散沉积物覆盖,认识它们比较困难,因此需要依据一些标志来判断和证实断层的存在。判断断层存在的标志,主要是地层和构造方面的依据,其次是地貌、水文等方面。

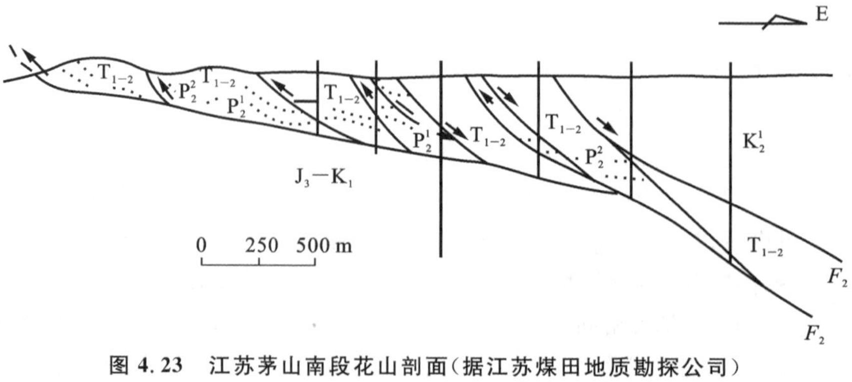

图 4.23 江苏茅山南段花山剖面(据江苏煤田地质勘探公司)

①地质体不连续

岩层、岩体、岩脉、变质岩的片理等沿走向突然中断、错开而出现不连续现象，说明可能有断层存在（图 4.24）。

②断层面（带）的构造特征

A.镜面、擦痕与阶步：断层面表现为平滑而光亮的表面称镜面。其上常覆有数毫米厚的铁质、碳质或钙质薄膜，称动力膜，其成分与两盘岩石有关。断层面上出现平行且均匀细密排列的沟纹称为擦痕。镜面和擦痕都是断层两盘岩块相对错动时在断层面上因摩擦和碎屑刻画而留下的痕迹。阶步是指断层面上与擦痕垂直的微小陡坎（图 4.25），其是顺擦痕方向局部阻力的差异或因断层间歇性运动的顿挫而形成。阶步又分正阶步与反阶步（图 4.26），它们可指示断层两盘动向。

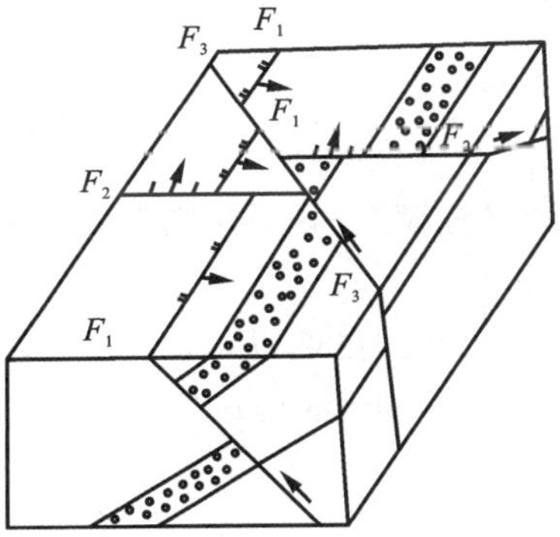

图 4.24 断层引起的构造不连续现象

F_1—走向断层；F_2—倾向断层；F_3—斜向断层

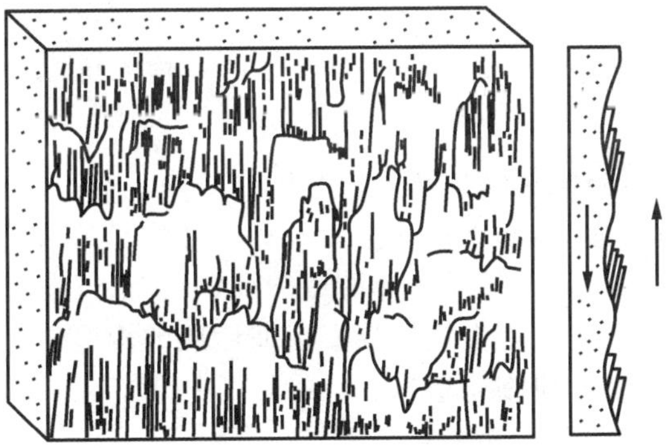

图 4.25 北京西山奥陶系石灰岩断层面上的擦痕和阶步

（李东旭摄，杨光荣素描）

（擦痕和阶步由方解石纤维状晶体构成，陡坎面向对盘滑动方向）

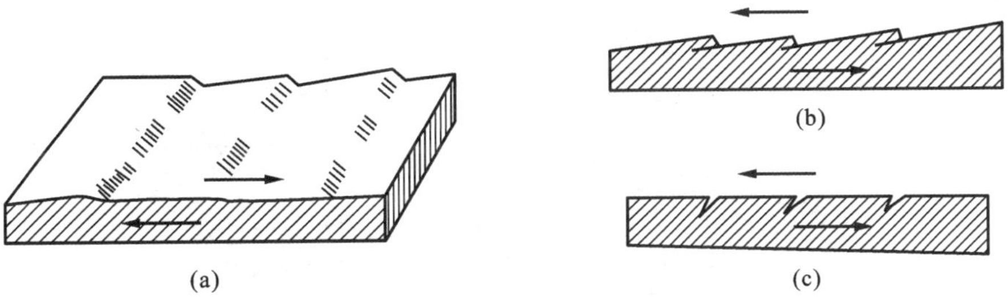

图 4.26 阶步与反阶步

(a)阶步；(b)(c)反阶步

（箭头指示两盘的动向）

B.牵引构造：牵引构造是断层两盘相对运动时，断层附近岩层因受断层面摩擦力拖曳发生弧形弯曲的现象。牵引褶皱弧形弯曲突出的方向一般指示本盘的相对运动方向（图 4.27）。

图 4.27 断层带中的牵引褶皱及其指示的两盘滑动方向

C.断层岩：断层岩是断层带中因断层动力作用被破碎、研磨，有时甚至发生重结晶作用而形成的岩石。主要有断层角砾岩、碎裂岩及糜棱岩等。

断层角砾岩由断层两盘岩石的碎块组成，由磨碎的岩屑、岩粉及地下水带来的钙质、硅质、铁质胶结而成。发育在正断层的断层带中时，角砾棱角分明、杂乱无章称为张性角砾岩（图 4.28(a)）。而在较大的逆断层、平移断层和低角度正断层中，由于断层上覆压力大、位移量也较大，角砾经揉搓、碾滚而且有一定程度圆化，称压碎角砾岩或断层磨砾岩(图 4.28(b))。

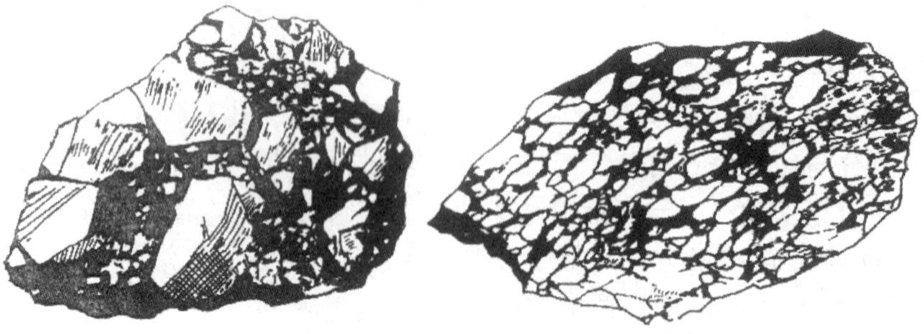

(a) (b)

图 4.28　断层角砾岩与断层磨砾岩

(a)断层角砾岩；(b)断层磨砾岩

碎裂岩是比断层角砾岩破碎程度高、碎块更细小的构造岩，若其中残留有较大的碎块，则称为碎斑岩；若被研磨成泥状，其单颗粒不易分辨而又未固结者称断层泥。

糜棱岩是一种具层纹构造的细粒岩石，外观颇似硅质岩。它主要是在较高的温度、压力及低应变速率条件下，由矿物晶体发生塑性变形而形成的构造岩。它不出现在脆性破裂构造的断层中，它是韧性剪切带(韧性断层)中的典型构造岩。

③地貌和水文等标志

断层两盘差异性升降运动，常形成陡立的峭壁，称断层崖。断层崖沿断层线分布时形成明显的线性构造。若断层崖后来受到与崖面垂直方向的流水切割、侵蚀，往往形成沿断层走向分布的一系列三角形陡崖，称为三角面山(图 4.29)。

图 4.29　河南偃师五佛山断层形成的断层三角面

(据马杏垣等，1981)

串珠状分布的湖泊、洼地和带状分布的泉水等都是可能有断层存在的标志。

(4)断裂构造的工程地质评价

断层、节理在各种岩石中都有分布，以节理最为普遍。不同产状的节理与层理等一起共同将岩石切割成形状各异的块体。节理间距越小，岩石破碎程度越高；节理裂隙张开程度越大越有利于风化作用的进行和地下水的活动；节理缝中若有泥质充填则岩块就容易产生滑动变形。因此节理发育的密集程度、张开度和充填物特征都是评价岩体质量的主要因素。

地下洞室工程被包围于称作围岩的岩土体介质中，常会遇到比较复杂的工程地质条件。断裂破碎带常因构造破坏、岩脉穿插、风化强烈、裂隙面夹泥而呈碎裂状，或局部因风化和强烈破碎成散体状，如有地下水的活动则极易产生塌方。尤其是处于几组断裂的交汇处，因破碎带宽度大情况会更严重。所以地下洞室工程不宜布置在断裂破碎带或断裂交汇处。同样，隧道工程不宜沿断裂走向布置而以垂直走向穿过、缩短穿越断裂破碎带的距离为好。

当围岩的岩石本身强度高、岩体为厚层状及块状时，围岩稳定性与断层、节理、层理等的空间组合方式及其与洞室方位间的关系有密切联系。一般地说，被断层、节理等切割的岩石块体，其尺寸小于洞跨时，才有发生局部失稳的可能。图 4.30 中所示的"正人字"结构最不稳定；"川字形"在顶拱拉应力集中时不稳定，易坍塌，而在压应力集中情况下，沿结构面的摩阻力大于岩块自重时，仍然是稳定的；"倒三角形"结构无论顶拱处于何种应力集中的情况下都是稳定的。边墙的稳定受走向平行于洞轴、倾向洞内的陡倾角断层的影响最大。如图 4.31 所示：*a*-1 表示洞右侧有一条走向平行洞轴倾向洞内的断层，在边墙下方出露；*a*-2 表示陡倾斜断层上盘的楔形岩块下滑，如箭头所指；*a*-3 表示右边墙滑动，并导致洞顶塌方。

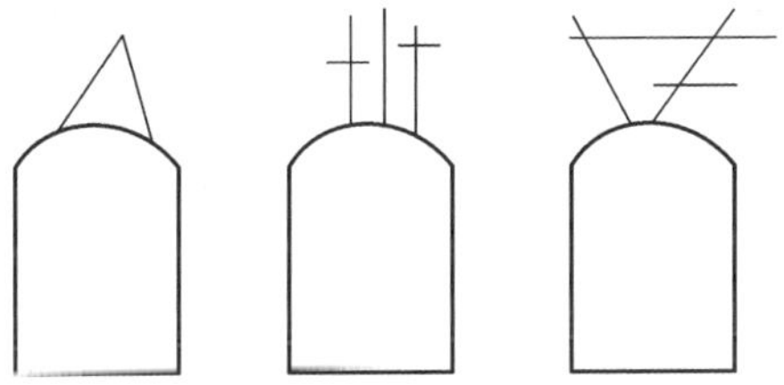

图 4.30 地下洞室顶拱上的几种典型结构体图

（据张倬元等，1994）

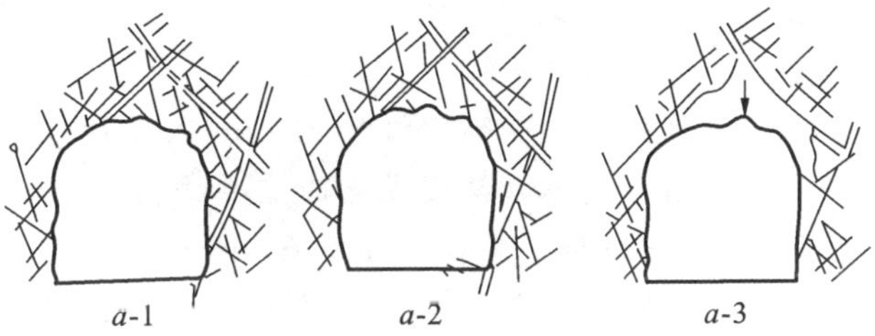

图 4.31 边墙滑动导致洞顶塌方

（据张倬元等，1994）

案例分析——保靖县碗米坡镇拔茅村"8·25"山体垮塌事故

（1）事故情况

2021 年 8 月 25 日 14 时 50 分，保靖县碗米坡镇拔茅村 7 组发生山体垮塌事故（图 4.32），造成 3 名人员被埋，经抢救无效死亡，1 栋厂房受损及 6 座大棚、2 台挖掘机、1 台铲车、3 台其他车辆被埋，直接经济损失 230 万元。经调查，垮塌体为 2000 年左右修建碗米坡电站坝体时取石形成的沟谷地形，据现场踏勘结合相关技术资料和应急航空测绘成果，垮塌区基岩为二叠系茅口组泥质灰岩，岩层产状 320°∠25°，岩体内发育 2 组节理裂隙，J_1：200°∠65°，J_2：280°∠73°，节理间距 0.3～0.5 m，黏土充填。垮塌体长约 75 m、宽约 75 m、高约 58 m，坡度近乎垂直，下方垮塌堆积体范围长约 90 m、宽约 65 m、最大厚度 21 m，平均厚约 10 m，垮塌方量约 58000 m^3。垮塌事故所掩埋的场地也是在 2000 年左右修建碗米坡电站时，因采石而形成的空地，属于拔茅村集体土地。整个空地呈东北走向，分为四级平台。2021 年某公司租用该场地和食用菌种植大棚，用 2 台自有的挖掘机在垮塌山体边坡脚进行取石平整场地，因公司急于赶进度，在没取得备案的情况下先行动工建设。

图 4.32 垮塌侧面航飞全貌

(2)地质成因

①地质结构复杂、脆弱是本次垮塌发生的内因。垮塌区基岩为二叠系茅口组泥质灰岩,与坡向一致,构成顺坡不利组合。组成边坡的岩体为二叠系茅口组深灰色薄至中厚层状泥质灰岩,主要矿物成分为方解石,浅部风化溶蚀作用强烈,岩体内节理裂隙极发育,裂面溶蚀强烈,裂隙间多有土充填,将岩体分割成大小不等的块体镶嵌结构,在长期风化作用及长期雨水浸泡等不利条件下易发生鼓胀破坏。

②采挖活动是此次垮塌发生的主要诱因。垮塌体为2000年左右修建碗米坡电站坝体时,未分层或台阶取石形成的采空区。某公司对垮塌体坡脚进行开挖,紧接着坡脚开挖纵深约3 m,开挖宽度约61 m,开挖新鲜面高度约8～10 m,未进行相应支护。

③持续降雨是本次垮塌发生的重要诱因。8月10日至25日,保靖县碗米坡经历了两轮持续性降雨天气,累计降雨量高达195.5 mm。由于降雨持续时间长,前期雨水持续不断渗入岩土体中,增加了坡体自重,降低了抗剪强度,极易造成坡体失稳。

(摘自湘西州应急管理局门户网站)

案例分析——川藏铁路沿线的地质构造与工程问题

川藏铁路东起成都、西到拉萨,全长1543 km,途经冈底斯—念青唐古拉山活动陆缘带与喜马拉雅褶皱带北部交界区,穿越了世界上板块构造最为活跃、活动断裂最为密集、地震烈度最为强烈、自然灾害最为发育的地区。

(1)沿线的地质构造

第四纪始新世中晚期以来,受欧亚板块和印度板块的强烈俯冲与挤压作用影响,青藏高原在地壳运动不均匀部位发育有多条区域性活动断裂带,铁路沿线已探明长度超过100 km的大型断裂多达9处,部分断裂活动速率值达10 mm/a,潜在强震危险性极高。

当川藏铁路在断裂发育地带施工及运营时,隧道开挖强扰动极易诱发地质体沿断层的滑移错动,使隧道结构产生剪切错断效应。以龙门山断裂带为例,它位于四川盆地与青藏高原过渡地带,为逆冲推覆构造,延伸长度约500 km,宽30～40 km,总体走向30°～50°。通过对GPS位移监测和断层带物质测年数据研究发现,该断裂带第四纪以来活动性强烈。在经过龙门山断裂的耿达—陇东段和盐井—五龙段时,川藏铁路分别采用了正交和大角度斜交的穿越方式,并对两侧山体增设了边坡防护措施,工程整体的抗震设防烈度达到了7度以上。

(2)地质构造与铁路选线

断裂带活动与地震不仅能对铁路造成短期直接破坏,还可长期威胁铁路运营并诱发沿线地质灾害链:首先,过去已发生的断层活动与诱发地震会对沿线斜坡施加持续影响,如汶川地震后的数十年间铁路沿线共发生滑坡灾害6万余起;其次,由于铁路穿越了大量的高山峡谷地带,未来潜在发生的强震可造成沿线的冰湖溃决堵塞河道而形成堰塞湖,威胁下游居民生存和铁路运营安全;最后,强烈的构造运动导致了川藏铁路的隧道围岩具有高地应力和高地下水渗透压特征,这使得穿越硬岩地段的隧道围岩易发生岩爆灾害,而穿越软岩地段的围岩则易发生变形风险。

基于以上工程地质问题的考虑,川藏铁路在选线方面遵循了以下原则:首先,控制隧道埋深以减小施工地质风险,选择有利的辅助坑道以缩短工期;其次,尽可能避开或远离活动断裂及深大断裂,避免顺断裂带行进或小角度与断裂相交,避免跨越活动断裂,当无法避免时应与之大角度相交并采用简易工程通过(如低矮路堤、简支梁矮桥或小隧道,严禁高墩、大跨、特殊结构桥梁);最后,铁路选线应充分利用高原夷平面,尽量缩短在斜坡过渡带的长度,不宜沿深切河谷走行,从而降低高山峡谷崩塌、滑坡、泥石流等重力地质灾害影响。

本章小结

(1)构造运动有水平运动和垂直运动。构造运动的结果是使原始水平状态连续产出的岩层发生变形变位,形成地质构造。褶皱、断层和节理是最基本的地质构造。

(2)岩层的产状要素是岩层的走向、倾向与倾角。岩层的厚度是岩层顶、底面间的垂直距离。

(3)岩层间接触关系有整合、不整合、假整合三种。侵入体与其围岩间为侵入接触。侵入体形成后,地壳发生隆起上升,使侵入体遭受风化剥蚀并接受随后沉积而被沉积地层覆盖,这种接触关系称沉积接触。

(4)褶皱要素是:核、翼、轴面、枢纽等。褶皱的识别标志是在沿地层倾斜方向上地层为对称式重复。核部地层老,两翼新者为背斜;核部地层新,两翼老者为向斜。同一岩层沿走向发生转折合围表明枢纽倾伏是倾伏褶皱。褶皱核部是岩层强烈变形部位。断裂构造发育、岩体完整性差且是地下水富水地段,易发生工程地质问题。两翼相对有利,但要注意顺层滑动和软弱夹层。

(5)节理是岩石中的裂隙。节理观测服务于岩体质量评价。观测内容有:力学性质、充填物、粗糙度、节理密度、产状。通过制作节理玫瑰图得出数量优势节理。节理间距愈小,岩体质量愈低。

(6)断层是岩层破裂后,破裂面两侧岩块发生明显位移。断层要素包括:断层面、断层线、断层盘。按断层两盘相对运动分为:正断层、逆断层、平移断层。断层存在的证据有:镜面、擦痕、阶步、反阶步、牵引构造、断层角砾岩、碎裂岩、断层泥、断层糜棱岩、地质体突然中断并错开之不连续现象、断层崖、三角面山、断层悬谷、泉水出露等。断层是影响岩体稳定性最重要的一种不连续面。

习　　题

4.1　地层(或岩石)的接触关系有哪几种类型?

4.2　什么是褶皱构造?简述褶皱的基本类型及其识别特征。

4.3　分析褶皱构造不同部位的变形破坏特点,说明它们可能会产生的主要工程地质问题。

4.4　什么是节理?按地质成因节理可分为哪几类?

4.5　节理野外观测的内容主要有哪些?

4.6　什么是断层?按两盘相对位移方向,断层如何分类?

4.7　断层存在的标志有哪些?

4.8　断层和节理会对工程产生怎样的影响?

5 地下水与工程

学习目标

掌握地下水及相关工程地质水文地质的基本概念，熟悉岩石(层)的水理性质，重力水的类型及其特征、循环与运动；了解地下水引发的工程和环境问题及其防治措施。

5.1 地下水的基本概念

地下水是指埋藏在地表以下土层及岩石空隙中各种状态的水，它是地球上水体的重要组成部分。地下水是工程地质分析、评价和地质灾害防治中极其重要的因素。

1. 岩石的空隙

地下水存在于岩石的空隙之中，地壳表层 10 km 以上范围内，都或多或少存在着空隙，特别是浅部 1～2 km 范围内，空隙分布较为普遍。岩石的空隙既是地下水储存场所，又是地下水的渗透通道，空隙的多少、大小及其分布规律，决定着地下水分布与渗透的特点。

根据岩石空隙的成因不同，可把空隙分为孔隙、裂隙和溶隙三大类(图 5.1)。

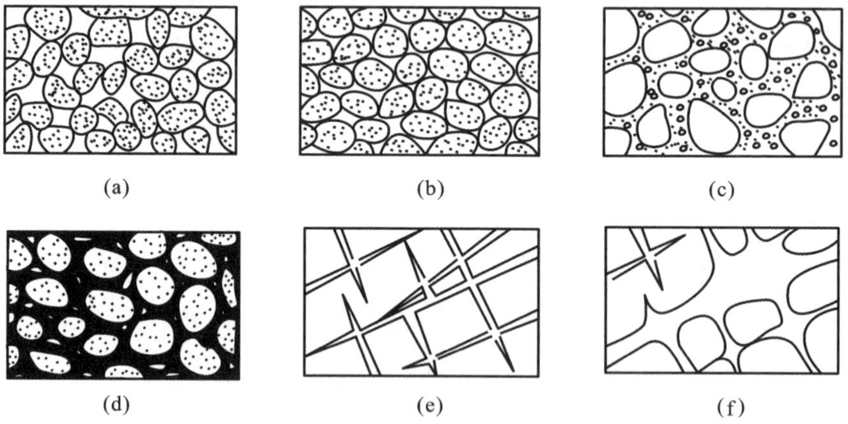

图 5.1 岩石和土中的空隙

(a)分选良好排列疏松的砂；(b)分选良好排列紧密的砂；(c)分选不良含泥、砂的砾石；(d)部分胶结的砂岩；(e)具有裂隙的岩石；(f)具有溶隙的可溶岩

(1)孔隙

松散岩石(如黏土、砂土、砾石等)中颗粒或颗粒集合体之间存在的空隙，称为孔隙。孔隙发育程度用孔隙度(n)表示。所谓孔隙度是孔隙体积(V_n)与包括孔隙在内的岩石总体积(V)的比值，用小数或百分数表示，即：

$$n=\frac{v_n}{v} \quad 或 \quad n=\frac{v_n}{v}\times 100\% \tag{5.1}$$

孔隙度的大小主要取决于岩石的密实程度及分选性。此外，颗粒形状和胶结程度对孔隙度也有影响。岩石越疏松、分选性越好(图 5.1(a))，孔隙度越大。反之，岩石越紧密(图 5.1(b))或分选性越差(图 5.1(c))，孔隙度越小。孔隙若被胶结物充填(图 5.1(d))，则孔隙度变小。

几种典型松散岩石的孔隙度的参考值列入表 5.1。

表 5.1 孔隙度的参考值

名称	砾石	砂	粉砂	黏土
孔隙度(%)	25～40	25～50	35～50	40～70

(2)裂隙

坚硬岩石受地壳运动及其他内外地质营力作用的影响产生的空隙，称为裂隙(图 5.1(e))。裂隙发育程度用裂隙率(K_t)表示，所谓裂隙率是裂隙体积(V_t)与包括裂隙体积在内的岩石总体积的比值，用小数或百分数表示如下：

$$K_t=\frac{V_t}{V} \quad 或 \quad K_t=\frac{V_t}{V}\times 100\% \tag{5.2}$$

(3)溶隙

可溶岩(石灰岩、白云岩等)中的裂隙经地下水流长期溶蚀而形成的空隙称溶隙(图 5.1(f))，这种地质现象称岩溶(喀斯特)。溶隙的发育程度用溶隙率(K_k)表示，所谓溶隙率(K_k)是溶隙的体积(V_k)与包括溶隙在内的岩石总体积(V)的比值，用小数或百分数表示如下：

$$K_k=\frac{V_k}{V} \quad 或 \quad K_k=\frac{V_k}{V}\times 100\% \tag{5.3}$$

研究岩石的空隙时，不仅要研究空隙的多少，还要研究空隙的大小、空隙间的连通性和分布规律。松散土孔隙的大小和分布都比较均匀，且连通性好，所以，孔隙度可表征一定范围内孔隙的发育情况；岩石裂隙无论其宽度、长度和连通性差异均很大，分布也不均匀，因此，裂隙率只能代表被测定范围内裂隙的发育程度；溶隙大小相差悬殊，分布很不均匀，连通性更差，所以，溶隙率的代表性更差。

根据水在空隙中的物理状态、水与岩石颗粒的相互作用等特征，一般将水在空隙中存在的形式分为五种，即：气态水、结合水、重力水、毛细水、固态水。

重力水存在于岩石颗粒之间，结合水层之外，它不受颗粒静电引力的影响，可在重力作用下运动。一般所指的地下水如井水、泉水、基坑水等就是重力水，它具有液态水的一般特征，可传递静水压力。重力水能产生浮托力、孔隙水压力。流动的重力水在运动过程中会产生动水压力。重力水具有溶解能力，对岩石产生化学潜蚀，导致岩石的成分及结构的破坏。重力水是本章研究的主要对象。

2. 含水层与隔水层

岩石中含有各种状态的地下水，由于各类岩石的水理性质不同，可将各类岩石层划分为含水层和隔水层。

所谓含水层，是指能够给出并透过相当数量重力水的岩层。构成含水层的条件，一是岩石中要有空隙存在，并充满足够数量的重力水；二是这些重力水能够在岩石空隙中自由运动。

隔水层是指不能给出并透过水的岩层。隔水层还包括那些给出与透过水的数量是微不足道的岩层，也就是说，隔水层有的可以含水，但是不具有允许相当数量的水透过自己的性能，例如黏土就是这样的隔水层。表 5.2 是常压下岩石按透水程度的分类。

表 5.2 岩石按透水程度的分类

透水程度	渗透系数 K(m/d)	岩石名称
良透水的	>10	砾石、粗砂、岩溶发育的岩石、裂隙发育且很宽的岩石
透水的	10～1.0	粗砂、中砂、细砂、裂隙岩石
弱透水的	1.0～0.01	黏质粉土、细裂隙岩石
微透水的	0.01～0.001	粉砂、粉质黏土、微裂隙岩石
不透水的	<0.001	黏土、页岩

3. 地下水的物理化学性质

(1)地下水的物理性质

地下水的物理性质有温度、颜色、透明度、气味、味道、导电性及放射性等。纯净的地下水应是无色、无味和透明的，当含有某些化学成分和悬浮物时其物理性质会改变。

(2)地下水的化学成分

地下水沿着岩石的孔隙、裂隙或溶隙渗流过程中，能溶解岩石中的可溶物质，而具有复杂的化学成分。

①主要气体成分

地下水中常见的气体有 N_2、O_2、CO_2、H_2S。一般情况下，地下水的气体含量，每升只有几毫克到几十毫克。

②主要离子成分

地下水中的阳离子主要有：H^+、Na^+、K^+、NH_4^+、Ca^{2+}、Mg^{2+}、Fe^{3+} 和 Fe^{2+} 等；阴离子主要有：OH^-、Cl^-、SO_4^{2-}、NO_2^-、NO_3^-、HCO_3^-、CO_3^{2-}、SiO_3^{2-} 和 PO_4^{3-} 等。但一般情况下在地下水化学成分中占主要地位的是以下七种离子：Na^+、K^+、Ca^{2+}、Mg^{2+}、Cl^-、SO_4^{2-} 和 HCO_3^- 离子。它们是人们评价地下水化学成分的主要项目。

③胶体成分与有机质

地下水中以未离解的化合物构成的胶体主要有 $Fe(OH)_3$、$Al(OH)_3$ 和 H_2SiO_3 等。

5.2 地下水的分类

地下水的分类方法很多，归纳起来可分为两类：一类是按地下水的某一特征进行分类；另一类是综合考虑了地下水的某些特征进行分类。这里仅介绍按埋藏条件和含水空隙类型分类的综合分类法(表 5.3)。

表 5.3 地下水分类表

埋藏条件	含水空隙类型		
	孔隙水 (松散沉积物孔隙中的水)	裂隙水 (坚硬基岩裂隙中的水)	岩溶水 (可溶岩溶隙中的水)
上层滞水	包气带中局部隔水层上的重力水，主要是季节性存在	裸露于地表的裂隙岩层浅部季节性存在的重力水	裸露岩溶化岩层上部岩溶通道中季节性存在的重力水
潜水	各类松散沉积物浅部的水	裸露于地表的坚硬基岩上部裂隙中的水	裸露于地表的岩溶化岩层中的水
承压水	山间盆地及平原松散沉积物深部的水	组成构造盆地、向斜构造或单斜断块的被掩覆的各类裂隙岩层中的水	组成构造盆地、向斜构造或单斜断块的被掩覆的岩溶化岩层中的水

地下水按埋藏条件分为上层滞水、潜水和承压水，按含水空隙类型又分为孔隙水、裂隙水和岩溶水。通过这两种分类的组合，便得出九类不同特点的地下水，如孔隙上层滞水、裂隙潜水、岩溶承压水，等等。

1. 按埋藏条件分类

(1)上层滞水

包气带中局部隔水层之上的重力水称上层滞水。上层滞水一般分布不广，埋藏接近地表，接受大气降水的补给，补给区与分布区一致，以蒸发形式或向隔水底板边缘排泄(图 5.2)。雨季时获得补给，赋存一定的水量，旱季时水量逐渐消失，其动态变化很不稳定。上层滞水对建筑物的施工有影响，应考虑排水的措施。

(2)潜水

埋藏在地面以下第一个稳定隔水层之上具自由水面的重力水叫潜水。潜水主要分布于第四纪松散沉积层中，出露地表的裂隙岩层或岩溶岩层中也有潜水分布。

潜水的自由水面称潜水面。潜水面上任一点的高程称该点的潜水位(H)，地表至潜水面的距离称潜水的埋藏深度(h_1)，潜水面到隔水底板的距离为潜水含水层的厚度(h)，见图 5.2。

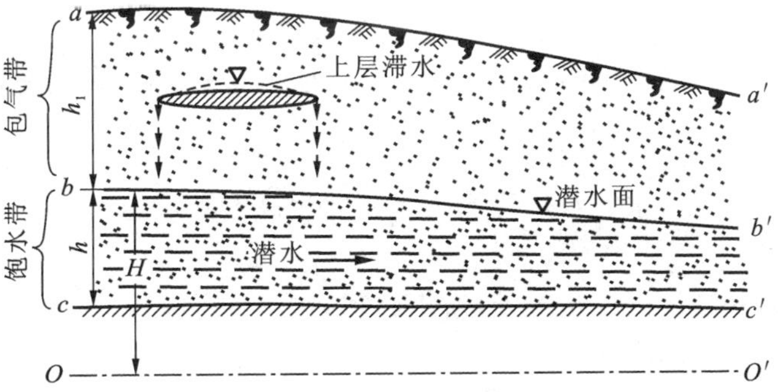

图 5.2 上层滞水和潜水示意图

aa'—地面；bb'—潜水面；cc'—隔水层面；OO'—基准面

潜水具自由水面，为无压水。它只能在重力作用下由潜水位较高处向潜水位较低处流动，运动速度每天数厘米或每年若干米，取决于潜水面的坡度和岩石空隙的大小。潜水面的形状主要受地形控制，基本上与地形一致，但比地形平缓。此外，潜水面的形状也和含水层的透水性及隔水层底板形状有关。在潜水流动的方向上，含水层的透水性增强或含水层厚度较大的地方，潜水面就变得平缓；隔水层底板隆起处，潜水厚度减小、潜水的补给区与分布区一致，主要由大气降水、地表水和凝结水补给，当承压水与潜水有联系时，承压水也能补给潜水。潜水常以泉或蒸发的形式排泄，其动态受气候影响较大，具有明显的季节性变化特征；潜水易受地面污染的影响。

潜水面常以潜水等水位线图表示。所谓潜水等水位线图就是潜水面上标高相等各点的连线图(图 5.3)，绘制时将研究地区的潜水人工露头(钻孔、探井、水井)和天然露头(泉、沼泽)的水位同时测定，绘在地形等高线图上，连接水位等高的各点即为等水位线图。由于水位有季节性的变化，图上必须注明测定水位的日期。一般应有最低水位和最高水位时期的等水位线图。该图有以下用途：

①确定潜水流向

在等水位线图上，垂直于等水位线的方向，即为潜水的流向，如图 5.3 箭头所示的方向。

②计算潜水的水力比降

在潜水流向上取两点的水位差与两点间的水平距离的

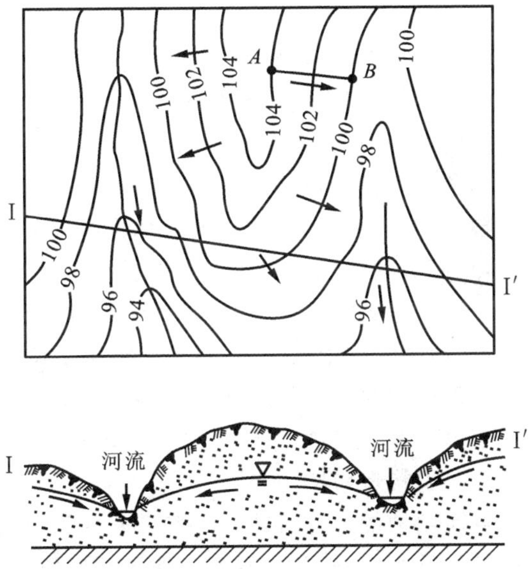

图 5.3 潜水等水位线图(比例尺 1：100000)

及水文地质剖面图(I—I′剖面线)

(图中箭头表示潜水流向和河水流向)

比值，即为该段潜水的水力比降。图 5.3 上 A、B 两点潜水面的水力比降：

$$I_{AB}=\frac{104-100}{1100}=0.0036$$

③确定潜水与地表水之间的关系

如果潜水流向指向河流，则潜水补给河水（图 5.4）；如果潜水流向背向河流，则潜水接受河水补给。

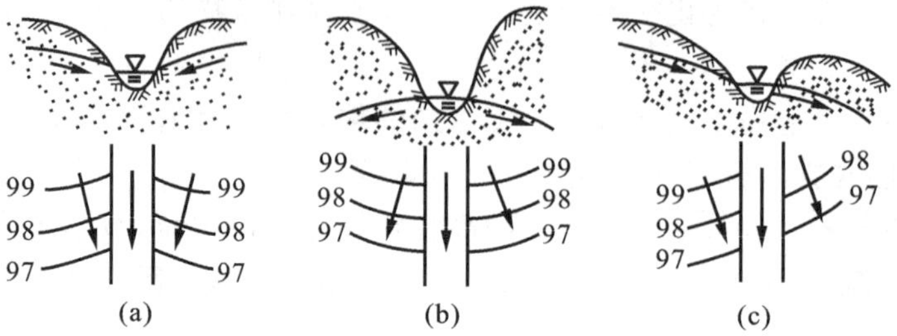

图 5.4　地表水（河流）与潜水之间的相互关系

（a）潜水补给河水；（b）河水补给潜水；（c）左岸潜水补给河水，右岸河水补给潜水

④确定潜水的埋藏深度

某一点的地形等高线标高与潜水等水位线标高之差即为该点潜水的埋藏深度。

⑤确定泉或沼泽的位置

在潜水等水位线与地形等高线高程相等处，潜水出露，这里即是泉或沼泽的位置。

⑥推断含水层的岩性或厚度的变化

在地形坡度变化不大的情况下，若等水位线由密变疏，表明含水层透水性变好或含水层变厚。相反，则说明含水层透水性变差或厚度变小。

⑦确定给水和排水工程的位置

水井应布置在地下水流汇集的地方，排水沟（截水沟）应布置在垂直水流的方向上。

潜水对建筑物的稳定性和施工均有影响。建筑物的地基最好选在潜水位深的地带或使基础浅埋，尽量避免水下施工。若潜水对施工有危害，宜用排水、降低水位、隔离（包括冻结法等）等措施处理。

（3）承压水

充满于两个稳定的隔水层间的重力水称为承压水。承压水的形成主要决定于地质构造条件。最适宜形成承压水的构造为向斜（或盆地）构造和单斜构造。

①向斜盆地（自流盆地）

如图 5.5 所示，在向斜盆地中承压含水层出露地表较高的一端称补给区（a），较低的一端称排泄区（c），承压含水层上覆隔水层的地区为承压区（b）。承压含水层的上覆隔水层称隔水顶板，下伏隔水层称隔水底板。顶、底板间的距离为承压含水层的厚度（M）。在承压区，钻孔钻穿隔水顶板后才能见到地下水，此见水高程（H_1）（即隔水顶板底面的标高）称初见水位。此后，承压水在静水压力作用下沿钻孔上升到一定高度停止下来，此高程称承压水位（H_2）。承压水位高出隔水顶板底面的距离（H），称为承压水头，地面标高与承压水位的差值称地下水位埋深（h）。承压水位高于地表的地区称作自流区，在此区，凡钻到承压含水层的钻孔都形成自流井，承压水沿钻孔上升喷出地表。将各点承压水位连成的面称承压水面。

②单斜构造（自流斜地）

自流斜地的形成有两种情况。一种为断块构造，含水层的上部出露地表，为补给区，下部为断层所切，如断层带是透水的，则各含水层将通过断层发生水力联系或通过断层以泉水的形式排泄于地表，成为承压含水层排泄区（图 5.6（a））。如果断层带是隔水的，此时补给区即排泄区，承压区位于另一地段（图 5.6（b））。

另一种情况是含水层岩性发生相变，含水层的上部出露地表，下部在某一深度处尖灭，含水层的补给区与排泄区一致，而承压区则位于另一地段，见图 5.7。

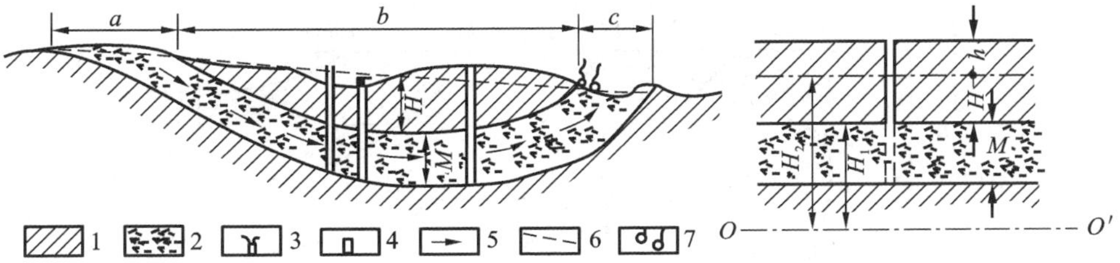

图 5.5 自流盆地构造图

a—补给区;b—承压区;c—排泄区

1—隔水层;2—含水层;3—喷水钻孔;4—不自喷钻孔;5—地下水流向;6—测压水位;7—泉

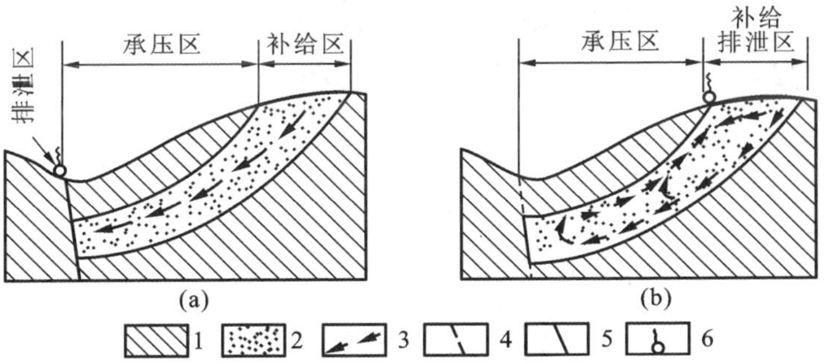

图 5.6 断块构造形成的自流斜地

1—隔水层;2—含水层;3—地下水流向;4—不导水断层;5—导水断层;6—泉

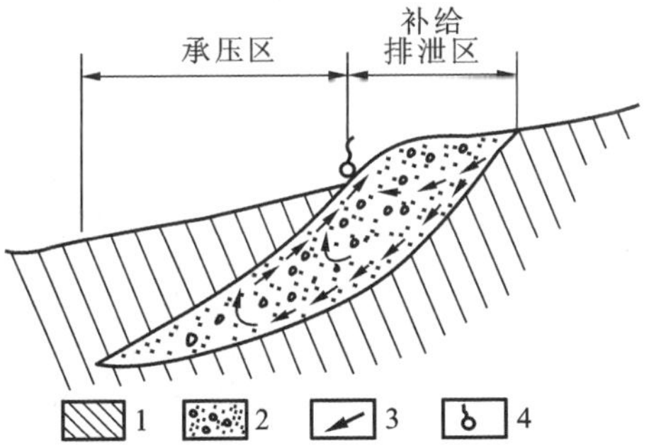

图 5.7 岩性变化形成的自流斜地

1—隔水层;2—含水层;3—地下水流向;4—泉

承压水不具自由水面,并承受一定的静水压力。承压含水层的分布区与补给区不一致,常常是补给区远小于分布区,一般只通过补给区接受补给。承压水的动态比较稳定,受气候影响较小。水质不易受地面污染。

承压水面在平面图上用承压水等水压线图表示。所谓等水压线图就是承压水面上高程相等点的连线图(图 5.8)。等水压线图上必须附有地形等高线和顶板等高线。

承压水等水压线图可以判断承压水的流向及计算水力比降,确定初见水位、承压水位的埋深及承压水头的大小等。

承压水水头压力在有裂隙和大孔隙条件下可能引起基坑突涌,破坏坑底的稳定性。

2. 按含水空隙类型分类

(1)孔隙水

孔隙水存在于松散岩层的孔隙中,这些松散岩层包括第四系和坚硬基岩的风化壳。它多呈均匀而连续的层状分布。孔隙水的存在条件和特征取决于岩石的孔隙情况,因为岩石孔隙的大小和多少,不仅关系到岩石透水性的好坏,而且也直接影响到岩石中地下水量的多少,以及地下水在岩石中的运动条件和地下水的水质。一般情况下,颗粒大而均匀,则含水层孔隙也大、透水性好,地下水水量大、运动快、水质好;反之,则含水层孔隙小、透水性差,地下水运动慢、水质差、水量也小。

孔隙水由于埋藏条件不同,可形成上层滞水、潜水或承压水,即分别称为孔隙-上层滞水、孔隙-潜水和孔隙-承压水。

(2)裂隙水

埋藏在坚硬岩石裂隙中的地下水称为裂隙水。它主要分布在山区和第四系松散覆盖层下面的基岩中,裂隙的性质和发育程度决定了裂隙水的存在和富水性。岩石的裂隙按成因可分为风化裂隙、成岩裂隙和构造裂隙三种类型,相应地也将裂隙水分为三种,即风化裂隙水、成岩裂隙水和构造裂隙水。

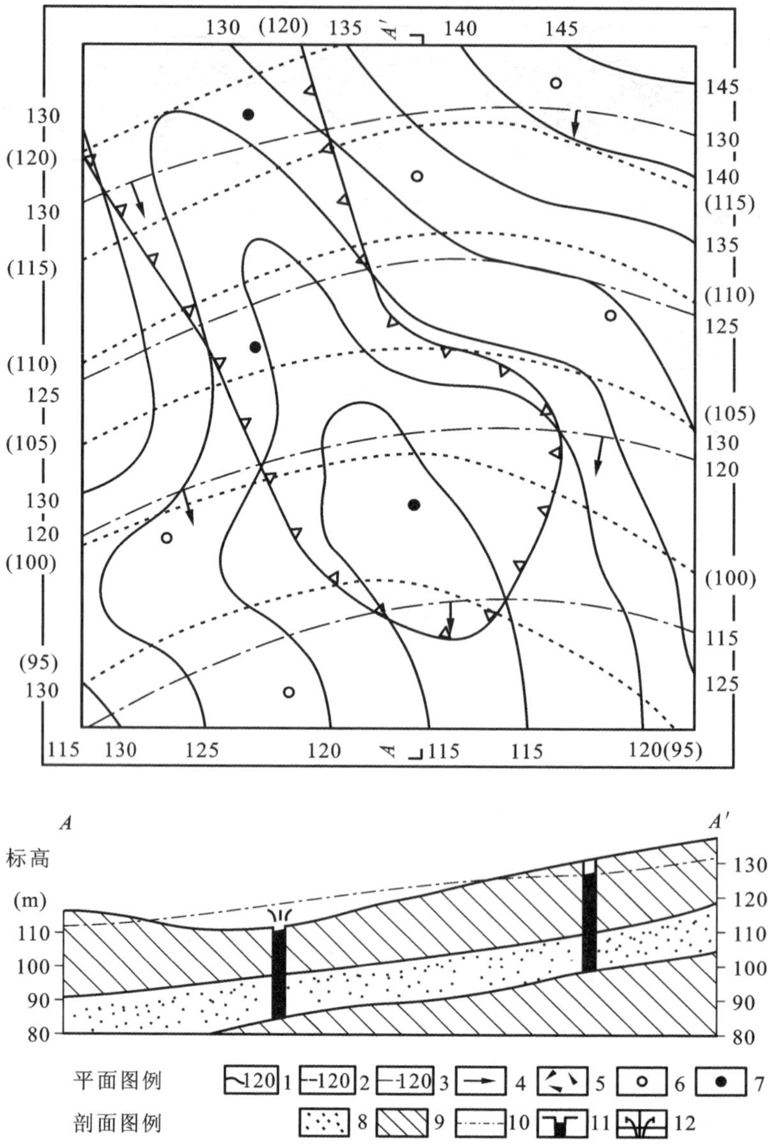

图 5.8　等水压线图

1—地形等高线(m)；2—含水层顶板等高线(m)；3—等水压线(m)；4—地下水流向；
5—承压水自溢区；6—钻孔；7—自流井；8—含水层；
9—隔水层；10—承压水位线；11—钻孔；12—自流井

①风化裂隙水

赋存在风化裂隙中的水为风化裂隙水。风化裂隙是由岩石的风化作用形成的，其特点是广泛地分布于出露基岩的表面，延伸短，无一定方向，发育密集而均匀，构成彼此连通的裂隙体系，一般发育深度为几米到几十米，少数也可深达百米以上。风化裂隙水绝大部分为潜水，具有统一的水面，多分布于出露基岩的表层，其下新鲜的基岩为含水层的下限。水平方向透水性均匀，垂直方向随深度而减弱。风化裂隙水的补给来源主要为大气降水，其补给量的大小受气候及地形因素的影响很大，气候潮湿多雨和地形平缓地区，风化裂隙水较丰富，常以泉的形式排泄于河流中。

②成岩裂隙水

成岩裂隙为岩石在形成过程中所产生的空隙，一般常见于岩浆岩中。喷出岩类的成岩裂隙尤以玄武岩最为发育，这一类裂隙在水平和垂直方向上，都较均匀，亦有固定层位，彼此相互连通。侵入岩体中的成岩裂隙，通常在其与围岩接触的部分最为发育。而赋存在成岩裂隙中的地下水称为成岩裂隙水。

喷出岩中的成岩裂隙常呈层状分布，当其出露地表，接受大气降水补给时，形成层状潜水。它与风化裂隙中的潜水相似。所不同的是分布不广，水量往往较大，裂隙不随深度减弱，而下伏隔水层一般为其他的不透水岩层；侵入岩中的裂隙，特别是在与围岩接触的地方，常由于裂隙发育而形成富水带。

成岩裂隙中的地下水水量有时可以很大，在疏干和利用上，皆不可忽视，特别是在工程建设时，更应予以重视。

③构造裂隙水

构造裂隙是由于岩石受构造运动应力作用所形成的，而赋存于其中的地下水就称为构造裂隙水。由于构造裂隙较为复杂，构造裂隙水的变化也较大，一般按裂隙分布的产状，又将构造裂隙水分为层状裂隙水和脉状裂隙水两类。

层状裂隙水埋藏于沉积岩、变质岩的节理及片理等裂隙中。由于这类裂隙常发育均匀，能形成相互连通的含水层，具有统一的水面，可视为潜水含水层。当其上部被新的沉积层所覆盖时，就可以形成层状裂隙承压水。脉状裂隙水往往存在于断层破碎带中，通常为承压水性质，在地形低洼处，常沿断层带以泉的形式排泄。其富水性决定于断层性质、两盘岩性及次生充填情况。经研究证明，一般情况下，压性断层所产生的破碎带不仅规模较小，而且两盘的裂隙一般都是闭合的，裂隙的富水性较差。当遇到规模较大的张性断层时，两盘又是坚硬脆性岩石，则不仅破碎带规模大，且裂隙的张开性也好，富水性强。当这样的断层沟通含水层或地表水体时，断层带特别是富水优势断裂带兼具贮水空间、集水廊道及导水通道的功能，对地下工程建设危害较大，必须给予高度重视。

(3)岩溶水

埋藏于溶隙中的重力水称为岩溶水(喀斯特水)。岩溶水，可以是潜水，也可以是承压水。一般说来，在裸露的石灰岩分布区的岩溶水主要是潜水；当岩溶化岩层被其他岩层所覆盖时，岩溶潜水可能转变为岩溶承压水。

岩溶的发育特点也决定了岩溶水的特征。岩溶水具有水量大、运动快、在垂直和水平方向上分布不均匀的特性，其动态变化受气候影响显著，由于溶隙较孔隙、裂隙大得多，能迅速接受大气降水补给，水位年变幅有时可达数十米。大量岩溶水以地下径流的形式流向低处，集中排泄，即在谷地或是非岩溶化岩层接触处以成群的泉水出露地表，水量可达每秒数百升，甚至每秒数立方米。

在土木工程建筑地基内有岩溶水活动，不但在施工中会有突然涌水的事故发生，而且对建筑物的稳定性也有很大影响。因此，在建筑场地和地基选择时应进行工程地质勘察，针对岩溶水的情况，用排除、截源、改道等方法处理，如挖排水、截水沟，筑挡水坝，开凿输水隧洞改道，等等。

5.3 地下水循环

1. 地下水的补给

含水层自外界获得水量的过程称作补给。地下水的补给来源有：大气降水、地表水和凝结水补给；含水层之间的补给以及人工补给等。

(1)大气降水补给

大气降水是地下水的最主要补给来源，但大气降水补给地下水的数量与降水性质、植物覆盖、地形、地质构造、包气带厚度及岩石透水性等密切相关，一般来说，时间短的暴雨对补给地下水不利，而连绵细雨能大量补给地下水。

(2)地表水补给

地表水体指的是河流、湖泊、水库与海洋等，地表水体可能补给地下水，也可能排泄地下水，这主要取决于地表水水位与地下水水位之间的关系。地表水位高于地下水位，地表水补给地下水；反之，地下水补给地表水。

(3)含水层之间的补给

深部与浅部含水层之间的隔水层中若有透水的“天窗”或由于受断层的影响，使上下含水层之间产生一定的水力联系时，地下水便会由水位高的含水层流向并补给水位低的含水层。此外，若隔水层有弱透水能力，当两含水层之间水位相差较大时，也会通过弱透水层进行补给。例如，对某一含水层抽水时，另一含水层可以越流补给抽水井，增加井的出水量。

(4)人工补给

包括灌溉水、工业与生活废水排入地下，以及专门为增加地下水量的人工方法补给。

2. 地下水的排泄

含水层失去水量的过程称作排泄。地下水排泄的方式有：蒸发、泉水溢出、向地表水体泄流、含水层之间的排泄和人工排泄等。

(1)蒸发

通过土壤蒸发与植物蒸发的形式而消耗地下水的过程叫蒸发排泄。蒸发量的大小与温度、湿度、风速、地下水位埋深、包气带岩性等有关，干旱与半干旱地区地下水蒸发强烈，常是地下水排泄的主要形式。

(2)泉

泉是地下水的天然露头，是地下水排泄的主要方式之一。当含水层通道被揭露于地表时，地下水便溢出地表形成泉。山区地形受到强烈的切割，岩石多次遭受褶皱、断裂，形成地下水流向地表的通道，因而山区常有丰富的泉水；而平原地区由于地势平坦，地表切割作用微弱，故泉的分布不多。按照补给含水层的性质，可将泉水分为上升泉与下降泉两大类。上升泉由承压含水层补给，下降泉由潜水或上层滞水补给。

(3)向地表水体泄流

当地下水位高于河水位时，若河床下面没有不透水岩层阻隔，那么地下水可以直接流向河流补给河水。其补给量又通过对上、下游两断面河流流量的测定计算。

(4)含水层之间的排泄

在前述的地下水补给一节中，曾提到含水层之间的补给，即一个含水层通过“天窗”、导水断层、越流等方式补给另一个含水层。对后一个含水层来说是补给，而对前一个含水层来说是排泄。

(5)人工排泄

抽取地下水作为供水水源和基坑抽水降低地下水位等，都是地下水的人工排泄方式。在一些地区人工抽水是地下水排泄的主要方式，如北京、西安等许多大中城市，地下水是主要供水水源。

3. 地下水的径流

地下水由补给区流向排泄区的过程叫径流。地下水由补给区流经径流区，流向排泄区的整个过程构成地下水循环的全过程。地下水径流包括径流方向、径流速度与径流量。

地下水补给区与排泄区的相对位置与高差决定着地下水径流的方向与径流速度；含水层的补给条件与排泄条件愈好、透水性愈强，则径流条件愈好。例如：山区的冲积物，岩石颗粒粗，透水性强，含水层的补给与排泄条件好，山区地势险峻，地下水的水力比降大，因此山区的地下水径流条件好；平原区多堆积一些细颗粒物质，地形平缓，水力比降小，因此径流条件较差。径流条件好的含水层其水质较好。此外，地下水的埋藏条件亦决定地下水径流类型：潜水属无压流动；承压水属有压流动。

4. 地下水运动的基本定律

地下水在松散沉积物中沿着孔隙流动，在坚硬的岩石中沿着裂隙或溶隙流动。地下水的运动有层流、紊流和混合流三种形式。层流是地下水在岩石的孔隙或微裂隙中渗透，产生连续水流；紊流是地下水在岩石的裂隙或溶隙中流动，具有涡流性质，各流线有互相交错现象；混合流是层流和紊流同时出现的流动形式。

地下水在孔隙中的运动(渗透)属于层流，遵循达西(Darcy)线性渗透定律，其公式如下：

$$Q = KA\frac{H_1 - H_2}{L} = KAI \tag{5.4}$$

或

$$v = \frac{Q}{A} = KI \tag{5.5}$$

式中 Q——渗透流量(m^3/d)；

H_1、H_2——上、下游过水断面的水头(m)；

L——上、下游过水断面间的水平距离(m)；

A——过水断面的面积(包括岩石颗粒和空隙两部分的面积)(m^2)；

K——渗透系数(m/d)；

I——水力比降；

v——地下水渗透速度(m/d)。

地下水在多孔介质中的运动称为渗透或渗流。地下水的渗透符合达西定律。由式(5.5)可知：地下水的渗流速度与水力比降的一次方成正比，也就是线性渗透定律。当 $I=1$ 时，$K=v$，即渗透系数是单位水力比降时的渗流速度。达西定律只适用于雷诺数 $Re \leqslant 10$ 的地下水层流运动。在自然条件下，地下水流动时阻力较大，一般流速较小，绝大多数属层流运动。但在岩石的洞穴及大裂隙中地下水的运动多属于非层流运动。

(1)渗流速度(v)

在式(5.5)中，过水断面的面积包括岩石颗粒所占据的面积及空隙所占据的面积，而水流实际通过的过水断面面积 A_1 为空隙所占据的面积，即：

$$A_1 = An \tag{5.6}$$

式中 n——孔隙度。

由此可知，v 并非地下水的实际流速，而是假设水流通过整个过水断面(包括颗粒和空隙所占据的全部空间)时所具有的虚拟流速。

(2)水力比降(I)

水力比降为沿渗流途径的水头损失与相应渗透途径长度的比值。地下水在空隙中运动时，受到空隙壁以及水质点自身的摩擦阻力，克服这些阻力保持一定流速，就要消耗能量，从而出现水头损失。所以，水力比降可以理解为水流通过某一长度渗流途径时，为克服阻力，保持一定流速所消耗的以水头形式表现的能量。

(3)渗透系数(K)

渗透系数表示含水层透水性能的重要水文地质参数，可通过实验室测定或现场抽水试验求得，一些松散岩石的渗透系数参考值列于表5.4。

表5.4 松散岩石渗透系数的参考值

土名	渗透系数 K(cm/s)	土名	渗透系数 K(cm/s)
砾砂	$6.0\times10^{-2}\sim1.8\times10^{-1}$	黄土	$3.0\times10^{-4}\sim6.0\times10^{-4}$
粗砂	$2.4\times10^{-2}\sim6.0\times10^{-2}$	黏质粉土	$6.0\times10^{-5}\sim6.0\times10^{-4}$
中砂	$6.0\times10^{-3}\sim2.4\times10^{-2}$	粉质黏土	$1.2\times10^{-6}\sim6.0\times10^{-5}$
细砂	$6.0\times10^{-4}\sim1.2\times10^{-3}$	黏土	$<1.2\times10^{-6}$
粉砂	$6.0\times10^{-4}\sim1.2\times10^{-3}$		

5.4　地下水对工程的影响

从工程角度研究地下水，主要是水的质、量与水环境、力（静压、渗压）及地下水引起的环境问题。这里仅对后者做些介绍。

1. 浮托作用

当建筑物基础底面位于地下水位以下时，地下水对基础底面产生静水压力，即产生浮托力。如果基础位于粉性土、砂性土、碎石土和节理裂隙发育的岩石地基上，则按地下水位100%计算浮托力；如果基础位于节理裂隙不发育的岩石地基上，则按地下水位50%计算浮托力；如果基础位于黏性土地基上，其浮托力较难确切地确定，应结合地区的实际经验考虑。

地下水不仅对建筑物基础产生浮托力，同样对其水位以下的岩石、土体产生浮托力。所以《建筑地基基础设计规范》（GB 50007—2011）规定：确定地基承载力设计值时，无论是基础底面以下土的天然重度或是基础底面以上土的加权平均重度，地下水位以下一律取有效重度。

浮托作用是地下水对位于水位以下的岩土体产生静水压力，并产生浮托力，浮托力的大小可以按照阿基米德原理确定。当建筑物的基础高程低于地下水的水头时，就可能受到浮托力的影响，造成建筑物的不稳定、变形、破坏甚至倾覆。下面介绍几个由浮托作用而引起的灾害案例：

（1）2008年，北京市朝阳区某地铁站施工时，由于地下水位较高，施工方采取了降水措施，导致周围地基土层发生固结沉降，造成邻近建筑物和道路出现裂缝和沉降。为了防止地铁站受到浮托力的作用，施工方在地铁站顶板上加压重物，并在地铁站底板上设置锚杆。

（2）2010年，江苏省南京市某大型商场地下室发生严重渗水事故，经调查发现是由于地下室深度较大，超过了地下水位，而设计时没有考虑到浮托力的影响，导致地下室底板和墙体受到上浮力而开裂。为了解决问题，施工方采取了加固底板、增加排水设施、提高混凝土强度等措施。

（3）2012年，湖北省武汉市某高层住宅楼发生倾斜，经检测发现是由于楼体所在位置原为湖泊沉积区，土层松软含水量高，而楼体采用了桩基础设计，桩长超过了地下水位，受到了浮托力的作用。为了纠正倾斜，施工方采取了在楼体一侧打入反向桩以抵消浮托力、在楼体另一侧注入水泥浆以提高土层强度等措施。

2. 流砂与潜蚀

流砂是地下水自下而上渗流时土产生流动的现象，它与地下水的动水压力有密切关系。当地下水的动水压力大于土粒的浮容重或地下水的水力比降大于临界水力比降时，就会产生流砂。这种情况的发生常是由于在地下水位以下开挖基坑、埋设地下管道、打井等工程活动而引起的，所以流砂是一种工程地质现象。易产生在细砂、粉砂、粉质黏土等土中。流砂在工程施工中能造成大量的土体流动，致使地表塌陷或建筑物的地基破坏，能给施工带来很大困难，或直接影响建筑工程及附近建筑物的稳定，因此，必须进行防治。

在可能产生流砂的地区，若其上面有一定厚度的土层，应尽量利用上面的土层作天然地基，也可用桩基穿过流砂，总之尽可能地避免开挖。如果必须开挖，可用以下方法处理流砂：

①人工降低地下水位：使地下水位降至可能产生流砂的地层以下，然后开挖；

②打板桩：在土中打入板桩，它一方面可以加固坑壁，同时增长了地下水的渗流路程以减小水力比降；

③冻结法：用冷冻方法使地下水结冰，然后开挖；

④水下挖掘：在基坑（或沉井）中用机械在水下挖掘，避免因排水而造成产生流砂的水头差，为了增加砂的稳定，也可向基坑中注水并同时进行挖掘。

此外，处理流砂的方法还有化学加固法、爆炸法及加重法等。在基槽开挖的过程中局部地段出现流砂时，立即抛入大块石等，可以克服流砂的活动。

潜蚀作用可分为机械潜蚀和化学潜蚀两种。机械潜蚀是指土粒在地下水的动水压力作用下受到冲刷，将细粒冲走，使土的结构破坏，形成洞穴的作用；化学潜蚀是指地下水溶解土中的易溶盐分，使土粒间的结合力和土的结构破坏，土粒被水带走，形成洞穴的作用。这两种作用一般是同时进行的。在地基土层内如具有地下水的潜蚀作用时，将会破坏地基土的强度，形成空洞，产生地表塌陷，影响建筑工程的稳定。在我国的黄土层及岩溶地区的土层中，常有潜蚀现象产生，修建建筑物时应予注意。

对潜蚀的处理可以采用堵截地表水流入土层、阻止地下水在土层中流动、设置反滤层、改造土的性质、减小地下水流速及水力比降等措施。这些措施应根据当地的具体地质条件分别或综合采用。

工程案例

地下水是地质环境的重要组成部分，对岩土体有着复杂的物理和化学作用。其中，流砂和潜蚀是两种常见的地下水地质作用，它们都会破坏土体的结构和强度，导致工程灾害的发生。下面以两个具体案例来说明：

【案例1】 北京地铁5号线是北京市第一条南北向穿越城市中心区域的地铁线路，全长27.6 km，共有23个车站。2003年12月28日，5号线施工中发生了一起严重的流砂事故，造成一名工人死亡，两名工人受伤，两台盾构机损坏，施工延期。

事故发生在5号线北段安贞桥站至惠新西街北口站之间的盾构隧道施工过程中。当时，两台盾构机分别从安贞桥站和惠新西街北口站出发，向对方方向掘进。在距离安贞桥站约300 m处，盾构机遇到了一层厚约1.5 m的粉砂层。由于粉砂层具有高渗透性和低抗剪强度，且上覆有较厚的黏土层和混凝土管道等隔水层，形成了一种类似承压含水层的条件。当盾构机掘进到粉砂层时，由于刀盘转速过快、推进速度过慢、注浆量不足等原因，导致粉砂层被冲刷破坏，形成了一个直径约3 m、深约6 m的漏洞。随后，大量地下水从漏洞中涌出，并带动粉砂颗粒向上冲刷，形成了一个直径约10 m、深约15 m的漏斗形流砂坑。流砂坑不断扩大，并将盾构机前端吸入其中。同时，流砂坑也影响到了地面上的建筑物和道路。在距离流砂坑约20 m处的一栋四层楼房发生倾斜和开裂，在距离流砂坑约50 m处的一条马路出现塌陷和裂缝。

【案例2】 2014年9月，云南省元谋县干热河谷发生一起严重的潜蚀塌陷事故，造成1人死亡，2人受伤。事故发生在一处正在建设的农村公路工程中，当时工人正在进行路基填筑作业，突然路基下方出现一个直径约10 m的塌陷洞穴，将3名工人吞没。经过调查分析，事故原因主要是由于该区域地质条件复杂，存在多层次的岩溶发育和潜蚀作用，导致路基下方形成了隐蔽的空洞和裂隙。在施工过程中，由于未进行充分的勘察和监测，未发现潜在的危险。事故后，施工方采取了加强勘察、监测、排水、加固等措施，防止事故再次发生。

3. 腐蚀作用

硅酸盐水泥遇水硬化，并且形成 $Ca(OH)_2$、水化硅酸钙 $CaO \cdot SiO_2 \cdot 12H_2O$、水化铝酸钙 $CaO \cdot Al_2O_3 \cdot 6H_2O$ 等，这些物质往往会受到地下水的腐蚀。根据地下水对建筑结构材料腐蚀性评价标准，将腐蚀类型分为三种：

(1)结晶类腐蚀

如果地下水中 SO_4^{2-} 离子的含量超过规定值，那么 SO_4^{2-} 离子将与混凝土中的 $Ca(OH)_2$ 起反应，生成二水石膏结晶体 $CaSO_4 \cdot 2H_2O$，这种石膏再与水化铝酸钙 $CaO \cdot Al_2O_3 \cdot 6H_2O$ 发生化学反应，生成水化硫铝酸钙，这是一种铝和钙的复合硫酸盐，习惯上称为水泥杆菌。由于水泥杆菌结合了许多的结晶水，因而其体积比化合前增大很多，约为原体积的221.86%，于是在混凝土中产生很大的内应力，使混凝土的结构遭受破坏。

水泥中$CaO \cdot Al_2O_3 \cdot 6H_2O$含量少，抗结晶腐蚀强，因此，要想提高水泥的抗结晶腐蚀，主要是控制水泥的矿物成分。

(2)分解类腐蚀

地下水中含有CO_2和HCO_3^-，CO_2与混凝土中的$Ca(OH)_2$作用，生成碳酸钙沉淀。

$$Ca(OH)_2+CO_2 = CaCO_3 \downarrow + H_2O \quad (5.7)$$

由于$CaCO_3$不溶于水，它可填充混凝土的孔隙，在混凝土周围形成一层保护膜，能防止$Ca(OH)_2$的分解。但是，当地下水中CO_2的含量超过一定数值，而HCO_3^-离子的含量过低，则超量的CO_2再与$CaCO_3$反应，生成重碳酸钙$Ca(HCO_3)_2$并溶于水，即：

$$CaCO_3+H_2O+CO_2 \rightleftharpoons Ca^{2+}+2HCO_3^- \quad (5.8)$$

上述反应是可逆的：当CO_2含量增加时，平衡被破坏，反应向右进行，固体$CaCO_3$继续分解；当CO_2含量变少时，反应向左移动，固体$CaCO_3$沉淀析出。如果CO_2和HCO_3^-的浓度平衡时，反应就停止。所以，当地下水中CO_2的含量超过平衡时所需的数量时，混凝土中的$CaCO_3$就被溶解而受腐蚀，这就是分解类腐蚀。我们将超过平衡浓度的CO_2叫侵蚀性CO_2。地下水中侵蚀性CO_2愈多，对混凝土的腐蚀愈强。地下水流量、流速都很大时，CO_2易补充，平衡难建立，因而腐蚀加快。另一方面，HCO_3^-离子含量愈高，对混凝土腐蚀性愈强。

如果地下水的酸度过大，即pH值小于某一数值，那么混凝土中的$Ca(OH)_2$也要分解，特别是当反应生成物为易溶于水的氯化物时，对混凝土的分解腐蚀很强烈。

(3)结晶分解复合类腐蚀

当地下水中NH_4^+、NO_3^-、Cl^-和Mg^{2+}离子的含量超过一定数量时，与混凝土中的$Ca(OH)_2$发生反应，例如：

$$MgSO_4+Ca(OH)_2 = Mg(OH)_2+CaSO_4 \quad (5.9)$$

$$MgCl_2+Ca(OH)_2 = Mg(OH)_2+CaCl_2 \quad (5.10)$$

$Ca(OH)_2$与镁盐作用的生成物中，除$Mg(OH)_2$不易溶解外，$CaCl_2$则易溶于水，并随之流失；硬石膏$CaSO_4$一方面与混凝土中的水化铝酸钙反应生成水泥杆菌：

$$3CaO \cdot Al_2O_3 \cdot 6H_2O+3CaSO_4+25H_2O = 3CaO \cdot Al_2O_3 \cdot 3CaSO_4 \cdot 31H_2O \quad (5.11)$$

另一方面，硬石膏遇水后生成二水石膏：

$$CaSO_4+2H_2O = CaSO_4 \cdot 2H_2O \quad (5.12)$$

二水石膏在结晶时，体积膨胀，破坏混凝土的结构。

综上所述，地下水对混凝土建筑物的腐蚀是一项复杂的物理化学过程，在一定的工程地质与水文地质条件下，对建筑材料的耐久性影响很大。为了评价地下水对建筑结构的腐蚀性，必须在现场同时采两个水样，一个样重1 kg，另一个样重0.3～0.5 kg，并加$CaCO_3$粉3～5 g。两个样在现场立即密封后送实验室分析。分析项目有：pH值、游离CO_2、侵蚀性CO_2、Ca^{2+}、Mg^{2+}、K^+、Na^+、NH_4^-、Fe^{3+}、Fe^{2+}、Cl^-、SO_4^{2-}、HCO_3^-、NO_3^-、总硬度和有机质。根据水样的化学分析结果，对照国家标准《岩土工程勘察规范》(GB 50021—2001，2009年版)进行地下水侵蚀性评价。评价时还应当考虑建筑物场地的环境类别和含水层的透水性。

工程案例

地下水是重要的水资源，但在工程建设中，也会对建筑材料产生腐蚀作用，导致工程质量下降，甚至引发灾害。以下是一些地下水腐蚀工程的案例：

【案例 1】 2018 年 5 月，河北省邯郸市丛台区一座高架桥发生坍塌事故，造成 3 人死亡，9 人受伤。事故原因是桥梁基础混凝土被地下水中的硫酸盐和氯化物侵蚀，导致钢筋锈蚀断裂，桥墩失稳。事故后，当地政府加强了桥梁安全检查和维护，对存在隐患的桥梁进行了加固或拆除。

【案例 2】 2019 年 7 月，江苏省南京市江宁区一处地铁工地发生突涌事故，造成 14 人死亡，1 人失联。事故原因是施工过程中遇到了承压含水层，导致大量地下水涌入基坑。事故后，当地政府成立了专门调查组，对责任单位和人员进行了严肃处理。

【案例 3】 2020 年 12 月，广东省深圳市龙岗区一处住宅楼发生倾斜事故，造成 1 人死亡，4 人受伤。事故原因是楼房基础混凝土被地下水中的二氧化碳和硫化氢侵蚀，导致钢筋锈蚀变形，楼体结构失效。事故后，当地政府对周边楼房进行了安全评估和疏散，并对相关责任人进行了追究。

以上案例表明，地下水对工程建设的影响不容忽视，需要在工程设计、施工和运营过程中充分考虑地下水的特性和变化，并采取有效的防治措施。

4. 基坑突涌

当基坑下伏有承压含水层时，开挖基坑减小了底部隔水层的厚度。当隔水层较薄经受不住承压水头压力作用时，承压水的水头压力会冲破基坑底板，这种工程地质现象被称为基坑突涌。

为避免基坑突涌的发生，必须验算基坑底层的安全厚度 M。基坑底层厚度与承压水头压力的平衡关系式：

$$\gamma M = \gamma_w H \tag{5.13}$$

式中 γ、γ_w——分别为黏性土的重度和地下水的重度；

H——相对于含水层顶板的承压水头值；

M——基坑开挖后黏土层的厚度。

所以，基坑底部黏土层的厚度必须满足式(5.14)，如图 5.9 所示。

$$M > \frac{\gamma_w}{\gamma} H \tag{5.14}$$

如果为防止基坑突涌，则必须对承压含水层进行预先排水，使其承压水头下降至基坑底能够承受的水头压力(图 5.10)，而且，相对于含水层顶板的承压水头 H_w 必须满足式(5.15)：

$$H_w < \frac{\gamma}{\gamma_w} M \tag{5.15}$$

地下水对基坑工程的影响是一个重要的岩土工程问题，尤其是当基坑底部存在承压水时，可能会引发突涌、隆起等灾害，造成基坑围护结构失稳，甚至危及人员生命安全。

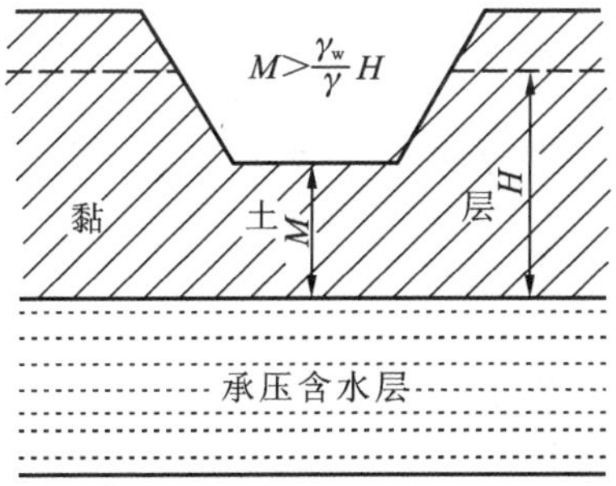

图 5.9 基坑底隔水层最小厚度

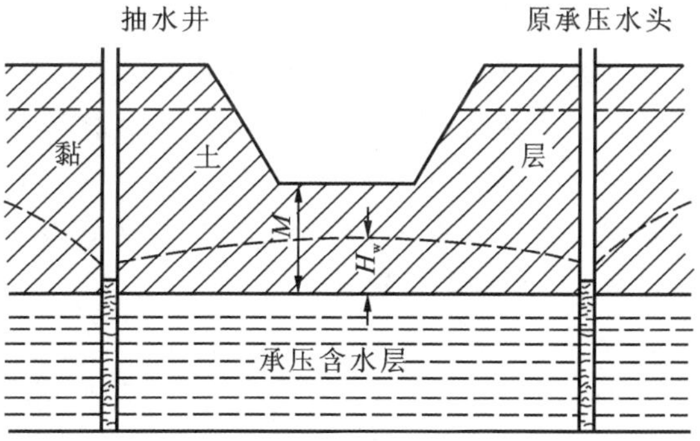

图 5.10 防止基坑突涌的排水降压

工程案例

2016 年 7 月 8 日杭州地铁 4 号线南段中医药大学站发生基坑突涌事故，该站位于新塘河北岸，河床以下为承压含水层，含水层上覆为不透水层。基坑开挖深度为 20.5 m，基底以下不透水层厚度仅为 1.5 m。由于施工过程中未按设计要求设置隔水帷幕，导致承压水的水头压力超过了不透水层的抗剪强度，使得不透水层被顶裂或冲毁，承压水突然涌入基坑。

事故发生后，立即启动应急预案，组织救援人员和设备到达现场，对基坑进行排水、加固和清理。同时，对周边建筑物进行监测和检查，及时处理可能出现的裂缝和沉降。

5. 地基沉降

在松散沉积层中进行深基础施工时，往往需要人工降低地下水位。若降水不当，会使周围地基土层产生固结沉降，轻者造成邻近建筑物或地下管线的不均匀沉降，重者使建筑物基础下的土体颗粒流失，甚至被掏空，导致建筑物开裂和危及安全。

如果抽水井滤网和砂滤层的设计不合理或施工质量差，则抽水时会将软土层中的黏粒、粉粒甚至细砂等细小土颗粒随同地下水一起带出地面，使周围地面土层很快产生不均匀沉降，造成地面建筑物和地下管线不同程度的损坏。另一方面，井管开始抽水时，井内水位下降，井外含水层中的地下水不断流向滤管，经过一段时间后，在井周围形成漏斗状的弯曲水面——降水漏斗。在这一降水漏斗范围内的软土层会发生渗透固结而造成地基土沉降。而且，由于土层的不均匀性和边界条件的复杂性，降水漏斗往往是不对称的，因而使周围建筑物或地下管线产生不均匀沉降，甚至开裂。

工程案例

【案例 1】 2003 年 7 月 1 日上海轨道交通发生隧道联络通道渗水事故，该项目位于黄浦江河床下，隧道埋深约 30 m，地下水位高，地层复杂，存在多层承压水。施工过程中，由于地质勘察不充分，未能及时发现隧道底板下方存在一条裂缝，导致承压水从裂缝处渗入隧道，形成大量流砂。事故造成周边地面下沉约 1 m，导致多栋楼房倾斜、开裂或倒塌，直接经济损失约 1.5 亿元。事故还引起了社会舆论的广泛关注和质疑，影响了上海轨道交通的形象和信誉。事故发生后，施工方紧急采取了封堵裂缝、抽水降压、注浆加固等措施，同时对周边建筑物进行监测和损失补偿。经过一个多月的抢险和修复，事故得到控制和消除。

【案例 2】 2014 年 7 月 1 日武汉地铁 4 号线发生盾构机接收涌水涌砂事故。该事故发生在盾构井在左线吊出过程中，隧道与车站结构底部出现涌水涌砂险情，致使靠基坑一侧的省人民医院检测中心沉降开裂，数十名病人转移。事故原因是由于地下水位较高，施工过程中未能有效控制地下水的渗流，导致地基土体流失，形成管涌通道，使基坑底板和周边建筑物发生不均匀沉降。事故后，施工单位采取了紧急抢险措施，加强了基坑围护结构和监测设备，同时进行了地下水补充和灌浆封堵，最终恢复了基坑稳定和周边建筑物安全。该案例说明了地下水对工程建设的巨大影响，需要在施工前做好地质勘察和水文分析，制定合理的降水方案和应急预案，防止类似的灾害发生。

本章小结

(1)岩石中的空隙包括孔隙、裂隙及溶隙，它们是地下水赋存和运动的通道。空隙的大小和多少决定着岩石透水的能力和含水量。空隙大,水能自由透过的岩层称为透水层;空隙小,能够给出并透过相当数量的重力水的岩层为含水层;不能给出并透过水的岩层为隔水层。一般来说,颗粒分选好以及排列疏松的岩石含水量较大。

(2)地下水中含有多种元素的离子、分子或化合物。

(3)地面以下第一个稳定隔水层上面的饱和水称为潜水。潜水面有高低起伏,一般地下水受重力作用由高处向低处流动。地下水的运动路线是较复杂的,运动速度缓慢。位于上、下两个稳定隔水层之间的含水层中的水称为承压水,承受一定的压力。向斜盆地或单斜盆地是形成承压水的有利地质构造。

(4)孔隙水存在于松散岩层的孔隙中,多呈均匀而连续的层状分布;裂隙水可存在于任何富含裂缝或节理的岩石中,裂隙的性质和发育程度决定了裂隙的存在和富水性。赋存于可溶岩石中的水称岩溶水,其特点是分布极不均匀,灌入式补给,动态变化强烈,流动迅速,排泄集中。

(5)达西定律只适用于雷诺数 $Re \leqslant 10$ 的地下水层流运动:地下水的渗流速度与水力比降的一次方成正比。

(6)地基沉降指过量抽取地下水引起含水层和隔水层发生固结压缩而产生地面沉降。

(7)当地下水的动水压力达到一定值时,土中一些颗粒发生移动,从而引起土体变形或破坏,这种现象称为渗流变形,可进一步分为潜蚀与流砂。

(8)当基坑下伏有承压含水层时,若基坑隔水底板厚度小于含水层顶板的承压水头值时($M<\frac{\gamma_w}{\gamma}H$),可引起基坑突涌。

(9)地下水对混凝土的腐蚀作用有结晶类腐蚀、分解类腐蚀、结晶分解复合类腐蚀。

习 题

5.1 地下水的物理性质包括哪些内容?地下水的化学成分有哪些?

5.2 地下水按埋藏条件可以分为哪几种类型?它们有哪些不同?试简述之。

5.3 地下水按含水层空隙性质可以分为哪几种类型?它们有哪些不同?试简述之。

5.4 达西定律适用的范围是什么?其渗流速度是真实流速吗?为什么?

5.5 潜蚀和流砂与动水压力有什么关系?

5.6 产生基坑突涌的原因是什么?

5.7 地下水对钢筋混凝土的腐蚀分为哪几种类型?

5.8 设某承压含水层相对于含水层顶板的承压水头 $H=15$ m,基坑开挖后黏土层距含水层顶板厚度 $M=5$ m,试问基坑是否安全?若需降水,其承压水头临界值是多少?(参考图 5.9)

5.9 如图 5.11 所示,含水层为潜水层,隔水底板水平,条形开挖工程长 $L=500$ m,影响宽度 $R=70$ m,含水层厚 $H=4.5$ m,开挖工程水层厚 $h_0=0.5$ m,渗透系数 $K=6.8$ m/d,计算从两侧进入工程的水量。

5.10 某基础工程混凝土与地下水中过量的 SO_4^{2-} 反应,造成混凝土破坏,该地下水对混凝土的腐蚀类型为(　　)。

A. 分解类　　B. 结晶类

C. 复合类　　D. 一般酸性

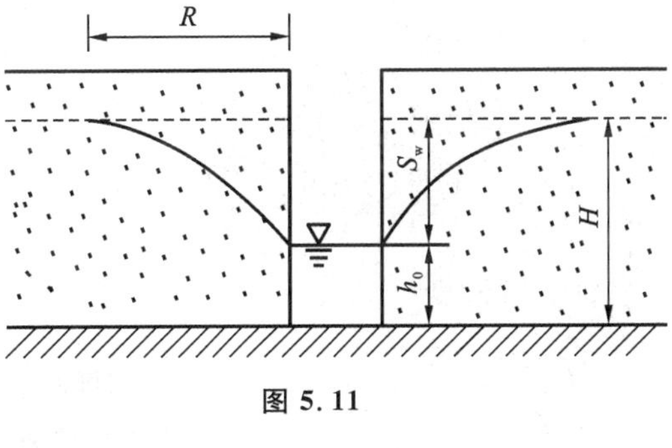

图 5.11

6 地表地质作用与工程

学习目标

掌握风化作用的概念，了解风化作用的类型及其影响因素，熟悉风化作用的工程意义及其勘察评价方法；了解河流水动力学特征，掌握河流沉积物的形成过程及其主要特点，了解河流侵蚀、淤积作用的防治对策；了解岩溶(喀斯特)作用的形成条件、主要岩溶地貌，熟悉岩溶区的主要工程地质问题及其处理对策；了解海岸带地质作用的特点以及所形成的主要海岸地貌，熟悉沿岸建筑物的防护措施；了解冰川的地质作用以及冰川区的主要工程地质问题。

6.1 风化作用

岩石一旦出露地表就会受到太阳的辐射并与水圈、大气圈和生物圈发生接触，在地表的物理、化学环境下，再坚硬的岩石也会逐渐崩解、分离为大小不等的岩屑或土层。岩石的这种物理、化学性质的变化称为风化，引起岩石这种变化的作用称为风化作用，被风化的岩石圈表层称为风化壳。在风化壳中，岩石经过风化作用后，形成松散的岩屑和土层，残留在原地的堆积物称为残积土，尚保留原岩结构和构造的风化岩石称为风化岩。

1. 风化作用的类型

风化作用是岩石或矿物在原地的机械破坏和化学分解与置换，并可以有生物参与，因此根据风化作用的性质和原因，将风化作用分为三类：物理风化作用、化学风化作用和生物风化作用。

(1)物理风化

物理风化系指地表岩石因温度变化、孔隙中水的冻融以及盐类的结晶而产生的机械崩解过程。在该过程中，岩石由完整固结的状态变为松散破碎状态，同时表面积增大、内部孔隙度增加。因此，物理风化又称机械风化，具体作用形式包括：

①热力风化

地球表面所受太阳辐射有昼夜和季节的变化，使得气温与地表温度产生了对应的变化周期。岩石是不良导热体，所以受阳光影响的岩石昼夜温度变化仅限于很浅的表层；而由温度变化引起岩体膨胀所产生的压应力和收缩所产生的张应力也仅限于表层。这两种过程的频繁交替遂使岩石表层产生裂缝以至呈片状剥落。

②冻融风化

岩石孔隙或裂隙中的水在冻结成冰时，体积膨胀(约增大 9%)，因而对围限它的岩石裂隙壁施加很大的压应力(可达 200 MPa)，使岩石裂隙加宽加深。当冰融化时，水沿扩大了的裂隙渗入到岩石更深的内部，并再次冻结成冰。这样冻结、融化频繁进行，不断使裂隙加深扩大，以致使岩石崩裂成为岩屑。这种作用又叫冰劈作用(图 6.1)。

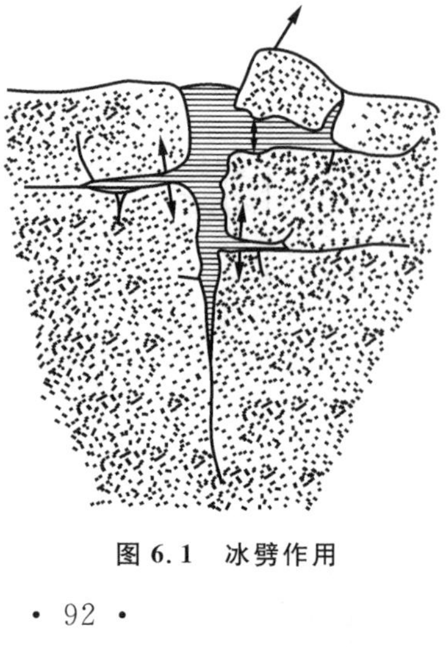

图 6.1 冰劈作用

(2)化学风化

化学风化指岩石在水、水溶液和空气中的氧与二氧化碳等的作用下所发生的溶解、水化、水解、碳酸化和氧化等一系列复杂的化学变化。它使岩石中可溶的矿物逐步被溶蚀流失或渗到风化壳的下层,在新的环境下,又可能重新沉积。残留下来的或新形成的多是难溶的稳定矿物。化学风化使岩石中的裂隙加大,孔隙增多,这样就破坏了原来岩石的结构和成分,使岩层变成松散的土层。化学风化的方式主要有:

①溶解作用

水是一种好的溶剂。由于水分子的偶极性,它能与极性型或离子型的分子相互吸引。而矿物绝大部分都是离子型分子所组成的,所以矿物遇水后,就会不同程度地被溶解,一些质点(离子或分子)逐步离开矿物表面,进入水中,形成水溶液而流失。

②水化作用

有些矿物(特别是极易溶解和易溶解盐类的矿物)和水接触后,其离子与水分子互相吸引结合得相当牢固,形成了新的含水矿物。在岩石中,大部分矿物不含水,其中某些矿物在地表与水接触后形成的新矿物,几乎都含水。如硬石膏水化成为石膏:

$$CaSO_4 + 2H_2O \longrightarrow CaSO_4 \cdot 2H_2O$$

硬石膏经水化成为石膏后,岩石硬度降低,相对密度减小,体积增大60%,对围岩会产生巨大的压力,从而促进了物理风化的进行。

③水解作用

天然水中电离出的 H^+ 和 OH^- 离子与矿物在水中电离出的离子之间的化学反应,称水解作用。岩石中大部分矿物属于硅酸盐和铝硅酸盐,它们是弱酸强碱化合物,因而水解作用较普遍,如正长石水解成为高岭土:

$$K_2O \cdot Al_2O_3 \cdot 6SiO_2 + nH_2O \longrightarrow Al_2O_3 \cdot 2SiO_2 \cdot 2H_2O + 4SiO_2 \cdot (n-3)H_2O + 2KOH$$

④碳酸化作用

溶于水中的 CO_2 形成 CO_3^{2-} 和 HCO_3^- 离子,它们能夺取盐类矿物中的K、Na、Ca等金属离子,结合成易溶的碳酸盐而随水迁移,使原有矿物分解,这种变化称为碳酸化作用。如正长石经过碳酸化变成高岭土:

$$K_2O \cdot Al_2O_3 \cdot 6SiO_2 + CO_2 + 2H_2O \longrightarrow Al_2O_3 \cdot 2SiO_2 \cdot 2H_2O + K_2CO_3 + 4SiO_2$$

⑤氧化作用

大气中含有约21%的氧,而溶在水里的空气含氧达33%~35%,所以氧化作用是化学风化最常见的一种,它经常是在水的参与下,通过空气和水中的游离氧而实现。氧化作用有两方面的表现:一是矿物中的某种元素与氧结合形成新矿物;二是许多变价元素在缺氧条件下形成的低价矿物,在地表氧化环境下转变成高价化合物,原有矿物被解体。前一种情况的例子如黄铁矿经氧化后转化成褐铁矿;后一种情况的例子如含有低价铁的磁铁矿经氧化后转变成为褐铁矿。地表岩石风化后多呈黄褐色就是因为风化产物中含有褐铁矿的缘故。

(3)生物风化

生物风化是指生物在其生长和分解过程中,直接或间接地对岩石矿物所起的物理和化学的风化作用。

生物的物理风化如生长在岩石裂缝中的植物,在成长过程中,根系变粗、增长和加多,它像楔子一样对裂隙壁施以强大的压力(1~1.5 MPa),将岩石劈裂,称为根劈作用。其他如动物的挖掘和穿凿活动也会加速岩石的破碎。

生物的化学风化作用更为重要和活跃。生物在新陈代谢过程中,一方面从土壤和岩石中吸取养分,同时也分泌出各种化合物,如硝酸、碳酸和各种有机酸等,它们都是很好的溶剂,可以溶解某些矿物,从而破坏岩石。

(4)风化作用类型之间的相互关系

由上可知,岩石的风化作用,实质上只有物理风化和化学风化两种基本类型,它们彼此是互相紧密联系的。物理风化作用加大岩石的孔隙度,使岩石获得较好的渗透性,这样就更有利于水分、气体和微生物等的侵入。岩石崩解为较小的颗粒,使表面积增加,更有利于化学风化作用的进行。从这种意义上来说,物理风化是化学风化的前驱和必要条件。在化学风化过程中,不仅岩石的化学性质发生变化,而且也包含着岩石的物理性质的变化。物理风化只能使颗粒破碎到一定的粒径,大致在中—细砂粒之间,因为机械崩裂的粒径下限为 0.02 mm,在此粒径以下,作用于颗粒上的大多数应力可以被弹性应变所和解而消除,然而化学风化却能进一步使颗粒分解破碎到更细小的粒径(直到胶体溶液和真溶液)。从这种意义上说,化学风化是物理风化的继续和深入。实际上,物理风化和化学风化在自然界往往是同时进行、互相影响、互相促进的。因此,风化作用是一个复杂的、统一的过程,只有在具体条件和阶段上,物理风化和化学风化才有主次之分。

2. 影响风化作用的因素

(1)气候因素

气候对风化的影响主要是通过温度和雨量变化以及生物繁殖状况来实现的。在昼夜温差或寒暑变化幅度较大的地区,有利于物理风化作用的进行。特别是温度变化的频率,比温度变化的幅度更为重要,因此昼夜温差大的地区,对岩石的破坏作用也大。炎夏的暴雨对岩石的破坏更剧烈。温度的高低,不仅影响热胀冷缩和水的物态,而且对矿物在水中的溶解度、生物的新陈代谢、各种水溶液的浓度和化学反应的速度等都有很大的影响。各地区降雨量的大小,在化学风化中有着非常重要的地位。雨水少的地区,某些易溶矿物也不能完全溶解,并且溶液容易达到饱和,发生沉淀和结晶,从而限制了元素迁移的可能性;而多雨地区就有利于各种化学风化作用的进行。化学风化的速度在很大程度上取决于淋溶的水量,而且雨水多又有利于生物的繁殖,从而也加速了生物风化。因此,气候基本上决定了风化作用的主要类型及其发育的程度。

(2)地形因素

地形条件(高度、坡度和切割程度)影响着风化的强度、深度和保存风化物的厚度及分布情况:

①在地形高差很大的山区,风化的深度和强度一般大于平缓的地区。但因斜坡上岩石破碎后很容易被剥落、冲刷而移离原地,所以风化层一般都很薄,颗粒较粗,黏粒很少。

②在平原或低缓的丘陵地区,由于坡度缓,地表水和地下水流动都比较慢,风化层容易被保存下来,特别是平缓低凹的地区风化层更厚。

③在宽平的分水岭地区,潜水面离地表较河谷地区深,风化层厚度往往比河谷地区的厚。

强烈的剥蚀区和强烈的堆积区,都不利于化学风化作用的进行。沟谷密集的侵蚀切割地区,地表水和地下水循环条件虽好,风化作用也强烈,但因剥蚀强烈,所以风化层厚度不大。山地向阳坡的昼夜温差较阴坡大,故风化作用较强烈,风化层厚度也较厚。

(3)地质因素

岩石的矿物组成、结构和构造都直接影响风化的速度、深度和风化阶段。

岩石的抗风化能力,主要是由组成岩石的矿物成分决定的。造岩矿物对化学风化的抵抗能力是不同的,也就是说,它们在地表环境下的稳定性是有差异的。其相对稳定性见表 6.1。

表 6.1 化学风化时造岩矿物的相对稳定性

相对稳定性	造岩矿物
极稳定	石英
稳定	白云母、正长石、微斜长石、酸性斜长石
不太稳定	普通角闪石、辉石类
不稳定	基性斜长石、碱性角闪石、黑云母、普通辉石、橄榄石、海绿石、方解石、白云石、石膏

从岩石的结构上看,粗粒的岩石比细粒的容易风化,多种矿物组成的岩石比单一矿物岩石容易风化,粒

度相差大的和有斑晶的都比均粒的岩石容易风化。

就岩石的构造而言，断裂破碎带的裂隙、节理、层理与页理等都是便于风化营力侵入岩石内部的通道。所以，这些不连续面（也可以称为岩石的软弱面）在岩石中的密度越大，岩石遭受风化就越强烈。风化作用会沿着某些张性的长大断裂深入到地下很深的地方，形成所谓的风化囊袋。

3. 风化作用的工程意义及其勘察与评价

（1）风化作用的工程意义

①岩石受风化作用后，改变了物理化学性质，其变化的情况随着风化程度的轻重而不同。如岩石的裂隙度、孔隙度、透水性、亲水性、胀缩性和可塑性等都随风化程度加深而增加，岩石的抗压和抗剪强度等都随风化程度加深而降低，风化壳成分的不均匀性、产状和厚度的不规则性都随风化程度加深而增大。所以，岩石风化程度愈深的地区，工程建筑物的地基承载力愈低，岩石的边坡愈不稳定。风化程度对工程设计和施工都有直接影响，如矿山建设、场址选择、水库坝基、大桥桥基和铁路路基等地基开挖深度、浇灌基础应到达的深度和厚度、边坡开挖的坡度以及防护或加固的方法等，都将随岩石风化程度的不同而异。因此，工程建设前必须对岩石的风化程度、速度、深度和分布情况进行调查和研究。

②岩石风化对石窟寺等文物保护已形成地质病害。岩石的物理、化学和生物风化作用，时刻在侵蚀石雕，危害石窟寺的保存。例如干旱、半干旱气候区的山西云岗、新疆克孜尔等石窟，是以冻融、巨大温差、干湿交替作用等物理风化为主。而位于雨量充沛、湿热气候条件下的四川大足石刻、乐山大佛，除化学风化外，植物根系腐殖酸损害石雕，所以生物风化作用也十分明显。由于石窟寺所处自然环境复杂多变，采用的保护和防治方法不尽相同。

（2）岩石风化的勘察与评价

岩石风化的调查内容主要有：

①查明风化程度，确定风化层的工程性质，以便考虑建筑物的结构和施工的方法。在野外一般根据岩石的颜色、结构和破碎程度等宏观地质特征和强度，将风化层分为5个带（表6.2）。在此，还需对风化岩石进行矿物组分、化学成分分析或声波测试等的进一步研究，以便准确划分风化带。

表6.2 岩石风化程度的划分

按风化程度分带	鉴定标准				
	岩矿颜色	岩石结构	破碎程度	岩石强度	锤击声
全风化带	岩矿全部变色，黑云母不仅变色，并变为蛭石	结构全被破坏，矿物晶体间失去胶结联系，大部分矿物变异，如长石变为高岭土、叶蜡石、绢云母，角闪石绿泥石化，石英散成砂粒等	用手可压碎成砂或土状	很低	击土声
强风化带	岩石及大部分矿物变色，如黑云母成棕红色	结构大部分被破坏，矿物变质形成次生矿物，如斜长石风化成高岭土等	松散破碎，完整性差	单块为新鲜岩石的1/3或更小	发哑声
弱风化带	部分易风化矿物如长石、黄铁矿、橄榄石变色，黑云母成黄褐色，无弹性	结构部分被破坏，沿裂隙面部分矿物变质，可能形成风化夹层	风化裂隙发育，完整性较差	单块为新鲜岩石的1/3～2/3	发哑声
微风化带	稍比新鲜岩石暗淡，只沿节理面附近部分矿物变色	结构未变，沿节理面稍有风化现象或有水锈	有少量风化裂隙，但不易和新鲜岩石区别	比新鲜岩石略低，不易区别	发清脆声
新鲜岩石	岩石无风化现象				

②查明风化厚度和分布，选择最适当的建筑地点，确定风化层的清基和刷方的土石方量，确定加固措施。

③查明风化速度和引起风化的主要因素，针对直接影响工程质量和风化速度快的岩层制定预防风化的正确措施。

④对风化层的划分，特别是黏土的含量和成分(蒙脱石、高岭石、水云母等)进行必要分析，因为它直接影响地基的稳定性。

(3)岩石风化的防治

只有在进行详细调查研究以后，才能提出切合实际的防止岩石风化的处理措施。岩石风化的防治方法主要有：

①挖除法：适用于风化层较薄的情况，当厚度较大时通常只将严重影响建筑物稳定的部分剥除；

②抹面法：用使水和空气不能透过的材料如沥青、水泥、黏土层等覆盖岩层；

③胶结灌浆法：用水泥、黏土等浆液灌入岩层或裂隙中，以加强岩层的强度，降低其透水性；

④排水法：为了减少具有侵蚀性的地表水和地下水对岩石中可溶性矿物的溶解，适当做一些排水工程。

6.2 河流的地质作用

图 6.2 河谷要素

1—谷底；2—河床；3—谷坡；4—坡缘；5—坡麓

河流是河谷中经常性的水流。河谷通常由几个要素组成(图 6.2)：常年有流水的部分称为河床；河床两旁的平缓部分称为谷底；谷底以上的斜坡称谷坡；谷坡与谷底交接处称谷麓。河流具有动能(E)，$E=\frac{1}{2}Qv^2$，此处 Q 为流量，v 为流速。河床的坡度陡则流速快，坡度缓则流速慢。流量除了与河床的宽度和深度有关外，还随季节而变化。在动能的作用下，河流进行侵蚀、搬运和沉积。

1. 研究意义及基本概念

(1)河流水动力学特征

①河水水流的紊流特征

河水水流一般都处于紊流状态，水流的各质点强烈混淆，或形成涡流，各股流束的流速也不同，并具脉动特征。观测和实验证明，河水平均流速在接近水面处最大，向河底、岸壁递减(图 6.3)。对于平滑的边界，在紧靠边壁处存在有一很薄的(一般约几个毫米)层流区，称为层流亚层或边界层；对于十分粗糙的边界，边界层往往被旋涡流所破坏。

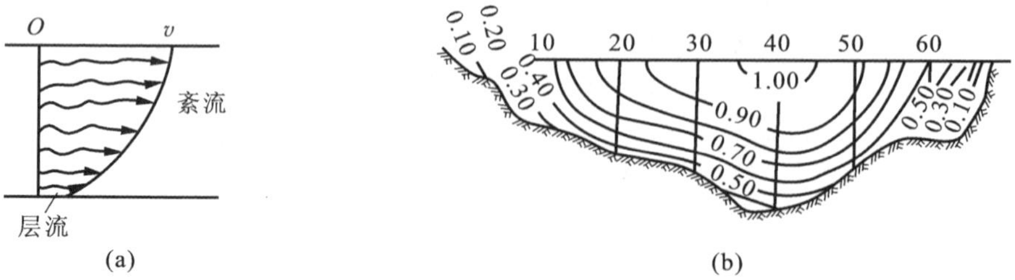

图 6.3 河水流速

(a)河流的流速剖面；(b)等速线图层

按照紊流运动的性质，水流每点的瞬时流速，不论其方向和大小都在不断变化着，这种现象称之为流速的脉动。通常用来描述水流的流速，都是在足够长时间间隔(2～5 min)内所测得的瞬时流速的平均值 v。研究表明，水流中某点的最大瞬时流速 v_{max} 和最小瞬时流速 v_{min} 与 v 之间有如下关系：

$$v_{max}=(1+3K)v$$
$$v_{min}=(1-3K)v$$

由以上两式可得

$$v=\frac{v_{min}}{1-3K}$$
$$v_{max}=\frac{(1+3K)v_{min}}{1-3K}$$

式中 K——比例常数，相当于该点瞬时流速在足够长时间间隔内偏离它的平均流速 v 的均方差 σ 与 v 的比值，即 $K=\frac{\sigma}{v}$。

流速的上述脉动特点对水流的侵蚀、搬运能力有十分明显的影响。流速较大的水流，特别是底床糙凸明显时，靠近底部的水流可因流速梯度大或糙凸处的搅动而产生轴线近于水平且与水流方向近于正交的旋涡流。旋涡流使旋涡上部水流流速增大，底部则因反向旋涡流的阻挡而减速(图 6.4)。流速的这种差异造成垂线方向上的压力差，它使旋涡离开河底上升，并随水流向下游扩散逐渐消失。旋涡流的产生加强了水流在垂直方向的交替，增强了水流的冲刷能力。

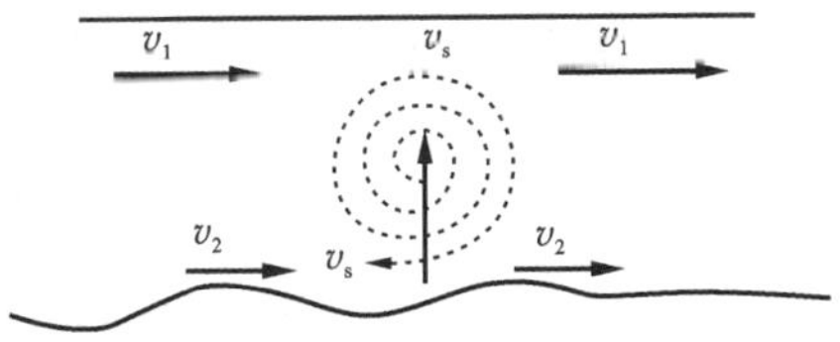

图 6.4 旋涡脱离河床进入主流区

v_1—表流流速；v_2—底流流速；v_s—漩涡流切向流速

②横向环流与螺旋流

水流的运动受到河槽周界的限制，因此，水流的平均方向决定于槽线的方向。槽线的曲折和断面形态的改变，会使水流内部形成一种规模较大的旋转运动。这种旋转运动与前述的旋涡不同，它不仅规模较大，而且比较稳定，容易看得清楚。引起环流的原因很多，这里仅介绍两种情况。

A. 弯道离心力引起的环流

弯道水流在离心力的作用下，水面会形成横比降，使得凹岸水面抬高，凸岸水面降低(图 6.5)。据牛顿第二定律，单位长度弯道内，水流离心力的大小为：

$$P_l=ma=(G/g)(v^2/R)$$

式中 P_l——单位长度弯道内水流的离心力(kN/m)；

G——水的重力(kN/m)；

v——水流的平均流速(m/s)；

R——弯道的平均半径(m)；

g——重力加速度(m/s²)。

由于离心力的作用，引起的水面横比降 J_l 为：

$$J_l=\tan\alpha=P_l/G=(G/g)(v^2/R)/G=v^2/Rg$$

由于离心力的大小与流速的平方成正比，而流速是表面大深处小，所以离心力也是随着深度的增加而减小(图 6.5 中 a)。倾向凸岸的横比降又在水中产生附加压力，其方向恰好与离心力相反，且在所有深度上均相等(图 6.5 中 b)。这样，在水面上部，离心力与附加压力之向量和指向凹岸，而在下部则相反，指向凸岸(图 6.5 中 c)。上述力的综合结果使上层水流产生向凹岸的分流，而下层水流产生向凸岸的分流。于是，在水流惯性力的作用下，形成螺旋状的横向环流(图 6.6)。

B. 地球自转的影响

地面上运动的物体，由于地球自转的影响，受到一种加速度的作用，使它运动的方向发生偏离。这种加速度称为 Coriolis 加速度。在北半球，若一河流由南往北流，其流速为 v(m/s)，则重力为 G(kN)的水体因 Coriolis 加速度所产生的惯性力为：

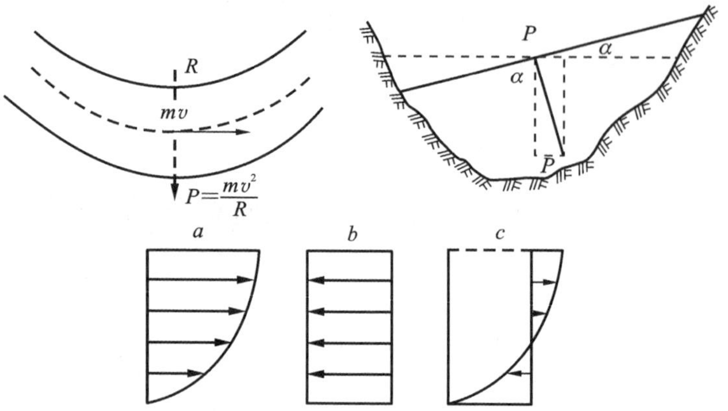

图 6.5　弯道环流的形成

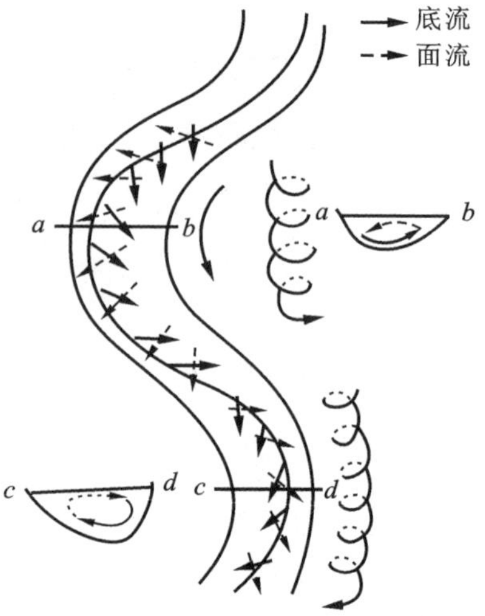

图 6.6　河流螺旋状横向环流

$$P_c = 2(G/g)\omega v \sin\varphi$$

式中　P_c——Coriolis 力(kN)；

ω——地球自转角速度(1/s)；

φ——河流流经点的纬度(度)。

P_c 的作用方向是：在北半球，顺着水流的流向看，作用于河流的右岸；在南半球则恰好相反。在 Coriolis 力的作用下，水面产生的横比降为：

$$J_c = 2\omega v \sin\varphi / g$$

在中高纬度地区，Coriolis 力引起的横向环流，与弯道离心力相比可以是同一数量级。

横向环流的形成使得水流的流速在同一断面上表现出具有一定规律的变化，在表流下沉转变为底流的部位，由于重力作用，水流流速递增；而在底流上升为表流的部位，则要克服重力，水流流速递减。水流流速的上述变化规律是河流在同一断面上既有侵蚀又有淤积的一个极为重要的原因(图 6.7)。

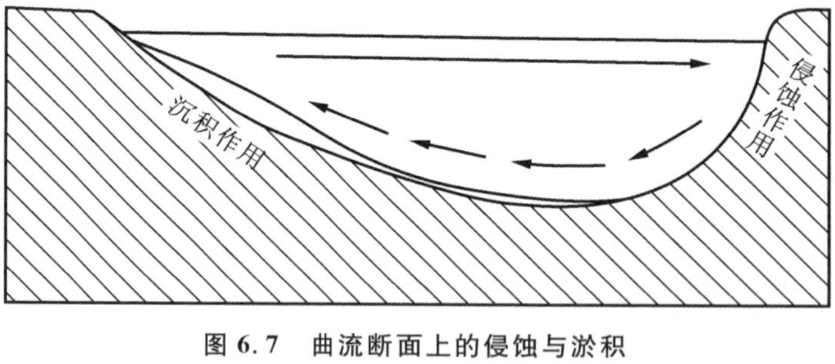

图 6.7　曲流断面上的侵蚀与淤积

(2)河流的侵蚀作用

水流的侵蚀就是地表泥沙被水流带走的过程。是否发生侵蚀可以根据泥沙起动条件来判断。假设河床中有高、宽、长分别为 h、b、l 的突起岩体(图 6.8)，则它在垂直于流向断面上受到的动水压力为：

$$p = \gamma_0 K F v^2 / 2g \tag{6.1}$$

式中　p——动水压力(kN)；

γ_0——河水的重度(kN/m³)；

K——岩体形状系数(由实验测定)；

F——水流作用面积(m²)；

v——水流的平均流速(m/s)；

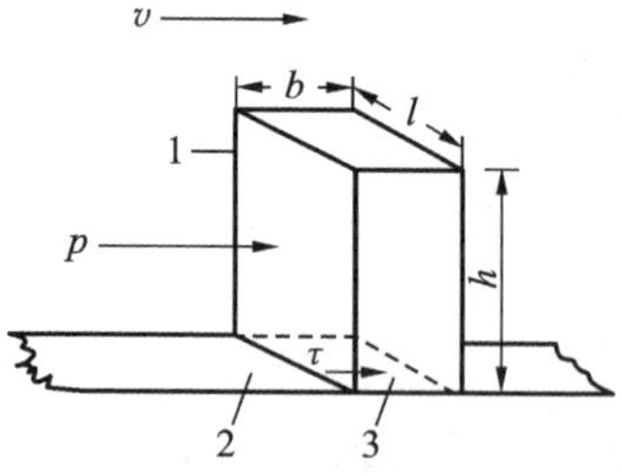

图 6.8　突起河床岩体侵蚀示意图

1—突起岩体；2—河床底；3—滑动面

g——重力加速度(m/s^2)。

由式(6.1)可见,流速的增减对动水压力的大小起着很重要的作用,呈二次方的关系。若岩体受动水压力作用而沿图6.7中虚线所示的滑动面产生破坏,则动水压力作用在滑动面上的剪应力(τ)为:

$$\tau = p/bl = \gamma_0 K(v^2/2g)(h/b)$$

若岩石的抗剪强度为τ_f,当流速较小时($\tau<\tau_f$),岩体不会破坏;当达到临界流速时($\tau=\tau_f$),岩体处于极限平衡状态;而当超过临界流速时(即$\tau>\tau_f$),岩体遭受侵蚀破坏。于是,据库仑定律可导出临界流速v_{cr}的公式:

$$\gamma_0 K \frac{v_{cr}^2 h}{2gb} = \sigma\tan\varphi + C$$

$$v_{cr} = \sqrt{\frac{2gb}{\gamma_0 Kh}(\sigma\tan\varphi + C)} \tag{6.2}$$

式(6.2)说明了各种因素对河流侵蚀作用的意义,特别是岩体的形态和强度的影响。不同强度的岩石,所要求的侵蚀临界速度不一样。整体的坚硬岩石,内聚力很大,自然河流的最大流速远远小于其侵蚀临界流速。因此,自然河流无法侵蚀完整的岩石,只能沿着岩体中内聚力很小的裂隙面进行侵蚀。

如果流向与冲刷面斜交,则应根据斜交角度换算出实际流速在垂直于冲刷面方向上的流速,然后再与临界流速相比较,以判断岩体是否会被侵蚀。在同等流速条件下,冲刷面愈平行于流向,则其所受的冲刷力愈小;相反,愈近于垂直,冲刷力愈大。因此,桥墩等处于河床中的建筑物,顶冲部分常做成流线型,使冲刷面平行于流向。

(3)河流的搬运作用

水流对固体物质的搬运方式有两种,一种是水流使砂、砾等沿河底推移;另一种则是细小物质在水中呈悬浮状态移动,称悬移。

河床上直径为d的球状砂砾,所受水流的动水压力为:

$$p = \frac{\pi K}{8g}\gamma_0 v^2 d^2$$

而阻止泥沙滚动的阻力(T)为:

$$T = fW$$

式中 f——滚动摩擦系数;

W——颗粒有效重量(kN),$W=\pi(\gamma-\gamma_0)d^3/6$,$\gamma$为颗粒重度($kN/m^3$)。

如$p=T$,则土粒处于极限平衡状态,此时水流速度称为颗粒起动流速。泥沙开始被推移的临界流速,也即由松散土构成的河床的侵蚀冲刷临界流速,于是有:

$$\frac{\pi K}{8g}\gamma_0 v'^2_{cr} d^2 = f\,\frac{\pi}{6}(\gamma-\gamma_0)d^3$$

故

$$v'_{cr} = \sqrt{\frac{4g}{3K}f\left(\frac{\gamma}{\gamma_0}-1\right)d} = C\sqrt{d}$$

若临界流速v'_{cr}以m/s为单位,则据实际观测有:

$$v'_{cr} = 0.2\sqrt{d} \tag{6.3}$$

当$d<400$ mm时,在进行工程地质调查时,可根据这个经验公式由粒径估算流速,也可据流速估计粒径。

由式(6.3)可以看出,砂砾在水流的作用下,其粒径与流速的二次方成正比。而砂砾的体积或重量又与其粒径的三次方成正比,因此,颗粒的重量与流速间是6次方的关系,即流速增加一倍,搬运泥沙的重量可增加64倍。这就是为什么山区河流能够搬运那么粗大砾石的原因。

(4)河流的沉积作用

当河流的流速低于推移临界流速时,泥沙便沉积下来。沉积物质的数量取决于河流含沙量与搬运能力的对比关系。沉积作用发生的因素有流速、流量减小和搬运物增多。

2. 河流地貌

河流的侵蚀、搬运与沉积作用是改变地表地形的重要地质作用。水文气象因素和构造运动因素又可能影响和制约河流的侵蚀、沉积以及河床的演变。河流地貌中与工程关系密切的有河漫滩、阶地等。

(1)河床及其沉积物

一般在山区河床中基岩暴露，坚硬的岩石表现出凸起的地段，软弱的岩石表现为下凹地段，使河床在纵剖面上显示出坎坷不平的阶梯状。在坡度较陡的地段形成急流(如金沙江虎跳峡)，高差大的陡坎形成瀑布(如贵州黄果树大瀑布)。山区河流的河床中还堆积许多巨大石块，石块来自谷坡崩塌坠落或滑坡，或来自旁侧冲沟洪流冲出的洪积物之中，形成石滩。

平原区河流，河床中常出现心滩。心滩平水时高出水面，洪水期被淹没。一般呈梭形，长轴平行河流，表面略有起伏，主要由粗砂、细砂、砾石组成。心滩在洪水期被淹没，大量河床沉积物覆盖其上，形成黏土覆盖层。沉积作用不断继续，使心滩加高、加宽，变成江心洲。江心洲只有在特大洪水时才会被淹没。常发展成农业区和居民区。

(2)河漫滩及其沉积物

靠近主槽、洪水时淹没、平水时出露的滩地称为河漫滩。平原河流一般都有广阔的河漫滩，它起到调节洪水、削减洪峰、储存泥沙并通过滩槽水流交换影响主槽冲淤等作用。河漫滩的沉积物特点在相当大的程度上还决定了河流的边界条件。

河谷的发育是从 V 形谷开始的，谷底几乎全为河床所占据，只有在河弯凸岸才会形成雏形边滩(图 6.9(a))。随着侧向侵蚀的发展，河谷不断展宽，凸岸边滩不断展宽、加高、增长，面积越来越大，形成了雏形河漫滩(图 6.9(b))。雏形河漫滩形成后，洪水时由于河漫滩水深比河床浅，使河漫滩上流速减小，平水期与枯水

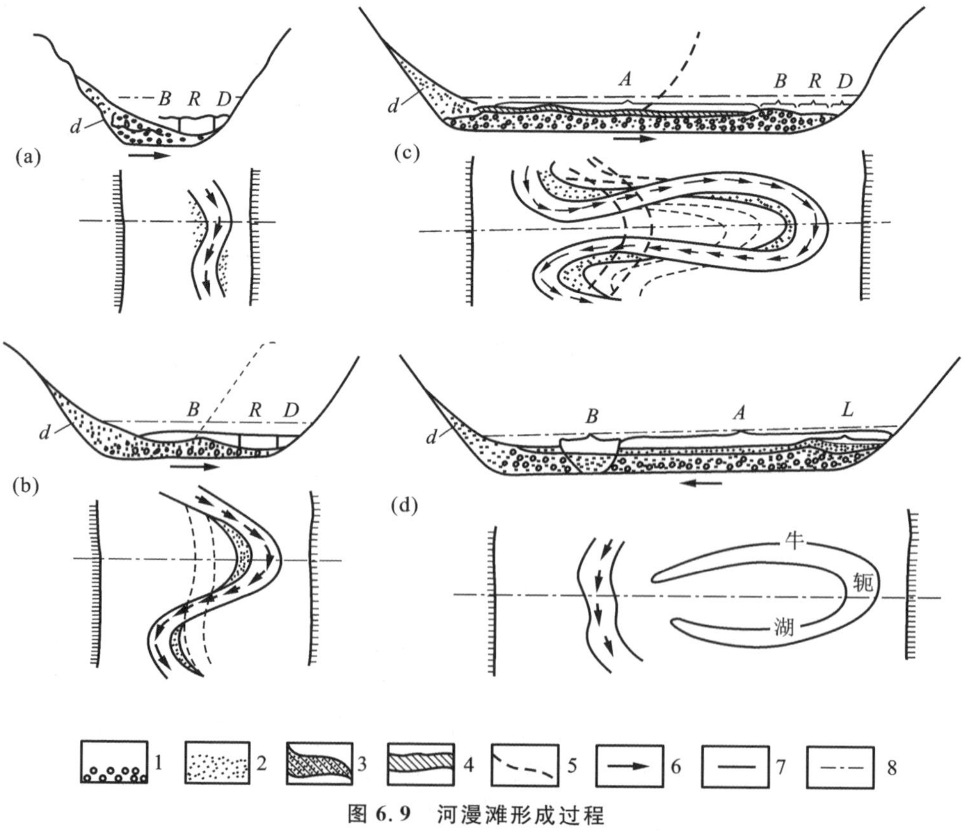

图 6.9 河漫滩形成过程

1,2—河床相冲积物(1—砾石,2—砂);3—牛轭湖相;4—河漫滩相;5—早期谷坡的位置;6—河床移动方向;7—平水位;8—洪水位;

R—河道;*A*—河漫滩;*B*—河岸沙堤;*d*—坡积物;*L*—牛轭湖;*D*—谷坡

期植物在滩面上生长，更加降低了洪水时滩面上的流速，引起悬移质在河漫滩上沉积下来，使河漫滩上覆盖了一层黏性土，即河漫滩相沉积物(图 6.9(c))，其下部则为河床相砂砾层，故具有二元相结构。河漫滩二元相结构是河床侧向移动的结果。河曲自然裁弯取直后，形成废弃河道，河漫滩相覆盖层加厚，并出现牛轭湖相沉积物(图 6.9(d))。

河床的横向移动为河漫滩地貌的发展创造了空间条件，它决定了河漫滩的规模和类型。山区河流，河床的横向移动缓慢，河漫滩狭窄，当洪水漫滩后，滩面上的流速依然比较大，形成砾石河漫滩。砾石河漫滩上沉积物的粒径较粗，厚度很薄。如果遇到较大的洪水，流速增大，沉积在滩面上的泥沙常被冲走。所以砾石河漫滩上的沉积物很不稳定。在冲积性河床上，河床横向移动较快，河漫滩的规模较大，洪水漫滩后，不仅在滩面上沉积了河漫滩相冲积层，而且由于滩面上水流动力条件和泥沙条件的差异，河漫滩上的流速，离河床愈远愈小，使水流的挟沙力也随之降低，故在滩面上沉积的泥沙的平均厚度与粒径随着远离河床逐渐减小，这样首先在近岸处形成河岸沙堤(图 6.10)。此外，在河岸沙堤与河床之间，有时还有边滩。河漫滩形成后，如果河床横向移动继续进行，为河漫滩的发展提供新的空间，原来河岸沙堤前的边滩又可以继续发展成新的河漫滩。新、老河漫滩组合在一起，使河漫滩结构复杂化。由于河床演变过程的不同，河漫滩有多种组合形式。如河曲自然裁弯取直后，牛轭湖就与原来的河漫滩组合在一起；分汊河床的某一汊道衰亡后，则江心洲及古汊道便与原来的河漫滩组合在一起。

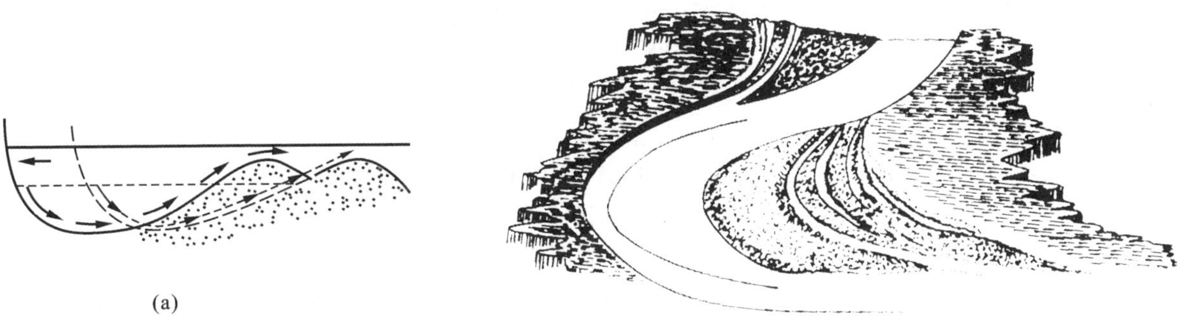

(a)　(b)

图 6.10　河岸沙堤

(a)剖面；(b)平面

(3)牛轭湖及其沉积物

根据水流的动力学特征，呈横向环流运动的水质点不断地对凹岸进行冲蚀和腐蚀，掏空谷坡的下部，上部岩石失去支撑而崩塌，使谷坡后退，凹岸不断地向旁侧和下游方向推移。凹岸侵蚀的产物又被沿河底横向流动的水流带到凸岸沉积下来，使凸岸不断增宽并向下游推移，这样使河流曲率增大而形成河曲，同时加宽了谷底。河曲进一步发展，河床愈来愈弯曲，在河曲的发展过程中，洪水期水量增大时可将河道裁弯取直。被抛弃的旧河道两端被冲积物淤塞后形成牛轭湖。牛轭湖长年处于静水环境，其沉积物为富含有机质的黑色黏土、粉质黏土和粉土，有时有薄层砂与粉砂的透镜体。

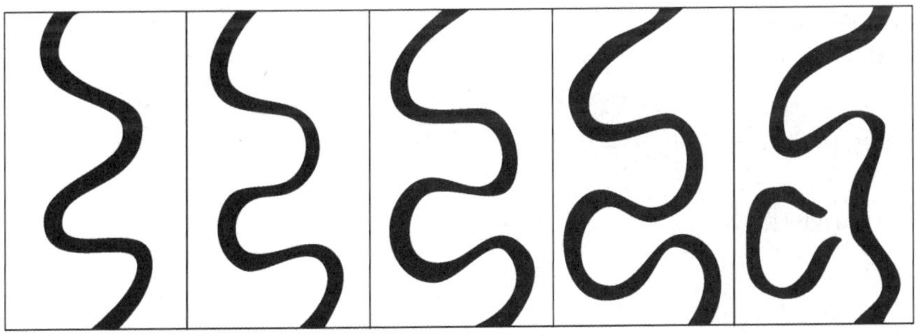

图 6.11　河曲的横向移动示意图

(4)河流阶地

河流阶地是在地壳构造运动与河流的侵蚀、沉积作用综合作用下形成的。由于地壳上升或侵蚀基准面(河流所注入水体的表面,如海平面、湖水水面、主流水面等)相对下降,已形成河漫滩的河流重新下切侵蚀。原来的谷底呈阶梯状残留在新的谷坡上,在河谷两坡形成阶梯状地形,称为阶地。阶地由一个称作阶地面的平坦表面和一个称作阶地斜坡的陡坎两部分组成。阶地面大多向河谷轴部和河流下游微有倾斜,表面往往并不十分平整,后缘堆积有各种坡积物和洪积物,且常受地表径流的切割,有些甚至只剩下一些孤立的小丘。阶地斜坡是阶地面以下的坡地,朝向河谷轴部。阶地面和阶地斜坡代表了阶地发育过程中两个不同的时期。阶地面的形成标志着河流以侧蚀或沉积作用为主;阶地斜坡的形成标志着河流转向深切侵蚀,这时河漫滩就逐渐脱离河流的作用,高悬在最高洪水位以上,成为阶地。

在地质历史过程中,如果地壳发生多次升降运动,引起河流的侵蚀作用与沉积作用交替发生,可形成多级阶地。阶地的级数是由下而上按顺序分级的,即把高于河漫滩的最低一级阶地称为一级阶地,向上依次为二级阶地、三级阶地等。因此,在同一河谷横剖面上,阶地相对年龄一般是高阶地老,低阶地新。

根据河流阶地的物质组成,可将其分为侵蚀阶地、堆积阶地和基座阶地三类。

①侵蚀阶地

它由基岩构成,其上很少有河流冲积物覆盖。侵蚀阶地多发育在构造抬升的山区河谷中,这里水流速度较大,侵蚀作用较强,所以沉积物很薄,有时甚至在河床中出露基岩。当后期河流进行强烈下切时,河谷底部抬升形成阶地,因而在侵蚀阶地上很少找到沉积物。即使原先有薄层的沉积物分布,在阶地形成以后的长期侵蚀作用中,也可能被冲刷殆尽。阶地面上往往只有一些坡积物。

②堆积阶地

堆积阶地在河流中下游最为常见,阶地全由河流沉积物组成。它的形成过程,首先是河流侧向侵蚀,展宽谷底,同时发生大量沉积,形成宽阔的河漫滩,然后河流强烈下蚀,形成阶地。根据河流下蚀深度与多级堆积阶地间的关系,堆积阶地可分为内叠与上叠两种。内叠阶地是指新的阶地套在老的阶地之内,后一次的河流沉积物分布的范围和厚度都比前一次的小。这说明各级阶地的形成过程中,各次河流的下切作用所达到的深度基本一致,而后期的堆积过程较短或堆积作用比前期减弱。上叠阶地指组成阶地的沉积物完全叠置在较老的阶地沉积物之上,河流后期的下蚀未达到基岩,说明后期下蚀与堆积的规模都在逐次减小(图 6.12)。

③基座阶地

基座阶地的特点是由两种物质组成,上部为河流的沉积物,下部是基岩。这主要是由于后期河流下蚀深度超过了原沉积层的厚度,切至基岩内部而成(图 6.13)。

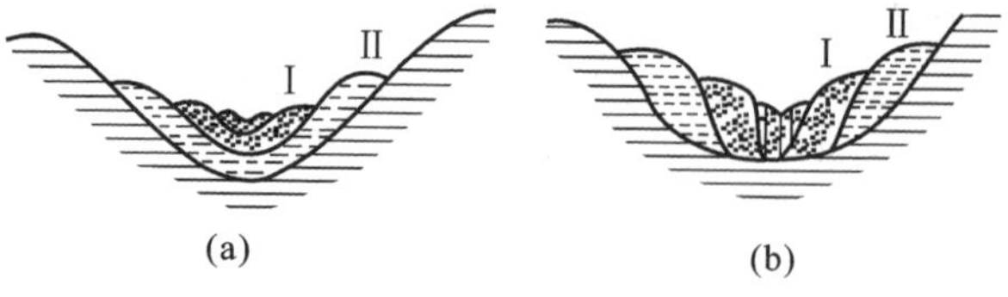

图 6.12 堆积阶地

(a)上叠阶地;(b)内叠阶地

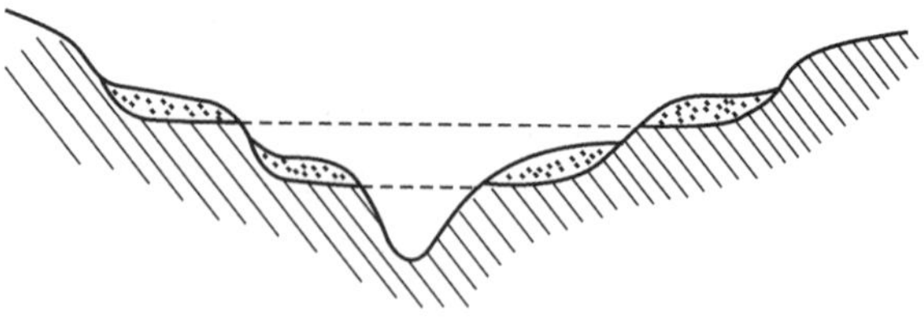

图 6.13 基座阶地

3. 河流侵蚀、淤积作用的防治

(1)凹岸的坍塌和凸岸的淤涨

①坍岸的成因分析

坍岸的成因可分为两大类,一种是水流的作用;另一种是外界条件造成的土体强度减弱和风化。在天然情况下,二者往往是同时存在的。

水流对河岸的作用又可分为两种情况。一种是水流直接作用于河岸，冲动河岸上的泥沙颗粒并将它们带走；另一种是水流冲刷坡脚，使岸坡的高度或坡度增大，而使上部的岸壁因重力作用而坍滑。

组成河岸的泥沙一般可分为两大类，即无黏性土和黏性土。对于无黏性土来说，河岸表面颗粒的稳定性可由作用于颗粒上使其移动的力与阻力之比来确定。对于黏性颗粒来说，在天然情况下，其抗冲性能并非由单个颗粒的特性所决定。这种颗粒均形成团粒，其大小一般为 1～10 mm。团粒中除黏土外，往往包含砂和粉砂颗粒。团粒中颗粒之间的聚合力远较团粒之间的聚合力大，这样团粒就相当于黏性土团，它们的抗冲性能远大于单颗粒。

由于外界影响而使土体强度降低的作用直接与土体的含水量有关，它取决于气候条件和土的特性(粗细、结构、形态和土质)。这一过程可分为两类：在土体中直接起作用以减弱其强度的和作用于河岸表面以松动土粒的。当土的含水量较大时，孔隙水压力可以降低土的强度。降雨、融雪或河流高水位均可造成土体含水量的增大。土体不断地干湿变化，会使它反复收缩和膨胀，造成裂缝而形成土块，其大小不等，在有些河流上，尺寸可达 0.5～1.0 m。在坍岸时，整块土体坍落。在冬季结冰地区的河流，冰的膨胀会使土粒之间的联系变弱和凝聚力降低，河中的冰压力或流水撞击河岸也会造成影响。土体中水流运动可造成淋洗和浸软，前者对于黄土影响甚大，因为当其中的黏性颗粒被带走后，会使黄土的强度损失殆尽；后者对坚硬而有裂隙的黏土影响较大，使其强度大大降低。

②各类土质河岸的坍岸情况

由上述过程而造成的坍岸与河岸的尺寸(高度、坡度等)、形状、土层情况和土质特性均有密切的关系。按土质特性可将河岸分为无黏性的、黏性的和组合的三种，每种土质河岸的坍岸情况不尽相同。

A. 无黏性土的河岸，要区别两种情况：

(a)排水良好的情况，其中或因土体强度降低而使得摩擦角减小到低于岸坡导致坍岸，或因坡脚掏空而导致上部河岸坍塌；

(b)排水较差的情况，坍岸情况与排水良好的情况相似，只是增加了孔隙水压力的作用。

当土体饱和时，孔隙水压力为正，极限坡度小于休止角；若土体未饱和、孔隙水压力为负时，则孔隙水使得无黏性土产生表观黏滞性，它有利于岸坡的稳定。

B. 对于黏性土，坍岸可以表现为：

(a)圆弧滑动，如图 6.14(a)所示；

(b)浅层滑动；

(c)平面滑动，如图 6.14(b)所示。

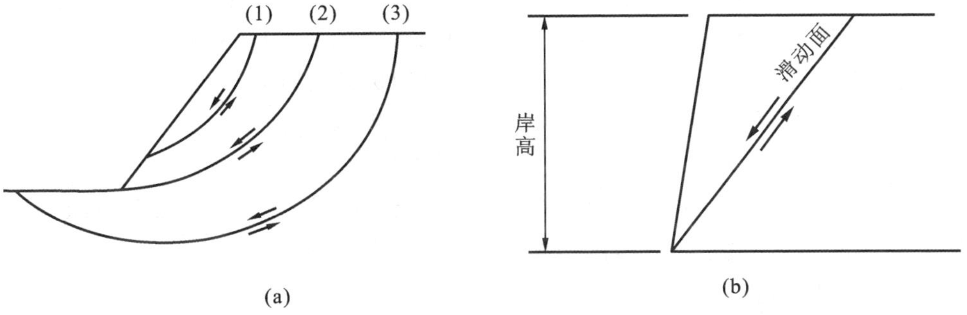

图 6.14 黏性土河岸的坍岸

(a)圆弧滑动(三种位置)；(b)平面滑动

C. 弯曲河段的河岸常形成二元结构，相当于组合土层的情况，这时坍塌形式可以为：

(a)圆弧滑动，按照两种土层的交界面的位置，其滑动有几种不同的情况，如图 6.15 所示；

(b)平面滑动；

(c)坍落，当下层的无黏性土被冲走，而上层的黏土层能保持原状时，则出现悬挂的土块。如底部掏刷而使土块宽度增大、出现裂缝或因湿度增大而强度降低时，将使悬挂的土块不能支持而向下坍落。根据土块的大小和特性，这种坍落有三种可能的情况，如图 6.16 所示。

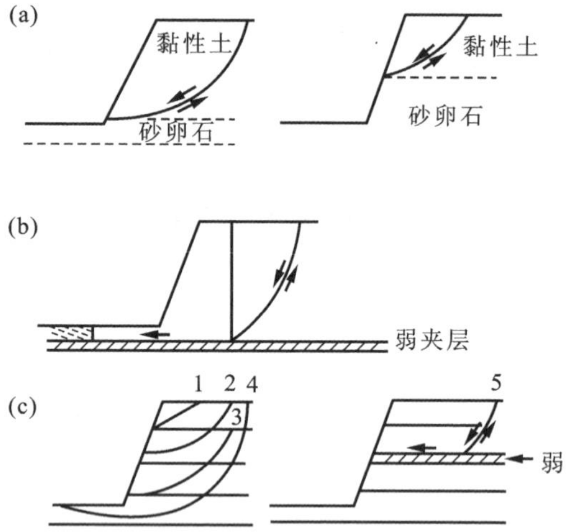

图 6.15 二元结构河岸的圆弧滑动

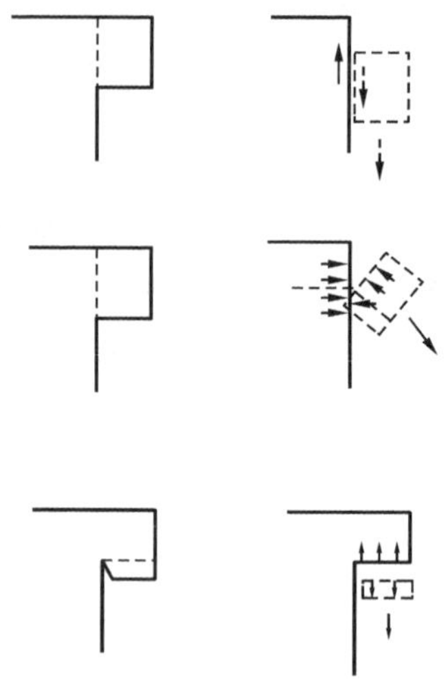

图 6.16 二元结构河岸的坍落

③凹岸坍塌与凸岸淤涨

弯曲型河流在横向环流作用下，凹岸冲刷下的土颗粒被堆积于凸岸，两岸变化大体平衡。随着时间的累积，这种平衡将造成河道在保持基本断面形态下的横向摆动现象。

此外，凹岸后退的速度往往具有不均匀、不连续的特点，即在坍塌了一段时间以后，将会出现一段稳定期，而随着下次洪水期的到来，又再次发生坍岸。这种间歇性的后退会在凸岸形成一组集中淤积带，称为鬃岗地形。

(2)河流侵蚀、淤积作用的治理

①不同类型河床主流线与崩岸位置

河流的主流线靠近河岸时，河岸土层会发生崩塌。由于河床类型不同，主流线靠岸的位置不相同，崩岸的位置也不相同。在弯曲河床的上半段，主流线靠近凸岸上方，然后流入凹岸顶点；在弯曲河床的下半段，主流线靠向凹岸。所以在弯曲河床的凸岸边滩的上方、凹岸顶点的下方，常常都是崩岸部位(图 6.17(a))。在顺直河床上，深槽与边滩往往成犬牙交错地分布；在深槽处，主流线常常是靠近河岸的，成为顺直河床的崩岸部位(图 6.17(b))，随着深槽的下移，崩岸的部位一般不固定。游荡河床，主流线也随着江心洲的变化在河床中动荡不定，崩塌部位也是不固定的。分汊河床，江心洲洲头常常处在主流顶冲的部位(图 6.17(c))，常常都是护岸工程重点守护的地段。

②防护措施

全球悬河化现象在发展，治河问题研究有重要意义。对于河流侧向侵蚀及因河道局部冲刷而造成的坍岸等灾害，一般采用护岸工程或使主流线偏离被冲刷地段等防治措施。

A. 护岸工程

(a)直接加固岸坡：常在岸坡或浅滩地段植树、种草。

(b)护岸：有抛石护岸和砌石护岸两种。即在岸坡砌筑石块(或抛石)，以消减水流能量，保护岸坡不受水流直接冲刷。石块的大小，应以不致被河水冲走为原则。可按下式确定：

$$d \geqslant \frac{v^2}{25}$$

式中 d——石块平均直径(cm)；

v——抛石体附近平均流速(m/s)。

抛石体的水下边坡一般不宜超过 1∶1,当流速较大时,可放缓至 1∶3。石块应选择未风化、耐磨、遇水不崩解的岩石。抛石层下应有垫层(图 6.18)。

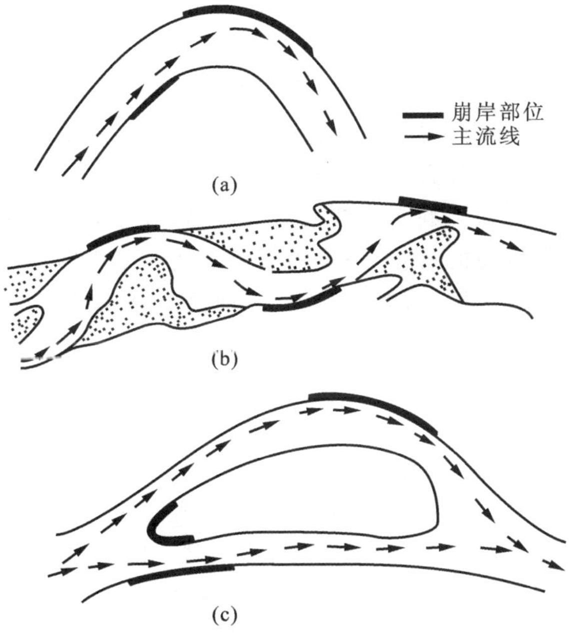

图 6.17　不同类型河床主流线与崩岸位置

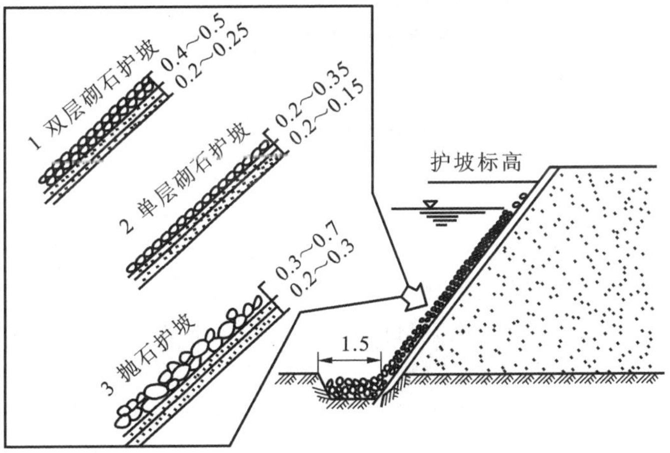

图 6.18　砌石护坡与抛石护坡

B. 约束水流

(a)顺坝和丁坝:顺坝又称导流坝,丁坝又称半堤横坝。常将丁坝和顺坝布置在凹岸以约束水流,使主流线偏离受冲刷的凹岸。丁坝常斜向下游,夹角为 60°~70°,它可使水流冲刷强度降低 10%~15%(图 6.19)。

(b)约束水流,防止淤积:束窄河道、封闭支流、截直河道、减少河流的输沙率等均可起到防止淤积的作用。也常采用顺坝、丁坝或二者组合使河道增加比降和冲刷力,达到防止淤积的目的。

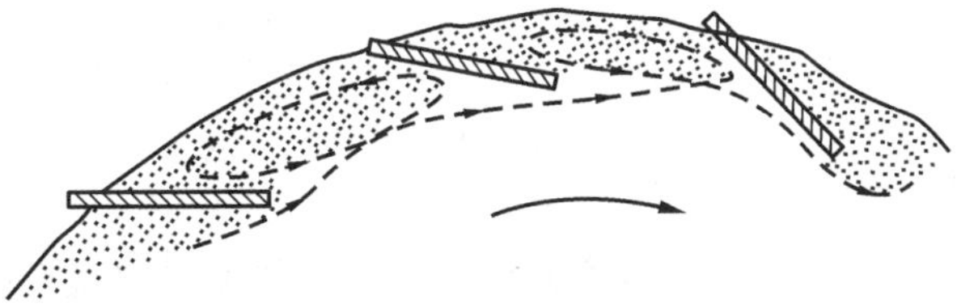

图 6.19　丁坝

6.3　岩溶(喀斯特)作用

岩溶,原称喀斯特。喀斯特(Karst)原是南斯拉夫西北部沿海一带碳酸盐岩高原的地名,那里发育着各种碳酸盐岩地形。19 世纪末,南斯拉夫学者 J. Cvijic 研究了喀斯特高原的奇特地貌,并把这种地貌叫作喀斯特。自此,人们便借用喀斯特这个地名来称呼碳酸盐岩地区的特殊地貌和水文现象。

凡是以地下水为主、地表水为辅,以化学过程(溶解和沉淀)为主、机械过程(流水侵蚀和沉积、重力崩塌和堆积)为辅的对可溶性岩石的破坏和改造作用都叫岩溶作用。这种作用所造成的地表形态和地下形态叫岩溶地貌。岩溶作用及其所产生的水文现象和地貌现象统称岩溶。

岩溶在我国分布非常广泛。广西的桂林山水、云南的路南石林,皆闻名于世。这种奇异的景观都发育在碳酸盐岩地区。广西碳酸盐岩出露的面积占全区面积的 60%,贵州和云南东南部碳酸盐岩分布的面积占该地区总面积的50%以上。全国石灰岩分布面积约1300000 km^2,约占全国总面积的13.5%。

由于岩溶地区有着独特的水文特征和地貌特征,因此在岩溶地区进行各种经济建设和生产活动都会遇到非岩溶地区所没有的问题。在岩溶地区,由于存在大量的地下空洞,进行水库修建时要注意防止渗漏问题,在开凿隧道和建设矿井时要注意涌水排水问题,在建筑铁路、桥梁和厂房时要注意地基的塌陷问题。

1. 岩溶作用的基本条件

在岩溶地区,水与岩石是构成岩溶作用的一对矛盾。就岩石而言,首先必须是可溶的,否则水就不可能进行溶蚀,岩溶作用也就无从发生;其次,岩石必须是透水的,当岩石具有透水性时,地表水才能渗入地下并转化为地下水,这样地下水才能起主导作用,形成作为岩溶标志的地下洞穴。就水而言,首先水必须具有溶蚀力,如果水没有溶蚀力,岩溶作用就很难进行;其次,水必须是流动的,因为停滞的水很快就会变成饱和溶液,因而失去溶蚀力,岩溶作用就会停止。因此,岩石的可溶性、透水性,水的溶蚀力、流动性,就成为岩溶作用的基本条件。

(1)岩石的可溶性

岩石的可溶性主要取决于岩石的成分和结构。岩石成分指岩石的矿物成分和化学成分;岩石结构指组成岩石的颗粒大小、形状和排列,以及岩石的胶结物的性质(胶结物质、胶结方式和胶结程度)等。

从岩石成分来看,可溶性岩石基本上分为三类:碳酸盐类岩石(石灰岩、白云岩、硅质灰岩和泥灰岩);硫酸盐类岩石(石膏、芒硝);卤盐类岩石(石盐和钾盐)。就溶解度而言,卤盐>硫酸盐>碳酸盐。但是,卤盐类岩石和硫酸盐类岩石分布不广,岩体较小,而碳酸盐类岩石分布很广,岩体一般都很大。所以发育在碳酸盐类岩石中的岩溶较之卤盐类和硫酸盐类岩石中的岩溶要普遍得多。

碳酸盐类岩石的矿物成分主要是方解石 $CaCO_3$ 或白云石 $(Ca,Mg)CO_3$,其次是 SiO_2、Fe_2O_3、Al_2O_3,以及黏土物质。石灰岩的成分以方解石为主,白云岩的成分以白云石为主,硅质灰岩是含有燧石结核或条带的石灰岩,泥灰岩则为黏土物质与 $CaCO_3$ 的混合物。一般说来,石灰岩比白云岩易溶蚀,白云岩比硅质灰岩易溶蚀,硅质灰岩又比泥灰岩易溶蚀。

碳酸盐岩结构对岩溶发育的影响,主要是原生孔隙性的影响。一般说来,盆地或大陆架深水区沉积生成的碳酸盐岩孔隙小而少,不利于岩溶发育,而过渡性沉积区生成的碳酸盐岩多孔隙,有利于岩溶发育。

(2)岩石的透水性

岩石的透水性取决于岩石的裂隙度和孔隙度,对可溶岩的透水性来说,前者较后者更为重要。褶皱和断裂使岩石透水性加强,对岩溶发育具有一定的控制作用。可溶性岩层与非可溶性岩层的接触带及不整合面等有利于水的活动,岩溶易于发育。

岩层在褶皱的弯曲过程中,往往产生裂隙,尤其在褶皱轴部裂隙更加密集和开阔,使透水性更加增强,有利于碳酸盐岩的溶蚀和岩溶发育。背斜顶部有张裂隙,宽度较大,分布深,岩溶以漏斗和竖井等垂直形态为主;相对低洼的向斜轴部,下部也有张裂隙,且易积水,多发育地下河,由于洞顶坍塌,又产生漏斗和落水洞,所以向斜轴部垂直和水平通道都易发育。因此,在褶皱区,地表岩溶具有沿褶皱走向呈条带状分布的特点。

富水优势断裂常为较大的地表水和地下水汇集的地方,往往发育成管状水道或地下河,也是地面塌陷集中分布的地带。

(3)水的溶蚀力

纯水的溶蚀力是微弱的,只有当水中含有 CO_2 时,才有较强的溶蚀作用,将 $CaCO_3$ 溶解,把不能溶解的残余物质留下,或呈悬浮状态带走。

在含 CO_2 的水中,CO_2 与 H_2O 化合成碳酸,碳酸又离解为 H^+ 与 HCO_3^- 离子。水中 CO_2 含量越高,H^+ 也越高,而 H^+ 是很活跃的离子。当含多量 H^+ 的水作用于石灰岩时,H^+ 就会与 $CaCO_3$ 中的 CO_3^{2-} 结合成 HCO_3^-,分离出 Ca^{2+}。上述化学反应是可逆的,正反应的速度取决于 CO_2 的浓度,逆反应的速度取决于 Ca^{2+} 的浓度。

(4)水的流动性

降水沿着碳酸盐岩的裂隙和孔隙向下渗透,在达到潜水面以前,已被 $CaCO_3$ 所饱和,丧失了溶蚀力。但如果为 $CaCO_3$ 所饱和的水溶液一直处于流动状态,由于水量、水温、气压等条件的变化,或形成混合溶液,那么它就有可能随时变饱和溶液为不饱和溶液,重新获得溶蚀力,或者变饱和溶液为过饱和溶液,发生沉淀作用。

2. 岩溶地貌

岩溶主要包括地表和地下两种形态。

(1)地表岩溶地貌

①石芽与溶沟

地表水流沿着坡面上的节理裂隙流动,溶蚀和冲蚀出许多凹槽和坑洼,凹槽为溶沟,沟间的突起为石芽(图 6.20)。石芽有裸露的,也有埋藏的。从山坡的上部到下部,石芽常呈有规律的分布:全裸露石芽—半裸露石芽—埋藏石芽(图 6.21)。石林是一种非常高大的石芽。

图 6.20 石芽与溶沟

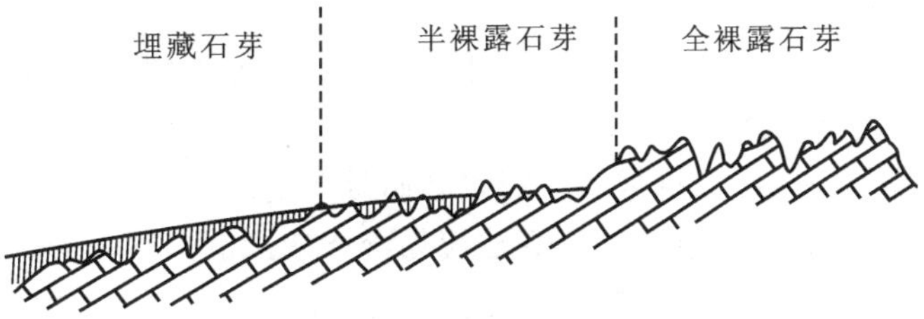

图 6.21 斜坡上的石芽

②漏斗

漏斗是呈碗碟状或倒锥状的洼地。直径一般数米至数十米,深数米至数十米,底部常有管道通往地下。因此,它起着集水和消水的作用。如果下部管道被溶蚀残余物堵塞,则可积水成池。

③竖井

竖井实际上是一种塌陷漏斗,在平面轮廓上呈方形、长条状或不规则圆形。长条状是沿一组节理发育的,方形或圆形则是沿两组节理发育的。竖井井壁陡峭,近乎直立。

④落水洞

落水洞是地表水流入地下的进口。其大小不一,形态各异。竖井和漏斗的形成主要是溶蚀作用与塌陷作用,而落水洞的形成则除溶蚀作用外还有机械侵蚀作用,特别是当大量地面水通过落水洞转为地下河的情况下,侵蚀作用非常强烈。

⑤溶蚀洼地

溶蚀洼地是一种盆状洼地,周围被石灰岩山丘包围,底部常附生着漏斗(图 6.22)。溶蚀洼地也可由许多漏斗逐渐融合而成。在广西一带,溶蚀洼地的直径可达 500 m,最大可达 1~2 km。洼地底部有厚约 2~3 m 的红土覆盖,上面常有耕地分布。

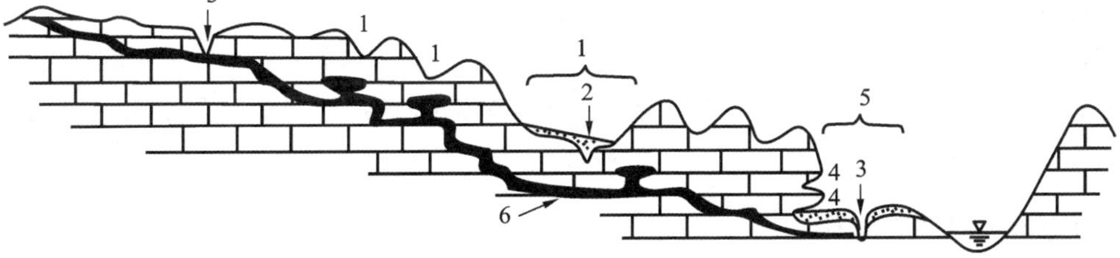

图 6.22 溶蚀洼地、漏斗和竖井在山地中的分布

1—溶蚀洼地;2—漏斗;3—竖井;4—溶洞;5—阶地;6—地下河

⑥坡立谷

坡立谷是指宽广而平坦的岩溶谷地，大都沿断裂带或构造带溶蚀发育而成。其宽度可从数百米到数千米，长度数千米至数十千米。底部平坦，覆盖着溶蚀残余的黄色、棕色或红色黏土，有的地方还覆盖着河流冲积层。

⑦干谷和盲谷

当地面河流某一段被地下伏流所袭夺，这一段河谷就变成了没有水的干谷。当地面河进入地下河入口而转变为地下河时，河谷的前方常为石灰岩壁所阻，岩壁的脚下是地下河入口，这种向前没有通路的河谷就叫盲谷。

(2)地下岩溶地貌

①溶洞

溶洞是地下水沿可溶性岩体的各种构造面(层面、节理面或断裂面)，特别是沿着各种构造面互相交叉的地方，逐渐溶蚀和侵蚀而开拓出来的地下洞室。当地下孔洞较小时，地下水运动缓慢，主要的作用是溶蚀。随着孔洞的不断扩大，地下水的运动随之加快，除溶蚀作用外，还产生机械侵蚀作用，地下通道因而迅速扩大。

②地下河

在岩溶地区，具有自由水面的地下水流称为地下河。

(3)岩溶地貌组合

上述各种岩溶地貌，常呈一定组合而分布于地面，因为各种岩溶地貌在其发育过程中有成因上的联系，特别是地表岩溶地貌与地下岩溶地貌是密切相关的。因此，综合分析研究岩溶地貌形态类型组合，有助于从地表岩溶现象了解地下岩溶的发育情况。

岩溶地貌的组合可分为平面组合和垂直组合，其中后者的工程地质意义更为突出，因此下面主要介绍岩溶地貌的垂直组合。主要的地表与地下岩溶地貌组合有：

①落水洞、竖井、地下通道组合

落水洞通过竖井把地表岩溶和深处发育的地下通道联系起来。落水洞往往出现在溶蚀洼地的底部，汇入洼地的地表水由洼地底部的落水洞和竖井流入地下通道。

②干谷和暗河组合

在有干谷出现的地方，常有地下暗河存在，这是由于原来在干谷里流动的水流为适应新的侵蚀基准面而渗入地下，并发育了暗河。

③塌陷与地下岩洞组合

呈现在岩溶化地表的塌陷，就是岩溶化地块内部地下岩洞发生坍落的结果。

④溶洞与地下通道组合

溶洞往往和地下通道相连，因此可以说溶洞就是地下通道的进出口。

⑤溶洞与阶地组合

溶洞在较稳定的地块中往往成层分布，即使在倾斜甚至垂直岩层组成的岩溶区，这种现象也很明显。这种溶洞层有的可与附近同高程的河流阶地进行对比。这主要是由于在当地侵蚀基准面相当稳定的时候，岩溶地块中发育了与地面河床相适应的地下河或地下通道，待地壳上升和河流下切时，在非岩溶区发育了阶地，而岩溶地块中的地下河或地下通道则成为与阶地同高程的溶洞。

⑥分水岭风口与溶洞组合

分水岭地带的风口常与山坡上的溶洞处于同一高程，这说明当时地面的侵蚀和地下的溶蚀是在同一岩溶侵蚀基准面控制下进行的。

3. 岩溶区的主要工程地质问题

由于岩溶的发育致使建筑物场地和地基的工程地质条件大为恶化，因此在岩溶地区修建各类工程建筑物时必须对岩溶进行工程地质研究，以预测和解决因岩溶而引起的各种工程地质问题。归纳起来，岩溶区的工程地质问题主要有以下几类：

(1)地基稳定性及塌陷问题

在岩溶地区，由于地表覆盖层下有石芽、溶沟，岩体内部有暗河、溶洞，建筑物的地基通常是很不均匀的。上覆土层还常因下部岩溶水的潜蚀作用而塌陷，形成土洞。在广西等地的城市建筑工地上，土洞现象非常普遍。土洞的塌陷作用常常是突然发生的。土洞出现的地区往往就是地下岩溶发育的区域。

工业与民用建筑物的压力作用范围多在地面以下 10 m 左右，所以，建筑物的地基既涉及上覆土层，也涉及下伏基岩。岩溶区的土层特点是厚度变化大，孔隙比高。因此，地基很容易产生不均匀沉降，从而导致建筑物倾斜甚至破坏。这些在施工前都必须进行认真的勘察。

根据岩溶发育的特点，岩溶地区可能遇到以下几类地基：

①石芽地基

由于地表岩溶作用，石灰岩表层溶沟发育。纵横交错的溶沟之间多残留有锥状或尖棱状的石芽，致使石灰岩基面高低不平，形成石芽地基。石芽间的溶沟常被土充填，因此强度较低，压缩性较高，易引起地基的不均匀沉降而影响建筑物的稳定性。所以，在石芽地基上修建建筑物时，必须查清基岩的埋深、起伏情况、覆盖土层的压缩性及石芽的强度。

②溶洞地基

溶洞地基的稳定性取决于溶洞的规模、埋深及充填情况。当溶洞的规模大、埋深浅、溶洞顶板承受不了建筑物的荷载时，就会使溶洞顶板坍塌、地基失稳。当建筑物地基直接遇到溶洞时，可视溶洞的规模及充填物情况进行适当处理。规模小，可采用清除或堵塞，或盖板跨越；规模大，则不宜作为建筑物的地基。为了确保溶洞地基的稳定性，必须根据溶洞的规模、溶洞顶板岩层的性质确定洞穴离地面的安全深度，即溶洞顶板的安全厚度。当溶洞埋深大于安全厚度时，地基是稳定的；否则地基不稳定，必须进行处理。

③土洞地基

在覆盖型岩溶地区，可溶岩的上覆土层中常常发育着空洞，一般叫土洞。当土洞顶板在建筑物荷重作用下失去平衡而产生下陷或塌落时，则危及建筑物的安全。因此，凡是岩溶地区有第四纪土层分布的地段，都要注意土洞发育的可能性，应查明土洞的成因、形成条件，土洞的位置、埋深、大小，以及与土洞发育有关的溶洞、溶沟的分布。

由于土洞的形成与地表水和地下水的关系极为密切，土洞的处理首要措施是治水。当土洞埋深较浅时，可采用挖填和梁板跨越；对直径较小的深埋土洞，因其稳定性好，危害性小，故可不处理洞体，而仅在洞顶上部采取梁板跨越；对直径较大的深埋土洞，可采用顶部钻孔灌砂(砾)或灌碎石混凝土以充填空间。

(2)渗漏和突水问题

由于岩溶地区的岩体中有许多裂隙、管道和溶洞，在进行水库、大坝、隧道、基坑等工程活动时，如存在承压水并有富水优势断裂作为通道，则可能会遇到地下突水而导致基坑、隧道等工程的排水困难甚至淹没，也可能因岩溶渗漏而造成水库无法蓄水。

库区应选在地势低洼、四周地下水位较高、上游有大泉出露而下游无大泉出露、上下游流量没有显著差异的河段上，要避免邻区有深谷大河。如果发现库底有渗漏，可采用堵(堵落水洞)、铺(铺盖黏土)、截(筑截水墙)、围(在落水洞四周建围墙)、引(引入库内或导出库外)等方法进行处理。

对岩溶突水的处理，原则上以疏导为主。对隧道中的岩溶水，可用水管引入隧道边沟或中心排水沟排出。水量过大时，可用平行导坑排水。

6.4 海岸带的地质作用

海洋与陆地是地球上两个迥然不同的自然地理单元。现代海洋覆盖着地球表面积的 71%，海洋中的水体是水圈的主体，海洋中所储存的水占水圈体积的 97.3%，因此海洋地质作用是改造地表的最重要的动力。

海洋与陆地的接触带称海岸带。海岸带自陆向海可分为海岸、潮间带和水下岸坡三部分(图6.23)。海岸是高潮线以上狭窄的陆上地带,它的陆向界线是波浪作用的上限。潮间带是高潮线与低潮线之间的地带,它在低潮时露出水面,而在高潮时被水淹没。水下岸坡是低潮线以下直至波浪有效作用于海底的下限地带。波浪有效作用于海底的下限,一般相当于该海区波浪波长1/2的水深处,在近岸海区,约为30m水深的海底。

1994年联合国以"海岸海洋"的概念取代了"海岸带",作为海陆过渡的独立环境体系。

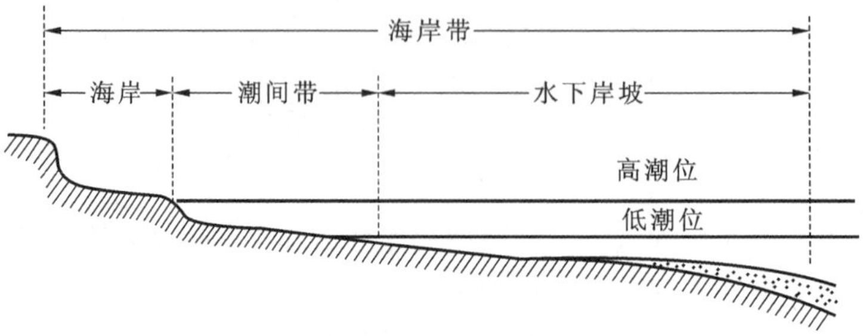

图6.23 海岸带结构图示

1. 海岸带的水动力特征

(1)波浪作用

波浪是作用于海岸带最普遍、最重要的动力。波浪对海岸作用的大小取决于波浪的能量,波能(E)的大小与波高(H)的二次方和波长(L)的一次方成正比,即:

$$E=\frac{H^2L}{8}$$

因此,波浪愈大,尤其是波高愈大,波能就愈大,其对海岸的作用也愈大。

深水区的波浪,其水质点在垂直断面内做圆周运动。但当波浪接近岸边到达浅水区后,受到地形的影响,波浪将发生一系列的变化。

①波浪的变形和破碎

水质点运动的轨道将由深水区的圆形转变为浅水区的上凸下扁的椭圆形。愈到海底,轨道变得愈扁平,到了水底,椭圆的垂直轴等于0,轨道的扁平度达到极限,水质点仅作平行于底部的往复运动。与此同时,由于水质点运动速度在其轨道上下部的差异,产生了波浪前坡陡、后坡缓的形态。随着波浪离岸愈近,水深愈浅,水质点向前向后运动速度的差值愈来愈大,波浪前坡愈陡,后坡愈缓,最终导致波浪破碎。波浪破碎与波高和水深有关,在多数情况下,破浪处水深约相当于1～2个波高。当波浪到达较陡的岸坡时,波峰突然倾倒,能量比较集中,袭击岸坡,破坏性很大;当波浪作用于平缓的岸坡时,由于海底摩阻,可能发生数次破碎,能量逐步消耗,破坏性就较小。当人工建筑物前的水深刚刚处于破浪点时,则饱含空气的破浪将会产生极大的冲击压力,可能使建筑物遭到破坏。

波浪破碎后,水体运动已不服从波浪运动的规律,而是整个水体的平移运动,这就是激浪流。激浪流包括在惯性力作用下沿坡向上的进流与同时在重力作用下沿坡向下的回流。

②波浪的折射

波浪的折射是波浪进入浅水区后的又一重要变化。随着水深的变浅,波速相应地减小,当波浪到达海岸附近的浅水区后,由于地形的影响使得波向发生变化,形成所谓折射现象。折射的结果,有使波峰线转向与等深线一致的趋势。在较平直的海岸,波浪斜抵海岸,由于波峰位于离岸较远而海水较深的一侧传播速度较快,波峰线逐渐趋向于与等深线平行,也可视为大致与海岸线平行(图6.24)。

当波浪传播到岬角与海湾(岬角系指坚硬的或裂隙不发育的海岸岩石,抵抗海蚀作用的能力较强,常凸出成为岬角或海岬。软弱的岩石抵抗海蚀作用的能力弱,常凹入形成海湾。)交错的曲折海岸时,其折射将是另一种情况。这时，波峰线同样逐渐与海岸线平行，但可以看出，波射线向海水迅速变浅的岬角处辐聚，而在海水较浅的海湾处辐散。从而产生在岬角处波峰线缩短，在海湾处波峰线拉长，这样就导致波能在岬角处集中在较短的岸段上，而在海湾处分散在较长的岸段上（图 6.25）。

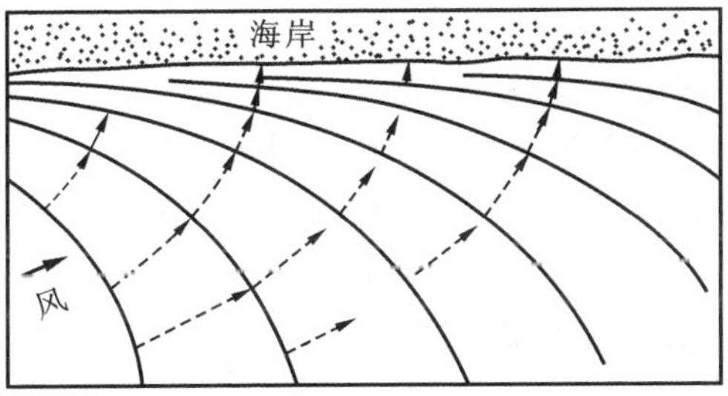

图 6.24　平直岸边的波浪折射

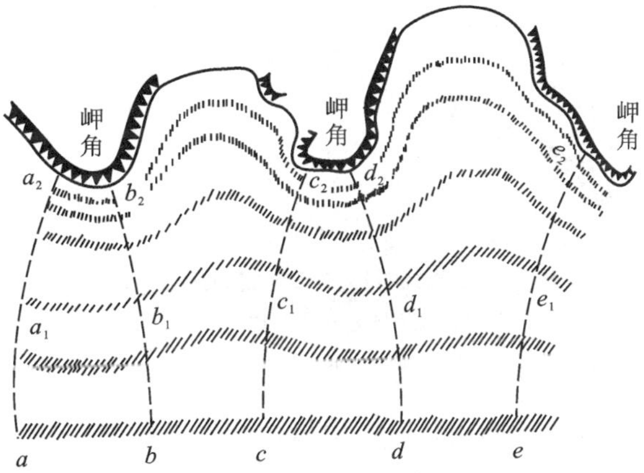

图 6.25　曲折岸边的波浪折射

虚线为波射线，斜短线为波峰线（宽度表示波能）

（2）潮汐作用

潮汐是海水在月球和太阳引潮力作用下所发生的周期性海面垂直涨落和海水的水平流动。但在习惯上称前者为潮汐，后者为潮流。

潮汐通过其引起水面的升降和潮流对海岸带产生影响。在无潮海区，波浪长期地作用于一个狭窄的地带；在有潮海区，特别是在海岸平缓而潮差较大的地区，潮汐所引起的水面涨落，可使波浪的作用范围扩大，同时使波浪对同一位置作用时间缩短；在开阔的海岸地区，主要表现为搬运波浪掀起的海底泥沙；在海峡或河口，潮流流速较大，也能侵蚀海底和掀起泥沙，并可带动大量泥沙。

（3）海流作用

海流是由盛行风向以及因海水温度和盐度不同而产生的密度水平差异所引起的方向相对稳定的海水流动。风成海流的流速很小，一般仅 0.1～0.2 m/s。强大的海流，流速可达 1 m/s 以上。在近岸浅水区域，流速较小，因此风成海流只能搬运细粒泥沙。但沿岸地带常有激浪流、潮流和风成海流构成的综合性海流，这种海流对泥沙搬运和海岸地貌的塑造起着极大的作用。我国浙闽沿海，冬季由于西北向盛行风的作用，有自长江口向南的沿岸流，携带长江及沿岸入海泥沙南下。在广东海岸，由于偏东风较频繁，有一个从东向西恒定的沿岸流。上述沿岸流对所经海岸区域的海岸地貌发育有着明显的影响。

2. 海岸地貌

（1）海蚀作用与海蚀地貌

①海蚀作用

波浪对海岸的侵蚀，首先是波浪水体给予海岸的直接打击，即冲蚀作用。当波浪以巨大的能量冲击海岸时，水体本身的压力和被其压缩的空气，对海岸产生强烈的破坏，这种力量可达 0.3 MN/m^2，甚至 0.6 MN/m^2。它不仅直接冲击岸坡的岩石及岸边建筑物，并且在巨大压力作用下将水和空气压入岩体裂隙之中，迫使岩体开裂松动，以至于被掏蚀崩落。当波浪水体夹带岩块或砾石时，其侵蚀力更大，此即是磨蚀作用。

②海蚀地貌

在海蚀作用下产生的地貌主要有（图 6.26）：

A. 海蚀崖：波浪打击海岸主要集中在海平面附近，使海岸形成凹槽，凹槽以上的岩石被悬空，波浪继续作用使悬空的岩石崩坠，促使海岸步步后退，形成海蚀崖。在海蚀崖的坡脚，常堆积有由悬崖崩坠下来的岩

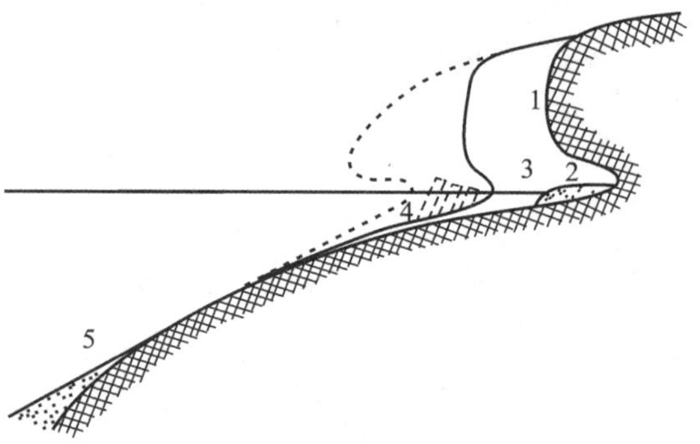

图 6.26　海蚀地貌的形成与岩坡的后退

1—海蚀崖；2—海蚀穴；3—海蚀台；
4—水下磨蚀岸坡；5—水下堆积阶地

块。这些岩块若不被波浪搬走，海蚀崖的坡脚将受到保护，不再受波浪的打击而后退。

B. 海蚀拱桥：当海岬两侧同时遭浪击，并同时发育海蚀洞，并且洞穴彼此相通，即形成海蚀拱桥。

C. 海蚀柱：海蚀拱桥继续受冲蚀，其桥顶受重力作用而坍塌，残留的柱状地形称海蚀柱。或海蚀崖后退过程留下来的残余岩石，再受海浪侵蚀亦可形成海蚀柱。

D. 海蚀沟谷：海蚀作用沿海蚀崖基岩裂隙带（断层、节理）发展，可形成海蚀沟谷。

E. 海蚀台：在海蚀崖不断后退的同时，其前出现一个不断展宽、微向海倾斜的平台——海蚀台（也称波切台、浪蚀台和磨蚀台）。

F. 海蚀穴（洞）：在海蚀崖坡脚处形成的凹槽称海蚀穴，深度较大者称海蚀洞，在海蚀崖下部波浪作用线附近延伸的凹槽称海蚀凹槽。

（2）泥沙运动与海积地貌

进入海岸带的松散物质，在波浪推动下，并在一定的条件下堆积下来，形成各种海积地貌。在海岸带内，任何泥沙颗粒都是在波浪力和重力共同作用下运动的。如果波射线与海岸线正交，波浪的作用方向与重力的切向分量方向将在同一直线上，泥沙颗粒便垂直于岸线运动，叫泥沙的横向运动。如果波射线与海岸线斜交，波浪作用的方向与重力切向分量方向将不在同一直线上，泥沙颗粒将以“之”字形沿着岸线运动，叫泥沙的纵向运动。

①泥沙横向运动所形成的地貌

A. 海滩：是平行于海岸线延伸的平缓堆积地形，微微倾向于大海。海滩主要与海岸的侵蚀作用有关，即沉积物主要来源于海岸岩石破碎崩落物。可分为砾质海滩、砂质海滩。在局部低洼地区静水环境下，形成泥质淤积地带，称为淤泥质海滩或泥浦，植物丰富时成为泥炭堆积。

B. 滨岸堤：一般潮涨、潮落都有一个大致的高度，称为高潮线和低潮线。在海岸带高潮线附近，由波浪引起的泥沙横向移动形成的大致平行海岸的堤状地形通常由粗大碎屑物、海生贝壳碎片等组成。

C. 沙坝：是平行海岸但离岸有一定距离的由沙粒组成的垅岗地形。其顶部可以露出海面或在海面以下。

D. 沙嘴：是在海湾处由泥沙堆积形成的，一端与陆地相连，尾部伸入海中的垅岗地形。

E. 泻湖：是被沙坝、沙嘴隔离的与外海隔绝或联系较少的浅水区。

F. 连岛沙坝：岛屿靠海岸一方泥沙堆积成的，可使海岛同海岸连接起来的堆积地形。

G. 波筑台或水下堆积阶地：波浪拍击海岸后退回海洋的底流等水流，把破坏下来的岩石碎块带入海中，在适当的水底斜坡上堆积形成平缓的堆积台地。

②泥沙纵向运动对岸边的改造作用

泥沙纵向运动对岸边的改造作用主要取决于边岸的形态和地质结构特征。

A. 边岸形态的影响

在沉积物流可以得到充分补给的沿岸地段，岸线的平面形状对纵向沉积物流的改造作用有着重要的影响。

岸线方向发生转折时，当上游岸段与波浪射线的夹角较下游段岸线更接近 45°时，下游段的沉积物流的流速和容量均较上游段小，该岸段输沙能力低于来沙量，于是产生堆积形成如图 6.27 所示的堆积滩地、沙嘴等堆积地形。反之，如果下游段与波浪射线的夹角较上游段更接近 45°时，则下游段的输沙能力高于来沙量，该岸段将遭受侵蚀，如图 6.27(a)、(c)中的 *DC* 段。

十分曲折复杂的岸线，如海湾与岬角，当波浪垂直海岸时，由于波浪的折射，沿岸沉积物流将产生如图

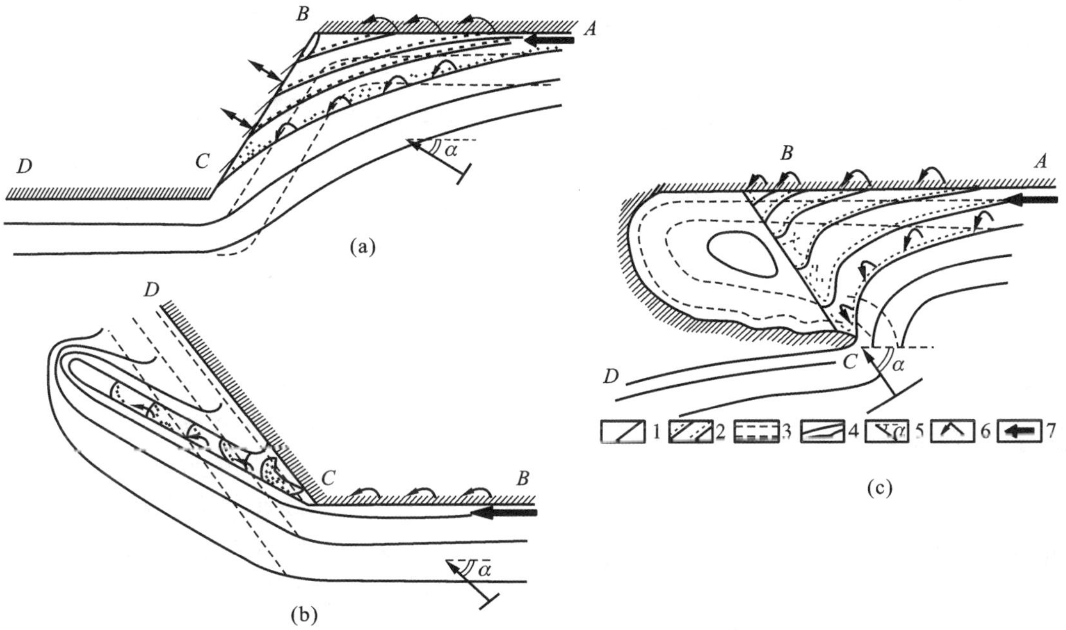

图 6.27 折线海岸堆积地形的形成

(a)凹入角的堆积滩地；(b)海岸岬角的沙嘴；(c)岸外屏障堆积滩地

1—基岩岸；2—堆积地形增长的不同阶段；3—堆积地形形成前的等深线；4—堆积地形形成后的等深线；

5—波浪射线与岸线夹角；6—土石颗粒的纵向移动；7—纵向沉积物流的总方向

6.28 所示的运动，结果使海岬遭受磨蚀，海湾接受堆积。

海岸邻近有岛屿时，岛屿对波浪的作用起消能的作用，并造成波浪折射，形成所谓波影区。波影区的纵向沉积物流的流速和容量降低，造成堆积。这种堆积的发展，可将岛屿与大陆联结起来。

B. 岸区地质结构的影响

岸区地质结构和所处地貌环境对岸线改造的控制作用，主要表现在两者确定了沉积物流的补给条件。

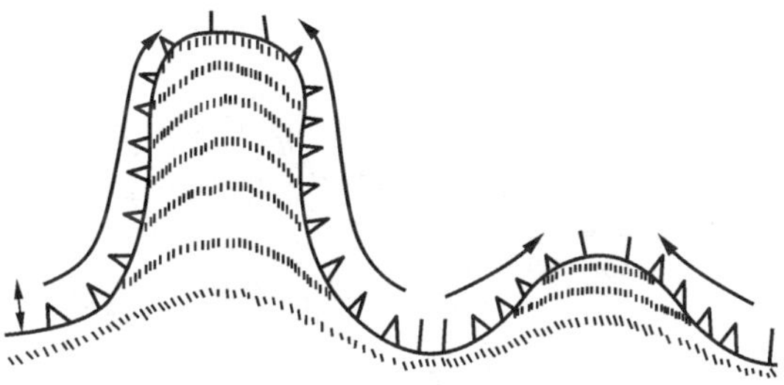

图 6.28 曲折海岸泥沙的纵向运动

(箭头方向代表纵向沉积物运动方向)

由不易磨蚀的完整岩石所组成的海岸，沉积物流由于得不到充分补给而达不到饱和，若其下游相邻岸带为易磨蚀的断裂发育的岩石或松散土石所构成，则将受到侵蚀。而岩性软弱的易磨蚀段会使沉积物得到充分补给达到饱和，其下游就有可能产生堆积。

3. 沿岸建筑物的防护措施

护岸和护港有两方面的目的，一方面是保护岸坡、港口免遭冲刷，以保证岸边建筑物的安全，防止岸坡显著变形或破坏；另一方面是防止边岸、港口遭受淤积，以保证港湾设施及潮汐发电站等正常运行。根据其所依据的原则和作用对象的不同，可将防护措施分为两大类。

(1)改变波浪、岸流等水动力条件

首先，可以根据海岸侵蚀、堆积的规律，设置某些水工建筑物以改变波浪、岸流等的作用方向，形成不利于冲刷或淤积的水动力条件。

①破浪堤

破浪堤是设置在水下岸坡上、与岸线近于平行的水下长堤(图 6.29)，一般距岸 30～50 m，堤顶面在水面以下，深度与波浪的波高相近。这样的破浪堤会使波浪破碎，从而使其 75%以上的能量消失。波浪还可将堤外的泥沙携入堤内，逐渐形成岸滩，保护岸坡免遭冲蚀。

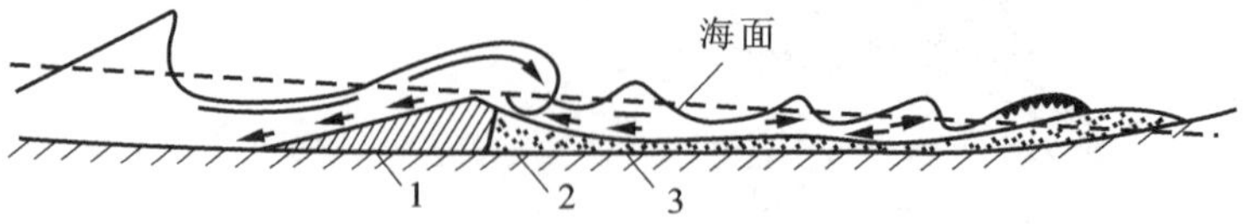

图 6.29　破浪堤工程原理示意图

1—破浪堤；2—原底面；3—破浪堤修筑后淤积的泥沙

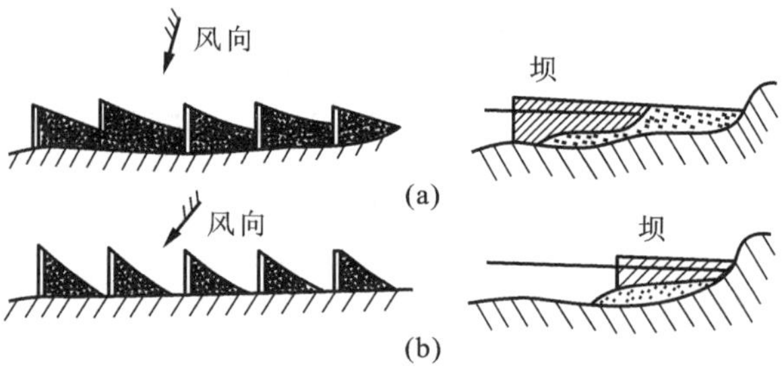

图 6.30　丁坝间距与主导风浪方向的关系

(a) 间距段完全充填；(b) 间距段有局部冲刷，海岸将破坏

②丁坝

丁坝为垂直边岸的堤坝(图 6.30)，适宜在纵向沉积物丰富的岸段上采用。它可以截住一定数量的沉积物流，逐渐形成岸滩，保护岸坡不受冲刷。丁坝的长度和间距应根据岸区主导风浪方向(盛行风)与岸线方向间的关系加以确定，既要减少丁坝数量，也要保证不在两丁坝间岸段出现冲刷(图 6.30(b))。设计时，应保证过丁坝端点所作与主导风浪方向的垂线将丁坝间岸段完全覆盖。

③防波堤

防波堤是一种防淤建筑物，它相当于一条人工的岸线或近岸岛屿屏障，利用纵向沉积物流的运动规律，将泥沙截留在港湾之外(图 6.31)。防波堤的具体布置，应根据岸区主导风浪方向和岸线形状特征采取不同形式。

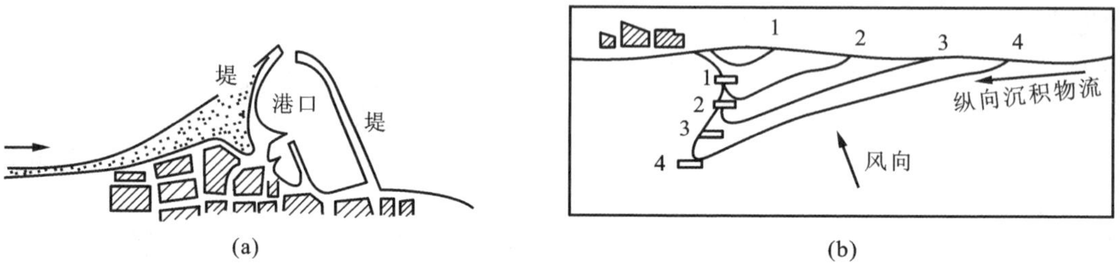

图 6.31　防波堤及其作用示意图

(a)丹麦基列列依港(箭头表示沉积物流方向)；(b)漂浮式防波堤

(2)修建直接保护岸坡免遭冲刷的防护工程

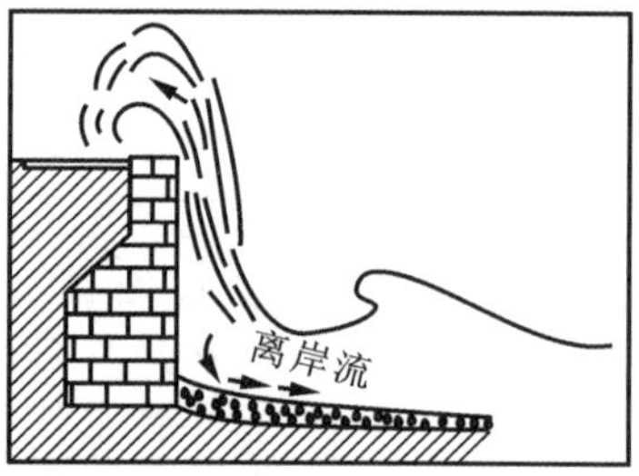

图 6.32　护岸墙

①护岸墙

护岸墙是用木头、钢板或混凝土等材料构筑的垂直墙(图 6.32)，根据涌浪作用的特点，将护岸墙做成凹面有时效果更好。护岸墙的设计中应特别注意其地基条件的变化，对墙脚处冲刷的可能性和海滩情况的变化都应给予充分的考虑。

②抛石或砌石护岸

抛石护岸设计要考虑的主要因素是选择石料尺寸，粗大的块石必须用一层或多层滤石层与土堤隔离。砌石护岸(图 6.33)是一种古老的防护工程，它是用块石规整地放置在岸坡上，可用灌浆或沥青对块石加以胶结。这种护岸形式具有柔性的特点，因此它能够很好地适应岸坡的缓慢沉降。对于严重磨蚀的海岸，火成岩砌体是最优良的护岸材料之一，就花岗岩而言，其耐久性约是混凝土的 4 倍。除了天然石料以外，连锁的混凝土块也是一种很好的护岸形式。

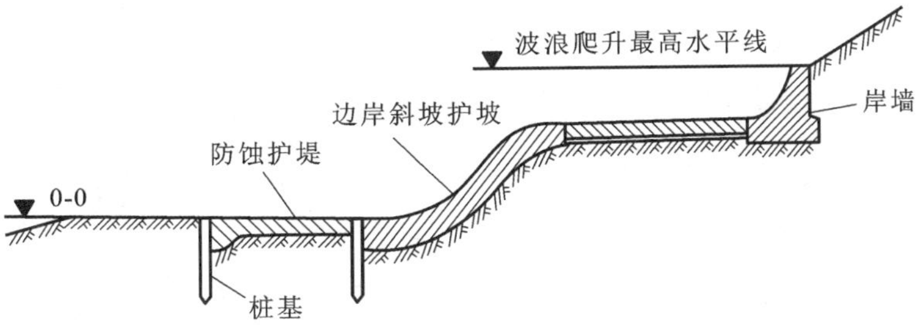

图 6.33 砌石护岸结构示意图

6.5 冰川的地质作用

1. 冰川的形成与运动

(1)冰川的形成和类型

冰川是陆地上终年缓慢流动着的巨大冰体。冰川主要分布在两极及中、低纬度的高山区。现代冰川覆盖着陆地面积的10.7%,为15865756 km^2。古代冰川的分布曾经达到陆地面积的1/3,因此冰川也是改造地表的重要动力之一。通过对冰川的研究,可推测地质时代古地理、古气候以及第四纪以来地表形态的演化历史。此外,由于冰川占陆地淡水的80%以上,已有大量证据表明,气候变化正使地球上许多冰川缩小和变薄,因此研究冰川对于利用冰川解决淡水资源等问题将具有重要的现实意义。

据现代冰川的分布位置、规模等,可将冰川分为大陆冰川和山岳冰川。大陆冰川分布在高纬度地区,它不受地形影响,规模大,几乎覆盖着整个极地地区的陆地,所以也称为冰盖,如南极冰川和格陵兰岛冰川;山岳冰川分布在中、低纬度的高山区,它的形成、运动和规模受地形控制,其形状呈长条形,如我国喜马拉雅山区和四川西部山区发育有许多这种类型的冰川。

(2)冰川的运动

冰川运动是一种固体流,冰川冰呈块体运动。冰川运动的原因主要是下部冰川冰在上覆冰雪压力下融点降低、塑性增强,若冰川冰表面或冰床高度不同,则冰川冰会在重力或压力驱动下运动。大陆冰川主要受压力影响由冰川中心部分(冰层厚处)向边缘部分(冰层薄处)运动;山岳冰川主要受重力影响由冰床高处往低处运动。冰川运动的速度极缓慢,一般为几十至几百米每年。冰川运动的速度受冰层厚度、冰川规模、地形坡度和气温控制。一般冰层厚、冰川规模大、地形坡度陡、气温高时,速度相对快;反之,则速度慢。同一冰层中不同部位的速度也有差异,整个冰川以中游流速最快。在横截面上,冰川中部较两侧快。冰层底部因摩擦阻力,速度反而降低。冰川运动的前端叫作冰前。冰前的位置大致是不变动的,但也可有一定的变化。这与冰前消融量和供冰量的比例有关。当供冰量与消融量相同时,冰前固定不变;当供冰量大于消融量时,冰前向前推进,产生冰进;当供冰量小于消融量时,冰前后退,产生冰退。供冰量与气候密切相关:气候变冷时,消融量减少,供冰量增加,这时引起冰进;反之,则消融量增加,供冰量减少,引起冰退。全球气候变冷产生大冰进的时期称冰期。

2. 冰川的剥蚀、搬运和沉积

(1)冰川的剥蚀作用与冰蚀地貌

冰川的剥蚀作用,即刨蚀作用,包括挖掘和磨蚀两种方式(图6.34)。挖掘作用是由于冰川本身的巨大压力使冰床上的脆性岩石和节理发育的岩石压碎,同时融化的冰水渗入裂缝中后又和冰川冻结在一起,当冰川运动时,连挖带拔,加上推铲,像犁头翻土一样使冰床遭受强烈的破坏;磨蚀作用,它主要是冰川中夹带的岩石碎屑对冰床岩石进行磨蚀，像锉子锉磨岩石一样使冰川流经的谷底和谷壁基岩遭到破坏。磨蚀作用常在基岩上留下光滑而具平行细刻痕的磨光面，称冰溜面。这些细刻痕称为冰川擦痕，一端粗大，向另一端变小，形似钉子，尖端指向冰川运动方向。以上两种作用同时进行，但挖掘作用破坏力更大一些。

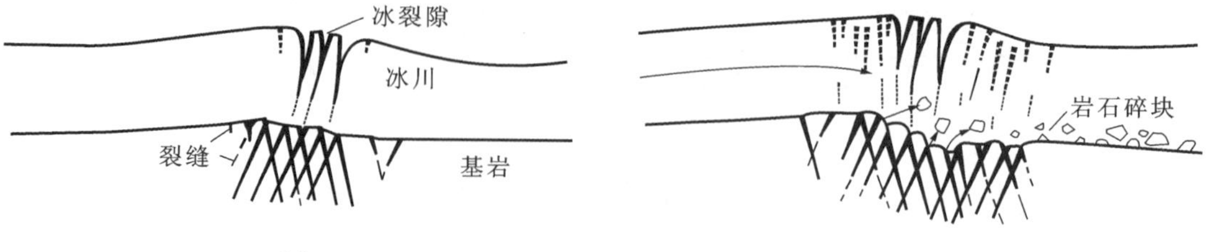

图 6.34　冰川的剥蚀作用

(a)冰川在前进中遇到冰床基岩的突起，突起处有裂缝；(b)冰川将冰床突起处的基岩压碎掘起，岩块被带走，基岩表面被磨蚀

如图 6.35 所示，剥蚀作用形成的冰蚀地貌包括：

①冰斗

在雪线附近气温变化在 0 ℃左右的地区，高山洼地积雪形成冰川后，由于冰川的刨蚀作用以及冰劈作用，使洼地扩大形成三面为陡峭山壁、一面敞开的椅状地形。

②鳍脊与角峰

冰川作用之初，高地上冰斗规模较小，相邻冰斗间距较大。随着冰川作用的发展，冰斗扩大，冰壁后退，相邻冰斗靠拢，在平行发展的两冰斗之间的分水岭变得越来越窄，形成鱼鳍般山脊，称为鳍脊或刃脊。当同一山头有三个以上冰斗同时进行溯源侵蚀，可形成锥形孤峰，称为角峰，如珠穆朗玛峰。

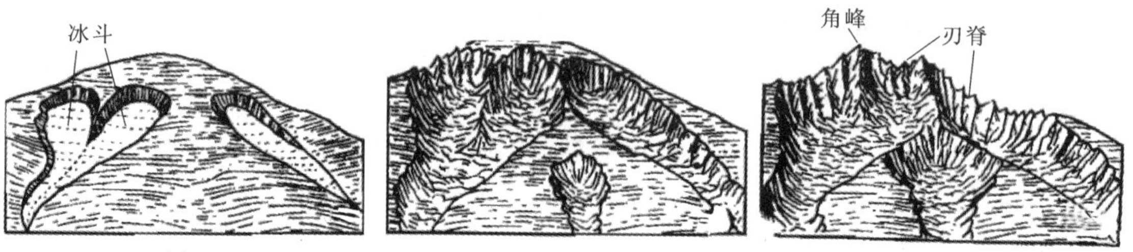

图 6.35　冰斗、刃脊和角峰的发育

(根据 William Lee Silkes 等，1978)

(a)冰斗出现；(b)冰相邻冰斗扩大和伸长；(c)刃脊和角峰的形成

③冰蚀谷

由山谷冰川剥蚀而形成的谷地，谷底宽阔、平直，横截面呈“U”形，谷壁上常见冰擦痕和冰溜面。

④羊背石

如果冰床底部有坚硬突起的岩石，由于冰川挖掘和磨蚀，可形成椭圆形的小丘。其迎流面坡缓而较光滑，背流面坡陡而粗糙。许多的小丘常成群分布，远看似一群伏地的羊。

(2)冰川的搬运作用

冰川的搬运作用是指冰川将其刨蚀产物及坠落冰面的风化物搬走的过程。冰川的搬运作用全是机械方式，可将其分为推运和载运两种。推运是指冰川前端以巨大的推力将冰床上岩块向前推进；载运是指冻结在冰块内或落在冰面上的岩块随冰川的运动而被搬运。被冰川搬运的物质称冰运物。冰川搬运的特点主要有：

①由于冰川是固体流，其搬运力和搬运量不受速度控制，而主要与冰川规模大小有关。冰川大，则搬运

量大，搬运物粒径大；反之，则搬运量小，搬运物粒径小。

②冰川呈固体搬运，搬运力强，能将巨大岩块搬运很远。这种巨大岩块称冰漂砾。

③冰川搬运途中无分选作用，大小颗粒一起搬运。

④冰运物在搬运途中，通常相对位置保持不变，因此磨圆作用极微弱。在冰川底部或两侧靠冰床处的冰运物与冰床基岩相互磨蚀，可使冰运物磨细，在大颗粒上还可见到冰擦痕。

(3)冰川的沉积作用与冰碛地貌

冰川消融或冰运物太多时，冰运物便堆积下来，产生冰川沉积作用。沉积位置大多在雪线以下的冰川前端和大陆冰川的边缘地区。冰川全部消融后，冰运物可在冰床上的任何地方堆积下来。冰川堆积物称为冰碛物。冰碛物的主要特点有：

①是纯机械沉积物；

②分选极差，不具层理构造；

③磨圆度差，碎屑棱角大多分明；

④冰漂砾和较大的冰碛砾石上常见冰擦痕；

⑤冰碛物内保存有寒冷气候地区植物的孢子和花粉。

不同堆积条件下，可以形成不同的冰碛地形。若气候稳定，冰前保持在某一固定位置。冰川夹带的大量碎屑物可在冰川前端堆积下来，形成终碛。终碛常呈垅岗状地形，称为终碛堤。若冰川间歇性退缩，冰川前端可堆积形成多个平行的终碛堤。大陆冰川还可以在终碛堤内堆积形成一系列椭圆形小丘，称鼓丘。它的长轴方向常与流向平行。它是冰川运动中因受冰床中突起的基岩(如羊背石)的阻挡，冰碛物堆积在羊背石上形成的。

当气候变暖时，冰川供冰量小于消融量，冰川不断后退，因此终碛散布于整个冰床。这些堆积物称为底碛。由于冰运物分布不均，所以底碛地形可堆积成地形起伏的丘陵，称底碛丘陵；山谷冰川两侧冰运物较多，堆积下来成为侧碛，并形成侧碛堤；复式冰川汇合时，侧碛汇合于冰川的中部，称中碛。若中碛呈垅岗状，则称中碛堤。在冰川消融区，冰川融化，但其中仍保留有部分冰块，这些冰块和消融的冰水对地表仍具有改造作用。这种改造作用被称为冰水的地质作用。它既具地面流水又具冰川地质作用特点，属于过渡型的地质作用。

3. 冰川冻土区的主要工程地质问题

温度低于0℃时，冰川区沉积物中的水会结冰，形成含冰的土即冻土。冻土分为三层，最上层是冻融层(或活动层)，受季节温度变化影响厚度上下变化，土层十分不稳定。最下层是永冻层，不随温度变化，常年不会发生解冻现象。中间一层则是冻融相变混合层，俗称冻土上限，冻土上限随温度上下移动，因此冻融层和永冻层的厚度是变化的。

冻土的“冻胀”、“融沉”是冰川冻土区工程建设时常遇到的主要工程地质问题。在夏季温度高，冻土上限下移，冻融层厚度增加，开始融化，出现融沉现象；反之，在冬季，冻土上限上移，冻融层的厚度减小，开始结冰，出现冻胀现象。土体的冻融变化会导致地基基础产生破坏。如冻胀使建筑物产生裂纹，严重时出现裂缝；冻胀剪切力对基础产生侧向推力，使基础侧向位移等。

季节性冻土面积占我国国土总面积的53.5%，主要分布在大兴安岭、小兴安岭等东北地区以及青藏高原等西部高山区域，冬季冻胀、春季回暖融沉是导致这些地区公路病害的主要原因。为了降低融沉和冻胀带来的经济损失，常用的防治措施有：

①更换路基土：由于细粒土体在冻结过程当中易发生水分迁移现象，加剧土体的冻胀作用，故路基土体需选用透水性好的粗粒材料。

②路基排水：通过道路两侧设置截水沟、排水沟等预防措施，在冬季发生冻胀之前尽量排出路基周边的积水，春季回暖融化前及早清除边坡积雪，同时定期清理道床避免积水，以此减少路基所受的地表水侵害。

③增加路基填土的高度:通过加厚填土层可增大路基土体与地下水位之间的间隔,进而减少水分迁移量,达到减少土体冻胀的目的。

扩展阅读——600 岁明城墙表面风化严重,每年“瘦身”1 mm

明城墙在南唐以来旧城基础上,建于公元 1366 年到 1386 年,为世界第一大城垣。不遵循方形、矩形旧制,在钟灵毓秀的南京山水之间蜿蜒盘亘达 35.3 km,为古代军事防御设施、城垣建造技术集大成之作。每块城砖上的窑匠和各级官吏的姓名都清晰可辨,形成一整套实名制管理责任体系。1988 年被确认为全国重点文物保护单位。然而,历经了 600 多年战火劫难、风吹雨打的明城墙,也不可避免地患上了常见的“老年病”——风化(图 6.36)。

(1)雨雪和冰冻

冬季寒冷天气对明城墙具有不利影响,存储在城墙裂缝中的积雨、积雪会在低温条件下冻结成冰,并发生体积膨胀,导致城砖的松动、变形以及表层脱落现象。

(2)植物和酸雨

每年 4～8 月,南京进入雨季,城墙上就会有许多藤类植物从城砖缝隙中“挤”出来。据调查,生长在明城墙上的植物多达 99 种。这些植物虽然美观,但其分泌的植物酸会腐蚀砖体,造成大量城砖的剥离和脱落。因此,管理部门每年会组织两次治理活动,以及时清理城墙外表攀生的各类植物。此外,酸雨对城墙的腐蚀性也很大,它是城砖表面都有铭文脱落的主要原因之一。

(3)神策门的白色城砖

不同于多数青灰色城砖遭受的严重风化,神策门的白色城砖(图 6.37)至今仍几乎完好如初。经考证,这些高质量的城砖均为景德镇萍乡、宜春出品,光制砖一项就经历了七八道工序。经化验,这些城砖主要是由石灰石、石英砂等原材料制成,因富含氧化镁和氧化铝而呈现出白色,提升了砖体的硬度和密度,因此具有较高的抗风化能力。

(摘自中国新闻网)

图 6.36　城墙维护

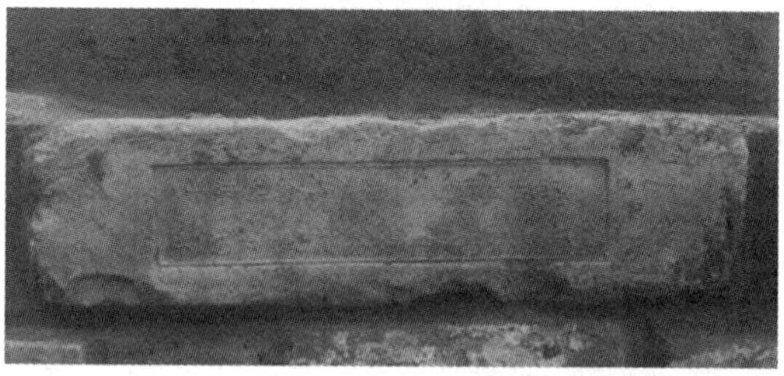

图 6.37　白色城砖

案例分析——长江三峡工程中的地表地质问题

三峡工程是长江治理开发的关键工程,可以全面带动全流域的防洪、发电和航运等领域,它的顺利建成和运行对我国经济可持续发展与西部大开发战略具有重要的现实意义。

(1)坝区的岩土风化问题

三峡坝基岩体以块状构造、结晶结构的闪云斜长花岗岩为主,在经过漫长的地史时期的风化营力的作用后,大体上形成了由表及里的“全、强、弱、微”四个风化带。此外,受到地区气候影响,坝区还具有特殊风化规律,表现为沿断裂带的局部加剧风化以及局部地段综合因素形成的深风化。岩土体风化是三峡工程坝址的主要工程地质问题之一,具体来说:

①在大坝轴线位置选择时,工程师刻意避开了较大的深风化槽,将坝基础选址在风化壳相对较薄的部位,以规避深开挖作业。同样,围堰轴线的选址重点绕开了球状风化严重的岩土体以降低地下水渗透风险。

②在基岩选择时,经过对各风化带物理、力学指标的综合测试和计算,工程师最终将微风化带以下划定为良好的基岩目标,同时对工程性质较差的风化岩进行了局部加固处理(如固结灌浆和局部深挖回填)。

③对坝区内不同风化程度的边坡开展了稳定性评价,认为全风化岩体边坡的稳定性最差,弱风化岩体边坡稳定性受到软弱结构面和地下水的双重控制,微风化带及新鲜岩体边坡稳定性较好。

(2)中下游的护岸工程

三峡工程落成并蓄水后,坝下河道的水沙条件发生明显改变(清水下泄导致河道冲刷),影响了中游局部河段的岸坡稳定性。针对此问题,我国于2011年启动的"长江中下游河道整治工程"中规划了总长度超过234 km的护岸段,有效地保障了沿江地带的防洪安全并防范了河道坍岸风险。以荆州段为例,工程师依据河岸的具体地质情况而制定了包括岸坡修复、水上预制四方块、水上雷诺护坡、水下抛石加固、六方块护坡和水下铰链沉排加固等整治措施。

此外,考虑长江三峡库区生态环境的脆弱性,各地区纷纷在三峡工程落成后持续推行对库区生态环境的保护和修复工作,例如:位于三峡坝头库首的秭归县通过在延伸12.5 km的护岸段进行大面积地植树、植草和植绿,将沿江生态修复区升级成为具有地方特色的三峡护岸公园,在高效护岸、护坡的同时也打造出了一道美丽的生态风景线。

本章小结

(1)风化作用是指引起岩石发生物理、化学性质变化的自然作用。根据风化作用的性质和原因,将风化作用分为物理风化作用、化学风化作用和生物风化作用。影响风化作用的因素除了岩石的组成和结构等自身因素外,还受气候、地形等环境因素的影响。岩石的风化程度对工程设计和施工有着重要影响。

(2)河流的侵蚀、搬运与沉积作用是改变地表地形的重要地质作用。河流沉积物中与工程关系密切的有河漫滩和河流阶地等。河漫滩沉积物具有上细下粗的二元相结构。弯曲河道凹岸受到水流的冲刷容易产生坍塌,而凸岸则易形成沉积而淤涨。

(3)岩溶是发生于可溶岩,特别是石灰岩地区特有的地质现象。岩溶作用的基本条件是岩石的可溶性和透水性以及水的流动性和溶蚀力。地基稳定性、塌陷、渗漏和突水等是岩溶区的主要工程地质问题。

(4)海岸带是海洋与陆地的接触带,海岸带自陆向海可分为海岸、潮间带和水下岸坡三部分。海岸地质作用的动力来源包括波浪、潮汐和海流。海岸建筑物的防护可通过改变波浪、岸流等水动力条件或修建防护工程等两种方式来完成。

(5)冰川是陆地上终年缓慢流动着的巨大冰体。我国喜马拉雅山区和四川西部山区发育有许多山岳冰川。"冻胀"、"融沉"是冰川冻土区工程建设时常遇到的主要工程地质问题。

习　题

6.1 什么叫风化作用?它有哪几种类型?影响风化作用的因素有哪些?风化作用的工程意义如何?岩石风化的调查应注意哪些问题?如何防治岩石的风化?

6.2 简述河漫滩的形成过程,并说明何谓二元相结构。

6.3 何谓阶地？它是如何形成的？据物质组成，可将阶地分为哪几类？

6.4 如何防治河流的侵蚀、淤积作用？

6.5 何谓岩溶(喀斯特)？岩溶作用的发生有哪些基本条件？

6.6 用波浪的折射原理分析，为什么曲折海岸在波浪的长期作用下会变得逐渐平滑？

6.7 波浪作用下，会形成哪些海岸侵蚀和堆积地形？

6.8 河流与冰川的侵蚀、搬运和沉积作用有哪些异同？

7　地质灾害及其防治

学习目标

掌握滑坡、崩塌、泥石流、活断层、地震、渗透变形、地面沉降及地面塌陷等地质灾害的基本概念，理解各类地质灾害的成因和危害性；熟悉各类自然地质灾害的形成条件和基本特征，分析各类地质灾害的发生规律和分布特点；了解各类地质灾害的防治措施，掌握常用的地质灾害调查和评价方法，能够进行简单的地质灾害风险评估和防治方案设计。

7.1　滑　　坡

1.滑坡的特征

滑坡是斜坡上土体、岩体或其他碎屑堆积物沿一定的滑动面作整体下滑的现象。滑坡的特征及其常用描述术语如下(图 7.1)：

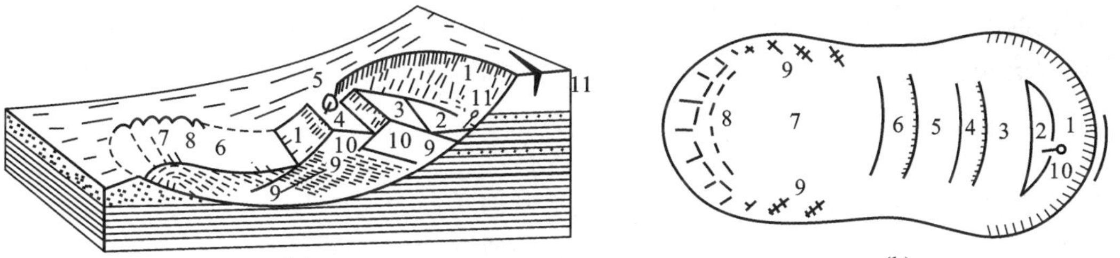

(a)　　　　(b)

图 7.1　滑坡形态结构

(a)块状图：1—滑坡壁；2—滑坡湖；3—第一滑坡阶地；4—第二滑坡阶地；5—醉树；6—滑坡舌凹地；7—滑坡鼓丘和鼓张裂缝；8—羽状裂缝；9—滑动面；10—滑坡体；11—滑坡泉

(b)平面图：1—第一滑坡壁；2—滑坡湖；3—第一滑坡阶地；4—第二滑坡壁；5—第二滑坡阶地；6—第三滑坡壁；7—滑坡舌凹地；8—滑坡鼓丘和鼓张裂缝；9—羽状裂缝；10—滑坡泉

(1)滑坡体

滑坡体是斜坡上向下滑动的那部分岩土体。它以滑动面与下伏未滑地层分割开来。滑坡体的规模大小不一，从十几立方米到几亿立方米不等。

(2)滑动面和滑动带

滑坡体沿不动体下滑的分界面称为滑动面。在均质土体中，滑动面近似圆弧形。滑动面有时只有一个，有时有几个，故还可分为主滑动面和分支滑动面。滑动面上部受滑动揉皱的地带称为滑动带，其厚度为数厘米到数米不等。

(3)滑坡壁和滑坡台阶

滑坡壁是滑坡体与坡上方未动土石体之间的围椅状分界面，其坡度一般为 60°～80°，高度为数厘米到数十米。由于滑坡壁陡峻，故常产生崩塌。滑坡体下滑时，因滑体各段移动速度的差异，产生分支滑动面，使滑坡体分裂成几个滑坡台阶。由于滑坡体沿弧形滑动面滑动，故滑坡台阶原地面皆向内倾斜呈反坡地形。

(4)滑坡舌和滑坡鼓丘

滑坡体前缘常形成舌状突起,称滑坡舌。由于滑坡舌是被推动的,故称被动土体,滑体上部则称主动土体。滑坡体在滑动过程中,滑坡舌前面常因受阻、挤压而鼓起,称滑坡鼓丘。

(5)滑坡裂缝

按受力情况,滑坡裂缝可分为四种:

①环状拉张裂缝:分布在滑坡壁的后缘,与滑坡壁的方向大致吻合,因滑坡体向下滑动的拉力而产生。山坡上拉张裂缝的出现是滑坡将要滑动的预兆。

②剪切裂缝:主要分布在滑坡的中部及两侧,系由滑动土体与相邻土体相对位移而成。在剪切裂缝两侧常伴有羽状裂缝。

③鼓张裂缝:分布在滑坡体的舌部,因滑体下滑受阻,土体隆起形成的张拉裂缝,其方向垂直于滑动方向。

④羽状张裂缝:在滑坡体最前缘,因滑坡舌向两侧扩散而形成的扇状或放射状张裂缝。

2. 影响滑坡的因素

(1)岩性

滑坡现象主要发生在松散堆积层中,基岩滑坡相对较少。松散堆积层的滑坡主要和黏土有关,特别是和蒙脱石、伊利石和高岭石等黏土矿物的关系更为密切,尤以蒙脱石的影响最大。滑动面主要发生在黏土夹层中。对于基岩滑坡来说,主要与千枚岩、页岩、泥灰岩、云母片岩、绿泥石片岩、滑石片岩、碳质页岩等遇水容易软化的岩石有关。

(2)构造

滑坡与构造的关系主要有两个方面:一是与软弱结构面的关系,不论是松散堆积层还是基岩,滑动面常常发生在顺坡的层面、节理面、不整合接触面、断层面(带)及劈理页理面上;二是与上部透水层和下部不透水层的构成特征有关。

(3)地貌

滑坡与地貌的关系主要是通过临空面、坡度和坡地基部受冲刷来体现的。河流及沟谷水流对地表的切割,首先为滑坡创造了临空面。凡是河流冲刷坡地基部的地方,也是最容易发生滑坡的地方。

(4)气候

气候主要通过降雨和温度对滑坡产生影响,其中尤以降雨影响最为显著。降雨不仅增加滑坡体的重量,而且雨水还起到润滑的作用,因此对于许多滑坡有大雨大滑、小雨小滑、无雨不滑的现象。另外,滑坡还和冻融作用有关,在融冻季节较常出现滑坡。

(5)地下水

绝大多数滑坡都是沿饱含地下水的岩体软弱面发生的。地下水对滑坡的影响包括许多复杂的过程。

①水渗入岩土层颗粒间的孔隙中将消除颗粒之间(特别是细粒之间)的吸附力;

②水溶解了颗粒之间的胶结物(如黄土中的碳酸钙),使颗粒丧失黏结力;

③水进入岩土孔隙将增加其单位体积的重量,因而加大了剪应力;

④水大量进入斜坡内,将使潜水面上升,因而增加孔隙水压力,孔隙水压力对潜在破裂面上的岩土体起着浮托作用,降低了破裂面上的正应力,因而使抗剪强度减小;

⑤若节理裂隙比较发育的岩层位于富含黏土的相对隔水层之上,则大量的雨水沿节理裂隙下渗将使后者软化,促使前者下滑。

(6)地震

地震可通过松动斜坡岩土体结构、造成破裂面和引起弱面错位等多种方式,降低斜坡的稳定性。反复作用所造成之后果的累积则可导致斜坡的失稳。另外,地震作用力突然施加还会对斜坡的破坏产生触发效应。

(7)人为因素

人工切坡使边坡过陡、用大爆破方法施工、斜坡上工程建筑的荷载作用(地基基础荷重、堆料或堆渣等)、人工集水建筑物的漏水、护坡无排水管或排水设计不当等人为因素都是促使滑坡发生的可能原因。

可将上述影响斜坡稳定性的诸多因素分为两类:一类是可使斜坡稳定性产生可逆变化的因素,如降雨或潜水面的上升、周期性的自然或人为的震动,当此类作用停止后,原来的平衡条件就会恢复;另一类是引起斜坡稳定性发生不可逆变化的因素,例如岸坡水流的冲刷作用、地下水的潜蚀作用、人工挖方以及在斜坡上兴建工程建筑或结构物等,这些因素的特点是,其作用停止后,原来的平衡条件不会恢复,因此这些因素的不断作用,最终将导致斜坡的失稳。所以,为了保证斜坡的稳定性,就要使斜坡在第一类因素的作用下不失稳,并设法使第二类因素的作用不产生或不发展。

应该指出的是,由于影响斜坡稳定性因素的多样性和复杂性,对于一个具体的滑坡,应具体分析哪些因素是主要的、起决定作用的,哪些是次要的,以便采取相应的防治措施。

3. 滑坡的发展阶段

滑坡的发生和发展一般可分为蠕动变形阶段、剧烈滑动阶段、暂时稳定或渐趋稳定等三个阶段。

(1)蠕动变形阶段

斜坡内某一部分,因抗剪强度小于剪切力而首先变形,产生微小的滑动。以后变形逐渐发展,直至坡面出现断续的拉张裂缝。随着裂缝的出现,渗水作用加强,使变形进一步发展。后缘拉张裂缝逐渐加宽并渐渐出现不大的垂直断距,两侧剪切裂缝也相继出现。坡脚附近的土层被挤压,而且显得比较潮湿,此时滑动面已基本形成。蠕动变形阶段的时间,长的可达数年,短的仅几天。一般来说,滑坡规模越大,这个阶段的历时越长。

(2)剧烈滑动阶段

在此阶段内,岩体已完全破裂,滑动面已形成,滑体与滑床完全分离。滑动带抗剪强度急剧减小,只要有很小的剪切力就能使岩体滑动。裂缝错距加大,后缘拉张主裂缝连成整体,两侧羽状裂缝撕开。斜坡前缘出现大量放射状鼓张裂缝、挤压鼓丘。滑动面出口地方常常有浑浊泥泉水出露,这时各种滑坡形态纷纷出现,这是滑坡即将开始整体下滑的征兆。然后发生剧滑。剧滑的速度一般每分钟数米或数十米,这段时间持续最短,通常为几分钟。但也有少数滑坡以每秒几十米的速度下滑,这种高速滑坡能引起气浪,发出巨大的声响。

(3)渐趋稳定阶段

经剧滑之后,滑坡体重心降低,能量消耗于克服前进阻力和土体变形中,位移速度越来越慢,并趋于稳定。滑动停止后,岩土体变得松散破碎,透水性加大,含水量增高。滑坡停息以后,在自重作用下,岩土体逐渐压实,地表裂缝逐渐闭合。该阶段可能延续数年之久。已停息多年的老滑坡若遇到特别突出的诱发因素,如强烈地震或暴雨,还会重新活动。

以上几个阶段并不是所有滑坡都具备,有的只有第二、第三两个阶段比较明显,每个阶段的持续时间长短也不一样。

4. 滑坡的工程地质勘察与防治

(1)工程地质勘察

滑坡的工程地质研究是为了了解斜坡的稳定性,查明滑坡的形态、范围、结构特征,掌握其发生、发展规律,正确估计其危害性,为滑坡预报和防治提供依据。实际工作中,主要采用以下方法取得勘测资料:

①测绘与调查

测绘与调查的内容主要有:搜集当地滑坡史、易滑地层分布、气象、工程地质图和地质构造图等资料;调查微地貌形态及其演变过程,详细圈定各滑坡要素,查明滑坡分布范围、滑坡带部位及其组成和岩土状态;调查滑坡带水及地下水的情况、泉水出露地点及流量，地表水体、湿地的分布、变迁以及植被情况；调查滑坡内外已有建筑物、树木等的变形、位移、特点及其形成的时间和破坏过程；调查当地整治滑坡的过程和经验。

②勘探

勘探的主要任务是查明滑坡体的范围、厚度、物质组成和滑动面(带)的个数、形状及各滑动带的物质组成；查明滑坡体内地下水含水层的层数、分布、来源、动态及各含水层的水力联系等。常用的勘探方法有物探、坑探和钻探等，应根据需要查明问题的性质和要求，选择适当的勘探方法。

③室内及野外试验

主要有地下水水样及岩土样品的测试。对滑坡研究来说，在水质分析中，对地下水的侵蚀性及地下水的补给来源的分析测定应给予更多的注意；而在岩土体的物理-力学性质试验中，应重点测试岩土体的重度、内聚力和内摩擦角三项指标，因为它们直接影响滑坡稳定性的验算和防治工程的设计。试验应选取滑动带或可能滑动带中的原状土进行。

土体野外剪切试验工作比较切合实际，在大型工地多被采用。

④滑坡的观测

滑坡观测的内容主要有滑坡动态(位移)观测和地下水观测。滑坡位移观测不仅可以得出滑坡体移动速度、方向等资料，为整治提供依据，而且可以分析滑坡作用活动的规律性。滑坡发生时间的预报这一难题，目前也主要是靠观测失稳边坡的位移速度来做判断的。位移观测可分为简易观测(图 7.2)和精密观测(图 7.3)两种。前者是在斜坡两侧设固定标尺、打桩或在拦墙等结构物上贴水泥砂浆片等作为标志进行的观测；后者是通过设置十字交叉网、放射网、任意方格网等方法进行的观测。

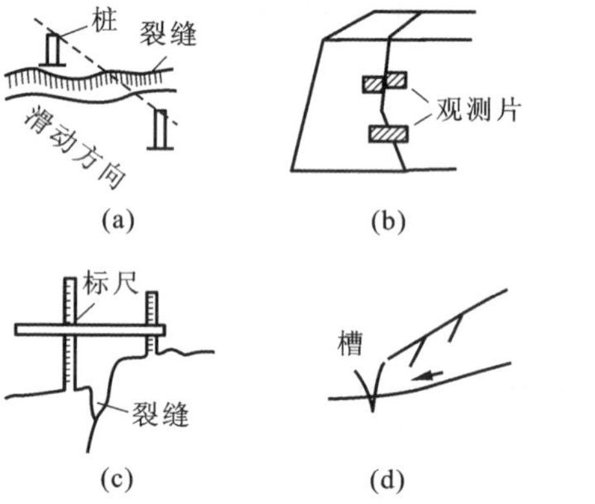

图 7.2　滑坡简易观测装置

(a)设桩观测；(b)设片观测；(c)设尺观测；(d)刻槽观测

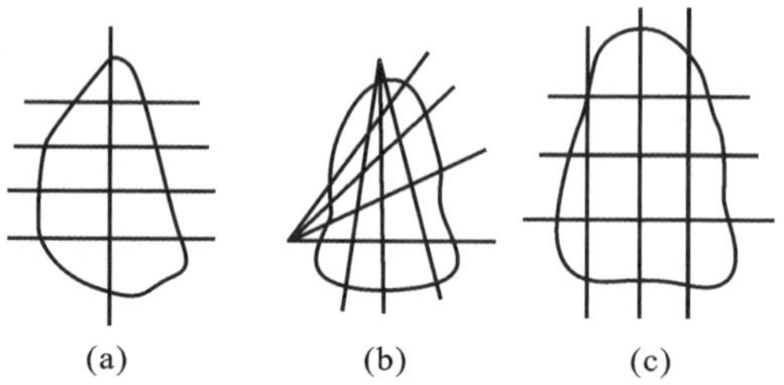

图 7.3　滑坡观测网布置

(a)十字交叉网；(b)放射网；(c)任意方格网

(2) 滑坡灾害防治

滑坡防治应贯彻“尽早发现，预防为主；查明情况，对症下药；综合整治，有主有从；治早治小，贵在及时；力求根治，以防后患；因地制宜，就地取材；安全经济，正确施工”的原则，方能保证滑坡防治达到事半功倍的效果。具体防治措施主要表现为如下几个方面：

①避让

在选择建筑场址时，通过搜集资料和现场踏勘调查，查明滑坡区是否存在滑坡，并对建筑场地的整体稳定性做出评价，对建筑场地存在直接危害的大型或中型滑坡应避让为宜。

②消除或减轻水对滑坡的危害

水是促使滑坡的主要诱因，应尽早消除或减轻地表水和地下水对滑坡的危害。主要有如下防治措施：

A. 截：在滑坡边界以外的稳定地段设置截水沟和盲沟，以拦截和旁引滑坡范围外的地表水和地下水，使之不进入滑坡区。

B. 排：在滑坡区内充分利用自然沟谷或布置排水钻孔或泄水隧洞，排出滑坡范围内的地表水和地下水。

C. 护:滑坡体上种植草皮或树木,坡面衬砌或码砌片石、混凝土块或框架梁,滑坡上游严重冲刷地段修筑丁字坝以改变水流方向,在水下滑坡前缘抛大岩石或混凝土块,在碎石或卵石坡面挂网等,以防滑坡面被冲刷或河水、湖水或海水对滑坡坡脚的冲刷。

D. 填:用黏土填塞滑坡体裂缝,防止地表水渗入滑坡体内。

③改善滑坡体力学条件以提高抗滑力

滑坡的根本原因在于滑坡体产生的抗滑力相对下滑力不足,可采用主动措施以减小下滑力和提高抗滑力,防止滑坡。常见措施主要表现为如下两个方面:

A. 减与压:削坡减载和坡脚反压是相对提高抗滑力的有效方法。

B. 支挡:设置支挡结构(如抗滑土或片石垛、挡土墙、抗滑桩和土钉墙等)以支挡滑体,或把滑体锚固(如锚杆、锚索和锚墩等)在滑体下稳定岩土层上,其关键在于使支挡或锚固扎根于滑体外的稳定岩土层上,否则有害无益。

④改善滑动带岩土体的性质

滑动带岩土体抗剪强度较低,不能提供足够抗滑力是滑坡的重要原因。因此,只要改善滑动带岩土体力学性质,就能有效防止滑坡。改善滑动带岩土体力学性质的常用方法包括注浆、沙井、沙桩和电渗排水等。

应特别注意,工程建设中的滑坡治理,其关键在于边坡及其加固防护方案的设计与施工,这是滑坡防治的源头,做好了不仅可以节约建设投资,还可避免不必要的社会与环境危害。

7.2 崩　　塌

1. 崩塌的概述

陡峻的斜坡上,被裂隙切割的巨大岩块,在重力的作用下突然脱离母岩向下倾倒、翻滚、坠落的现象称为崩塌。坠落后堆积于坡脚的物质称为岩堆。崩塌常发生在山区陡峭山坡上,也发生在露天采场、路堑边坡等高陡的人工边坡上。规模极大的崩塌可称为山崩,个别巨石不定时的崩落称坠石。

崩塌会使建筑物、居民点遭到破坏,公路和铁路被掩埋。因此,在山区选择建筑场地时,首先应查明是否有发生崩塌的条件,判断山体的稳定性。

2. 崩塌产生的条件

(1)地形地貌条件

一般崩塌多发生在斜坡高度大于 30 m,坡度大于 45°(多介于 55°～75°之间),坡面凹凸不平(突出部位发生崩塌的可能性大),且上陡下缓、高而陡的斜坡上。

(2)岩性条件

坚硬、厚层状的岩石,如砾岩、砂岩、富含石英的变质岩、石灰岩和喷出岩多形成高陡的斜坡。当岩层节理裂隙发育时易发生崩塌。

(3)地质构造条件

节理面、断层面、岩层层面的产状对山体稳定性也有重要影响。当上述构造面的倾斜方向和山坡倾向一致,同时倾角小于山坡的坡角,这时易发生崩塌。

3. 崩塌灾害防治

(1)工程地质调查

崩塌的防治首先是进行工程地质调查。测绘比例尺宜采用 1∶500～1∶1000,在崩塌可能发生方向的纵断面上宜采用 1∶200 比例尺。调查的主要内容是:

①查明地形地貌特征，在地形地质图上圈画出崩塌区的范围、规模大小和可能滑动的方向；

②查明崩塌区的岩石性质、产状和地质构造特征，特别是断层、节理的分布和产状；

③了解崩塌区的气候变化特征，特别是降水和积雪融化季节，以及了解地震的最大烈度等。

(2)防治原则

根据崩塌的规模及危害程度分为三类，并采用不同的防治原则。Ⅰ类规模大，崩塌落石方量大于 5000 m^3，破坏力强，难以处理，这类地区不宜作为建筑场地，应尽量避开。Ⅱ类规模较大，崩塌落石方量介于Ⅰ类与Ⅲ类之间，若完全避开有困难时，对崩塌区应采取加固处理及防护措施。Ⅲ类规模小，崩塌落石方量小于 500 m^3，破坏力小，在对危险地段采取处理措施后可作为建筑场地。

(3)治理措施

①可采取爆破方法削缓陡崖，清除易坠的岩石，或堵塞裂隙或向裂隙内灌浆；采用锚索或锚杆串联加固，使危岩稳定。

②可在坡脚或半坡设置挡石墙和拦石网，可修明洞、御坍棚等防崩塌构筑物(图 7.4)。

③崩塌区内有地表水时，在其上方修截水沟或在坡面上喷浆，以避免岩石强度变化和防止差异风化(图 7.5)。

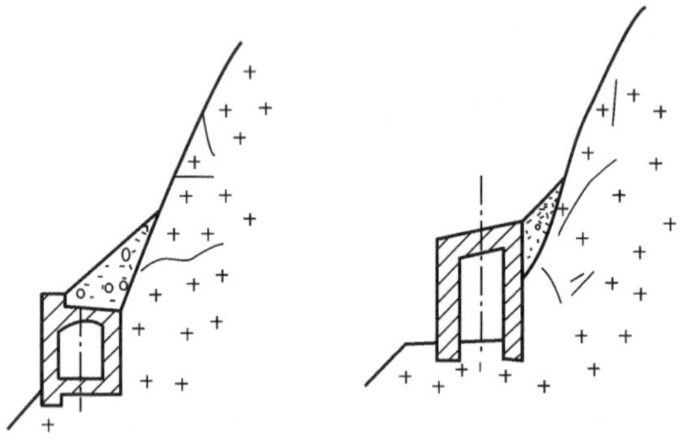

(a)　　(b)

图 7.4　明洞和御坍棚

(a)明洞；(b)御坍棚

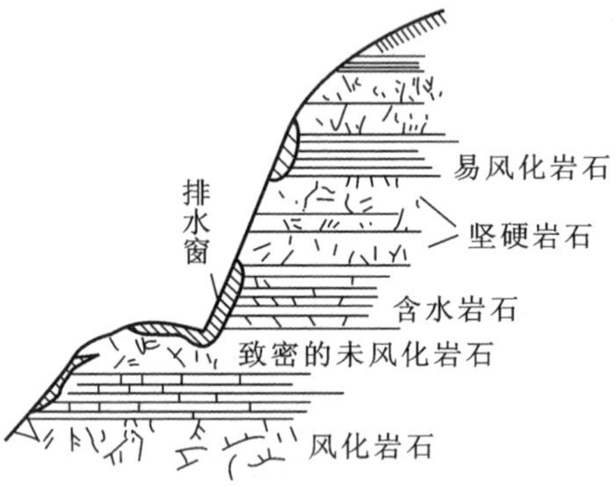

图 7.5　用砌石护面防止易风化岩层风化

7.3　泥　石　流

泥石流是泥、砂、石块等碎屑物与水、气形成的运动性物流，它发生在山区，是由暴雨或融雪所激发，固体碎屑与水共同在重力作用下发生的暂时性洪流。泥石流爆发突然、运动速度快、破坏力强，是山区最常见的地质灾害。

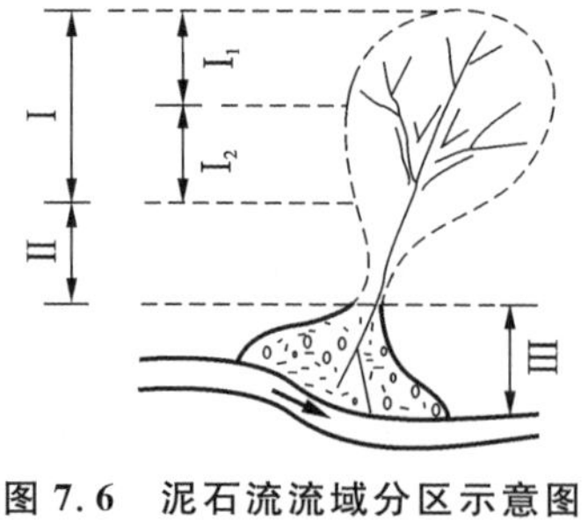

图 7.6　泥石流流域分区示意图

Ⅰ—形成区(I_1—汇水动力区；I_2—固体物质供给区)；Ⅱ—流通区；Ⅲ—堆积区

1. 泥石流的形成条件

(1)地形条件

典型的泥石流流域，从上游到下游一般可分为形成区、流通区和堆积区(图 7.6)。

①泥石流形成区(上游)：多为三面环山一面出口的瓢状开阔地段，周围山高坡陡(30°～60°)，植被不发育，山体破碎，崩塌滑坡发育。这样的地形有利于水和碎屑物聚集。

②泥石流流通区(中游)：多为狭窄深陡的峡谷，纵比降大，泥石流流动畅通可直泄而下。

③泥石流堆积区(下游)：多为开阔平坦的山前平原或河谷阶地。碎

屑物质因动能急剧减小而最终在此停积下来。

(2)地质条件

泥石流发育的地区多为地质构造复杂、断层节理发育、新构造运动强烈、地震活动频繁的地区。岩石性质软弱或软硬相间成层,易于遭受风化剥蚀。这些因素导致岩层破碎,为泥石流的发育提供了丰富的固体碎屑物质来源。

(3)水文气象条件

水是泥石流的重要组成部分,同时水的作用还在于浸润饱和碎屑物、减小摩擦阻力,水流的侵蚀作用进一步促使崩塌滑坡发生,从而形成更多碎屑物质。暴雨和高山冰川积雪的急剧消融,为形成泥石流提供了充足的水源。

(4)人为因素

滥伐山林造成地表水土流失,采矿、采石、修路弃渣堆石,丰富的碎屑物质来源促使泥石流爆发频率急剧增加。

2. 泥石流的分类

(1)按泥石流固体物质组成分类

①泥流

所含固体物质以黏土、粉砂为主,仅有少量石块。黏度大,呈不同稠度的泥浆状。我国主要分布在黄土高原地区。

②泥石流

固体物质以黏土、砂粒、石块组成。基岩山区泥石流多属此类。

③水石流

固体物质以石块、砂粒为主。黏土、粉砂很少(<10%)。

(2)按泥石流的流体性质分类

①黏性泥石流

固体物质占40%~60%,最高达80%,其中黏土含量一般为8%~15%,其重度多介于17~21kN/m^3。水不是搬运介质而是与固体物质混合成黏稠的整体作等速运动。爆发突然、持续时间短、破坏力大。有明显的阵流现象,前锋常形成高大的舌状或岗状“龙头”。流体在堆积区不扩散,固液两相不离析,仍保持运动时的结构特征,称之结构型泥石流。

②稀性泥石流

水为主要成分,固体物质占10%~40%,重度多介于13~17kN/m^3。水为搬运介质,流速大于固体物质。在堆积区形成扇状散流,堆积后固液两相分离。

3. 泥石流的防治

首先应进行工程地质调查,查明泥石流的规模、形成条件、活动规模、危害程度及发展趋势,因地制宜采取综合防治措施。

(1)保持水土

预防泥石流的有效方法是做好水土保持工作。在上游封山育林、植树种草,以及修筑地表排水系统和支挡工程,以防岩土冲刷和崩塌。

(2)拦截

在中游流通区修筑一系列低矮的拦截坝,拦蓄泥沙、石块,修筑挡墙、半截堰堤等,采用改变沟床坡降,降低流速的方法防止沟床下切。

(3)排导

在下游设置排导设施,如采用导流堤、急流槽、排导沟等措施使泥石流顺利排走,以防止掩埋道路和建筑物、堵塞涵洞。

7.4 活 断 层

自20世纪20年代,Willis和Wood提出活断层的概念以来,活断层一直是地球科学研究中的一个重要领域。不仅因为活断层是地质历史中最新活动的产物,为研究现今地壳动力学提供了最为重要和直接的证据,而且还由于活断层与灾害,尤其是与地震灾害有着密切的联系,活断层的存在还直接影响着工程的安全,因此,活断层研究一直受到各种国际地学组织、地球科学家和工程地震学家们的高度重视。

1. 基本概念及研究意义

活断层是指目前正在活动着的断层,或是近期曾有活动而不久的将来可能会重新活动的断层。后一种情况也可称为潜在活断层。

各国学者对目前正在活动着的断层,因有鉴别标志佐证而无争议;但对潜在活断层的判定则有不同见解。争论的焦点主要是对"近期"一词的看法不同,即对活断层活动时间的上限有不同的标准。有的将第四纪开始以来活动过的断层都叫活断层,有的将活断层的时间上限定在晚更新世,有的则限于最近35000 a(以^{14}C确定绝对年龄的可靠上限)之内,也有的认为只限于全新世之内,时间差距较大。然而,大家研究的重点是一致的,都注重研究从第四纪以来反复活动着、与地震活动紧密相关、今后可能继续活动的断层。从工程使用的时间尺度和断层活动资料的准确性考虑,活动时间上限不宜过长;但时间上限过短,对一些重大工程的安全性也未必妥当。一般工程的使用年限为数十年,一些重大的工程建设如高坝、核电站等使用年限在一二百年以内。因此,人们更为关注的是"不久的将来"(例如一二百年内)断层有无活动的可能性。从工程勘察的角度出发,应给予潜在活断层以明确的含义。

我国规定潜在活断层的时间上限,铁路为1×10^4 a,高坝和核电站为5×10^4 a。

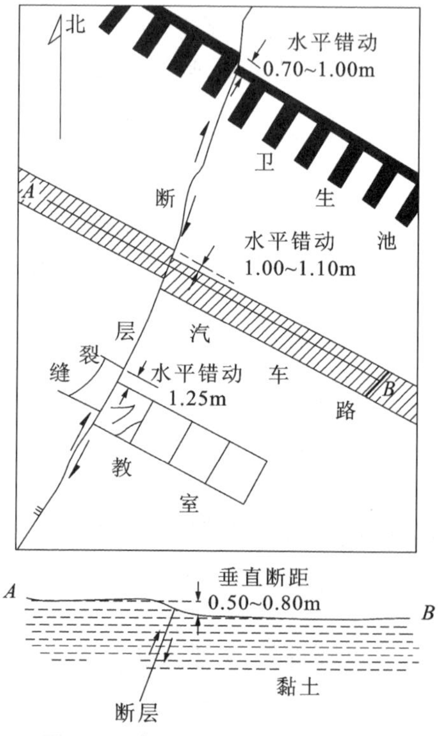

图7.7 唐山大地震地表断层错动

(据虢顺民等,1977)

活断层对工程建筑的影响表现为两个方面。一方面是由于活断层的地面错动直接损害跨越该断层修建的建(构)筑物;有些活断层错动时附近有伴生的地面变形,则也会影响到邻近的建筑物。另一方面是伴有地震发生的活断层,强烈的地面震动对较大范围内建筑物造成损害。从工程地质观点出发,这两方面的问题均与工程的区域稳定性或地壳稳定性密切相关。

我国唐山大地震时有一条长8 km,走向NE30°的地表断层,正好由市区通过,最大水平错位3 m,垂直断距0.7~1 m。该断层穿过的道路、房屋、围墙等一切建筑物全被错开(图7.7)。

由上可知,研究活断层有着重要的工程意义,在进行工程建设时,尽可能避开活断层,或采取较合理的措施以预防其可能造成的损害。

2. 活断层的基本特征

(1)活断层的继承性与反复性

研究资料表明,活断层往往是继承老的断裂活动的历史而继续发展的,而且现今发生地面断裂破坏的地段过去曾多次反复地发生过同样的断层活动。

我国活断层的分布,总体来说是继承了老的断裂构造,尤其是中生代和第三纪以来断裂构造的格架。这些断裂处于几个板块相互作用所控制的现代地应力场中而继续活动，并在一定程度上发育了新的活动部位。在现代地应力场的作用下，东部地区以正断层和走滑-正断层为主，西部地区则以走滑和逆冲-走滑断层为主。而且西部地区的活动强度明显大于东部，一些巨大的活动断裂带，控制了强震的孕育和发生。

(2)活断层是深大断裂复活运动的产物

研究表明，活断层往往是地质历史时期产生的深大断裂，在晚近期及现代地壳构造应力条件下重新活动而产生的。深大断裂指的是切穿岩石圈、地壳或基底的断裂，其延伸长度达数十、数百甚至数千千米，切割深度为数千米至百余千米。复活运动的标志是地震活动和地热流异常等，尤其是那些走滑型活断层最易伴生强震，形成地震带。

(3)活断层的活动方式

活断层的基本活动方式有两种：一种是以地震方式产生间歇性的突然滑动，这种断层称为地震断层或黏滑型断层；另一种是沿断层面两侧岩层连续缓慢地滑动，这种断层称为蠕变断层或蠕滑型断层。一般认为：黏滑型活断层的围岩强度高，断裂带锁固能力强，能不断地积累应变能。而当应力达到一定强度极限后，产生突然滑动，迅速而强烈地释放应变能，造成地震。所以沿这种断层往往有周期性的地震活动。蠕滑型活断层主要发育在围岩强度低、断裂带内含有软弱填充物，或孔隙水压、地温的高异常带内，断裂带锁固能力弱，不能积累较大的应变能，在受力过程中易于发生持续而缓慢的滑动。断层活动一般无地震发生，有时可伴有小震。

3. 活断层的鉴别

活断层的鉴别是对其进行工程地质评价的基础。由于活断层是第四纪以来构造运动的反映，它便显示出新的构造活动行迹。所以，我们可以借助地质学、地貌学、地震地质学以及现代测试技术等方法和手段，定性和定量地鉴别。

(1)地质、地貌和水文地质特征

①地质特征

最新沉积物的地层错开，是鉴别活断层最可靠的依据。一般来说，只要见到第四纪中、晚期的沉积物被错断，无论是新断层或老断层的复活，均可判定为活断层。鉴别时需注意与地表滑坡产生的地层错断的区别。

一般活断层的破碎带由松散的破碎物质所组成，而老断层的破碎带均有不同程度的胶结。所以松弛、未胶结的断层破碎带，也可作为鉴别活断层的地质特征。

②地貌特征

一般来说，活断层的构造地貌格局清晰，所以许多方面可作为其鉴别依据。

活断层往往是两种截然不同的地貌单元的分界线，并加强地貌单元的差异性。典型的情况是：一侧为断陷区，堆积了很厚的第四纪沉积物；而另一侧为隆起区，高耸的山地，叠次出现的断层崖、三角面、断层陡坎等呈线性分布。两者界线截然分明。

活断层往往构成同一地貌单元或地貌系统的分解和异常。如同一夷平面或阶地被活断层错断，造成高差和位错。

走滑型的活断层可使穿过它的河流、沟谷方向发生明显的变化；当一系列的河谷向一个方向同步移错时，即可作为确定活断层位置和错动性质的佐证。根据水系移错的距离和堆积物的绝对年龄，还可推算该活断层的平均错动速率。

此外，在活动断裂带上，滑坡、崩塌和泥石流等工程动力地质现象常呈线性密集分布。

③水文地质特征

活动断裂带的透水性和导水性较强，因此当地形、地貌条件合适时，沿断裂带泉水常呈线状分布，且植被发育。此外，许多活断层沿线常有温泉出露，它们均可作为活断层的判别标志。但需注意的是，有些老断层沿线泉水也有线状分布特征，判别时要慎重，应结合其他特征与之区别。

地质、地貌和水文地质特征地表迹象明显的活断层，在遥感图像中的信息极为丰富，即使是隐伏的活断层，也可提供一定的信息量。因此，利用遥感图像判释活断层，是一种很有效的手段。尤其是研究大区域范围内的活断层，利用遥感图像判释更有明显的优势性。

(2)历史地震和历史地表错断资料

历史上有关地震和地表错断的记录，也是鉴别活断层的证据。一般来说，老的历史记载往往没有确切的震中位置，又无地表错断的描述，所以只能用以证实有活断层存在，而难以确切判定活断层的位置。而较新的历史记载，震中位置、地震强度以及断裂方向、长度与地表错距都较为具体、详细。因此，对历史记载要加以分析。

利用考古学的方法，可以判定某些断陷盆地的下降速率。这种方法主要的依据是古代文化遗迹被掩埋在地下的时间和深度。例如，山西山阴县城南发现公元 1214 年的金代文物被埋于地下 1.5～1.8 m，可估算出汾渭地堑北端的雁同盆地平均下降速率是 2.2 mm/a。

(3)仪器测定

20 世纪 70 年代以来，开始利用密集的地震台网来确切测定微震震中位置，并确定活断层的存在，但是，有些活动性较强的蠕滑断层，并不发生地震。所以单纯依靠这种方法来鉴别活断层的活动性，有时得不到满意的结果。

采用重复精密水准测量和三角测量所获得的地形形变的证据，能判定无震蠕滑断层或地震断层的活动性。通过区域水准测量以及台站，可以探求活断层不同地段两盘相对升降活动的趋势和幅度。利用三角网复测所得的水平形变资料，则不仅可探求活断层走滑的趋势和幅度，还可获得主压应力的方向。

4. 活断层与工程

(1)活断层对工程安全性的影响

一般来说，活断层对工程安全性的影响可以概括为以下四个方面：

①断层活动有可能产生破坏性地震，地震的震动效应对工程建筑或构筑物的结构具有破坏作用，造成建筑物倒塌、破坏或功能失效。

②地震的震动效应可能导致液化、震陷、滑坡和崩塌等地震地质灾害，从而导致地基失效或对工程设施的直接破坏。

③地震断层地表错动对工程设施的破坏。到目前为止，中国大陆产生明显地表断层最小震级为 1888 年甘肃景泰发生的 $6\frac{1}{4}$ 级地震，该地震产生了长 38 km 的地表破裂带，最大水平位移 2.3 m（邓起东等，1992）。一般来说，随着震级的增大，地震地表破裂带的规模和位移也增大。但是，地震地表破裂带的规模与位移大小由于受断错性质、构造环境、岩石介质、第四系覆盖层的特点及厚度等因素的影响，和震级大小不一定呈简单的比例关系。

④活动断层除了发生突发断错外，还有可能以缓慢蠕滑的方式活动，同样会造成跨断层或附近建筑物的破坏。如 1973 年炉霍 7.6 级地震后，于 1984 年在主断层上盖了一个纪念碑，纪念碑分两部分跨断层建造，至 1998 年，两侧碑体已有 12 mm 的左旋位移。其蠕滑速率为该断层全新世以来平均滑动速率的 1/15。

(2)工程安全性评估

工程安全性评估需要针对活动断层对工程安全的影响特征来进行，为保证工程的安全，一般包括以下几个方面的研究：

①活动断层的查证。通过野外地质地貌调查、探槽与实验室年代测定，根据活动断层鉴定的标准，确定工程场区及区域范围内的断层是否为活动断层。在隐伏区还需借助化探、浅层物探、钻探(可能时开挖探槽)等手段来鉴定断层的活动性，为工程选址避开活动断层提供科学依据。

②对于活动断层需进一步查明其长度、宽度、运动性质(正断层、逆断层、走滑断层及其复合运动特点)、错动方式(突发错动和蠕滑错动)、滑动速率、一次错动的位移量与重复特征以及分段性特征等。在此基础上

要评价活动断层对工程场地的影响。

③根据活动断层最大潜在地震及地震发生特征的分析，划分潜在震源区和评价地震活动性参数。通过对工程场地的地震危险性分析，给出场址不同风险概率水平的抗震设防参数，工程设计根据抗震设防参数进行设防，从而保证工程设施在遭遇未来地震时的安全性。

④根据工程场地的地质条件，结合地震危险性分析结果，进行地震地质灾害评价，评估工程场地遭受上述灾害的可能性及程度。从而作为工程场地避让潜在地震地质灾害地带或采取相应工程安全措施的依据。

(3)活断层区的建筑原则

在活断层地区进行建筑时，必须对场址选择与建筑物型式和结构等方面慎重地加以研究，以保障建筑物的安全可靠。

建筑物的场址选择一般应避开活动断裂带，尤其是高坝和结构这类重要的永久性建筑物，失事时后果极为严重，更不能在活断层附近选择场地。例如，我国《核电厂厂址选择安全规定》(HFA101)中有严格的规定："如果所推荐的厂址位于能动地表断层带内，除非证明所采取的工程措施是切实可行的，否则必须认为这个厂址是不适合的。"另外，当铁路、桥梁、运河等线性工程必须跨越活断层时，也应尽量使其大角度相交并避开主断层。

在活断层区的建筑物也应采取与之相适应的建筑物型式和结构措施。在活断层上修建水坝时，不宜采用混凝土重力坝和拱坝，而应采用土石坝这类散体堆积坝，而且坝体结构应是一种有相当厚度、无黏性土过渡带的多种土质坝。另外，建于活断层上的桥梁，也应采取相应的结构措施。

7.5 地　　震

在地壳表层，因弹性波传播所引起的振动作用或现象，称为地震。地震按其发生的原因，可分为构造地震、火山地震和陷落地震。此外，还有因水库蓄水、深井注水和核爆炸等导致的诱发地震。由地壳运动引起的构造地震，是地球上规模最大、数量最多、危害最严重的一类地震。本节就是研究这类地震。

工程地质学对地震的研究，着重于研究地震波对建筑物的破坏作用，不同工程地质条件场地的地震效应、地震小区划、地震建筑场地的选择以及抗震措施的工程地质论证等问题，为地震区的城市和各类工程的规划、设计提供依据。

1. 地震震级与烈度

(1)地震震级

地震的震级和烈度是衡量地震的强度，即地震大小对建筑物破坏程度的标准尺度。两者含义不同，但相互间有一定的关联。

地震震级是衡量地震本身大小的尺度，由地震所释放出来的能量大小来决定。释放出来的能量愈大，则震级愈大。供地震释放的能量大小，是通过地震仪记录的震波最大振幅来确定的。由于仪器性能和震中距离不同，记录到的振幅也不同，所以必须要以标准地震仪和标准震中距的记录为准。按李希特(C. F. Richter)1935 年所给出的原始定义，震级(M)是指距震中 100 km 处的标准地震仪在地面所记录的以微米表示的最大振幅 A 的对数值，即

$$M = \lg A \tag{7.1}$$

标准地震仪的自振周期为 0.8 s，阻尼比为 0.8，最大静力放大倍率为 2800。

如果在距震中 100 km 处，标准地震仪记录的最大振幅为 10 cm(即 10^5 μm)。则 $M=5$，是 5 级地震。实际上距震中 100 km 处不一定有地震仪，而且地震仪也并非上述的标准地震仪，此时采用经验公式经修正而确定震级。

我国地震部门所使用的是非标准型的地震仪，所以规定计算近震(震中距 $\Delta<1000$ km)用地方震级

M_L，计算远震（震中距 $\Delta>1000$ km）用面波震级 M_S。它们的经验公式为：

$$M_L=\lg A+R(\Delta) \tag{7.2}$$

$$M_S=\lg\left(\frac{A_\mu}{T}\right)+\sigma(\Delta)+C \tag{7.3}$$

$$M_S=1.13M_L-1.08 \tag{7.4}$$

式中 A_μ——以微米表示的实际地动位移；

$R(\Delta)$——起算函数，震中距 Δ 和地震仪不同，此值不同，可由相应的表格中查出；

T——面波周期；

$\sigma(\Delta)$——面波起算函数；

C——台站校正值（上述两项均可从已制表格中查出）。

上述关系仅适用于浅源地震。

根据李希特实际观测数据求得的震源释放能量与震级之间有如下关系：

$$\lg E=4.8+1.5M \tag{7.5}$$

式中 E——能量，J。

在理论上，震级是无上限的，但实际上是有限的。因为地壳中岩体的强度有极限，它不可能积累超过这种极限的弹性变能。目前已记录到的最大地震震级是 8.9 级，即 1960 年 5 月 22 日的智利大地震。按照人们对地震的感知及其破坏程度，将地震震级划分为：微震（2 级以下，人们感觉不到）、有感地震（2～4 级）、破坏性地震（5 极以上）、强烈地震（7 级以上）。

(2)地震烈度

地震烈度是衡量地震所引起的地面震动强烈程度的尺度。它不仅取决于地震能量，同时也受震源深度、震中距、地震波传播介质的性质等因素的影响。一次地震只有一个震级，但在不同地点，烈度大小可以是不一样的。一般来说，震源深度和震中距愈小，地震烈度愈大；在震源深度和震中距相同的条件下，则坚硬基岩石的场所（地基）较之松软土烈度要小些。因此，烈度是不能与震级混淆的。

表 7.1 所示为在相同传播介质条件下，震中烈度与震级、震源深度的对应关系。

表 7.1 震中烈度与震级、震源深度关系表

震级	震源深度（km）				
	5	10	15	20	25
5	Ⅷ	Ⅶ	Ⅵ～Ⅶ	Ⅵ	Ⅴ～Ⅵ
6	Ⅸ～Ⅹ	Ⅷ～Ⅸ	Ⅷ	Ⅶ～Ⅷ	Ⅶ
7	Ⅺ	Ⅹ	Ⅸ～Ⅹ	Ⅸ	Ⅷ～Ⅸ
8	Ⅻ	Ⅺ～Ⅻ	Ⅺ	Ⅹ～Ⅺ	Ⅹ

地震烈度是根据地震时人的感觉、建筑物破坏、器物振动以及自然表象等宏观标志判定的。通过对各类标志的对比分析来划分烈度，并按由小到大的数码顺序排列，就构成了烈度表。

我国经多年实践，已制定了一般工程防震抗震的烈度标准。把地震烈度分为基本烈度和设防烈度两种。所谓基本烈度是指在今后一定时间（一般按 100 年考虑）和一定地区范围内，在一般场地条件下可能遭遇的最大烈度。它是由地震部门根据历史地震资料及地区地震地质条件等的综合分析给定的，是对一个地区地震危险性作出的概略估计，以作为工程防震抗震的依据。设防烈度也叫设计烈度，是抗震设计所采用的烈度。它是根据建筑物的重要性、经济性等的需要，对基本烈度的调整。一般建筑物可采用基本烈度为设防烈度；而重大建筑物（如核电站、大坝、大桥），则可将基本烈度适当提高作为设计烈度。我国规定，基本烈度Ⅵ度（包括Ⅵ度在内）以下的地区，建筑物可以不设防；而超过Ⅵ度的，必须采取设防措施（见表 7.2）。

表 7.2 中国地震烈度表(GB/T 17742—2020)

地震烈度	评定指标								合成地震动的最大值	
	房屋震害			人的感觉	器物反应	生命线工程震害	其他震害现象	仪器测定的地震烈度 I_1	加速度 (m/s^2)	速度 (m/s)
	类型	震害程度	平均震害指数							
Ⅰ(1)	—	—	—	无感	—	—	—	$1.0 \leqslant I_1 < 1.5$	1.80×10^{-2} ($<2.57\times10^{-2}$)	1.21×10^{-3} ($<1.77\times10^{-3}$)
Ⅱ(2)	—	—	—	室内个别静止中的人有感觉，个别较高楼层中的人有感觉	—	—	—	$1.5 \leqslant I_1 < 2.5$	3.69×10^{-2} (2.58×10^{-2}～5.28×10^{-2})	2.59×10^{-3} (1.78×10^{-3}～3.81×10^{-3})
Ⅲ(3)	—	门、窗轻微作响	—	室内少数静止中的人有感觉，少数较高楼层中的人有明显感觉	悬挂物微动	—	—	$2.5 \leqslant I_1 < 3.5$	7.57×10^{-2} (5.29×10^{-2}～1.08×10^{-1})	5.58×10^{-3} (3.82×10^{-3}～8.19×10^{-3})
Ⅳ(4)	—	门、窗作响	—	室内多数人、室外少数人有感觉，少数人睡梦中惊醒	悬挂物明显摆动，器皿作响	—	—	$3.5 \leqslant I_1 < 4.5$	1.55×10^{-1} (1.09×10^{-1}～2.22×10^{-1})	1.20×10^{-3} (8.20×10^{-3}～1.76×10^{-2})
Ⅴ(5)	—	门窗、屋顶、屋架颤动作响，灰土掉落，个别房屋墙体抹灰出现细微裂缝，个别老旧 A1 类或 A2 类房屋墙体出现轻微裂缝或原有裂缝扩展，个别屋顶烟囱掉砖，个别檐瓦掉落	—	室内绝大多数、室外多数人有感觉，多数人睡梦中惊醒，少数人惊逃户外	悬挂物大幅度晃动，少数架上小物品、个别顶部沉重或放置不稳定器物摇动或翻倒，水晃动并从盛满的容器中溢出	—	—	$4.5 \leqslant I_1 < 5.5$	3.19×10^{-1} (2.23×10^{-1}～4.56×10^{-1})	2.59×10^{-2} (1.77×10^{-2}～3.80×10^{-2})

续表 7.2

地震烈度	评定指标								合成地震动的最大值	
	房屋震害			人的感觉	器物反应	生命线工程震害	其他震害现象	仪器测定的地震烈度 I_1	加速度 (m/s^2)	速度 (m/s)
	类型	震害程度	平均震害指数							
Ⅵ(6)	A1	少数轻微破坏和中等破坏,多数基本完好	0.02～0.17	多数人站立不稳,多数人惊逃户外	少数轻家具和物品移动,少数顶部沉重的器物翻倒	个别梁桥挡块破坏,个别拱桥主拱圈出现裂缝及桥台开裂;个别主变压器跳闸;个别老旧支线管道有破坏,局部水压下降	河岸和松软土地出现裂缝,饱和砂层出现喷砂冒水;个别独立砖烟囱轻度裂缝	$5.5 \leq I_1 < 6.5$	6.53×10^{-1} (4.57×10^{-1}～9.36×10^{-1})	5.57×10^{-2} (3.81×10^{-2}～8.17×10^{-2})
	A2	少数轻微破坏和中等破坏,大多数基本完好	0.01～0.13							
	B	少数轻微破坏和中等破坏,大多数基本完好	≤0.11							
	C	少数或个别轻微破坏,绝大多数基本完好	≤0.06							
	D	少数或个别轻微破坏,绝大多数基本完好	≤0.04							
Ⅶ(7)	A1	少数严重破坏和毁坏,多数中等破坏和轻微破坏	0.15～0.44	大多数人惊逃户外,骑自行车的人有感觉,行驶中的汽车架乘人员有感觉	物品从架子上掉落,多数顶部沉重的器物翻倒,少数家具倾倒	少数梁桥挡块破坏,个别拱桥主拱圈出现明显裂缝和变形以及少数桥台开裂;个别变压器的套管破坏,个别瓷柱型高压电气设备破坏;少数支线管道破坏,局部停水	河岸出现塌方,饱和砂层常见喷水冒砂,松软土地上地裂缝较多;大多数独立砖烟囱中等破坏	$6.5 \leq I_1 < 7.5$	1.35 (9.37×10^{-1}～1.94)	1.20×10^{-1} (8.18×10^{-2}～1.76×10^{-1})
	A2	少数中等破坏,多数轻微破坏和基本完好	0.11～0.31							
	B	少数中等破坏,多数轻微破坏和基本完好	0.09～0.27							
	C	少数轻微破坏和中等破坏,多数基本完好	0.05～0.18							
	D	少数轻微破坏和中等破坏,大多数基本完好	0.04～0.16							

续表 7.2

<table>
<tr><th rowspan="3">地震烈度</th><th colspan="8">评定指标</th><th colspan="2" rowspan="2">合成地震动的最大值</th></tr>
<tr><th colspan="3">房屋震害</th><th rowspan="2">人的感觉</th><th rowspan="2">器物反应</th><th rowspan="2">生命线工程震害</th><th rowspan="2">其他震害现象</th><th rowspan="2">仪器测定的地震烈度 I_1</th></tr>
<tr><th>类型</th><th>震害程度</th><th>平均震害指数</th><th>加速度 (m/s²)</th><th>速度 (m/s)</th></tr>
<tr><td rowspan="5">Ⅷ(8)</td><td>A1</td><td>少数毁坏,多数中等破坏和严重破坏</td><td>0.42～0.62</td><td rowspan="5">多数人摇晃颠簸,行走困难</td><td rowspan="5">除重家具外,室内物品大多数倾倒或移位</td><td rowspan="5">少数梁桥梁体移位、开裂及多数挡块破坏,少数拱桥主拱圈开裂严重;少数变压器的套管破坏,个别或少数瓷柱型高压电气设备破坏;多数支线管道及少数干线管道破坏,部分区域停水</td><td rowspan="5">干硬土地上出现裂缝,饱和砂层绝大多数喷砂冒水;大多数独立砖烟囱严重破坏</td><td rowspan="5">$7.5 \leq I_1 < 8.5$</td><td rowspan="5">2.79
(1.95～4.01)</td><td rowspan="5">2.58×10^{-1}
(1.77×10^{-1}～3.78×10^{-1})</td></tr>
<tr><td>A2</td><td>少数严重破坏,多数中等破坏和轻微破坏</td><td>0.29～0.46</td></tr>
<tr><td>B</td><td>少数严重破坏和毁坏,多数中等和轻微破坏</td><td>0.25～0.50</td></tr>
<tr><td>C</td><td>少数中等破坏和严重破坏,多数轻微破坏和基本完好</td><td>0.16～0.35</td></tr>
<tr><td>D</td><td>少数中等破坏,多数轻微破坏和基本完好</td><td>0.14～0.27</td></tr>
<tr><td rowspan="5">Ⅸ(9)</td><td>A1</td><td>大多数毁坏和严重破坏</td><td>0.60～0.90</td><td rowspan="5">行动的人摔倒</td><td rowspan="5">室内物品大多数倾倒或移位</td><td rowspan="5">个别梁桥桥墩局部压溃或落梁,个别拱桥垮塌或濒于垮塌;多数变压器套管破坏、少数变压器移位,少数瓷柱型高压电气设备破坏;各类供水管道破坏、渗漏广泛发生,大范围停水</td><td rowspan="5">干硬土地上多处出现裂缝,可见基岩裂缝、错动,滑坡、塌方常见;独立砖烟囱多数倒塌</td><td rowspan="5">$8.5 \leq I_1 < 9.5$</td><td rowspan="5">5.77
(4.02～8.30)</td><td rowspan="5">5.55×10^{-1}
(3.79×10^{-1}～8.14×10^{-1})</td></tr>
<tr><td>A2</td><td>少数毁坏,多数严重破坏和中等破坏</td><td>0.44～0.62</td></tr>
<tr><td>B</td><td>少数毁坏,多数严重破坏和中等破坏</td><td>0.48～0.69</td></tr>
<tr><td>C</td><td>多数严重破坏和中等破坏,少数轻微破坏</td><td>0.33～0.54</td></tr>
<tr><td>D</td><td>少数严重破坏,多数中等破坏和轻微破坏</td><td>0.25～0.48</td></tr>
</table>

续表 7.2

地震烈度	评定指标								合成地震动的最大值	
	房屋震害			人的感觉	器物反应	生命线工程震害	其他震害现象	仪器测定的地震烈度 I_1	加速度(m/s^2)	速度(m/s)
	类型	震害程度	平均震害指数							
Ⅹ(10)	A1	绝大多数毁坏	0.88～1.00	骑自行车的人会摔倒,处不稳状态的人会摔离原地,有抛起感	—	个别梁桥桥墩压溃或折断,少数落梁,少数拱桥垮塌或濒于垮塌;绝大多数变压器移位、脱轨,套管断裂漏油,多数瓷柱型高压电气设备破坏;供水管网毁坏,全区域停水	山崩和地震断裂出现;大多数独立砖烟囱从根部破坏或倒毁	$9.5 \leqslant I_1 < 10.5$	1.19×10^1 (8.31～ 1.72×10^1)	1.19 (8.15×10^{-1} ～1.75)
	A2	大多数毁坏	0.60～0.88							
	B	大多数毁坏	0.67～0.91							
	C	大多数严重破坏和毁坏	0.52～0.84							
	D	大多数严重破坏和毁坏	0.46～0.84							
Ⅺ(11)	A1	绝大多数毁坏	1.00	—	—	—	地震断裂延续很大;大量山崩滑坡	$10.5 \leqslant I_1 < 11.5$	2.47×10^1 (1.73×10^1～ 3.55×10^1)	2.57 (1.76～3.77)
	A2		0.86～1.00							
	B		0.90～1.00							
	C		0.84～1.00							
	D		0.84～1.00							
Ⅻ(12)	各类	几乎全部毁坏	1.00	—	—	—	地面剧烈变化,山河改观	$11.5 \leqslant I_1 \leqslant 12.0$	$>3.55\times10^1$	>3.77

注1:"—"表示无内容。

2:表中给出的合成地震动的最大值为所对应的仪器测定的地震烈度中值,加速度和速度数值分别对应《中国地震烈度表》(GB/T 17742—2020)附录 A 中公式(A.5)的 PGA 和公式(A.6)的 PGV;括号内为变化范围。

2. 地震效应

在地震作用影响所及的范围内，于地面出现的各种震害或破坏，称为地震效应。其与场地工程地质条件、震源大小及震中距等因素有关，也与建筑物的类型和结构有关。地震效应主要有振动破坏效应、地面破坏效应两种类型，在地震效应中，振动破坏效应是最主要的。下面将重点讨论振动破坏效应和地面破坏效应。

(1)振动破坏效应

地震发生时，地震波在岩土体中传播，而引起强烈的地面运动，使建筑物的地基、基础以及上部结构都发生振动，也给建筑物施加了一个附加载荷，即地震力。当地震力达到某一限度时，建筑物即发生破坏。这种由于地震力作用直接引起建筑物的破坏，称为振动破坏效应。一次强烈地震发生时，建筑物的破坏、倾倒，主要是由于地震力的直接作用引起的。破坏的主要原因是承重结构强度不够和结构刚度或整体性不足。

地震对建筑物振动破坏作用的分析方法，有静力法和动力法两种。

①静力分析方法

这是一种古典的分析方法，它假定建筑物是刚性体，即地震时，建筑物各部分的加速度与地面加速度完全相同。并且规定地震力是一个固定不变的力，它是由地面振动的最大加速度所引起的惯性力。据此进行静力分析。由于这种方法比较简便，目前世界上有些国家仍将它作为抗震设计的依据。

②动力分析方法

静力分析法虽然较简单，但往往与实际情况有较大出入。因为建筑物的震动破坏，除了受最大加速度的影响外，还与震动持续时间、震动周期以及建筑物的结构特性有关，地震波在介质中震动的持续时间和震动周期，主要取决于岩土体的类型、性质和厚度等因素。动力分析方法考虑了上述情况，因而更符合实际。目前世界上包括我国在内的绝大多数国家都采用动力分析方法。

(2)地面破坏效应

地面破坏效应可分为地面破裂效应和地基基底效应两种基本类型。这两种地面破坏效应对工程建设意义重大。

①地面破裂效应

地面破裂效应指的是强震导致地面岩土体直接出现破裂和位移，从而引起跨越破裂带及其附近的建筑物变形或破坏。强烈地震发生时，在地表一般都会出现地震断层和地裂缝。在宏观上，它仍沿着一定方向展布在一个狭长地带内，绵延数十至数百千米，对工程建设意义重大。

②地基基底效应

地基基底效应指的是地震使松软土体震陷、砂土液化、淤泥塑流变形等，而导致地基失效，使上部建筑物破坏。

按形成机制不同，地基基底效应又可分为三种，即地基强烈沉降或不均匀沉降、地基水平滑移和砂基液化。

3. 地震的工程地质评价

由上一节讨论可知，场地地震效应受许多因素的制约。其中场地的工程地质条件对宏观震害影响尤为显著。从国内外大量宏观震害调查资料看出，在一个范围较大的场地内(如一个城市)，对震害有重大影响的工程地质条件为:岩土类型及性质、地质构造、地形地貌条件及地下水。为了更好地为场地防震抗震设计服务，就应详细了解强震区岩土体破坏特点，具体分析震害与场地工程地质条件的关系，并以其差异性为基础进行地震小区划，最后根据场区的抗震原则而采取相应的抗震措施。

(1)强震区岩土体破坏特点

①造成强震区岩土体破坏的地震力是一种作用时间很短、强度极大的力。地震力作用于岩土体的过程

中，不仅力的方向发生交替变化，而且力的大小也在不断变化。地震力的这种特征决定了地震造成的岩土体破坏极为复杂，而且与构造地质学所描述的岩土体破坏有着很大的差异，造成这种差异的主要原因是力的作用过程不同。而且到目前为止，对地震造成岩土体的破坏形式仍知之甚少。

②强震区岩土体破坏的主要形式有剥落(山剥皮)、地裂缝与地震断层、崩塌(山崩、岩崩)、崩裂、滑塌和滑坡、岩体松动等。资料表明，强震区岩土体破坏一般都表现为上述单个破坏形式的组合。

③地震形成的崩塌体和重力崩塌体特征有所不同，首先，地震力的抛掷作用使地震崩塌体与崩塌母岩相距一定距离；其次，地震作用时间很短，地震崩塌体特征更类似于爆破堆积体。造成这种差异性的主要原因是：地震力和外动力地质作用力(重力)有很大差异(力的大小、作用方向、持续时间等不同)。

④地震作用造成岩土体内部的松动、损伤是一种更为广泛的破坏形式，但由于其不如其他破坏形式那么直观而并未引起足够的关注。经过地震后，岩土体已经松动，原有的节理、裂隙进一步扩张，有时还有水的渗入；平时风化岩体本身在重力作用下，就容易发生崩落、塌方和滑坡，像老寨堡那样，“主震后，既有雨水，又有余震的触发，就容易形成再一次的灾害”。同时，地震显著地降低岩土体的稳定性，为崩塌、滑坡、泥石流等次生灾害提供可能，使多种山地灾害复合叠加，形成了地震-崩塌-滑坡-泥石流灾害链、暴雨山洪-崩塌-滑坡-泥石流灾害链、冰雪消融-崩塌-滑坡-冰川泥石流灾害链等。1950 年西藏察隅 8.5 级大地震之后，藏东南山区进入山地灾害活跃期，大规模冰崩、雪崩，冰湖溃决，冰川泥石流、山崩、滑坡等接踵而至，给这里的交通运输、城镇建设带来严重灾害。我国一些著名的强震带，大都是山地灾害的主要发育地带。

(2)震害与场地工程地质条件的关系

①岩土类型及性质

岩土类型及性质对震害的影响最为显著，也是目前研究得最为深入的因素。在一般情况下，主要从岩土的软硬程度、松软土的厚度以及地层结构等三个方面来研究。

一般来说，在相同的地震力作用下，基岩上震害最轻，其次为硬土，而软土上震害是最重的。如 1906 年旧金山大地震时，该市区内不同地基岩土烈度差值可达Ⅲ度。我国 1970 年云南通海地震时，对房屋破坏的详细调查所绘制的等震害指数线图，在同一区内可明显地看出，基岩较硬土小 0.1～0.2，而且在高烈度区内的差值较低烈度区内的为大。

松软沉积物厚度的影响也是很明显的。早在 1923 年日本关东大地震时，就发现了冲积层厚度与震害的相关性，即冲积层愈厚，木架房屋的震害愈大(图 7.8)。1967 年南美洲加拉加斯地震时，该市东部记录到的 $a_{0\max}$ 仅为(0.06～0.08)g，西部为(0.1～0.13)g，但东部高层建筑物破坏明显大于西部。其主要原因是东部全新统冲积层厚达 40～300 m，而西部厚为 45～90 m。

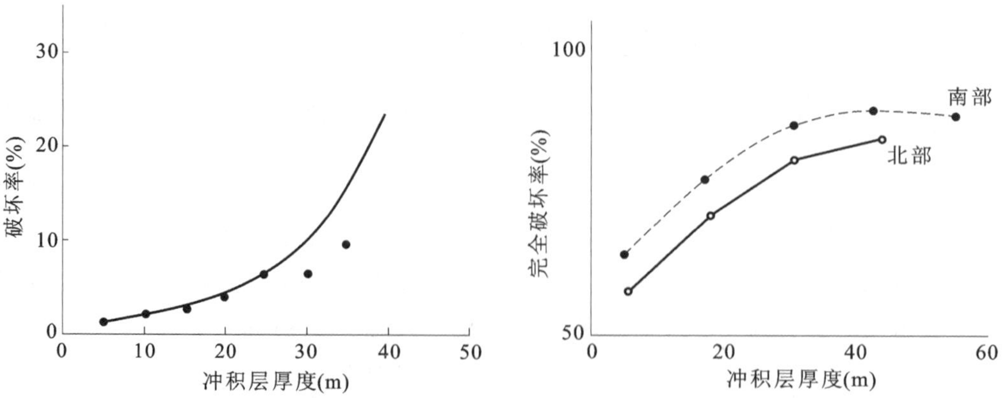

图 7.8　冲积层厚度对震害的影响

地基岩土体类型及性质和松软沉积层厚度对震害的影响，其根本原因是岩土卓越周期的作用。因为土质愈松软、厚度愈大，特征周期愈长，所以对自振周期较长的高层建筑、烟囱和木架结构的房屋，能引起共振，加重震害。此外，厚土、软土的共振历时较长，也会使震害加重。若地表分布饱水细砂土、粉土和淤泥的话，则会因震动液化和震陷，而导致地基失效。

此外，地层结构对震害也有较大影响。一般情况是：下硬上软的结构震害重，而下软上硬的结构震害则可减轻，尤其当硬土中有软土夹层时，可削减地震能量。1976 年唐山地震时极震区（>Ⅹ度）中有一低烈度异常带，建筑物裂而未倒。经勘察发现该地带下 3～5 m 深处有一层厚 1.5～5 m 的饱和淤泥质土。

②地质构造

地质构造主要是指场地内断裂对震害的影响。以往一向认为，场地内位于断裂带上的建筑物，当地震发生时震害总是要加重的，所以一律采取提高烈度的办法来处理。但近年来对我国几次大地震的宏观观察，说明上述看法并不是很确切，而应区分发震断裂（以及与之有联系的断裂）和非发震断裂。

发震断裂是引起地基和建筑物结构振动破坏的地震波的来源，又由于断裂两侧的相对错动，因此震害应较其他地段更重些。因此对发震断裂来说，跨越其上的建筑物是不可抵御的。所以，采取提高烈度的办法无济于事，而应在选址时避开。而非发震断裂若破碎带较好，则并无加重震害的趋势。所以，非发震断裂应根据断裂带物质的性质，按一般岩土对待即可，不应提高烈度。

③地形地貌条件

国内外大量宏观调查资料以及通过仪器观测、模型实验和理论分析结果，都证实了场地内微地形对震害的明显影响。其总趋势是：突出孤立的地形震害加重；而低洼平坦的地形震害则相对减轻。例如，1974 年云南永善地震（7.1 级）时，位于狭长山脊上的卢家湾六队房屋，在大山根部、中间鞍部和山脊端部孤突小丘处的破坏明显不同，它们依次是Ⅷ、Ⅶ、Ⅸ度（表 7.3 和图 7.9）。1976 年唐山地震时，位于凤山顶的微波站机房和山脚下的专家楼，它们的结构和地基条件基本相同，但前者塌平（Ⅸ度），后者基本完好，仅局部有裂缝（Ⅶ度）。

表 7.3　卢家湾六队地震效应

地形部位	大山根部	中间鞍部	孤突端部
烈度（度）	Ⅷ	Ⅶ	Ⅸ
加速度 a	0.422 g	0.266 g	0.674 g

局部地形地貌影响震害的实质是：孤突的地形使山体发生共振或地震波多次被反射，而引起地面位移、速度和加速度的放大。目前对局部地形反应的定量化评价还缺乏资料。

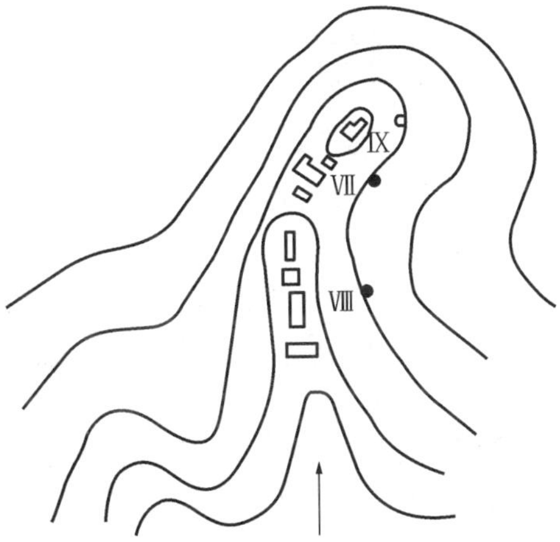

图 7.9　云南永善地震卢家湾六队地形与场地烈度分布示意图

（据工程力学研究所，1977）

④地下水

总的趋势是：饱水的岩土体会影响地震波的传播速度，使场地烈度增高。例如，饱水砂砾石比不饱水者实际烈度要增加0.4～0.6度，其他类型土更为明显。另外，地下水的埋深愈浅，则烈度增加值愈大。在一般情况下，地下水埋深在1～5 m范围内影响最为明显，当埋深大于10 m时，则影响就不显著了。

(3)地震区抗震设计原则和建筑物抗震措施

①建筑场地的选择

地震区建筑场地的选择是至关重要的。为了做好选址工作，必须进行地震工程地质勘察，联系历史震害的情况，充分估量在建筑物使用期间内可能造成的震害。经综合分析研究后，选出抗震性能最好、震害最轻的地段作为建筑场地。同时，应指出场地对抗震有利和不利的条件，提出建筑物对抗震措施的建议。

在选择建筑场地时，应注意以下几点：

A. 避开活动性断裂带和大断裂破碎带。活动性断裂带是地震危险区，地震时地面断裂错动会直接破坏建筑物。大断裂破碎带可能会使震害加剧。

B. 尽可能避开强烈振动效应和地面效应的地段作场地或地基。属此情况的有：强烈沉降的淤泥层、厚填土层、可能产生液化的饱水砂土层以及可能产生不均匀沉降的地基。

C. 避开不稳定的斜坡或可能会产生斜坡效应的地段。这些地段是指已有崩塌、滑坡分布的地段、陡山坡及河坎旁。

D. 避免孤立突出的地形位置作为建筑场地。

E. 尽可能避开地下水埋深过浅的地段作为建筑场地。

F. 岩溶地区地下深处有大溶洞，地震时可能会塌陷，不宜作为建筑场地。

对抗震有利的建筑场地条件应该是：地形较平坦开阔；岩石坚硬均匀，若土层较厚，则应较密实；无大的断裂，若有，则它与发震断裂无关系，且断裂带胶结较好；地下水埋深较大；滑坡、崩塌、岩溶不良地质现象不发育。

②地基持力层和基础方案的选择

场地选定后，就应根据所查明的场区工程地质条件选择适宜的持力层和基础方案。基础的抗震设计需注意以下几点：

A. 基础要砌置于坚硬、密实的地基上，避免松软地基；

B. 基础砌置深度要大些，以防止地震时建筑物的倾倒；

C. 同一建筑物不要并用多种不同形式的基础；

D. 同一建筑物的基础，不要跨越在性质显著不同或厚度变化很大的地基土上；

E. 建筑物的基础要以刚性强的联结梁联成一个整体。

图7.10所示为日本东京根据建筑物上部结构选择持力层和基础形式的情况。高层建筑物的基础必须砌置于坚硬地基上，并以有多层地下室的箱形基础为好；也可采用墩式基础和管柱桩基础，支撑于坚硬地基上。切不可采用摩擦桩形式。在中等密实的土层上，一般建筑物可采用一般的浅基础。在可能液化和高压缩性土地区，则宜用筏式和箱形基础、桩基础；也可将地基预先振动压密加固。

③建筑物结构形式的选择及抗震措施

在强震区，工业与民用建筑物其平立面形状以简单方整为好，避免不必要的凸凹形状；否则，应在连接处或层数变化处留抗震缝。结构上应尽量做到减轻重量、降低重心、加强整体性，并使各部分、各构件之间有足够的刚度和强度。

我国城乡低层和多层建筑物广泛采用的是木架结构和砖混承重墙结构，抗震性能较差。木架结构侧向刚度很差，地震时极易发生散架落顶。其抗震措施主要是在梁、柱交接的榫头处加支撑。砖混承重墙结构整体性较差，地震时楼板极易从墙上脱落。其抗震措施一是提高砌墙灰浆的强度；二是要在每层楼间以拉接钢筋和圈梁等补强措施使楼板与墙体之间的整体性加强。

强震区的高层建筑物及高耸的构筑物(如烟囱、水塔)，应采用钢筋混凝土结构。目前国内外高层建筑物普遍采用框架结构、剪力墙结构和筒式结构，具有较好的抗震性能。尤其是筒式结构，其侧向刚度、强度和整体性都很强。

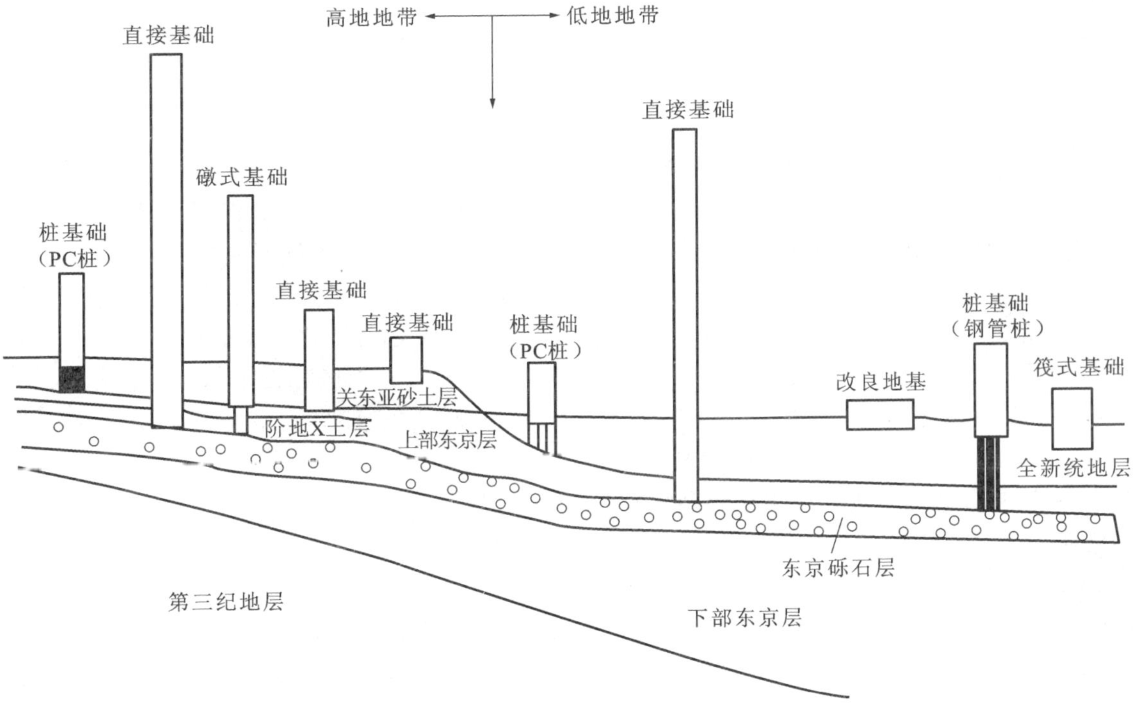

图 7.10 东京的地基和建筑物的基础形式(据久田俊彦,1974)

7.6 渗透变形

在岩土体空隙中运动的地下水叫作渗流。它对岩土体作用的力叫作渗透力，当渗透力达到一定值时，岩土中的颗粒发生移动，甚至一定体积的岩土体发生悬浮或移动，这种作用和现象叫作渗透变形(seepage deformation)，由此产生的工程地质问题即是渗透稳定问题。

最常见的渗透变形现象，是由于人类工程活动改变地下水的动力条件后发生的，其规模之大、数量之多、发展速度之快，是天然条件下发生的渗透变形所不能比拟的。在这种条件下，不仅无黏性土发生渗透变形，而且，具有一定黏聚力的黏性土、岩体裂隙和洞穴的填充物、全风化岩石、断层破碎带及泥化夹层等也可能发生。

在人类工程活动中以水利水电工程对地下水动力条件影响最大，所诱发的渗透变形灾害也最严重。我国水利水电科学研究院于 1974 年调查了 33 座有缺陷的土石坝，其中属渗透变形的约占 60%。考虑到水库大坝和堤防工程地基渗透变形的危害最大，同时所作的勘察研究较深入，积累的经验较多，本章主要介绍坝(堤)地基渗透稳定性的预测和评价。

1. 渗透变形的形成条件

据大量渗透变形现象及原因分析，发生渗透变形需同时具备以下三个必要条件：

(1)存在可能被渗流带走的松软土石

岩体因较高的黏聚力其强度远高于土体，除泥化夹层、断层破碎带、全风化带和洞穴裂隙中的松软填充物强度低，可能被渗流潜蚀携走外，是不会发生渗透变形的。不含或含黏粒少的卵砾类土和砂类土，无黏聚力或黏聚力极小，俗称无黏性土，其强度决定于颗粒组成和紧密度，抵抗渗流作用的能力较低。其中尤以颗粒较细的砂类土的抗渗强度更低。黏性土因颗粒及孔隙细小，粒间具水胶连接，除遇水易崩解、分散性强的黏性土(如黄土类土、低液限粉土)外,一般整体性较好,抗渗强度比砂类土高。实践证明,最易发生渗透变形的是砂类土中的粉细砂土和具分散性的粉土。因此,预测和评价渗透变形时,要在对松软岩土体勘察研究的同时,特别注意对粉细砂土和分散性粉土性质和空间分布的勘察研究。

(2)具备强烈的水动力条件

渗流的水动力条件是导致渗透变形的主要动力因素,渗流水动力强弱常用水力比降和渗透速度来表示。在自然条件下因岩土介质阻力的影响,与地表水流比较,渗流的水动力一般较弱。但在山区因地壳强烈上升,河流侵蚀切割形成的谷坡地带,或地下水滞后于洪水消落的岸坡地带,均可能形成较强的水动力条件。

渗流强烈的水动力条件主要是人类工程活动引起的。如工农业和城乡供水需要开采地下水,基坑施工和开采各种矿产需要排除地下水,都会引起地下水位下降而水头差加大,导致水动力条件加强。

水利水电工程中人工兴建的拦河大坝,高达数十米至数百米,在数十米至数百米的水头差作用下,坝基将会产生强烈的水动力条件。这就是松软土坝基如不作防渗处理,或处理不当,常会发生渗透变形的主要原因。

因此,为渗透变形预测评价进行工程地质勘察时,除自然因素外,要特别注意人类工程活动对地下水动力条件影响的研究。

(3)存在渗流出逸的临空条件

当渗透变形发生在土体内部,如坝基下部卵砾类土粗粒骨架中的细颗粒被渗流带走后,仍在土体孔隙中移动,难以造成细粒大量流失,不会形成空洞和管道而危及地基和上部建筑物的安全稳定。当存在渗流出逸的临空条件时,在出逸段往往水力比降较大,又会造成土粒不断流失的临空条件,只有这样才可能不断促进渗透变形向上游溯源发展的条件。

最典型的渗流出逸的临空条件是坝(堤)后河床、排水沟、人工取土坑、冲沟等低洼部位。此外,人工开挖的施工基坑的坑底和坑壁;人工开凿的抽水井和排水井;覆盖型岩溶的洞穴等,都可能造成渗流携带大量土颗粒流失的临空条件。

2. 渗透变形的类型

松软土的颗粒组成和渗流场的地质结构十分复杂。在渗流作用下,渗透压力方向与土粒的重力方向和不同土层接触面的方向随地而异,松软土受力方式、渗透变形的类型和难易程度是不同的。因此,对不同类型的渗透变形的预测评价方法和防治措施也是不同的。目前,国内外对渗透变形类型的认识和分类尚未统一。因此,对渗透变形的类型进行划分是必要的。

如前所述,水利水电工程中的堤防和水坝地基所发生的渗透变形最为常见和严重,所作的研究最为深入,这里采用《水利水电工程地质勘察规范》(GB 50487—2008)对渗透变形类型的划分意见。

(1)管涌

在渗流作用下单个土颗粒发生移动的现象叫作管涌,工程界曾称为潜蚀。管涌主要发生在不均匀的卵砾类土和砂类土中,当粗粒孔隙中的细颗粒处于非承载的自由状态,或细颗粒含量较少时,由于细颗粒被渗流带走后,其渗流(漏)量虽有所增加,但并不影响土体的稳定,这种现象叫非发展型管涌。当细颗粒被渗流从粗粒孔隙中带走后,土体的孔隙和渗流量不仅加大,而且其结构和稳定也遭到破坏,这种现象叫发展型管涌。从管涌发生的部位看,可能发生在土体的内部,叫内部管涌,也可能发生在渗流的排泄逸出区,叫外部管涌,在这种情况下,如不处理任其发展,后者对水工建筑物的危害较大。

(2)流土

在渗流作用下,一定体积中的土颗粒同时发生移动,或一定体积的土体发生悬浮隆起和顶穿现象叫作流土。当水头差或水力比降较大时,松软土及岩体中的泥化夹层、断层破碎带、全风化岩及裂隙洞穴中的填充物都可能发生流土,其中以颗粒均匀的砂土和粉土最易。从发生的部位看主要在渗流的出逸处,如堤防工程和水库大坝下游坡脚附近,自然斜坡泉口附近,施工基坑的坑底和坑壁等处。

(3)接触冲刷

渗流沿着渗透系数相差悬殊的两种土层接触面带走细颗粒的现象叫作接触冲刷。这种现象主要发生在漂石和卵石等巨粒土与砂类土和粉土接触处,当地下水沿着颗粒组成相差悬殊的两层土的接触面方向运动时,因前者渗透系数和流速远大于后者,细粒土层的颗粒如同地表水对渠道、河床那样的侵蚀,被渗流冲刷带走(图 7.11)。

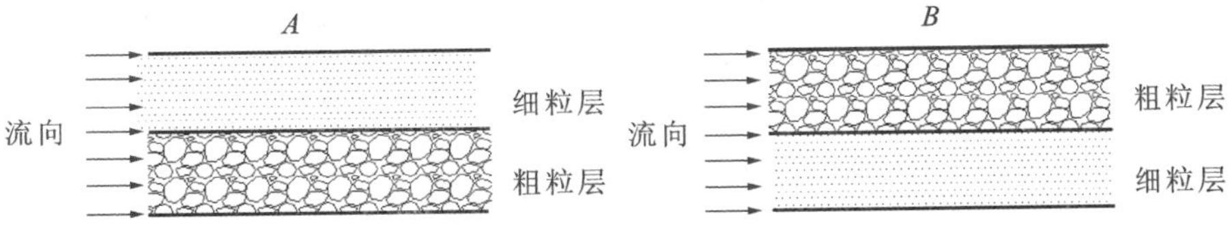

图 7.11　接触冲刷示意图

(4)接触流失

渗流垂直渗透系数相差悬殊的两种土层接触面运动时,将细粒土层的颗粒带到粗粒层中的现象叫作接触流失(图 7.12)。当反滤层设计或施工不当时,在渗流作用下,被保护土层(常为砂类土)的颗粒被带到反滤层中,使反滤层失去设计功效。如抽水井的反滤层被堵而使流量减少;坝后减压井和排水沟的反滤层被保护土层的颗粒堵塞后,使渗流出逸处排泄不畅,达不到坝后排水减压的目的,严重时可能危及坝基和坝体的安全稳定。

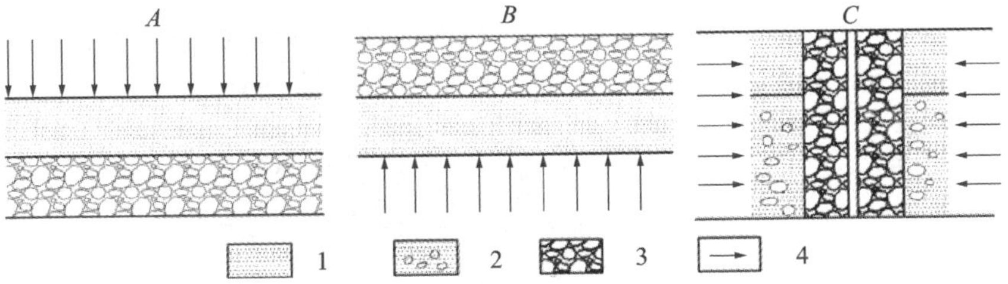

图 7.12　接触流失示意图

1—砂;2—砂砾;3—卵砾;4—流向

上面划分的四种渗透变形中,从颗粒运动的方式看,接触冲刷和接触流失多以单个颗粒独立运动为主,因此管涌和流土两种类型是基本的。

管涌主要发生在颗粒组成不均匀且粗粒孔隙中的细粒较少填充不密实的无黏性土中,一般说对于这种土当水力比降不大时,即能发生管涌;当水力比降足够大时,土中粗细颗粒同时移动而转化成流土。可见松软土都可能发生流土,而管涌与土颗粒组成和紧密度密切相关。一般来说,在较小的渗透压力作用下即可能发生管涌,而发生流土的渗透压力比管涌时大,因此,流土对工程建筑物的危害更大。

渗透变形类型的判别方法较多,诸如通过现场正发生的现象观测,或通过室内外渗透变形试验实测,或通过渗透变形试验分析渗透变形类型与土的颗粒组成的关系所总结的经验。对于大型重要的工程,当场地的水文地质结构复杂时,应采用试验方法实测。

3. 渗透变形稳定性评价和防治

(1)坝基渗透稳定性评价

坝基渗透稳定性评价是防治必要性决策及防治方案和工程结构设计的主要依据。一般条件下宜遵循以下程序:

①在对坝基工程地质勘察资料深入分析研究的基础上,从评价渗透稳定性的要求出发,根据坝基工程地质条件的差异性,进行坝基工程地质区段划分。

②分析影响渗透变形的因素，对坝基各区段的渗透稳定性进行定性评价，查明最易发生渗透变形土层的空间分布、易变形的部位及其影响因素。

③对可能发生渗透变形部位的土(岩)层，通过各种方法(宜两种以上)确定土的临界水力比降。

④选择代表各区段的工程地质剖面，概化工程地质模型，分析渗流的状态特征，以便确定选择二维或三维数值模拟方法，同时采用其他方法预测不同工况时坝基实际水力比降。

⑤合理确定安全系数和允许水力比降。安全系数和允许水力比降是决定水工建筑物安全稳定和经济合理这对矛盾的重要因素。对于大型重要工程或需进行防渗措施设计的工程，一般常需采用各种方法确定临界水力比降，这时的允许水力比降可用式(7.6)计算：

$$J_y=\frac{J_c}{K_s} \tag{7.6}$$

式中 J_y——允许水力比降；

J_c——临界水力比降；

K_s——安全系数。

关于安全系数的确定常是比较复杂的问题，国内外和我国各部门间存在不同认识。我国《水利水电工程地质勘察规范》(GB 50487—2008)中安全系数取值范围为1.5～2.5。实践中可视工程规模和重要性、坝区工程地质条件的复杂程度、对有关渗透变形各种参数的研究深度和精确性、渗透变形的类型等综合考虑其取值。如大型重要工程取高值，一般工程及中小型工程取低值；流土取高值，管涌取低值；条件复杂者取高值，简单者取低值等。

对于规划和可行性研究阶段及中小型水利工程，可以表7.4和其他文献中的允许水力比降作为大型工程初步评价和中小型工程防渗设计的参考。

表7.4 无黏性土允许水力比降(据《水利水电工程地质勘察规范》)

允许水力比降	渗透变形类型					
	流土型			过渡型	管涌型	
	$C_u\leqslant3$	$3<C_u<5$	$C_u\geqslant5$		级配连续	级配不连续
$J_{允许}$	0.25～0.35	0.35～0.50	0.50～0.80	0.25～0.40	0.15～0.25	0.10～0.20

注：1.本表不适用于渗流出口有反滤层的情况。

2.C_u为土的不均匀系数。

⑥将各种工况时对坝基渗流场预测的实际水力比降(J)与允许水力比降(J_y)进行比较，以评价发生渗透变形的可能性、发生变形的部位、严重性及范围，为此，根据各区段代表性剖面评价结果，同时考虑地形和地质条件圈出可能发生渗透变形范围的平面分布。

对于以漫滩、阶地为地基的堤防工程和水库大坝(多为副坝)工程，除了评价渗透变形的范围外，还要评价坝后或堤内因地基渗漏引起地下水位上升而导致的浸没灾害，因为在这种地形条件下，正是良田沃土广布和村镇集聚的地方。

当$J>J_y$时，将发生渗透变形；当$J<J_y$时，不会发生渗透变形，但要考虑浸没的影响范围，当地下水位埋深小于或等于临界埋深时的范围，将发生浸没，形成沼泽或盐渍化；当地下水位埋深大于其临界埋深时，为安全区(图7.13)。

(2)渗透变形防治

防治水坝(堤防)等水利工程地基渗透变形的作用是，通过工程措施控制地基渗流，调整渗透压力(实际水力比降)的空间分布，使渗透压力集中于不易发生渗透变形的坝前部位或抗渗强度(临界水力比降)较高的土层中，使易产生渗透变形的坝后渗流出逸段或抗渗强度较低的土层分布处的实际水力比降降低，达到确保坝(堤)体安全稳定的目的。

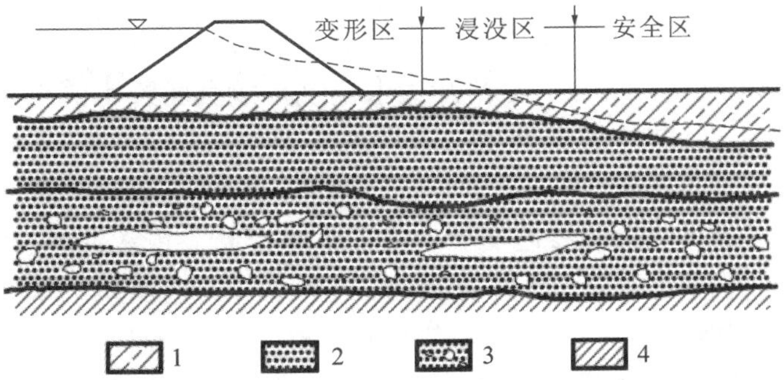

图 7.13 坝基渗透稳定性评价示意剖面图

1—粉土;2—砂土;3—卵石混合土;4—黏土岩

为此,在上游地下水的补给区和径流区应以防渗截流措施为主;在下游地下水出逸段应以排水减压和反滤盖重措施为主。

①防渗截流工程

防渗截流工程可分两类:水平防渗铺盖和垂直防渗的截水槽(墙)、灌浆帷幕及混凝土防渗墙等。

A. 垂直防渗工程

当坝基透水性较大,而厚度不大,一般厚为数米或十余米时,可用截水墙防渗,即将透水性大的土层如卵砾类土和砂类土全部挖除,并深入至其下部的相对隔水层中,然后再用透水性小的黏性土回填夯实,其上部与坝体心墙或斜墙相连(图 7.14)。

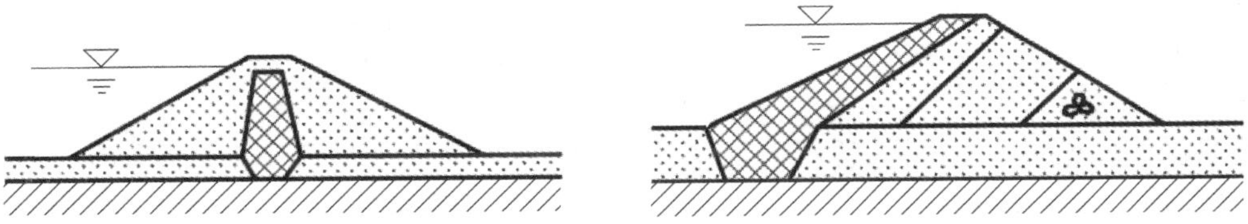

(a) (b)

图 7.14 截水墙示意图

(a)心墙坝;(b)斜墙坝

当坝基透水层厚度较大,如厚度大于 20 m,全部挖除强透水层在技术上存在困难时,可采用混凝土防渗墙或灌浆帷幕。

灌浆帷幕是钻探造孔至预计深度后,采用水泥浆液或水泥与黏土混合浆液或化学浆液(如丙凝等)灌入透水层中,形成一定厚度的防渗帷幕(图 7.15)。其灌浆材料和配比及灌浆孔间距可通过试验确定。

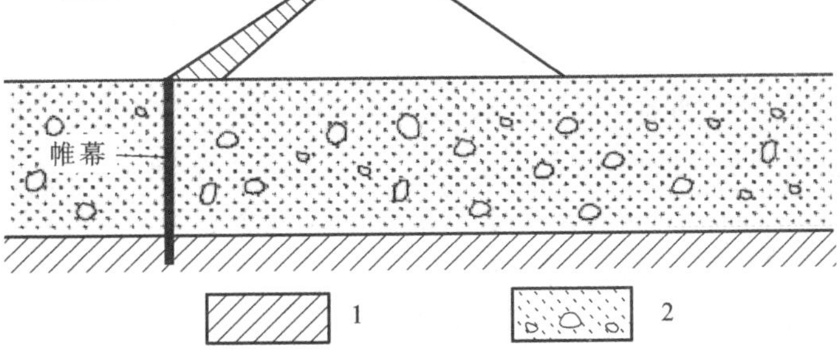

图 7.15 封闭式灌浆帷幕示意图

1—黏土岩;2—卵石混合土

混凝土防渗墙是通过钻探(如乌卡斯)凿槽后，回填混凝土，形成垂直防渗体。也可采用高压喷射灌浆法形成一定厚度的垂直防渗墙。

上述垂直防渗工程实质上是通过人工方法将强透水层改良成微弱透水的地下构筑物，使水头损失和渗透压力集中在垂直防渗工程上，而使坝后剩余水头和出逸段的水力比降大大降低，达到防治渗透变形的目的。同时，又能显著降低坝基渗漏损失。

必须强调指出，为防治堤防工程地基渗透变形的垂直防渗措施应视江河性质特点而定。对于地上悬河(如黄河郑州以东)两岸的堤防工程，因河床高于两岸地面，河水补给两岸地下水，采用垂直防渗措施时可与水坝工程一样。但对于平水期地下水补给河水，而汛期河水补给两岸地下水的河流，如长江下游荆州至武汉河段(图 7.16)，采用上述“全封闭”式的垂直防渗工程虽能防治堤基渗透变形，但平水期时地下水向河流的径流排泄受阻，使堤内地下水位上升，将对广大良田和城乡造成浸没灾害。在这种条件下，应采用深入到部分强透水层的悬挂式垂直防渗工程，如悬挂式灌浆帷幕，其深度可用数值模拟等方法确定。

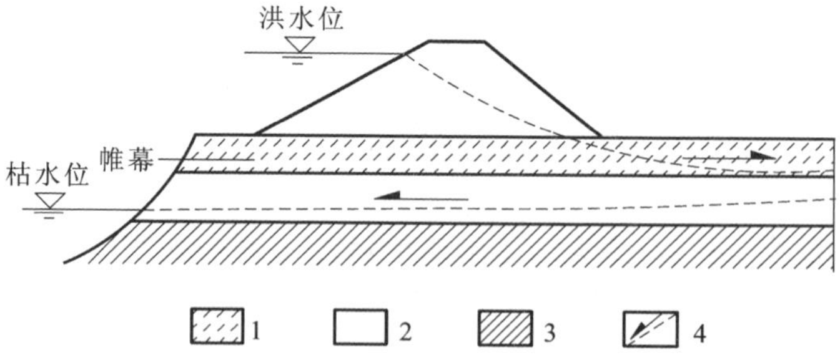

图 7.16　悬挂式帷幕示意图

1—粉土；2—砂土；3—黏土；4—地下水位及流向

B. 水平防渗铺盖

当坝基透水层厚度过大，垂直防治工程在技术上十分困难，经济上不合理时，可采用水平防渗铺盖(图 7.17)。即在坝前铺填黏性土将透水层覆盖，其长度一般为上下游水头差的 5～10 倍，其厚度由坝趾处向上游逐渐变薄，上游末端厚 0.5～1.0 m，下游与坝体的斜墙或心墙连接。铺盖的功能是在给定上下游总水头差条件下，延长渗径，使整个坝基的平均水力比降降低，同时，又使水头损失和渗透压力集中于坝前铺盖，而使坝后剩余水头和出逸段水力比降大大降低。

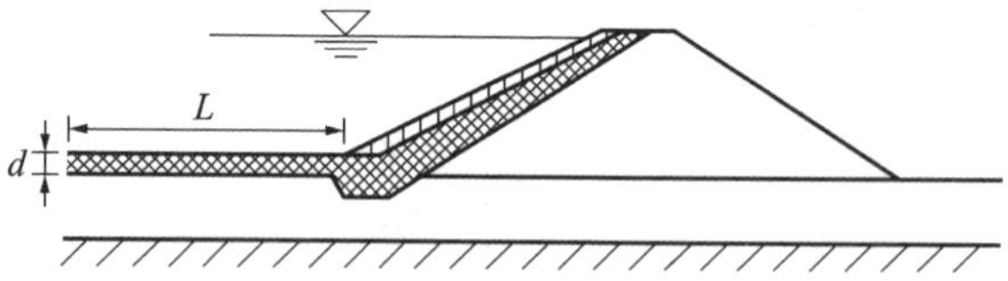

图 7.17　防渗铺盖示意图

②排水减压和反滤盖重工程

当坝后微弱透水的黏性土层较薄时，可在坝脚附近开挖排水沟；当黏性土层较厚，开挖排水沟危及坝坡稳定时，或黏性土层下为透水性较弱的粉细砂土，排水沟的效果不好需排泄深部卵砾类土中的水时，宜采用钻探法开凿若干减压井，其井径、井距、深度和排水量由数值模拟和现场试验确定。必要时采用排水沟和减压井相结合的方法，共同作用达到排水减压的目的。

为保护坝后渗流出逸段土层不发生渗透变形，可直接用透水性较大土料覆盖设置反滤层，常沿渗流方向由细到粗设三层，每层厚视需要而定，一般为 15～50 cm，对反滤层材料应满足以下要求：

(a)每层内部的颗粒不应移动；

(b)细粒层的颗粒不应穿过相邻的粗粒层的孔隙；

(c)被保护土层的颗粒不应穿过反滤层；

(d)反滤层比被保护土层的透水性大，排水通畅，能起到减压盖重的作用。

关于反滤层设计可视被保护土层颗粒组成，采用试验或经验法确定。

必须指出，在排水沟、减压井和铺盖设计时，也要酌情设置反滤层，才能发挥其正常功能。

在水利工程实践中，拟定防治坝基渗透变形措施时，应考虑其他工程地质问题处理的综合利用，并应在方案论证的基础上择优。

7.7 地面沉降

地面沉降是指地壳表面在内力地质作用、外力地质作用与人类活动的作用下，造成地壳表面某一局部范围内或大面积的、区域性的沉降活动，其垂直位移一般大于水平位移。地面沉降的特点是发展比较缓慢，无仪器观测难以察觉，一旦发生，即使除去地面沉降的原因也难以完全恢复。不同地区由于其地质结构与影响因素不同，导致其地面沉降的范围与沉降速率不同。一般而言，地面沉降的面积较大，沉降速率多在80 mm/a以上。

诱发地面沉降的因素包括自然地质因素和人类工程活动因素两大类。地面沉降可以由单一因素诱发，而在许多情况下是几种因素综合作用的结果。在诸因素中，人类工程活动因素常起着重要的作用。纵观国内外地面沉降的实例分析表明，绝大多数地面沉降是由于抽取地下液体(水与石油)引起的。

1.地面沉降的诱发因素

不同因素所诱发的地面沉降的范围、速率及持续时间不同。一个地区的地面沉降可由单一因素所诱发，也可是多种因素综合诱发的结果。概括各种诱发因素大致可归纳为两大类。

(1)自然动力地质因素

①地球内营力作用

它包括地壳近期下降运动、地震、火山运动与基底构造等。由地壳运动所引起的地面下降是在漫长的地质历史时期中缓慢地进行的，其沉降速率较低。

②地球外营力作用

它包括溶解、氧化、冻融与蒸发等作用。地下水对土中易溶盐类的溶解、土壤中有机组分的氧化、地表松散沉积物中水分的蒸发等，均可能造成土体孔隙率或密度的变化，促进土体自重固结过程而引起地面下降。

(2)人类活动因素

人类活动因素是诱发高速率地面沉降的重要因素。在诸多人类活动因素中，与地面沉降的发生和发展关系最为密切的因素是抽取地下液体的活动。由各种形式的抽取地下液体而导致地面沉降的实例，占当前世界范围内地面沉降全部实例的绝大部分。由于该类地面沉降是逐渐演变的，往往在已明显地表现为灾害之后才被认识，因而其危害性也最大。抽取地下液体活动包括以下几种典型情况：

①持续性超量抽取地下水

在松散介质含水系统中，长期地、周期性地开采地下水，当开采量超过含水系统的补给资源(即动储量)时，将导致地下水位的区域性下降，从而引起含水砂层本身的压密以及其顶底部一定范围内饱水黏性土层中的孔隙水向含水层运移(即越流作用)。

②开采石油

开采石油是人工抽取地下液体的另一种重要形式，在某些埋藏较浅的半固结砂岩含油层中，抽取石油可引起砂岩孔隙液压的下降，未完全固结的砂岩在上覆岩层自重压力作用下继续固结，引起采油区地段下降。

③开采水溶性气体

日本新隅因开采水溶性天然气——甲烷，而持续地大量抽水，导致开采层地下水位下降及含气层的压缩，产生了大幅度的地面沉降。

人类活动对地面沉降的诱发因素还包括：大面积农田灌溉引起敏感性土的水浸压缩；地面高载荷建筑群相对集中时，其静载荷超过土体极限载荷而引起的地面持续变形；在静载荷长期作用下软土的蠕变引起的地面沉降；地面振动载荷引起的地面沉陷；有机质土疏干引发的地面沉降；洞穴塌陷引发的地面沉降等。

2. 因超采地下水引起的地面沉降

(1)因超采地下水引起的地面沉降的特点

①发生和可能发生地面沉降的地域局限于存在厚层第四纪堆积物的平原、盆地、河口三角洲或滨海地带，往往发生在位于上述地貌类型区域的大城市或工业区。例如天津、上海、常州、太原、湛江等地。

②地面沉降速率一般比较缓慢，常为每年数毫米或数厘米，也有少数地区达每年数十厘米(如天津最大沉降速率达 26.2 cm/a；太原最大沉降速率达 20.7 cm/a)。地面沉降发生的范围往往比较大，存在有一处或多处沉降中心。沉降中心的沉降量与地下水井的分布和取水量有关。

③地面沉降发生后，即使产生地面沉降的原因消除，但沉降了的地面高度也不可能完全复原。因为对含水层回灌后，只能恢复因土层颗粒间有效应力变化而引起的弹性变形部分。而隔水层变形是塑性变形，回灌后水压恢复原状时，变形仍保持而不能恢复。

(2)因超采地下水地面沉降发生的原因

由于潜水易于污染，大城市工业及生活用水往往以开采深层承压水作为水源。过量开采时，如含水层从外界得不到充分补给，承压水位将迅速下降。根据太沙基有效应力原理：由上覆地层荷载引起的总应力是由孔隙中的水和土颗粒骨架共同承担的，即总应力(σ)等于孔隙水压力(μ)与固体颗粒承担的有效应力(σ')之和($\sigma=\mu+\sigma'$)。抽取地下水的过程中，地下水位下降，孔隙水压力降低，而总应力不变，有效应力必然随之增大，从而导致土层压密固结，地表就会发生沉降变形。

(3)因超采地下水引起的地面沉降的监测

①地面沉降量的观测

应按精密水准测量要求进行长期观测，并按不同的结构单元设置高程基准标、地面沉降标和分层沉降标：高程基准标(背景标)是设备在地面沉降所不能影响的范围内(如埋设在稳定的基岩中)，作为衡量地面沉降基准的标点；地面沉降标是用于观测地面升降的地面水准点；分层沉降标用于观测某一深度处土层的沉降幅度的观测标，通过对分层标的定期水准测量，可以得到不同深度测点处土层的高程变化，并据以计算土层的压缩和回弹量。

②地下水动态观测

包括地下水位的升降变化、开采量和回灌量，地下水化学成分和污染情况，孔隙水压力消散和增长情况。

③调查地面沉降对已有建筑物的影响

对建筑物的变形、倾斜、裂缝及其发生的时间及过程进行调查。

④分析地面沉降的现状、发展程度

A. 绘制不同时间的地面沉降等值线图，并分析地面沉降中心的变迁与地下水位下降漏斗的关系及地面回弹与地下水位反漏斗的关系；

B. 分析不同时间、地点发生的沉降与地下水开采、回灌之间的变化规律；

C. 绘制以地面沉降为特点的专门工程地质分区图。根据累计沉降量和年沉降速度综合地质条件进行分区。

3. 地面沉降的控制与治理

对地面沉降的研究过程，实质上也是寻求控制或避免地面沉降灾害的有效方法和措施的过程。换言之，解决了地面产生沉降的机制问题，则控制和治理这种灾害的手段和方法也就不难解决了。当前对地面沉降的控制和治理措施可分两类。

(1)已产生地面沉降的地区

对已产生地面沉降的地区,基本措施是进行地下水资源管理,防治方法主要有:

①压缩地下水开采量,减少水位降深幅度。在地面沉降剧烈的情况下,应暂时停止开采地下水。

②向含水层进行人工回灌,回灌时要严格控制回灌水源的水质标准,以防止地下水被污染。并要根据地下水动态和地面沉降规律,制定合理的采灌方案;选择适宜的地点和部位向被开采的含水层、含油层施行人工注水或压水,使含水(油、气)层中孔隙液压保持在初始平衡状态上,使沉降层中因抽液所产生的有效应力增量 Δp_e 减小到最低限度,总的有效应力 p_e 低于该层的预固结应力 p_c。在抽水引起海水入侵和地下水质恶化的海岸地带,人工回灌井应布置在海水和淡水体的分界线附近,以防止淡水体的缩小或水质恶化。利用不同回灌季节、灌入水的温度不同调整回灌层次及时间,实施回灌水地下保温节能措施。冬灌低温水作为夏季工业降温水源,夏灌高温水作为冬季热水来源。把地表水的蓄积贮存与地下水回灌结合起来,建立地面及地下联合调节水库,是合理利用水资源的一个有效途径。一方面利用地面蓄水体有效补给地下含水层,扩大人工补给来源;另一方面利用地层孔隙空间贮存地表余水,形成地下水库以增加地下水贮存资源。

③调整地下水开采层次,进行合理开采,适当开采更深层地下水或以地面水源代替地下水源。具体措施如下:

A. 以地面水源的工业自来水厂代替地下水供水源地;

B. 停止开采引起沉降量较大的含水层而改为利用深部可压缩性较小的含水层或基岩裂隙水;

C. 根据预测方案限制地下水的开采量或停止开采地下水。

④在沿海低平原地带修筑或加高挡潮堤、防洪堤,防止海水倒灌、淹没低洼地区。

⑤改造低洼地形,人工填土加高地面。

⑥改建城市给、排水系统和输油、气管线,整修因沉降而被破坏的交通线路等线性工程,使之适应地面沉降后的情况。

⑦修改城市建设规划,调整城市功能分区及总体布局。规划中的重要建筑物要避开沉降区。

(2)可能发生地面沉降的地区

对可能发生地面沉降的地区,应预测地面沉降的可能性及危害程度。预防措施有:

①估算沉降量,并预测其发展趋势。

②结合水资源评价,研究确定地下水资源的合理开采方案。在最小的地面沉降量条件下抽取最大可能的地下水开采量。

③采取适当的建筑措施,如避免在沉降中心或严重沉降地区建设一级建筑物,在进行房屋、道路、管道、堤坝、水井等规划设计时,预先对可能发生的地面沉降量作充分考虑。

7.8 地面塌陷

地面塌陷是在地表岩土体中所产生的突发性向下陷落,形成塌陷坑(洞)。它的出现是由于地下地质环境中存在人工采掘活动所留下的矿洞、巷道等采空区或存在有天然溶洞而引起的。在地面表现为局部范围内地表岩土体的开裂、不均匀下沉和突然陷落。地面塌陷在岩溶区是一种常见的自然动力地质现象,但更多的情况是人类对岩溶地下水的开采以及岩溶充水矿床的排水疏干等活动导致了数量可观、规模相当的地面塌陷事件。

1. 地面塌陷及危害

地面塌陷因其具有突发性,在特定地质条件下可由一系列塌陷坑(洞)所组成,形成大面积的沉陷区,因而灾害性强。地面塌陷可导致地面建筑物开裂、倾斜和坍塌,铁路和公路等交通运输线路下沉、扭曲、断开,水利农田设施破坏、水井干枯，通信线路、风景点破坏，造成人民生命财产巨大损失。根据有关资料，我国煤矿采矿引起的地面塌陷，每年造成的直接经济损失达到3.17亿元（可能会随着时间和地点的变化而有所不同）。我国岩溶造成的塌陷总数达4万个左右，岩溶塌陷集中分布在我国西南地区、华南、华中和华北地区，其他地区也有零星分布。我国岩溶塌陷高危险区面积约60万平方千米，包括有广州、武汉、深圳、贵阳、唐山、杭州、徐州、昆明等城市。据2016年的数据，岩溶塌陷数量占总数的47.67%，自然塌陷有406处，占塌陷总数的30.48%；人为塌陷有904处，占塌陷总数的67.87%。据估算，岩溶塌陷每年造成的直接经济损失约为30亿元。

2.采空区和地面塌陷

(1)采空区地表变形特征

地下矿层被开采后形成的地下空间被称为采空区。采空区上部岩层失去支撑，随之发生弯曲、塌落、下沉变形。从矿层开采至地面出现沉陷需要一定时间过程，地表变形开始形成凹地，凹地随后发展成凹陷盆地。随着采空区的扩大，凹陷盆地的边界会进一步变化，因此称为移动盆地。

地表移动盆地的范围要比采空区面积大，其位移和形状与矿层的倾角大小有关。矿层倾角平缓时，盆地位于采空区的正上方，形状与地下采空区对称；矿层倾角较大时，盆地在沿矿层走向方向仍对称于采空区，而沿倾斜方向，移动盆地与采空区的关系是非对称的，随着矿层倾角的增大，盆地中心愈向倾斜的方向偏移。

当地下采矿达到充分开采时，地表产生的移动盆地称为最终移动盆地。根据地表变形值的大小和变形特征，自移动盆地中心向边缘分为三个区：

①中间区：位于采空区的正上方，地表下沉均匀，下沉值最大，地面平坦，一般无明显裂缝；

②内边缘区：位于采空区外侧上方，地表下沉不均匀，地面向盆地中心倾斜，呈凹形，产生压缩变形，对建筑物破坏作用大；

③外边缘区：位于采空区外侧矿层上方，地表下沉不均匀，地面向盆地中心呈凸形，产生拉伸变形，地表易产生胀裂缝。移动盆地的最外边界，实际上难以确定，一般以地表下沉值达10 mm为标准来划分。

(2)影响地表变形的因素

采空区的地表变形分为两种移动和三种变形。两种移动是垂直移动（下沉）和水平移动；三种变形是倾斜、弯曲（曲率）和水平变形（压缩和拉伸）。影响地表变形的因素主要包括矿层、岩性、地质构造、地下水和开采条件等。

①矿层因素

A.矿层开采深度愈大，变形发展到地表所需的时间愈长，地表变形值愈小，变形较均匀，但地表移动盆地的范围增大；

B.矿层厚度大，采空区空间大，促使地表变形值增大；

C.矿层倾角大，水平移动值增大，地表出现裂缝的可能性增大，盆地和采空区的位置更不相对应。

②岩性因素

A.上覆岩层强度高、分层厚度大，破坏过程时间长，甚至长期不产生地表变形；强度低、分层厚度薄的岩层，常产生较大的地表变形，但变形均匀不易产生裂缝；脆性岩层地表易产生裂缝。

B.地表第四纪堆积物愈厚，则地表变形值增大，但变形平缓均匀。

③地质构造因素

A.岩层节理裂隙发育，会加快变形，增大变形范围、扩大地表裂缝区；

B.断层会破坏地表移动的正常规律，改变移动盆地的大小和位置，但断层带上的地表变形剧烈。

④地下水因素

地下水活动（特别是软弱岩层）会加快变形速度、扩大变形范围、增大地表变形值。

⑤开采条件因素

以柱房式开采和全部充填法处置顶板，对地表影响较小。

(3)采空区的调查和监测

①调查地表和建筑物的变形特征和分布规律。

②调查地表移动盆地的特征，划分中间区、内边缘区和外边缘区。

③调查采空区附近的抽水和排水情况及其对采空区稳定性的影响。

④变形观测线宜平行和垂直矿层走向呈直线布置，其长度应超出移动盆地的范围。

⑤计算移动盆地有关点的下沉、倾斜、曲率和移动值。绘制下沉曲线、下沉等值线图、水平变形分布图等。

(4)采空区地面建筑适宜性评价和处理措施

①下列地段不宜作为建筑场地：

A. 开采主要影响范围以内以及移动盆地边缘变形较大的地段；

B. 在开采过程中可能出现非连续变形的地段；

C. 地表移动处于活跃阶段的地段；

D. 特厚矿层和倾角大于55°的厚矿层露头地段；

E. 由于地表变形可能引起边坡失稳和山崖崩塌的地段；

F. 地表倾斜大于10 mm/m或地表曲率大于0.6 mm/m^{2}或地表水平变形大于6 mm/m的地段。

②防止地表移动和建筑物变形的措施

A. 开采技术方面的措施

如减少开采厚度，使地表变形不超过建筑物的容许极限值；控制开采的推进速度，使其均匀、合理进行，协调开采；采用充填法处理顶板等。

B. 建筑物预防变形的措施

例如建筑物长轴应垂直地下开采工作面的推进方向；建筑物平面形状力求简单，以矩形为宜；提高建筑物的刚度和整体性，增强其抗变形的能力；减少地表变形作用在建筑物上的附加应力，如设置变形缝、挖掘变形缓冲沟等。

3. 岩溶地面塌陷

岩溶地面塌陷是在岩溶洞穴发育地区，可溶性岩石之上的松散土石层中所产生的突发性向地面下洞穴移动而导致地面变形破坏，表现为形成圆锥形塌陷坑。我国是碳酸盐岩广泛分布的国家，覆盖型岩溶在碳酸盐岩地区占较大比例，南至两广，北至辽宁18个省都发现地面塌陷。抽取岩溶地下水作为供水来源或岩溶地区矿山排水疏干时产生的岩溶塌陷规模较大、突发性强。

(1)岩溶塌陷分布规律

①塌陷多产生于覆盖土层较薄的地区。一般认为，覆盖层厚<10 m者塌陷严重；10～30 m者容易塌陷；>30 m者塌陷的可能性很小。这是因为覆盖层薄，有利于地下水的潜蚀、掏空和搬运作用。

②塌陷随地下水开采量增大和水位降低而增多。

③在断裂带附近、褶皱轴部、矿体与碳酸盐岩接触部位常为岩溶(特别是落水洞、竖井等浅部岩溶)集中发育地区，因而也是地面塌陷可能发生的部位。

④岩溶地区河床两侧和地形低洼处易于发生塌陷。该地段覆盖层薄、地下岩溶发育，岩溶水与河水之间的水力联系密切，增强了对溶洞充填物的侵蚀能力，所以河床两侧易产生塌陷。

⑤水位忽高忽低波动频繁，会增强地下水潜蚀、冲刷和搬运作用，从而加速塌陷的发生。

(2)岩溶地面塌陷的处理方法及预防措施

①处理方法

A. 填洞：对地面塌陷坑，应及时填封。不易积水地段的塌陷坑，当没有基岩出露时，采用黏土回填夯实，直至高出地面0.3～0.5 m；当有基岩出露并见溶洞口时，可先用大块石料堵塞洞口，再用黏土压实。大量充水的塌陷坑，一般先用树枝柴捆、沙袋及石块交错投入洞中，必要时采用木桩固定，然后回填碎石、粉土夯实。

B. 围堤挖洞：对于被洪水淹没的塌陷洞，可在周围挖沟疏导积水，也可筑堤，防止洪水流入。

C. 河床地段的塌陷坑：若数量少，亦采用上述方法回填；若数量多，应视具体情况对河流采取局部改道的方法处理。

②预防措施

A. 控制地下水开采量，当发现开采井水浑浊时，应立即停抽，采取措施防止塌陷发生。

B. 建筑场地应选择在地势较高的地区；建筑场地应与抽、排水点有一定距离，一般布置在降水漏斗半径之外。

本章小结

(1)滑坡是指在重力作用下，岩土体沿一定的滑动面或滑动带相对运动的现象。滑坡的特征包括滑动面或滑动带的形态、滑坡体的形态和结构、滑坡体与基岩之间的接触关系等。影响滑坡的因素有内因和外因两类，内因包括岩土体的物理性质、结构性质和力学性质，外因包括水文地质条件、地形条件、工程活动等。滑坡的发展阶段有稳定期、失稳期和运动期三个阶段。滑坡的工程地质勘察与防治主要包括滑坡类型划分、滑坡危险性评价、滑坡稳定性分析和滑坡防治措施等。

(2)崩塌是指在重力作用下，岩石或岩土体突然从高处落下或抛出的现象。崩塌产生的条件主要有岩石或岩土体的物理性质、结构性质和力学性质，以及水文地质条件、地形条件、工程活动等。崩塌灾害防治主要包括崩塌危险性评价、崩塌稳定性分析和崩塌防治措施等。

(3)泥石流是指在重力作用下，含有大量泥沙和碎石的水流沿山区沟谷迅速下冲并具有巨大破坏力的现象。泥石流的形成条件主要有水文气象条件、地形条件、岩土体条件和人为活动等。泥石流的分类有按成因分类、按物源分类、按流态分类等。泥石流的防治主要包括泥石流危险性评价、泥石流稳定性分析和泥石流防治措施等。

(4)活断层是指在近期或现代具有相对位移或变形活动的断层。活断层的基本概念及研究意义主要是为了了解区域内的构造运动情况，评估区域内可能发生强震的可能性，预测未来可能发生强震的位置和规模，为工程建设提供参考依据。活断层的基本特征包括断层走向、倾向、倾角、长度、深度、位移方向和位移量等。活断层的鉴别主要依靠地貌标志、地层标志和人工标志等。活断层与工程主要涉及到活断层对工程建设造成直接危害和间接危害两方面。

(5)地震是指由于地壳内部突然释放能量而引起的震动现象。地震震级是指反映地震能量大小的量值，常用里氏震级或矩震级表示。地震烈度是指反映地震对人类生活环境影响程度的量值，常用震度表表示。地震效应主要包括地表效应和工程效应两方面，其中地表效应包括断裂效应、液化效应、山体崩塌效应等，工程效应包括建筑物受损效应、基础设施受损效应等。地震的工程地质评价主要包括确定区域内可能发生强震的可能性，评估区域内可能发生强震时产生的最大烈度，分析区域内可能发生强震时引起的各种次生灾害，为工程建设提供抗震设计依据。

(6)渗透变形是指由于水分渗透作用而引起岩土体变形或失稳现象。渗透变形的形成条件主要有岩土体的物理性质、结构性质和力学性质，以及水文地质条件、地形条件、工程活动等。渗透变形的类型有渗透膨胀、渗透软化、渗透冻胀等。渗透变形稳定性评价和防治主要包括渗透变形的识别、渗透变形的影响因素分析、渗透变形的计算方法和渗透变形的防治措施等。

(7)地面沉降是指由于地下水位下降或地下空间开采而引起的地面下沉的现象。地面沉降的诱发因素主要有超采地下水、开采矿产资源、建设隧道等。因超采地下水引起的地面沉降主要发生在含水层为可压缩岩土体的区域，其机理是由于超采地下水导致含水层中孔隙水压力下降，使得含水层承受更大的有效应力，从而产生压缩变形。地面沉降的控制与治理主要包括控制地下水开采量、补给地下水资源、加固地基处理等。

(8)地面塌陷是指由于地下空间开采或岩溶作用而引起的地面突然坍塌的现象。地面塌陷及危害主要表现在对人员安全和工程建设造成严重威胁，破坏地表景观和生态环境，影响区域内的水文地质条件等方面。采空区和地面塌陷主要发生在开采煤炭、金属矿等矿产资源后，由于采空区内部发生垮塌或者采空区与地表之间存在连通通道而导致地表坍塌。岩溶地面塌陷主要发生在岩溶区域，由于岩溶作用导致岩层中形成溶洞或溶蚀裂隙，当溶洞或裂隙承受过大的荷载或者遭受外界干扰时，就会发生垮塌并引起地表坍塌。

习　题

7.1 影响滑坡的因素主要有哪些？滑坡的防治措施主要有哪些？简述滑坡的发展阶段及其特点。

7.2 简述崩塌的发生条件及其防治措施。

7.3 泥石流形成的条件有哪些？

7.4 活断层的基本特征有哪些？活断层对工程的安全性会产生怎样的影响？

7.5 何谓地震的震级和地震烈度？它们之间有什么联系和区别？

7.6 强震区岩土体破坏的特点有哪些？场地工程地质条件对震害有着怎样的影响？

7.7 简述地震区抗震设计原则和建筑物抗震措施。

7.8 简述各类渗透变形的特点。渗透变形的防治措施主要有哪些？

7.9 地面沉降的诱发因素有哪些？地面沉降的防治措施有哪些？

7.10 采空区地表变形的特点是什么？

7.11 岩溶地面塌陷的处理方法及预防措施主要有哪些？

8 工程地质勘察

学习目标

了解工程地质勘察的基本概念、目的和任务,掌握工程勘察阶段与分级的原则和方法;熟悉工程地质测绘的主要内容、比例尺和方法要点,能够根据工程地质条件和工程要求选择合适的测绘技术和手段;掌握工程地质勘探的基本方法和技术,包括井探、槽探、洞探、物探和钻探,能够根据不同的岩土类型和工程特点进行合理的勘探设计和取样。了解工程地质试验的主要内容和方法,包括室内测试和原位测试,能够根据试验结果分析岩土的物理力学性质和工程特性;熟悉工程地质监测与评价的目的和任务,能够运用常用的监测手段和方法进行建筑物的沉降观测、地下水的监测和建筑地基评价,能够根据监测数据分析工程地质问题和提出解决方案。

8.1 工程勘察阶段与分级

1. 工程勘察阶段

工程地质勘察是完成工程地质学在经济建设中“防灾”这一总任务的具体实践过程,其任务从总体上来说是为工程建设规划、设计、施工提供可靠的地质依据,以充分利用有利的自然和地质条件,避开或改造不利的地质因素,保证建筑物的安全和正常使用。

建设工程项目设计一般分为可行性研究、初步设计和施工图设计三个阶段。为了提供各设计阶段所需的工程地质资料,勘察工作也相应地划分为选址勘察(可行性研究勘察)、初步勘察、详细勘察三个阶段。

各勘察阶段的任务和工作内容简述如下:

(1)选址勘察阶段

选址勘察工作对于大型工程是非常重要的环节,其目的在于从总体上判定拟建场地的工程地质条件能否适宜工程建设项目。一般通过取得几个候选场址的工程地质资料进行对比分析,对拟选场址的稳定性和适宜性作出工程地质评价。选择场址阶段应进行下列工作:

①搜集区域地质、地形地貌、地震、矿产和附近地区的工程地质资料及当地的建筑经验;

②在搜集和分析已有资料的基础上,通过踏勘,了解场地的地层、构造、岩石和土的性质、不良地质现象及地下水等工程地质条件;

③对工程地质条件复杂,已有资料不能符合要求,但其他方面条件较好且倾向于选取的场地,应根据具体情况进行工程地质测绘及必要的勘探工作。

选择场址时,应进行技术经济分析,一般情况下宜避开下列工程地质条件恶劣的地区或地段:

(a)不良地质现象发育,对场地稳定性有直接或潜在威胁的地段;

(b)地基土性质严重不良的地段;

(c)对建筑抗震不利的地段,如设计地震烈度为 8 度或 9 度且邻近发震断裂带的场区;

(d)洪水或地下水对建筑场地有威胁或有严重不良影响的地段;

(e)地下有未开采的有价值矿藏或不稳定的地下采空区上的地段。

(2)初步勘察阶段

初步勘察的目的是:对场地内建筑地段的稳定性作出评价;为确定建筑总平面布置、主要建筑物地基基础设计方案以及不良地质现象的防治工程方案作出工程地质论证。本阶段的主要工作如下:

①搜集本项目可行性研究报告(附有建筑场区的地形图,一般比例尺为1:2000～1:5000)、有关工程性质及工程规模的文件。

②初步查明地层、构造、岩石和土的性质;地下水埋藏条件、冻结深度、不良地质现象的成因和分布范围及其对场地稳定性的影响程度和发展趋势。当场地条件复杂时,应进行工程地质测绘与调查。

③对抗震设防烈度为7度或7度以上的建筑场地,应判定场地和地基的地震效应。

初步勘察时,在搜集分析已有资料的基础上,根据需要和场地条件还应进行工程勘探、测试以及地球物理勘探工作。

(3)详细勘察阶段

在初步设计完成之后进行详细勘察,它是为施工图设计提供资料的。此时场地的工程地质条件已基本查明。所以详细勘察的目的是提出设计所需的工程地质条件的各项技术参数,对建筑地基作出岩土工程评价,为基础设计、地基处理和加固、不良地质现象的防治工程等具体方案作出论证和结论。详细勘察阶段的主要工作要求是:

①取得附有坐标及地形的建筑物总平面布置图,各建筑物的地面整平标高、建筑物的性质和规模,可能采取的基础形式与尺寸和预计埋置的深度,建筑物的单位荷载和总荷载、结构特点和对地基基础的特殊要求。

②查明不良地质现象的成因、类型、分布范围、发展趋势及危害程度,提出评价与整治所需的岩土技术参数和整治方案建议。

③查明建筑物范围各层岩土的类别、结构、厚度、坡度、工程特性,计算和评价地基的稳定性和承载力。

④对需进行沉降计算的建筑物,提出地基变形计算参数,预测建筑物的沉降、差异沉降或整体倾斜。

⑤对抗震设防烈度大于或等于6度的场地,应划分场地土类型和场地类别。对抗震设防烈度大于或等于7度的场地,还应增加分析预测地震效应,判定饱和砂土和粉土的地震液化可能性,并对液化等级作出评价。

⑥查明地下水的埋藏条件,判定地下水对建筑材料的腐蚀性。当需基坑降水设计时,尚应查明水位变化幅度与规律,提供地层的渗透性系数。

⑦提供为深基坑开挖的边坡稳定计算和支护设计所需的岩土技术参数,论证和评价基坑开挖、降水等对邻近工程和环境的影响。

⑧为选择桩的类型、长度,确定单桩承载力,计算群桩的沉降以及选择施工方法提供岩土技术参数。

详细勘察的主要手段以勘探、原位测试和室内土工试验为主,必要时可以补充一些地球物理勘探、工程地质测绘和调查工作。详细勘察的勘探工作量,应按场地类别、建筑物特点及建筑物的安全等级和重要性来确定。对于复杂场地,必要时可选择具有代表性的地段布置适量的探井。

2.工程勘察分级

工程地质勘察分级是在确定了勘察阶段的基础上进行的,它关系到勘察工作的内容、方法、要求与勘察工作量的大小。勘察分级主要取决于三方面因素:第一,工程的安全等级;第二,场地的复杂程度;第三,地基的复杂程度。根据这三方面条件将岩土工程划分为三个勘察等级。

(1)工程安全等级

工程安全等级划分为三级,见表8.1。就建筑工程而言,安全等级为一级的主要工程指:重要的工业与民用建筑,20层以上的高层建筑;体型复杂的14层(含14层)以上的高层建筑;对地基变形有特殊要求的建筑;单桩承受的荷载在4000 kN以上的建筑物。安全等级为二级的一般工程是指一般的工业与民用建筑。安全等级为三级的是指次要的建筑物。

表 8.1 工程安全等级

安全等级	破坏后果	工程类型
一级	很严重	主要工程
二级	严重	一般工程
三级	不严重	次要工程

(2)场地复杂程度等级

场地复杂程度等级划分为三级(表 8.2),只要满足每一等级中的一条即可。

表 8.2 场地等级划分标准

场地等级	场地条件
一级场地	对建筑抗震危险地段,或不良地质现象强烈发育,或地质环境已经或可能受到强烈破坏,或地形地貌复杂
二级场地	对建筑抗震不利地段,或不良地质现象一般发育,或地质环境已经或可能受到一般破坏,或地形地貌较复杂
三级场地	地震设防烈度等于或小于 6 度,或对建筑抗震有利的地段,或不良地质现象不发育,或地质环境未受到破坏,或地形地貌简单

国家标准《建筑抗震设计规范》(GB 50011—2001),根据场地的地形地貌和地质条件对建筑抗震有利、不利和危险地段作了如下划分,见表 8.3。

表 8.3 有利、不利和危险地段的划分

地段类别	地质、地形、地貌
有利地段	稳定基岩,坚硬土,开阔、平坦、密实、均匀的中硬土等
不利地段	软弱土,液化土,条状突出的山嘴,高耸孤立的山丘,非岩质的陡坡,河岸和边坡边缘,平面分布上成因、岩性、状态明显不均匀的土层(如故河道、疏松的断层破碎带、暗埋的塘浜沟谷及半填半挖地基)等
危险地段	地震时可能发生滑坡、崩塌、地陷、地裂、泥石流等及发震断裂带上可能发生地表位错的部位

(3)地基复杂程度等级

地基复杂程度等级也划分为三级,详见表 8.4。

表 8.4 地基等级划分标准

地基等级	地基条件
一级地基	岩土种类多,性质变化大,地下水对工程影响大,且需特殊处理;多年冻土、湿陷、膨胀、污染严重的特殊岩土,以及其他情况复杂、需作专门处理的岩土
二级地基	岩土种类较多,性质变化较大,地下水对工程有不利影响;一级地基规定以外的特殊性岩土
三级地基	岩土种类单一,性质变化不大,地下水对工程无影响;无特殊性岩土

(4)工程地质勘察等级

综合前述工程安全等级、场地复杂程度等级和地基复杂程度等级将工程地质勘察工作分成三个等级,详见表 8.5。

表 8.5 工程地质勘察等级划分

勘察等级	确定勘察等级的条件		
	工程安全等级	场地复杂程度等级	地基复杂程度等级
一级	一级	任意	任意
	二级	一级	任意
		任意	一级

续表 8.5

勘察等级	确定勘察等级的条件		
	工程安全等级	场地复杂程度等级	地基复杂程度等级
二级	二级	二级	二级或三级
二级	二级	三级	二级
二级	三级	一级	任意
二级	三级	任意	一级
二级	三级	二级	二级
三级	二级	三级	三级
三级	三级	二级	三级
三级	三级	三级	二级或三级

8.2 工程地质测绘

1. 工程地质测绘的主要内容

对地质、地貌条件较复杂的场地，在选址勘察或初步勘察阶段宜进行工程地质测绘。工程地质测绘是最基本的勘察方法和基础性工作，通过测绘将测区的工程地质条件反映在一定比例尺的地形底图上。根据野外调查或综合研究勘察区域的地质条件，如地层岩性、地质构造、地形地貌、水文地质条件以及各种物理地质现象，并结合其他勘察资料对场地或建筑地段的稳定性和适宜性作出评价，同时也为勘察方案的布置提供依据。

2. 工程地质测绘的比例尺

对于工程地质测绘范围的确定，在一般情况下应大于建筑占地面积，但也不宜过大，以解决实际问题的需要为前提。

工程地质测绘所用地形图的比例尺，一般有以下三种：

(1)小比例尺测绘

比例尺 1：5000～1：50000，一般在可行性研究勘察、城市规划或区域性工业布局时使用；

(2)中比例尺测绘

比例尺 1：2000～1：5000，一般在初步勘察阶段时采用；

(3)大比例尺测绘

比例尺 1：200～1：1000，适用于详细勘察阶段或地质条件复杂和重要建筑物地段，以及需要解决某一特殊问题时采用。

对于建筑地段的地质界线，测绘精度在图上的误差不应超过 3 mm，其他地段不应超过 5 mm。

3. 工程地质测绘方法要点

工程地质测绘方法有相片成图法和实地测绘法。相片成图法是利用地面摄影或航空(卫星)摄影的相片，在室内根据判释标志，结合所掌握的区域地质资料，把判明的地层岩性、地质构造、地貌、水系和不良地质现象等，调绘在单张相片上，并在相片上选择需要调查的若干地点和线路，然后据此做实地调查，进行核对、修正和补充，将调查的结果转绘在地形图上而成工程地质图。

当该地区没有航测等相片时，工程地质测绘主要依靠野外工作，即实地测绘法。常用的实地测绘法有三种：

(1)路线法

它是沿着一些选择的路线，穿越测绘场地，将沿线所测绘或调查的地层、构造、地质现象、水文地质、地质界线和地貌界线等填绘在地形图上。路线可为直线型或折线型。观测路线应选择在露头及覆盖较薄的地方；观测路线方向大致与岩层走向、构造线方向及地貌单元相垂直，这样就可以用较少的工作量而获得较多的工程地质资料。

(2)布点法

它是根据地质条件复杂程度和测绘比例尺的要求，预先在地形图上布置一定数量的观测路线和观测点。观测点一般布置在观测路线上，但要考虑观测目的和要求，如为了观测研究不良地质现象、地质界线、地质构造及水文地质等。布点法是工程地质测绘中的基本方法，常用于大、中比例尺的工程地质测绘。

(3)追索法

它是沿地层走向或某一地质构造线，或某些不良地质现象界线进行布点追索，主要目的是查明局部的工程地质问题。追索法通常是在布点法或路线法基础上进行的，它是一种辅助方法。

8.3 工程地质勘探

1. 井探、槽探和洞探

当钻探方法难以准确查明地下情况时，可以采用探井、探槽进行勘探。探井、探槽是采用人工或机械的方式挖掘成坑、槽。人可以直接进入其中观察地质结构的细节，还可以采取原状结构试验样品或进行现场试验，因此它具有其他勘察手段无法取代的作用。但是探井、探槽探查的深度较浅，对于地下水位以下深度的勘探也比较困难。

工程地质勘探中常用的坑、槽探工程有：探槽、试坑、浅井、竖井和平洞。其中前三种为轻型坑、槽探工程，后两种为重型坑、槽探工程。各种坑、槽探工程的特点和适用条件列于表 8.6 中。

表 8.6 工程地质勘探中井探、槽探和洞探工程的类型

类型	特　　点	适用条件
试坑	深数十厘米的圆形或方形小坑	多用于基岩埋深较浅的地区，揭露基岩
浅井	从地表垂直向下、断面呈圆形或方形，深 5～15 m	确定覆盖层风化层的岩性及厚度；取原状土样，进行载荷试验、渗水试验等
探槽	在地表垂直岩层走向或构造线方向，深度小于 3～5 m 的长条形槽子	追索断层、探查残坡积层及风化岩层的厚度和岩性
竖井	形状与浅井同，但深度大于 15 m，一般布置在平缓山坡、河漫滩、阶地，一般需支护	探查风化壳厚度、断层裂隙、软弱夹层、滑坡滑动面及岩溶发育情况
平洞	在地面有出口的水平坑道。多布置在陡坡或岩层近于直立的地区	用于了解软弱夹层、断层破碎带的分布和岩体节理裂隙的发育情况。亦可取样或作原位试验

对探井、探槽、探洞进行观测时，除应进行文字记录外，还应绘制剖面图、展示图等，以反映井、槽、洞壁及其底部的岩性、地层分界、构造特征；如进行取样或原位试验时，还要在图上表明取样和原位试验的位置，并辅以代表性部位的彩色照片。

竖井、平洞一般用于坝址、地下工程、大型边坡工程等的勘查中，其深度、长度及断面的位置可按工程需要确定。

2. 物探

物探是以专用仪器探测地壳表层各种地质体的物理场来进行地层划分，判明地质构造、水文地质及各种物理地质现象的地球物理勘探方法。因为地质体的不同结构和特性，如成层性、裂隙性和岩土体的含水性、空隙性、物质成分、固结胶结程度等常以地质体的导电性、磁性、弹性、密度、放射性等地球物理性质或地球物理场的差异表现出来。采用不同的探测方法，如电法、地震法、磁法、重力法以及放射性勘探等方法可以测定不同的物理场，用以了解地质体的特征，分析解决地质问题。应用最广的是电法和地震法勘探。

(1)电法勘探

电法勘探是研究地下地质体电阻率差异的地球物理勘探方法，也称之为电阻率法。该方法通常是通过电测仪测定人工或天然电场中岩土地质体的导电性大小及其变化，再经过专门的量板解释从而区分地层、构造以及覆盖层和风化层厚度、含水层分布和深度、古河道、主导充水裂隙方向等。

岩土电阻率变化范围很大，火成岩的电阻率最高，变质岩次之，沉积岩最低。各种岩土的电阻率变化范围如表 8.7 所示。

表 8.7　各类岩土电阻率变化范围表

岩土类别		电阻率(Ω·m)							
		0	10^0	10^1	10^2	10^3	10^4	10^5	10^6
岩浆岩					—	—	—	—	
变质岩				—	—	—	—	—	
沉积岩	黏土	—	—	—					
	软页岩	—	—	—					
	硬页岩		—	—	—				
	砂			—	—	—			
	砂岩			—	—	—			
	多孔灰岩			—	—	—			
	致密灰岩					—	—	—	

影响岩土电阻率大小的因素很多，主要是岩石的成分、结构、构造、孔隙裂隙、含水性等。如第四纪的松散土层中，干的砂砾石电阻率高达几百至几千欧姆·米，饱水的砂砾石电阻率只有几十欧姆·米，电阻率显著降低。在同样的饱水条件下，粗颗粒的砂砾石电阻率比细颗粒的细砂、粉砂高。潜水位以下的高阻层位反映粗颗粒含水层的存在，作为隔水层的黏土电阻率远比含水层低。正是因为存在电阻率的差异，才能采用电阻率法来勘探砂粒石层与黏土层的分布。

设地层为均质各向同性的，当向地表下通过电流时，地层电阻率的大小都一样，电流线的分布如图 8.1 所示。A、B 为供电电极，M、N 为测量电极，当 A 和 B 供电时，用仪器测出 M 点和 N 点之间的电位差 ΔU_{MN} 和电流值 I，则地层的视电阻率可按下式计算：

$$\rho = K \cdot \frac{\Delta U_{MN}}{I}$$

式中　ρ——地层的视电阻率(Ω·m)；

ΔU_{MN}——M、N 两级的电位差，$\Delta U_{MN} = U_M - U_N$，其中 U_M、U_N 分别为在观测点 M、N 处产生的电位；

I——测得的电流值；

K——装置系数，与供电和测量电极间距有关。

在各向同性的均质岩层中测量时，从理论上讲，无论电极装置如何，所得的电阻率应当相等，即地层的真电阻率。但实际工作中所遇到的地层既不同性又不均质，所得电阻率并非真实电阻率，而是非均质体的综合反映，所以称这个所得的电阻率为视电阻率。

有两种不同性质的岩层，其电阻率为 ρ_1 和 ρ_2，当供电电极 A、B 的间距与上部岩层厚度 h 相比不太大时，电流线大部分只通过上部岩层(图 8.2)，这时测得的视电阻率相当于 ρ_1 值；当 A、B 间距与 h 相比较大时，则大部分电流通过下部岩层，这时所测得的视电阻率相当于 ρ_2 值。因此，A、B 间的距离愈长反映的深度愈深。这样就可以用它来了解不同岩层的分布。如在同一点测量，逐渐加大 A、B 间距，就可以了解不同深度的岩性；反之间距不变，而测量位置移动，就可以了解某一深度岩性的水平变化及规律。

由于电极极距的装置不同，所反映的地质情况也不同，因此根据极距的装置可将电阻率法分为电测深法、电剖面法及中间梯度法等。

①电测深法

电测深法在地表以某一点为中心(此点称为常测点)，用不同供电极距测量不同深度岩层的视电阻率值，以获取该点处地质断面的方法。若测点沿勘探线布置时，可得出地质剖面情况。

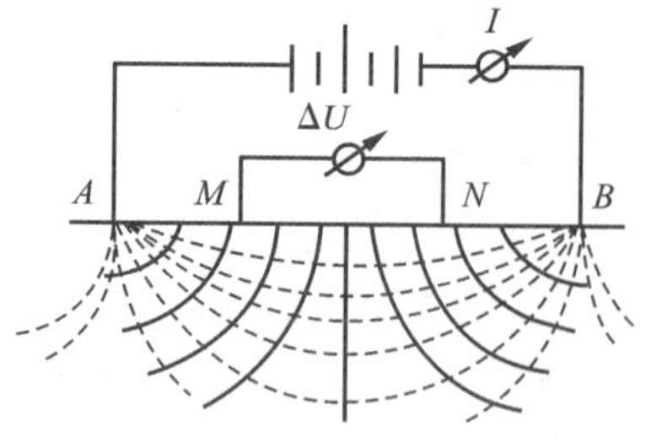

图 8.1　电法勘探原理示意图

（虚线表示电流线分布图，实线表示电位线）

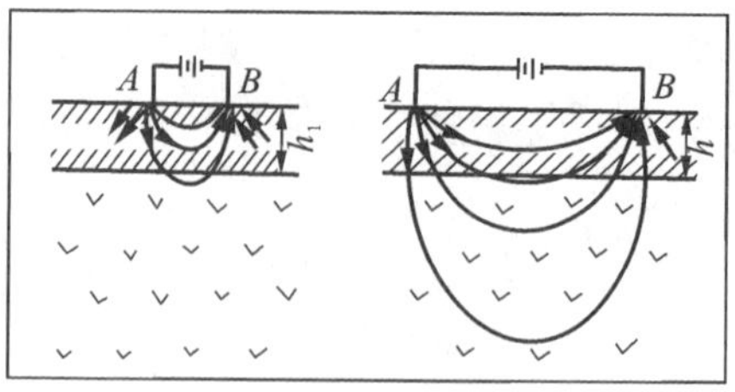

图 8.2　A、B 极距不等时电流线的分布

②电剖面法

电剖面法是测量电极和供电极的装置不变，而测点沿某一方向移动，来探测某深度岩层 ρ 值的水平变化规律的方法。

③中间梯度法

中间梯度法是将供电极 A、B 的间距固定不变，电极 M、N 在其中部约 1/3 的地段沿 AB 线或平行于 AB 线测量，这样的电场被认为是均匀的。若测量范围内有高低电阻不均匀地质体时，则反映出极大或极小值。一般用来探测陡倾角高阻的带状构造，测线应垂直带状构造布置。

(2)地震勘探方法简介

地震勘探也是广泛用于工程地质勘探的方法之一。它是利用地质介质的波动性来探测地质现象的一种物探方法。基本原理是利用爆炸或敲击方法向岩体内激发地震波，地震波以弹性波动方式在岩体内传播。根据不同介质弹性波传播速度的差异来判断地质现象。按弹性波的传播方式，地震勘探又分为直达波法、反射波法和折射波法。地震勘探可以用于了解地下地质构造，如基岩面、覆盖层厚度、风化层、断层等。根据要了解的地质现象的深度和范围的不同，可以采用不同频率的地震勘探方法。

3. 钻探与取样

(1)钻探

工程地质钻探是获取地表下准确地质资料的重要方法，通过钻探孔采取原状岩土样和做现场力学试验是钻探的任务之一。

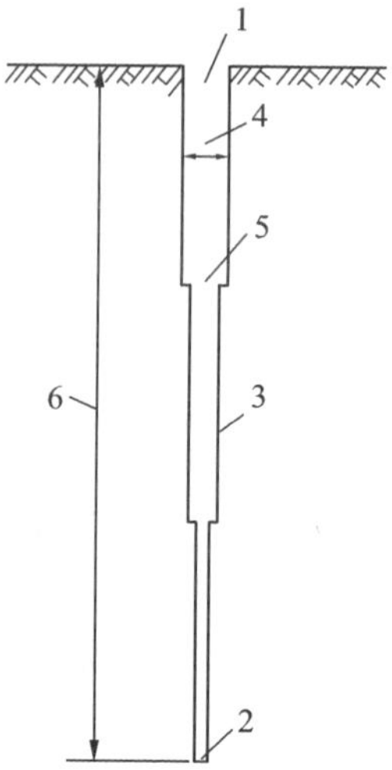

图 8.3　钻孔要素

1—孔口；2—孔底；3—孔壁；4—孔径；5—换径；6—孔深

钻探是指在地表下用钻头钻进地层的勘探方法。在地层内钻成直径较小并且具有相当深度的圆筒形孔眼的孔称为钻孔。钻孔的基本要素如图 8.3 所示。通常将直径大于 800 mm 的钻孔称为大直径钻孔。

钻孔的直径、深度、方向等，应根据工程要求、地质条件和钻探方法综合确定。为了鉴别和划分地层，终孔直径不宜小于 33 mm；为了采取原状土样，取样段的孔径不宜小于 108 mm；为了采取岩石试样，取样段孔径对于软质岩不宜小于 108 mm，对于硬质岩不宜小于 89 mm。作孔内试验时，试验段的孔径应按试验要求确定。钻孔深度由数米至上百米，一般工业与民用建筑工程地质钻探深度在数十米以内。钻孔的方向一般为垂直的，也有打成倾斜的钻孔，这种孔称为斜钻孔。在地下工程中有打成水平的，甚至直立向上的钻孔。

根据自然条件的复杂性以及工程的要求选择钻探设备和钻探方法。钻机一般分为回转式和冲击式两种。回转式钻机是利用钻机的回转器带动钻具旋转，磨削孔底地层而钻进，通常使用管状钻具，能取柱状岩芯样品。冲击式钻机则利用卷扬机借钢丝绳带动有一定重量的钻具上下反复冲击，使钻头击碎孔底地层而形成钻孔后用抽筒提取岩石碎屑或扰动土样。适用于建筑工程地质勘探的国产钻机型号及性能见表 8.8 所示。图 8.4 为 SH-30 型钻机钻进示意图。

表 8.8 国产钻机的主要类型

钻机类型	钻进方式	钻孔深度(m)	钻孔直径(mm)	适用范围
SH-30 型	冲击、回转	30	124	黏性土、粉土、砂土、碎石土
CH-50 型	冲击、回转	50	89/146	第四纪松散地层
DDP-100 型汽车钻	冲击、回转	100	150/200	各种地层
XU-100 型	回转、静压	100	110	各种地层
M-68 型(汽强式震动钻机)	震动	20～40	180/160	黏性土、粉土、砂土、碎石土、风化岩石
全液压程序控制 HRV-60B 型(工程地质钻机)	回转 静压 震动	60	146	黏性土、粉土、砂土
ZK-50 型(综合勘探全液压钻机)	回转 冲击震动 静压	50	150	黏性土、粉土、砂土，还可进行动力触探和静力触探
XU-300-2 型	回转、静压	300	110	各种地层

(2)岩土取样

由于工程岩土的特性复杂，特别是土的工程特性与其所处的状态关系密切，要获取准确的工程地质资料，在采取试样过程中应保持试样的天然结构。天然成分和结构未被破坏的样品称作原状样，反之称扰动样或重塑样。对于岩芯试样，由于其一般硬度都较大，它的天然结构难以破坏，而土样则易受扰动。取土器在打入或压入土体时，必然引起变形和位移，因此在工程地质勘察实际工作中不可能取得完全不受扰动的原状土样。为此，《岩土工程勘察规范》(GB 50021—2001，2009 年版)按采取样品过程中受扰动程度，将土试样划分成四个质量等级，并对各级试样可以测试的项目作了规定(见表 8.9)。

表 8.9 土试样质量等级划分

级别	扰动程度	试验内容
Ⅰ	不扰动	土类定名、含水量、密度、强度试验、固结试验
Ⅱ	轻微扰动	土类定名、含水量、密度
Ⅲ	显著扰动	土类定名、含水量
Ⅳ	完全扰动	土类定名

注：①不扰动是指原位应力状态虽已改变，但土的结构、密度、含水量变化很小，能满足室内试验各项要求。

②除地基基础设计等级为甲级的工程外，在工程技术要求允许的情况下可用Ⅱ级土试样进行强度和固结试验，但宜先对土试样受扰动程度作抽样鉴定，判定用于试验的适宜性，并结合地区经验使用试验成果。

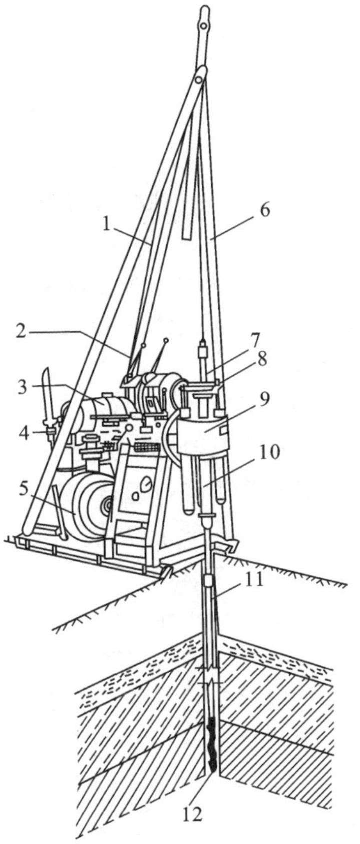

图 8.4 钻机钻进示意图

1—钢丝绳；2—卷扬机；3—柴油机；4—操纵把；5—转轮；6—钻架；7—钻杆；8—卡杆器；9—回转器；10—立轴；11—钻孔；12—螺旋钻头

在取原状土样时，为了保证土样少受干扰，主要应考虑一下几点原则：

① 选择合理钻进方法，在结构敏感土层和较疏松砂层中，需采用回转钻进而不得采用冲击钻进，并以泥浆护孔，可以减少扰动；

② 合理选择取土器和取样方法，一般宜采用标准薄壁取土器，亦可以束节式取土器取代薄壁取土器；

③ 取土钻孔的孔径要适当，取土器与孔壁之间要有一定的孔隙，避免取土器切削孔壁，挤进过多的废土；

④ 取土前的一次钻进不宜过深，以免下部拟取土样部位的土层受扰动；

⑤ 在土样封存、运输和开土样做试验时都应避免扰动，严防振动、日晒、雨淋和冻结。

8.4 工程地质试验

1. 室内测试及试验指标选取

(1)室内测试

通过室内岩石试验和土工试验，可以取得岩石和土的物理力学性质以及地下水水质等定量指标，以供编写报告使用。为保证试验工作的规范化，我国专门制定了有关试验规范，即《土工试验方法标准》(GB/T50123—2019)和《工程岩体试验方法标准》(GB/T50266—2013)。上述规范对各项物理力学指标的测定操作方法作出了详细规定。

室内测试项目按岩土类型及工程类型的要求而具体确定：

①对黏性土、粉土一般应进行天然密度、天然含水量、重度、液限、塑限、压缩系数及抗剪强度(采用三轴仪或直接剪切仪)试验；

②对砂土则要求进行颗粒分析，测定天然密度、天然含水量、重度及自然休止角等；

③对碎石土，必要时可做颗粒分析，对含黏性土较多的碎石土，宜测黏性土的天然含水量、液限和塑限；

④对岩石试样，一般可做饱和单轴极限抗压强度测试，必要时，还须测定抗剪强度等其他岩石物理力学性质指标。

若需判定场地地下水对混凝土的腐蚀性时，需测定地下水的 pH 值、Cl^-、SO_4^{2-}、HCO_3^-、Ca^{2+}、Mg^{2+} 等以及游离 CO_2 和腐蚀性 CO_2 含量。

(2)试验指标的选取

工程地质勘察过程中，勘探、试验、测试和监测等各项勘察任务都有大量的试验数据产生。而这些数据往往都是离散的，因此需要对勘察数据进行整理和分析。一般要求如下：

①在各种岩土参数进行统计分析之前，首先必须进行工程地质单元划分，不同地质单元的数据不能放在一起进行统计。一般来说，同一个工程地质单元的岩土应具有相同的时代、成因、岩土性质和动力地质作用特征。

②对每个统计单元所取得的试验数据逐个进行检查。对于数值过高、过低的异常数据，若由试验方法引起应抽出复查，而由其他随机原因引起的错误应予舍弃。异常数据舍弃可用三倍标准差法或 Grubbs 准则来判别。这里仅介绍三倍标准差法：

大样本时：

$$\overline{X}-3S > \text{异常值} > \overline{X}+3S \tag{8.1}$$

小样本时：

$$\overline{X}-3S \pm \frac{3S}{\sqrt{2(N-1)}} > \text{异常值} > \overline{X}+3S \pm \frac{3S}{\sqrt{2(N-1)}} \tag{8.2}$$

式中 $\overline{X}$——样本平均值；

S——样本标准差，$3S$ 称为极限误差；

$\frac{S}{\sqrt{2(N-1)}}$——样本标准差的标准差，当样本较大时，可近似写成$\frac{S}{\sqrt{2N}}$，其正负号按指标不利值考虑。

③岩土参数的统计方法

A. 岩土的物理力学指标按下列公式计算平均值、标准差：

$$\phi_m = \frac{\sum_{i=1}^{n} \phi_i}{n} \tag{8.3}$$

$$\sigma_f = \sqrt{\frac{1}{n-1}\left[\sum_{i=1}^{n} \phi_i^2 - \frac{\left(\sum_{i=1}^{n} \phi_i\right)^2}{n}\right]} \tag{8.4}$$

式中　ϕ_i——岩土的物理力学指标数据；

n——统计单元内数据的个数；

ϕ_m——岩土参数的平均值；

σ_f——岩土参数的标准差。

B. 岩土参数的变异特征，可按下式计算变异系数 δ 来进行评价：

$$\delta = \frac{\sigma_f}{\phi_m} \tag{8.5}$$

主要参数可沿钻孔分析深度变化，进一步划分相关型和非相关型。相关型参数宜结合岩土参数与深度的经验关系，按下式确定变异系数、剩余标准差：

$$\delta = \frac{\sigma_r}{\phi_m} \tag{8.6}$$

$$\sigma_r = \sigma_f \sqrt{1 - r^2} \tag{8.7}$$

式中　σ_r——剩余标准差；

r——相关系数，对非相关型，$r=0$。

按变异系数，将岩土随深度的变异特征划分为均一型（$\delta<0.3$）和剧变型（$\delta\geqslant0.3$）。

C. 岩土参数的标准值中 ϕ_k 可按下式确定：

$$\phi_k = r_s \cdot \phi_m \tag{8.8}$$

$$r_s = 1 \pm \left(\frac{1.704}{\sqrt{n}} + \frac{4.678}{n^2}\right)\delta \tag{8.9}$$

注：式中正负号按不利组合考虑，如计算 C、φ 值的修正系数取负号。

式中　ϕ_m——岩土参数的平均值；

r_s——统计修正系数。

统计修正系数 r_s 也可按岩土工程的类型和重要性、参数的变异性和统计数据的个数，根据经验选用。

2. 原位测试

原位测试的方法有很多种，本书主要介绍下列几种方法：载荷试验、静力触探试验、标准贯入试验、扁铲侧胀试验、旁压试验、波速试验，并侧重介绍其基本原理及成果的应用。

(1)静力载荷试验

静力载荷试验包括平板载荷试验(PLT)和螺旋板载荷试验(SPLT)。平板载荷试验适用于浅部各类地层，螺旋板载荷试验适用于深部或地下水位以下的地层。静力载荷试验可用于确定地基的承载力、变形模量、不排水抗剪强度、基床反力系数及固结系数等。下面主要以平板载荷试验为例介绍静力载荷试验的基本

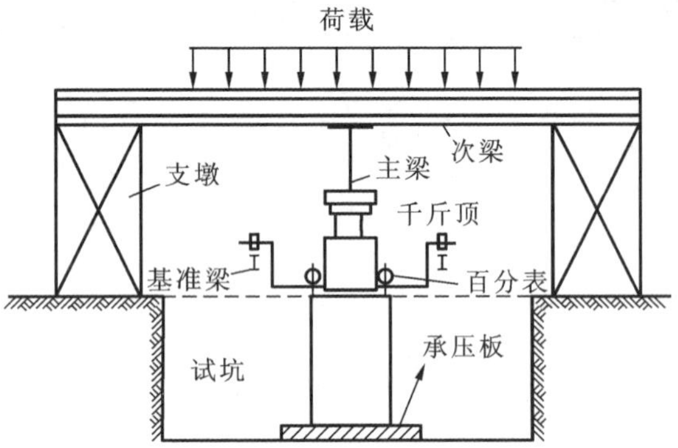

图 8.5　地基载荷试验装置

原理和方法。

静力载荷试验装置和基本技术要求如下所示：

静力载荷试验的主要设备有三个部分，即加荷与传压装置、变形观测系统及承压板（图 8.5）。试验时将试坑挖到基础的预计埋置深度，整平坑底，放置承压板，在承压板上施加荷重来进行试验。基坑宽度不应小于承压板的宽度或直径的 3 倍。注意保持试验土层的原状结构和天然温度。承压板应为刚性圆形板或方形板，其面积为 0.25～0.5 m^2。加荷等级不应小于 8 级，最大加载量不少于荷载设计值的两倍。每级加载后按时间间隔 10 min、10 min、10 min、15 min、15 min 测读一次沉降量，以后每隔 30 min 测读一次沉降量。当连续 2 h 内，每小时的沉降量小于 0.1 mm 时，则认为已趋于稳定，可加下一级荷载。当出现下列情况之一时，即可终止加载：

①承压板周围的土明显侧向挤出；

②沉降量（s）急剧增大，荷载-沉降曲线（p-s 曲线）出现陡降段；

③在某一级荷载下，24 h 内沉降速率不能达到稳定标准；

④相对沉降量 $s/b \geqslant 0.06$（b 为承压板的宽度或直径）时。

（2）静力触探试验

静力触探试验是通过一定的机械装置，将某种规格的金属探头用静力压入土层中，同时用传感器或直接量测仪表测试土层对触探头的贯入阻力，以此来判断、分析、确定地基土的物理力学性质。静力触探试验适用于黏性土、粉土和砂土，主要用于划分土层、估算地基土的物理力学指标参数、评定地基土的承载力、估算单桩承载力及判定砂土地基的液化等级等。

静力触探试验的技术要求：

静力触探试验使用的静力触探仪主要由三部分组成。

A. 贯入装置（包括反力装置）：其基本功能是可控制等速压贯入；

B. 传动系统：主要有液压和机械两种系统；

C. 量测系统：这部分包括探头、电缆和电阻应变仪或电位差计自动记录仪等。

常用的静力触探探头分为单桥探头和双桥探头（图 8.6），其规格见表 8.10 所示。

表 8.10　静力触探探头规格

锥头截面积 A (cm^2)	探头直径 d (mm)	锥角 α (°)	单桥探头	双桥探头	
			有限侧壁长度 L (mm)	摩擦筒侧壁面积 (cm^2)	摩擦筒长度 L (mm)
10	35.7	60	57	200	179
15	43.7		70	300	219
20	50.4		81	300	189

①单桥探头

单桥探头能测定一个触探指标——比贯入阻力（p_s）。p_s 值是指总贯入阻力 P 与探头锥尖底面积 A 的比值，即

$$p_s = \frac{P}{A} \tag{8.10}$$

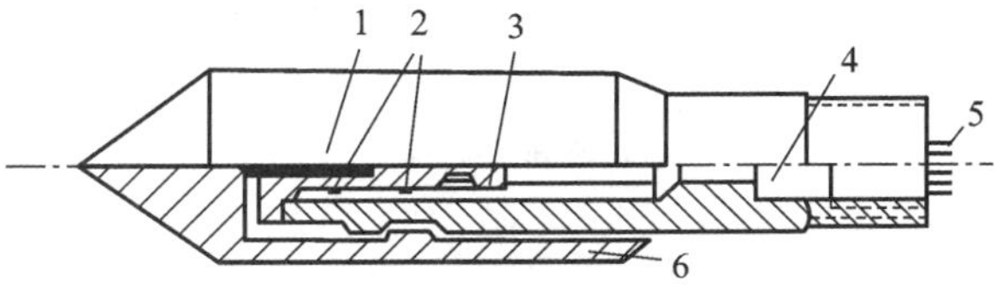

(a)

1—顶柱;2—电阻应变片;3—传感器;4—密封垫圈套;5—四芯电缆;6—外套筒

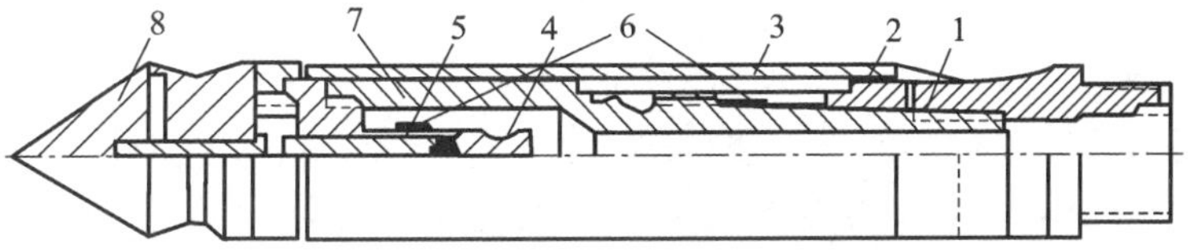

(b)

1—传力杆;2—摩擦传感器;3—摩擦筒;4—锥尖传感器;5—顶柱;6—电阻应变片;7—钢珠;8—锥尖头

图 8.6 静力触探探头示意图

(a)单桥探头结构;(b)双桥探头结构

这一贯入阻力对应于一定几何形状的探头,因此是相对贯入阻力。经大量试验研究,按表 8.10 确定的探头规格,触探结果不受其规格尺寸的影响。

②双桥探头

双桥探头能测定两个触探指标——锥尖阻力 q_c 和侧壁摩阻力 f_s,其定义如下:

$$q_c = \frac{Q_c}{A} \tag{8.11}$$

$$f_s = \frac{P_f}{F} \tag{8.12}$$

式中 Q_c、P_f——分别为锥尖总阻力和侧壁摩阻力;

A、F——分别为锥底截面积和摩擦筒表面积。

在静力触探的整个过程中,探头应匀速、垂直地压入土层中,贯入速率一般控制在(1.2±0.3)m/min。静力触探探头传感器必须事先进行率定,室内率定非线性误差、重复性误差、滞后误差、温度飘移,归零误差范围应为±(0.5%~1.0%)。在现场试验时,应检验现场的归零误差不得超过 3%,它是试验质量的重要指标。触探时,深度记录误差一般为±1%。当贯入深度大于 50 m 时,应量测触探孔的偏斜度,校正土的分层界线。

(3)标准贯入试验

标准贯入试验设备及技术要求如下:

标准贯入试验是动力触探类型之一。它利用规定重量的穿心锤,从恒定高度上自由落下,将一定规格的探头打入土中,根据打入的难易程度判别土的性质。

标准贯入试验的仪器设备如图 8.7 所示,主要由三部分组成。

①触探头

标准贯入试验探头为两个一定规格的半圆合成的圆筒,称为标准贯入器。它的最大优点是在触探过程中配合取土样,以便室内试验分析。

②触探杆

国内统一使用直径 42 mm 的圆形钻杆,国外有使用直径 50 mm 或

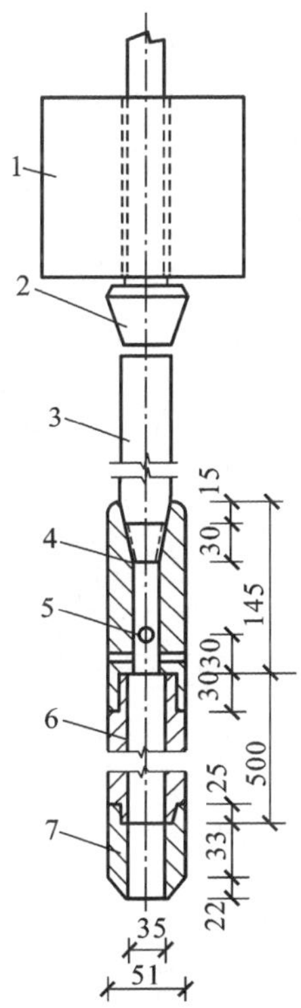

图 8.7 变准贯入试验设备(单位:mm)

1—穿心锤;2—锤垫;3—钻杆;

4—贯入器头;5—出水孔;

6—由两个半圆形管并合而成的贯入器身;

7—贯入器靴

60 mm 的钻杆。

③穿心锤

标准贯入试验穿心锤质量为 63.5 kg，规定自由落距为 76 cm。

该试验按规定的穿心锤质量和落距，将贯入器连续贯入土中 30 cm 所需的锤击数，称为标准贯入试验锤击数，记为 $N_{63.5}$。遇到硬土层，贯入试验锤击数较大而且仍未贯入 30 cm 时，可按下式换算为 $N_{63.5}$，即：

$$N_{63.5}=30\frac{n}{\Delta S} \tag{8.13}$$

式中　n——实际试验锤击数；

　　ΔS——与 n 次试验锤击数相对应的贯入量(cm)。

标准贯入试验所得的指标 $N_{63.5}$ 表示探头贯入土中的难易程度，因此可以依据它判别土的性质。随着触探深度的加大，所得锤击数 $N_{63.5}$ 实际上受到了触探杆质量及杆壁摩擦力的影响，因此，应根据触探杆长度对锤击数进行修正：

$$N=\alpha N_{63.5} \tag{8.14}$$

式中　N——按触探杆长度修正后的标准贯入试验锤击数；

　　$N_{63.5}$——实际贯入 30 cm 所需锤击数；

　　α——触探杆长度校正系数，见表 8.11。

表 8.11　杆长校正系数

触探杆长(m)	≤3	6	9	12	15	18	21
校正系数(α)	1.00	0.92	0.86	0.81	0.77	0.73	0.70

(4)旁压试验

旁压试验(PMT)是通过垂直放入土中的圆柱状旁压器对垂直的钻孔壁施加均匀横向压力，使旁压膜膨胀，并由旁压膜(或护套)将压力传递给周围土体(或岩层)，使孔壁土体或岩层发生变形直至破坏，通过测量系统量测施加的压力和土变形之间的关系，推求地基力学参数。

旁压试验设备主要由旁压器、加压稳压装置、变形测量装置几部分构成，如图 8.8 所示。

旁压试验有精度高、设备轻便、测试时间短等特点，但其精度受到成孔质量较大影响。旁压试验适用于测定黏性土、粉土、砂土、碎石土、软质岩石和风化岩的承载力、旁压模量和应力应变关系等。

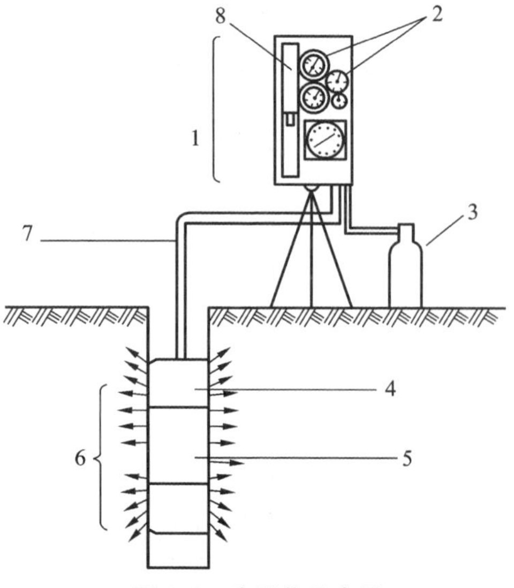

图 8.8　旁压仪示意图

1—监测装置；2—压力表；3—高压气瓶；4—辅助腔；5—量测腔；6—旁压器；7—同轴塑料管；8—量管

旁压试验的技术要求主要包括：

①旁压试验点要求布置在有代表性的位置和深度进行，旁压仪的量测腔要求位于同一土层内。试验点的垂直间距应根据地层条件和工程要求确定，但不宜小于 1 m，试验孔与已有钻孔的水平距离不宜小于 1 m。

②预钻式旁压试验应保证成孔质量，孔壁要垂直、光滑、呈规则圆形，钻孔直径与旁压器直径应良好配合，防止孔壁坍塌。

③加荷等级可采用预期临塑压力的 1/7～1/5，初始阶段加荷等级可取小值，必要时，可做卸荷再加载试验，测定再加荷旁压模量。

④每级压力应维持 1 min 或 2 min 后再施加下一级荷载、维持 1 min 时，加荷后 15 s、30 s、60 s 测读变形量，维持 2 min 时，加荷后 15 s、30 s、60 s、120 s 测读变形量。

⑤当量测腔的扩张体积相当于量测腔的固有体积时，或压力达到仪器容许的最大压力时应终止试验。

(5)扁铲侧胀试验

扁铲侧胀试验(DMT)是一种新兴的原位测试方法。该方法是将带有膜片的扁铲压入土中预定深度，然后充气使扁铲两侧的膜片向土中侧向扩张，同时测得不同压力下的侧向变形，根据测得的应力应变关系，可以得到多种岩土参数。该方法适用于软土、一般黏性土、粉土、黄土和松散～中密的砂土。在密实的砂土、杂填土和含砾土层中，因膜片容易损坏，故一般不宜采用。

扁铲侧胀试验的设备主要为扁铲探头，其他的探杆和加压贯入装置可借用静力触探的设备进行。扁铲探头如图 8.9 所示，探头的尺寸为：长 230～240 mm，宽 94～96 mm，厚 14～16mm，探头前缘刃角为 12°～16°，探头侧面钢膜片直径为 60 mm。

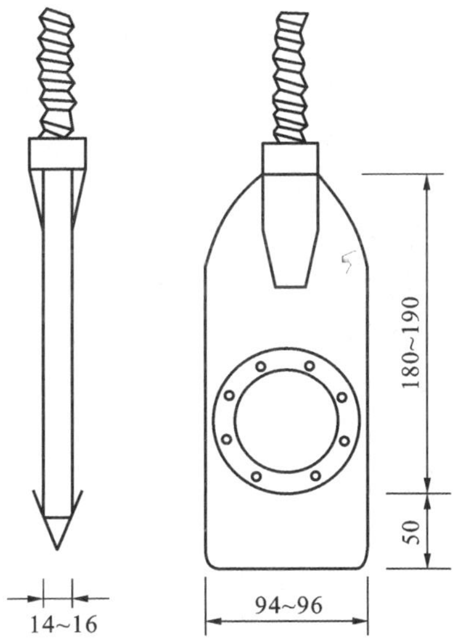

图 8.9 扁铲侧胀仪探头

扁铲侧胀试验的技术要求主要有：

①每孔试验前后均应进行探头率定，取试验前后的平均值作为修正值。膜片的合格标准为：率定时膨胀至 0.05 mm 时的气压实测值 $\Delta A=5\sim25$ kPa；率定时膨胀至 1.10 mm 时的气压实测值 $\Delta B=10\sim110$ kPa。

②试验时，应以静力匀速将探头贯入土中，贯入速率宜为 2 cm/s；试验点间距可取 20～50 cm。

③探头达到预定深度后，应匀速加压和减压并测定膜片边缘膨胀至 0.05 mm、1.10 mm 和回到 0.05 mm 时的压力 A、B、C 值。

④扁铲侧胀消散试验应在需测试的深度进行，测读时间间隔可取 1 min、2 min、4 min、8 min、15 min、30 min、90 min，以后每 90 min 测读一次，直至消散结束。

⑤扁铲侧胀试验结果应进行膜片刚度修正，其计算公式如下：

$$p_0=1.05(A-z_m+\Delta A)-0.05(B-z_m-\Delta B) \tag{8.15}$$

$$p_1=B-z_m-\Delta B \tag{8.16}$$

$$p_2=C-z_m+\Delta A \tag{8.17}$$

式中 p_0——膜片向土中膨胀之前的接触压力(kPa)；

p_1——膜片膨胀至 1.10 mm 时的压力(kPa)；

p_2——膜片回到 0.05 mm 时的终止压力(kPa)；

z_m——调零前压力表初读数(kPa)。

其他参数含义同前。

(6)波速试验

波速测试就是测定各类弹性波在地层介质中的传播速度。弹性波在地层介质中的传播，可分为纵波(压缩波、P 波)和横波(剪切波、S 波)。在地层表面传播的面波可分为 Rolyleigh(R 波)和 Love 波(L 波)。它们在介质中传播的特征和速度各不相同。依据弹性波在岩土体内的传播速度间接测定岩土体在小应变条件下($10^{-6}\sim10^{-4}$)动弹性模量和泊松比。

①试验方法

A. 跨孔法

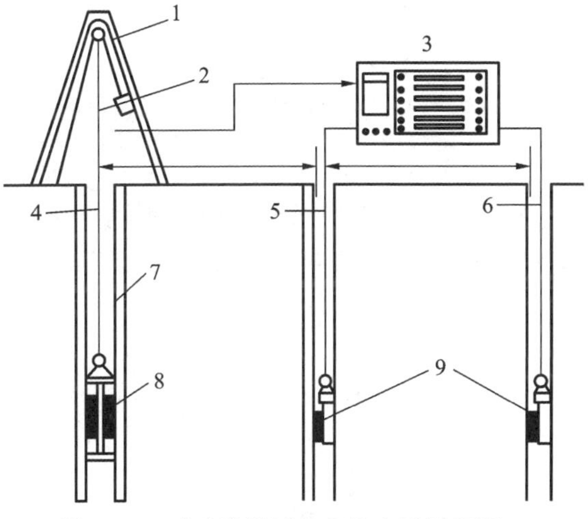

图 8.10 跨孔法测试设备及布置示意图

1—三脚架；2—绞车；3—地震仪；4—震源孔；5、6—接收孔；7—套管；8—井下剪切波锤；9—井下传感器

该方法是利用两个已知距离的钻孔，以其中一个钻孔为发射孔，另一个作为接收孔(图 8.10)。在发射孔中逐点进行激振产生压缩波和横波，同时在接收孔中采用三分量传感

器接收同一深度传来的纵波和横波，根据发射和检测到纵波和横波的时间差，就很容易计算得到纵波和横波的传播速度。跨孔法测试的突出优点在于，能够分别测试各土层的波速，从而为场地地基土的分层及定量指标的确定提供参考。

B. 单孔法

该方法测试时仅需要一个钻孔(图 8.11)。按激振点和接收传感器所处的位置不同，单孔法又分为 4 种：第一是地表激振，孔中接收(下孔法)；第二是孔中激振，地表接收(上孔法)；第三是孔中激振，孔中另一位置接收；第四是孔中激振，孔底接收。

C. 面波法

面波法是直接在地表测定表面波(瑞利波)传播速度的测试方法，面波法不需要进行钻孔，激振点和接收点均设置在地表(图 8.12)。根据震源的不同，面波法又分为稳态振动法和瞬态振动法两种。稳态振动法将激振点和两个接收点布置在一条直线上，在固定激振频率下，调节两个接收点的相对位置，使得两接收点测得的信号具有相同的相位，则此时两个接收点的距离必然等于波长的整数倍，当然也不难找到这样的距离使得它就等于波长。知道了波长也知道了频率，波的传播速度就很容易得到了。由于不同频率的波可以反映出不同深度范围内地基土的性质(这一性质又称为瑞利波的弥散性)，因此可以通过改变激振频率，分别测试不同频率下瑞利波的波速来确定不同深度地基土的动力学参数。瞬态法的原理也是类似的，只是其信号分析要采用谱分析的方法进行。

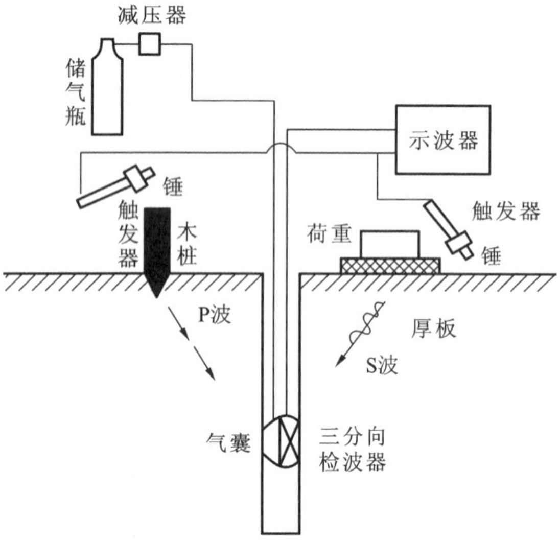

图 8.11　单孔法测试设备及布置示意图

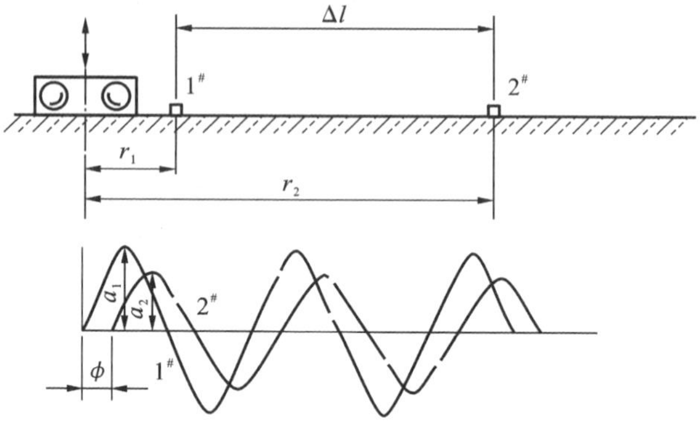

图 8.12　面波法测试设备及布置示意图

②成果及应用

波速测试的直接成果就是各被测土层的弹性波速，它们主要被用于以下几个方面：计算小应变条件下的动剪切模量、动弹性模量和动泊松比，其计算公式如下：

$$G_d = \rho \cdot v_s^2 \tag{8.18}$$

$$E_d = \frac{\rho \cdot v_s^2 (3v_p^2 - 4v_s^2)}{v_p^2 - v_s^2} \tag{8.19}$$

$$\mu_d = \frac{v_p^2 - 2v_s^2}{2(v_p^2 - v_s^2)} \tag{8.20}$$

式中　G_d、E_d、μ_d——地基土的动弹性模量(MPa)、动剪切模量(MPa)和动泊松比；

v_p、v_s——压缩波波速、剪切波波速；

ρ——土的密度。

8.5 工程地质监测与评价

1. 监测的目的与任务

现场监测是工程地质勘察中的一项重要工作。随着建设事业的日益发展,工程建筑施工过程中遇到的岩土工程问题越来越多,这不仅给施工带来困难,而且由施工引起的土中应力场和位移场的变化直接影响周围各种设施的安全。现场监测就是对在施工过程中及完工后由于工程施工和使用引起岩土性状、周围环境条件(包括工程地质、水文地质条件)及相邻结构、设施等因素发生的变化进行各种观测工作,监视其变化规律和发展趋势,从而了解施工对各因素的影响程度,以便及时在设计、施工和维护上采取相应的防治措施。监测资料力求规范化、标准化和量化。

现场监测常见的有地基沉降与位移观测和地基中应力观测两大类,其主要内容如图8.13框图所示。

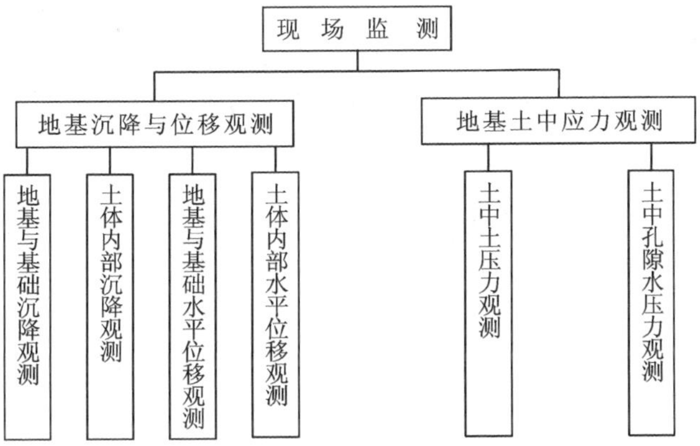

图 8.13 现场监测主要内容

2. 建筑物的沉降观测

建筑物的沉降观测能反映地基的实际变形对建筑物的影响程度,是分析地基事故及判别施工质量的重要依据,也是检验勘察资料的可靠性、验证理论计算正确性的重要资料。《岩土工程勘察规范》(GB 50021—2001,2009年版)规定,下列工程应进行沉降观测:

(1)地基基础设计等级为甲级的建筑物;

(2)不均匀地基或软弱地基上的乙级建筑物;

(3)加层、接建,邻近开挖、堆载等,使地基应力发生显著变化的工程;

(4)因抽水等原因,地下水位发生急剧变化的工程;

(5)其他有关规范规定需要做沉降观测的工程。

沉降观测应按现行标准《建筑物变形测量规范》(JGJ8)的规定执行。

3. 地下水的监测

地下水动态观测包括水位、水温、孔隙水压力、水化学成分等内容。其中尤其是地下水位及孔隙水压力的动态观测,对于评价地基土承载力、评价水库渗漏和浸没、预测道路翻浆、论证建筑物地基稳定性以及研究水库地震等都有重要的实际意义。《岩土工程勘察规范》(GB50021—2001,2009年版)规定下列情况应进行地下水监测:

(1)当地下水的升降影响岩土的稳定时;

(2)当地下水上升对构筑物产生浮托力或对地下室和地下构筑物的防潮、防水或稳定性产生较大影响时;

(3)当施工降水对拟建工程或相邻工程有较大影响时；

(4)当施工或环境条件改变造成的孔隙水压力、地下水压力的变化对工程设计或施工有较大影响时；

(5)地下水位的下降造成区域性地面沉降时；

(6)地下水位升降可能使岩土产生软化、湿陷、胀缩时；

(7)需要进行污染物运移对环境影响的评价时。

地下水的动态监测可采用水井、地下水天然露头或钻孔、探井。孔隙水压力、地下水压的监测可采用孔隙水压力计、测压计。监测时间应满足：

①动态监测时间不应少于一个水文年；

②当孔隙水压力变化可能影响工程安全时，应在孔隙水压力降到安全值后方可停止监测；

③对受地下水浮托力的工程，地下水压力监测应进行至工程荷载大于浮托力后方可停止监测。

4.建筑地基评价

地基承载着建筑物的全部自重和外加的荷载。要保证建筑物的安全和正常使用，必须首先保证地基的稳定可靠。地基是由岩土体构成的，除岩土本身的性状外，还有节理裂隙、地下水、洞穴等分布其中，以及还受到地震等因素的影响。因此必须综合研究评价各种地质条件才能保证地基的稳定性。

地基评价的主要内容有：

①正确划分地基土类型；

②确定地基土的物理力学性质，并研究其均匀性；

③确定地基土的承载力；

④评价地下水位变化情况及其侵蚀性；

⑤地基变形验算；

⑥场地地震效应评价；

⑦研究地基土在勘察、施工、工程运营中可能产生的变化，并提出应采取的措施等。

上述内容中，有关岩土分级分类、岩土测试试验以及地下水对建筑工程的影响等内容已在本书有关章节进行了介绍。本节着重介绍地基承载力与地基变形，以及建筑场地地震效应评价。

(1)地基承载力与地基变形

①地基承载力

在建筑物荷载作用下，地基产生变形，开始由弹性变形进入局部塑性变形，如果荷载超过地基承受能力时，塑性变形区将会不断扩大，直至塑性区连贯而发生剪切破坏。地基突然破坏时的极限承载力即为图8.14中荷载-沉降曲线中 f 点的最大荷载值。

(a) (b)

图8.14 地基破坏模式和沉降曲线

地基承载力是指地基所能承受由建筑物基础传递来的荷载的能力。为保证建筑物的安全，地基应同时满足两个条件：

A.保证地基受荷后不发生强度破坏而丧失稳定性；

B.地基变形不超过建筑物对地基要求的容许变形值。

在工程实践中，确定地基承载力的基本方法有以下几种：

A.经验法，室内土工试验取得地基土物理力学指标，通过查表和工程实践经验方法确定；

B. 理论计算法，用强度理论公式计算确定；

C. 现场原位测试方法，用静力载荷实验、静力触探等方法确定。

在确定地基承载力时，应考虑建筑物的安全等级。一般规定：一级建筑物应采用载荷试验、理论公式计算及其他原位测试等方法综合确定；二级建筑物可按规范表格法或其他原位测试确定；三级建筑物可根据邻近建筑物的经验确定。

《建筑地基基础设计规范》(GB 50007—2011)定义：承载力特征值(f_{ak})可由载荷试验或其他原位测试、公式计算等方法并结合工程实践经验等综合确定。修正后的地基承载力特征值可供设计使用。

②持力层的选择

持力层是直接支撑基础的岩土层。持力层的性质、埋藏条件和承载力等对基础类型、基础埋深、地基承载力、地基加固和施工方法等都有很大影响，直接影响到基础的可靠性、施工的难易和工期的长短与造价问题。在地基岩土中，岩土性质均一，结构致密、强度高、层厚与分布均匀、含水量低、变形量小的非新近沉积地层(如其层面埋深位于当地最大冻深之下并位于地下水位之上)是最为理想的持力层。但在实际工作中往往会遇到各种复杂的情况。当可用作持力层的岩土层埋藏深度较大时，可采用深基础或桩基加以利用，或可考虑对上部的软土进行加固后使用。

③地基变形

地基中原有的应力状态因建筑物的建造而发生改变，从而引起地基变形，基础随之发生沉降。另一方面，由于地基不均匀或建筑群各建筑物荷载差异，建筑物会出现不均匀沉降。发生上述沉降或不均匀沉降时可采用调整上部结构等方法，使建筑物的地基变形控制在规定的范围内。而当沉降或不均匀沉降超过一定数值时，将影响建筑物的安全和使用，需进行地基处理。

《规范》规定，对于一级建筑，应在施工期间和使用期间进行沉降观测，以便及时采取加固措施和验证地基基础设计方案。对于高层建筑或一些重型建筑地基、位于斜坡或坡顶上的建筑物地基、软弱土层下有倾斜基岩面或隐伏的破碎带、断裂带地基等，要求提供岩土的变形性质指标进行地基稳定性验算。对于工程地质勘察工作，要求查清楚地基的岩土层结构、软弱层和透镜体的分布、岩土的物理力学性质及地下水的埋藏条件，作出地基均匀性评价(详见 9.1 节)。

(2)建筑场地的抗震评价

场地工程地质勘察，应根据实际需要划分对建筑有利、不利和危险的地段，提供建筑场地类别和岩土地层稳定性(如滑坡、崩塌、液化和震陷特性等)评价。对需要采用时程分析法补充计算的建筑场地，尚应根据设计提供土层剖面、场地覆盖层厚度和有关的动力参数。

①建筑场地的选择

选择建筑场地时，应根据工程需要，掌握地震活动情况、工程地质和地震地质的有关资料，按表 8.3 的条件，对抗震有利、不利和危险地段作出综合评价。对不利地段，应提出避开要求；当无法避开时应采取有效措施；不应在危险地段建造重大工程一般建筑，更不能建造重要功能性工程。

②场地土类型和场地类别

A. 场地土类型划分

当为单一土层时，土的类型即为场地土类型；当为多层土时，场地土类型可根据地面下 20 m 且不深于场地覆盖层厚度范围内各土层类型和厚度综合评定。详见表 8.12。

表 8.12　土的类型划分

土的类型	岩土名称和性状	土层剪切波速范围值(m/s)
坚硬土或岩石	稳定岩石，密实的碎石土	$v_s > 500$
中硬土	中密、稍密的碎石土，密实、中密的砾砂、粗砂、中砂，$f_{ak} > 200$ kPa 的黏性土和粉土，坚硬黄土	$500 \geq v_s > 250$

续表 8.12

土的类型	岩土名称和性状	土层剪切波速范围值(m/s)
中软土	稍密的砾砂、粗砂、中砂，除松散外的细、粉砂，$f_{ak} \leqslant 200$ kPa 的黏性土，$f_{ak} \geqslant 130$ kPa 的填土，可塑黄土	$250 \geqslant v_s > 140$
软弱土	淤泥和淤泥质土，松散的砂，新近沉积的黏性土和粉土，$f_{ak} < 130$ kPa 的填土，流塑黄土	$v_s \leqslant 140$

注：f_{ak} 为地基承载力特征值。

B. 建筑场地类别划分

a. 覆盖层厚度

建筑场地覆盖层厚度的确定，应符合下列要求：

(a)一般情况下，应按地面至剪切波速大于 500 m/s 的土层顶面的距离确定。

(b)当地面 5 m 以下存在剪切波速大于相邻上层土剪切波速 2.5 倍的土层，且其下卧岩土的剪切波速均不小于 400 m/s 时，可按地面至该土层顶面的距离确定。

(c)剪切波速大于 500 m/s 的孤石、透镜体，应视同周围土层，按地面至剪切波速大于 500 m/s 的土层或坚硬土顶面的距离确定。

(d)土层的火成岩硬夹层，应视为刚体，其厚度应从覆盖土层中扣除。

b. 土层的等效剪切波速

土层的等效剪切波速，应按下列公式计算：

$$v_{se} = \frac{d_o}{t} \tag{8.21}$$

$$t = \sum_{i=1}^{n} (d_i / v_{si}) \tag{8.22}$$

式中 v_{se}——土层等效剪切波速(m/s)；

d_o——计算深度(m)，取覆盖层厚度和 20 m 二者的较小值；

t——剪切波在地面至计算深度之间的传播时间(s)；

d_i——计算深度范围内第 i 土层的厚度(m)；

v_{si}——计算深度范围内第 i 土层的剪切波速(m/s)；

n——计算深度范围内土层的分层数。

建筑场地类别应根据土层等效剪切波速和场地覆盖厚度按表 8.13 划分四类。

表 8.13 建筑场地类别

等效剪切波速 v_{se}(m/s)	覆盖层厚度(m)			
	Ⅰ	Ⅱ	Ⅲ	Ⅳ
$v_{se} > 500$	0			
$500 \geqslant v_{se} > 250$	<5	≥5		
$250 \geqslant v_{se} > 140$	<3	3～50	>50	
$v_{se} \leqslant 140$	<3	3～15	>15～80	>80

③ 发震断裂的工程影响评价

场地内存在发震断裂时，应对断裂的工程影响进行评价，并应符合下列要求：

A. 对符合下列规定之一的情况，可忽略发震断裂错动对地面建筑的影响。

(a)抗震设防烈度小于 8 度；

(b)非全新世活动断裂；

(c)抗震设防烈度为 8 度和 9 度时，前第四纪基岩隐伏断裂的土层覆盖厚度分别大于 60 m 和 90 m。

B. 对不符合以上规定的情况，应避开主断裂带。

④饱和砂土和粉土的液化判别

存在饱和砂土和粉土的地基，在地震烈度 7 度及 7 度以上设防地区，应进行液化判别。通常采用标准贯入试验法、静力触探试验法及剪切波速判别法。

本 章 小 结

本章主要介绍了工程地质勘察的基本概念、内容和方法，包括工程勘察阶段与分级、工程地质测绘、工程地质勘探、工程地质试验和工程地质监测与评价。具体内容如下：

(1)工程勘察阶段与分级：根据工程建设的不同阶段，将工程勘察分为前期勘察、施工图设计阶段勘察和施工阶段勘察三个阶段；根据工程规模、复杂程度和重要性，将工程勘察分为特级、一级、二级和三级四个等级。

(2)工程地质测绘：是在一定比例尺下，按照规范要求，采用适当的方法，将工程区域内的地形地貌、地层岩性、构造形态、水文地质等要素，以图形和文字的形式表达出来的一种专业测绘。主要包括地形测量、地层岩性测绘、构造测绘、水文地质测绘等。

(3)工程地质勘探：是通过井探、槽探、洞探、物探和钻探等方法，对工程区域内的地层岩土体的性质、分布、状态和变化规律进行直接或间接的观察和检测的一种活动。主要目的是获取岩土体的取样或原位测试数据，为工程地质试验和评价提供依据。

(4)工程地质试验：是对岩土体进行室内测试或原位测试，以确定其物理力学性质、变形特征、强度参数等指标的一种实验研究。主要包括密度测试、含水率测试、颗粒分析测试、渗透系数测试、压缩模量测试、抗剪强度测试等。

(5)工程地质监测与评价：是对工程建设过程中可能发生的岩土体变形或破坏现象进行定期或连续的观测和分析，以评价其对工程安全和稳定的影响的一种技术手段。主要包括建筑物沉降观测、地下水监测、滑坡监测等。根据监测数据，可以对建筑物的承载力和变形性能进行评价，为工程设计和施工提供参考。

习　　题

8.1　简述工程地质勘察各勘察阶段的一般要求。

8.2　工程地质测绘的方法主要有哪几类？

8.3　简述电法勘探的基本原理和方法。

8.4　现场原位测试方法主要有哪些？载荷试验、静力触探试验、标准贯入试验、旁压试验、扁铲侧胀试验的适用条件和用途分别是什么？

8.5　岩土参数的标准值如何计算？

8.6　确定地基承载力的方法有哪几种？

9 典型工程勘察与评价

学习目标

本章需要掌握高层建筑、公路、桥梁、地下洞室、边坡等工程存在的主要工程地质问题，熟悉各特殊工程的工程勘察基本要求和勘察要点。

9.1 高层建筑

1. 高层建筑的特点

20 世纪 50 年代以来，随着城市人口的集中，钢结构、预应力钢筋混凝土、轻质高强度混凝土以及全新结构体系的发展，世界上很多大城市相继建造了 40～60 层的高层建筑，最高达到 100 层以上。我国习惯将 1～2 层称为低层建筑，3～7 层称为多层建筑，8～19 层且高度小于 60 m 的房屋建筑称为高层建筑，20 层及 20 层以上且高度大于 60 m 则划为超高层。高层建筑安全等级划分为二级，如表 9.1 所示。

表 9.1　高层建筑安全等级划分标准

安全等级	破坏后果	建筑物类型
一级	很严重	20 层和 20 层以上的高层建筑，体型复杂的 14 层和 14 层以上的高层建筑，75 m 和 75 m 以上的重要建筑物，150 m 和 150 m 以上的高耸构筑物
二级	严重	低于 20 层的高层建筑，体型复杂的低于 14 层的高层建筑，低于 75 m 的重要构筑物，低于 150 m 的高耸构筑物

高层建筑的结构常采用刚度较大的钢筋混凝土框架-剪力墙结构或剪力墙结构体系。特别是超高层建筑则常采用刚度更大的筒体结构或筒中筒结构。各类结构的特征及适用楼层如表 9.2 所示。

表 9.2　高层建筑的结构类型

结构类型	承受荷载情况	刚度和位移	适用建筑物层数
框架结构	由柱和梁连接组成，荷载由梁通过柱传至基础	抗侧向变形的刚度较小，侧向位移较大	15 层以下
剪力墙结构	在横向布置有剪力墙，水平荷载主要由剪力墙承担	抗侧向变形的刚度较大，侧向位移较小	15～30 层
筒体结构	水平荷载由实腹筒体承担，也有双层筒体，成为筒中筒结构	抗侧向变形的刚度很大，侧向位移很小	30 层以上

高层建筑的基础常采用整体性较好的筏式基础和箱式基础；当地基承载力不能满足要求时，常采用桩基础或墩基。

基底荷载大，每增加一层，基底平均压力增加 12～15 kPa，10 层以上建筑物都超过 180～200 kPa。由于建筑物荷载大，因而所需考虑的地基影响深度也大，并且由于建筑物可能产生较大的沉降，必须考虑地基的不均匀性而产生差异沉降(倾斜)的可能性。

2. 高层建筑工程勘察的基本要求

(1)地基承载力:高层建筑荷载大,对地基承载力要求高,需选择承载力较高的土层作为持力层。对地基承载力的评价精度也有较高要求。在地基承载力不能满足时(包括下卧层),需进行地基加固或采用桩基。

(2)变形和倾斜:高层建筑可能产生的地基变形较大,因此需要提供地基土的变形性质指标用作地基变形验算,同时由于建筑物重心高,容易产生横向整体倾斜,因而必须查清地基在纵横两个方向的不均匀性。

《高层建筑岩土工程勘察规程》(JGJ 72—2017)对不均匀地基判定如下:

①地基持力层跨越不同地貌单元或工程地质单元,工程特性差异显著。

②地基持力层虽属于同一地貌单元或工程地质单元,但存在下列情况之一:

A. 中-高压缩性地基,持力层底面或相邻基底高程的坡度大于10%;

B. 中-高压缩性地基持力层及其下卧层在基础宽度方向上的厚度差值大于0.05b(b为基础宽度)。

③同高层建筑虽处于同一地貌单元或工程地质单元,但各处地基土的压缩性有较大差异时,可在计算各钻孔地基变形计算深度范围内当量模量的基础上,根据当量模量最大值E_{smax}和当量模量最小值E_{smin}的比值判定地基均匀性。当E_{smax}/E_{smin}大于表9.3中地基不均匀系数界限值K时,可按不均匀地基考虑。

表9.3 地基不均匀系数界限值K

同一建筑物下各钻孔压缩模量当量值E_s的平均值(MPa)	≤4	7.5	15	>20
不均匀系数界限值K	1.3	1.5	1.8	2.5

注:在地基变形计算深度范围内,某一个钻孔的压缩模量当量值E_s,应根据平均附加应力系数在各层土的层位深度内积分值A和各土层压缩模量E_s按下式计算:

$$E_s = \sum A_i / \sum \frac{A_i}{E_{s,i}}$$

(3)高层建筑周边往往有裙房连接,荷载差异较大,因而要处理好高层建筑主体与裙房之间的差异沉降问题。

(4)深基坑开挖:由于高层建筑的基础埋深较大,并常有多层地下部分,因此随之带来一系列岩土工程问题。如深基坑开挖边坡稳定性问题;基坑卸荷回弹对地基强度和变形的影响;地下水位高时,还有人工降低地下水位以及地下室防水问题。

(5)判明建筑场地内及其附近有无影响工程稳定性的不良现象。

(6)对适于采用各类桩、墩基础的高层建筑,应建议选择经济合理的桩基类型,选择合理的桩尖持力层,并详细查明持力层和软弱下卧层的分布,分层提出桩周摩擦力及桩端持力层的承载力。

(7)查明地下水类型、埋藏情况、渗透性、腐蚀性以及地下水的季节性变化幅度,判断基坑开挖降低地下水位的可能性和对已有的相邻建筑的影响,提供降低地下水位的有关资料,必要时提出降水方案。

(8)环境问题:高层建筑往往位于城市中建筑物密集处,因此需考虑对环境的影响问题,包括施工过程中的基坑开挖、人工降低水位、打桩震动和噪声以及建筑物建成后地基沉降对相邻建筑物的影响等。

(9)抗震设计:在抗震设防烈度大于或等于6度的地区,应对场地土类型、建设场地类型作出判定;在抗震设防烈度7~9度地区,应对其地基液化、震陷、震动强度、地震影响系数进行详细分析,并得出可靠的结论。

工程案例

(1)工程概况

拟建项目设计有39栋高17层建筑,配套有1层商业、3层幼儿园及其他配套服务设施。规划用地面积99317.04 m^2,计容面积297951.12 m^2;其中:住宅276551.12 m^2、商业

18000.00 m^2、幼儿园 2400.00 m^2、其他配套服务设施 1000.00 m^2；设计地面±0.00 标高约 15.50 m。本项目分四个组团，分三期开；拟采用钢筋混凝土框架结构，基础拟采用桩基础。设计有 1～2 层地下室，地下室开挖深度约 6～9 m。

本勘察的目的是查明拟建场地工程条件，对建筑场地稳定性和适宜性、岩土条件、地下水以及它们与工程之间的关系进行调查研究和评价，对建筑物基础方案、基础施工、基坑工程方案进行论证，为设计部门提供相关地质资料。

(2)岩土层工程地质特征

根据本次钻探揭露，本场地之地基由人工填土、第四系沉积土、风化残积土和古近系始新统华涌组"红层"碎屑岩组成。人工填土为素填土，第四系沉积层主要由粉质黏土、黏土、淤泥、淤泥质土组成，局部为粉土或粉砂。古近系始新统华涌组风化基岩岩性主要为泥岩、粉、砂质泥岩、泥质粉砂岩、粉砂岩及中粗砂岩，埋藏深度变化较大；且普遍存在"软、硬"夹层或互层现象。综合本次勘察钻孔资料，工程地质剖面主层总体分 10 层，再将夹层分 6 个亚层(6-1)、(8-1)、(8-2)、(9-1)、(9-2)、(10-1)，具体为：

①素填土；

②粉质黏土、黏土；

③淤泥、淤泥质土；

④粉质黏土、黏土；

⑤粉砂；

⑥残积粉质黏土、残积黏土、(6-1)残积粉砂下；

⑦残积中砂、残积粗砂；

⑧强风化岩、(8-1)中风化岩夹层、(8-2)微风化岩夹层；

⑨中风化岩、(9-1)微风化岩夹层、(9-2)强风化岩夹层；

⑩微风化岩及(10-1)中风化岩夹层。

(3)水文地质条件

拟建场地处于北回归线以南，属亚热带季风气候区，受海洋气候调节，气候温暖、潮湿、雨量充沛。钻探施工终孔后实测各钻孔地下水初见水位为 9.80～13.10 m，平均 10.68 m；终孔 24 h 后实测各钻孔地下水相对稳定水位埋深在 10.00～13.60 m 之间，平均 10.94 m；即标高 1.48～5.84 m 之间，平均 4.29 m。地下水类型主要为赋存于填土层的上层滞水、土层孔隙潜水和赋存于基岩中的裂隙水。上层滞水主要受大气降雨及地表水向下渗透和地下水径流补给，排泄方式为蒸发和径流。本次勘察取钻孔水样 4 个，经化学分析：pH＝7.24～7.26，平均值 7.12，属中性水；矿化度 202.20～343.40 mg/L，平均值 268.29 mg/L，属淡水。水化学类型：ZK15、ZK189 水样为 $HCO_3 \cdot SO_4$-Ca 型，ZK53、ZK209 水样为 $HCO_3 \cdot SO_4$-Ca·Na 型。地下水水质对混凝土结构和对钢筋混凝土结构中的钢筋具微腐蚀性。

(4)建议采用的基础形式

①预应力混凝土管桩

主要为一期及三期部位，该部位素填土较厚及存在软土层。桩径 500～600 mm，以第⑧层强风化岩上部为持力层或第⑨层中风化岩顶部，预计桩长差别较大，地表下约 17～25 m；有效桩长约 8～16 m；预计桩长参考就近的钻孔柱状图及工程地质剖面图；采用锤击法或静压法沉桩。铲除地表 15～30 cm 混凝土地板后，场区内浅部土层并无大面积障碍物，而且上部土层稍厚或较厚，持力层以上岩土层强度多为小～中等，对预制桩施工无大的影响；总的来说一般能穿过上部岩土层进入第⑧强风化岩或第⑨层中风化岩持力层。场地桩周边已使用建筑物离本场地较远，预制桩施工对周边已有建筑物有一些影响，若采用静压法沉桩，桩基施工噪音对周边环境影响极小，适合预制桩施工。

②钻(冲)孔灌注桩或旋挖灌注桩基础

主要为一期及三期部位，该部位素填土较厚及存在软土层。桩径1200～1500 mm；前者以第⑩层微风化岩作桩端持力层，预计桩长差别较大，地面下约17～41 m，有效桩长约8～32 m；后者以第⑨层中风化岩作桩端持力层，预计桩长差别较大，地面下约17～38 m，有效桩长约8～29 m；按设计要求嵌岩。桩径、桩长应足以满足设计单桩竖向承载力的要求。本场地基底岩石为碎屑岩，适宜采用钻(冲)孔灌注桩及旋挖钻孔灌注桩，其安全系数较高，为高层建筑常用的较理想的基础形式，但该区域(主要为一期及三期部位)填土层较厚，风化岩硬夹层较多，施工有一定难度，施工工期较长，建筑成本较高。施工中会产生大量的泥浆或弃土，应根据场地情况设置临时沉淀池；泥浆水沉淀处理回用；回用不完的沉淀物及弃土委托有资质的单位进行外运处理。本场地周边已使用建筑物离本场地较远，灌注桩施工对周边已有建筑物无影响或影响甚微，桩基施工噪音对周边环境影响极小，适合灌注桩施工。

③桩筏基础

场地二期大部分部位。本建筑设计有1～2层地下室，地下室底板标高约为85高程6 m，基坑开挖深度6～9 m，属深基坑，一般场地二期大部分部位素填土较薄或强风化埋藏浅或较浅，该地段基坑开挖后底板已达残积土层或风化岩层(主要为强风化岩，局部为中风化岩)。因此，二期地段可采用桩筏基础，即采取先开挖基坑，再在筏板底下采用钻(冲)孔灌注桩或旋挖灌注桩，分别以第⑧层强风化岩(层厚较厚时)、第⑨层中风化岩(强风化岩层厚较薄或中风化岩层厚较厚时)或第⑩层微风化岩(强、中风化岩层厚较薄或微风化岩埋藏较浅时)作桩端持力层。

(5)结论

本工程由于存在的岩土工程问题易造成工程破坏或影响正常使用后果严重，工程重要性等级为二级；场地内不良地质现象一般发育，建筑场地处于对建筑抗震不利地段，为中等复杂场地，场地等级为二级。地基内岩土种类较多，不均匀，力学性质变化较大，为中等复杂地基，地基等级为二级。岩土工程勘察等级为乙级。总体评价本场地处于地质构造相对稳定区，岩土工程地质条件一般，属稳定地基，适宜拟建物兴建。

9.2 公路

公路是一种延伸度极大的线形建筑物。公路建筑物由三类建筑构成：

(1)路基工程

它是线路的主体建筑物，包括路堤和路堑。

(2)桥隧工程

如桥梁、隧道、涵洞等，它们是为了使线路跨越河流、深谷、不良地质现象和水文地质地段，穿越高山峻岭或使线路从河、湖、海底下通过。

(3)防护建筑物

如明洞、挡土墙、护坡、排水盲沟等。

在不同的线路中，各类建筑物所占的比例是不同的，主要取决于线路所经地区工程地质条件的复杂程度。本节主要讨论选线和路基中的主要工程地质问题。

1.选线的工程地质论证

在选线中，工程地质工作的任务是查明各比较线路方案沿线的工程地质条件，在满足设计规范要求的前提下，经过技术经济比较选出最优方案。

(1)路线的基本类型及选线实例介绍

①线路的基本类型

A. 河谷线：优点是坡度缓、挖方少、施工方便。但在平原区河谷常发育有低地沼泽、洪水泛滥；丘陵山区河谷坡度大、流水冲刷路基，常遇有泥石流，桥隧工程量大。

B. 山脊线：优点是地形平坦，挖方量少，桥隧工程量少；但山脊宽度小，不便施工。

C. 山坡线：优点是可以任意选择线路坡度，路基多采用半填半挖；但线路曲折，土石方量大，桥隧工程多。

D. 越岭线：优点是可以通过巨大山脉，缩短距离；但地形崎岖，不良地质现象发育。

E. 跨谷线：需要造桥，可缩短距离和降低坡度；但工程量大，费用高。

②工程地质选线实例介绍

如图 9.1 所示，AB 两点间共有三种基本选择方案，方案 1 需修两座桥和一座长隧道，费用高施工难度大；方案 2 西段为不良地质现象发育地区，整治费用高，并需修一座短隧道；方案 3 需修两座桥梁，也不经济。综合上述，提出第 4 个方案，西段在河流弯曲地段距离最近处，改弯取直使河道迁移改道，可免建两座桥梁，改用路堤通过。东段连接方案 2 的沿河路线。方案 4 路线虽稍长，但工程地质条件好，施工方便，费用少，故为最优方案。

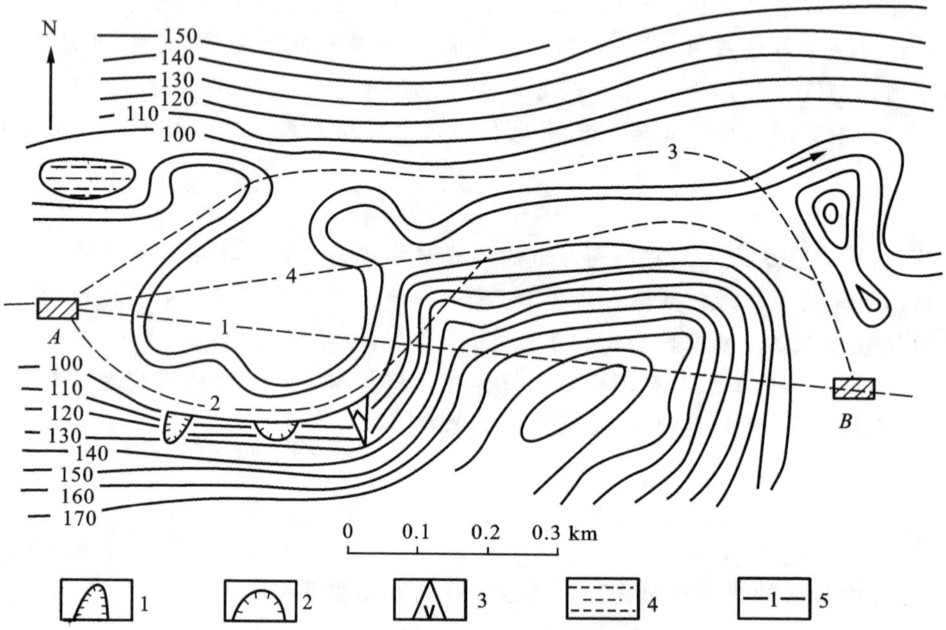

图 9.1 工程地质选线实例略图

1—滑坡群；2—崩塌区；3—泥石流堆积区；4—沼泽带；5—线路方案

(2)地质构造的影响

地质构造对路基稳定性有极大的影响，在选线时对不利因素应有充分的估计。

断裂带岩层破碎裂隙发育，选线时应尽量避开，不能避开时应尽量使线路垂直断裂带走向，在短距离内穿过。

在岩层褶皱的地段，当线路方向与岩层走向大致平行时，若遇到向斜构造，向斜山两侧边坡对路基稳定皆有利(图 9.2(a))；若为背斜山，则两侧边坡对路基稳定都不利(图 9.2(b))；若为单斜山时(岩层倾角大于 10°)，背向岩层倾向的山坡对路基稳定性有利，顺向岩层倾向的一侧山坡相对不利(图 9.2(c))。实际工作中还应结合岩层的岩性、裂隙、倾角和层间的结合紧密程度综合考虑。当线路方向与岩层走向交角大于 40°时，虽为倾斜岩层，也同属有利情况。

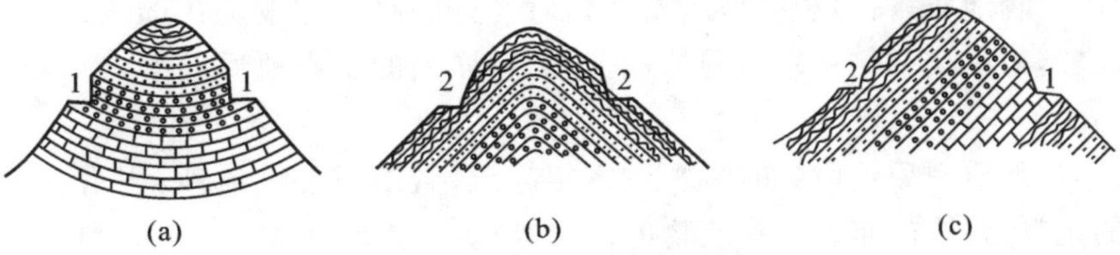

图 9.2 山坡岩层地质构造的影响

(a)向斜山;(b)背斜山;(c)单斜山

1—有利情况;2—不利情况

(3)滑坡地带选线

对于小型滑坡(滑体厚度小于 5 m),线路不必避让,根据滑坡的滑动类型采取排水、清方、支挡等防治措施处理(图 9.3)。

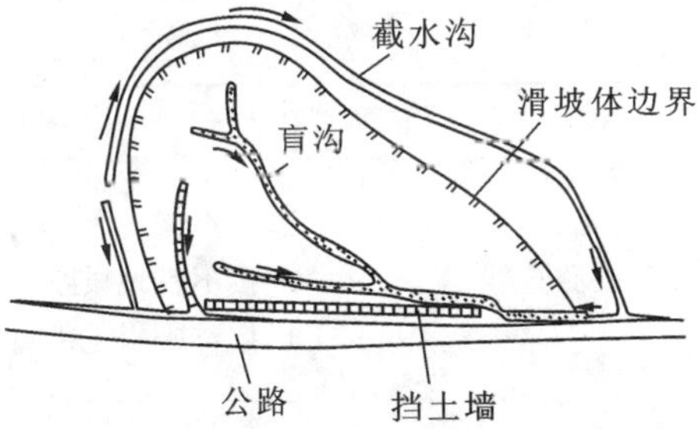

图 9.3 用排水和支挡处理小型滑坡

对于中型滑坡(滑体厚度 5~20 m),线路一般可以通过,但必须慎重考虑滑坡的稳定性,采取综合处理措施。线路一般从滑坡的上缘或下缘通过。上缘通过时路基宜设计成路堑,以减轻滑体自重;下缘通过时宜设计成路堤以增加抗滑能力。总之应避免大填、大挖,防止边坡失稳。

对于大型滑坡(滑体厚度大于 20 m)应避开为好。

2. 路基的主要工程地质问题

公路路基包括路堑和半路堤、半路堑等。路基的主要工程地质问题是路基边坡稳定性问题、路基基底稳定性问题以及天然建筑材料问题,在气候寒冷地区还存在公路冻害问题。

(1)路基边坡稳定性

路基边坡包括天然边坡、半填半挖的路基边坡以及深路堑的人工边坡等。因具有一定坡度和高度,边坡在重力作用、河流冲刷等因素影响下会发生不同形式的变形和破坏,其主要表现为滑坡和崩塌。

路堑边坡在一定条件下还能引起古滑坡复活。由于古滑坡发生时间较长,长期在各种外力地质作用下其外表形迹已被改造成平缓的山坡地形,难以发现。当施工开挖使其滑动面临空时,很可能造成已休止的古滑坡重新活动。

(2)路基基底稳定性

一般路堤和高填路堤对路基基底的要求是要有足够的承载力。它不仅承受车辆在运营中产生的动荷载,而且在填方路堤地段还承受很大的填土压力。基底土的变形性质和变形量的大小主要取决于基底土的力学性质、基底面的倾斜程度、软弱夹层或软弱结构面的性质与产状等。此外,水文地质条件也是促进基底不稳定的因素,它往往使基底产生巨大的塑性变形而造成路基的破坏。

(3)建筑材料

路基工程需要天然建筑材料不仅种类多,如道砟、土料、片石、砂和碎石等,而且数量也较大,并且要求各种建筑材料产地沿线路两侧零散分布。建筑材料的质量和运输距离常常会影响工程的质量和造价。

(4)公路冻害

公路冻害具有季节性,冬季在负气温长期作用下,土体中水分重新分布,并平行于冻结界面形成数层冻层,局部还会有冰透镜体,因而土体体积增大(约 9%),产生路基隆起现象。春季地表冰层融化早,而下层尚未解冻,融化层的水分难以下渗,致使上层土的含水量增大而软化,在外荷载作用下,路基出现翻浆现象。

3. 公路工程勘察的基本内容

公路工程勘察通常有以下基本内容:

(1)查明线路上的工程地质条件，选择地质条件相对良好的路线方案。在选线方案确定后，根据选定的路线方案和确定的位置，对中线两侧一定范围的地带，进行详细的工程地质勘察，为路基路面的设计和施工提供依据。

(2)特殊岩土及不良地质现象地段，如盐渍土、多年冻土、岩溶、沼泽、风沙、积雪、滑坡、崩塌、泥石流等，往往影响路线方案的选择、路线的布设和构筑物的设计，应重点查明其类型、规模、性质、发生原因、发展趋势和危害程度，并提出处理措施。

(3)修建公路需大量建筑材料，应充分发掘、改造和利用沿线的一切就近材料，以满足就地取材的要求，必要时可由近及远加大调查范围。

公路工程勘察各阶段的工作内容如表 9.4 所示。

表 9.4　公路工程勘察要点

工作内容		初勘内容	详勘内容
公路选线		1. 按不同地形、地貌条件进行工程地质选线； 2. 按不良地质路段进行工程地质选线； 3. 按特殊岩土进行工程地质选线	对有价值的局部方案，新发现的不良地质条件和特殊性岩土地段，增设的大型工程的场地和新增沿线筑路材料场地，进一步核实、补充和修正初勘资料，进一步查明沿线的工程地质条件
路基	一般路基	调查与地基稳定和边坡稳定及设计有关的地质问题，重点为土质路基段	按地貌特征分段，查明各段的地质结构、岩土体性质、基岩风化情况及地下水变化规律，划分土石工程等级
	高路堤	调查地层层位、层厚、土质类别，调查地下水埋深分布，确定土的承载力、抗剪指标和压缩指标。判定路堤的地基沉降和滑移的稳定性	对存在的不稳定问题初拟方案。对有关地层可能滑动的岩土界面进行测试，对有关地层进行测试，特别是固结和抗剪指标
	陡坡路堤	调查斜坡上覆盖土层的类别和层厚，斜坡下卧基岩的倾斜度、岩性、产状、风化程度，斜坡地下水情况，确定土层和岩石界面的抗滑、抗剪指标	对已确定滑动的边坡土体和岩体的结构面进行测试，重点是抗剪、抗滑指标
	深路堤	调查边坡岩土体岩性、产状、结构面的抗滑、抗剪指标	对可能滑动的边坡土体和岩体的结构面进行测试，掌握设计所需的各种物理力学指标，重点是抗剪、抗滑指标
	支挡工程	构筑物处地基的物理力学指标、岩性、地质构造，探查下卧软弱层的存在及分布	对已定支挡工程位置的承重地层的岩性、地质构造和设计所需物理力学指标进行核实
	河岸防护工程	调查岸坡地层岩性、地质构造、地形、地貌、不良和特殊地质现象的现状和发展趋势，调查河段的水文特征，冲淤变化规律	对已定的河岸防护和导流工程的地基地层岩性、地质构造和承重地层的物理力学指标，进一步勘察核实
	改河(沟渠)工程	调查原河段的水流、水力特征，冲刷淤积规律，评价改移河道地段的工程地质与水文条件	对已定工程的位置进一步核实其所涉及的开挖区段和构造物地基的地层岩性，进一步查明地质构造和水文地质条件以及地基岩土的物理力学指标等
小桥涵		勘察地层岩性、地质构造，重点是查明地基覆盖层厚度及承载力，基岩埋深、风化程度及承载力	对存在不良地质问题的地基地层岩性、地质构造及承载力进行补充勘探
互通式立交工程		调查工程区段内的地层岩性、地质构造、地形地貌、水文地质条件和特殊不良地质问题，确定有关地层的物理指标	对已确定的工程位置中桥梁墩台、特殊路段、不良地质路段、重点工程路段，进一步查明地层岩性、地质构造和设计所需各类岩土物理力学指标

工程案例

高速公路工程勘察是指在高速公路建设前，对沿线的地质条件、地形地貌、水文气象、交通量、材料来源等进行详细的调查、测量、分析和评价，为工程设计、施工和管理提供科学依据的工作。高速公路工程勘察的目的是为了保证工程的质量、安全、经济和环保，避免或减少不良地质问题的影响，合理利用自然资源，优化工程方案，提高投资效益。

某省某市计划建设一条连接两个城区的高速公路，全长约 50 km，设计时速 100 km。该高速公路沿线地形复杂，跨越山区、丘陵和平原，岩性多变，存在岩溶溶洞、滑坡、崩塌、泥石流等不良地质现象。为了保证工程的顺利实施，需要进行全面的工程勘察。

根据《公路工程地质勘察规范》(JTJ 064—2011)，该工程属于一级勘察，需要完成以下主要内容：

(1)收集分析有关资料，包括地质图、地形图、水文图、气象资料、交通统计资料、历史灾害资料等；

(2)进行现场踏勘，观察沿线地貌特征、地质构造、土层分布、地下水状况、不良地质现象等；

(3)进行综合性地质测绘，绘制比例尺为 1∶5000 或 1∶10000 的地质图和剖面图；

(4)进行工程测量，确定线路走向和标高，绘制比例尺为 1∶500 或 1∶1000 的平面图和纵断面图；

(5)进行原位测试，包括钻探、坑探、物探等，获取土层厚度、岩层性质、承载力、渗透系数等参数；

(6)进行野外试验和室内试验，包括土工试验、岩石试验、水文试验等，获取土壤类型、含水量、密度、强度、压缩性等指标；

(7)进行综合分析和评价，包括地基承载力分析、沉降预测分析、边坡稳定分析、桥涵基础选型分析、隧道设计方案分析等；

(8)编制勘察报告，汇总勘察成果，提出建议和意见，附上相关图表和数据。

通过上述勘察工作，可以为高速公路的设计提供可靠的依据，为施工提供技术指导，为管理提供参考信息。

9.3 桥　　梁

当道路跨越河流、山谷或与其他交通线路交叉时，往往需要修建桥梁。桥梁、涵洞按跨径不同分为五种类型，如表 9.5 所示。

表 9.5　桥梁涵洞按跨径分类

桥涵分类	多孔跨径总长 L(m)	单孔跨径 L_0(m)	桥涵分类	多孔跨径总长 L(m)	单孔跨径 L_0(m)
特大桥	$L\geqslant500$	$L_0\geqslant100$	小桥	$8\leqslant L\leqslant30$	$5\leqslant L_0<20$
大　桥	$100\leqslant L<500$	$40\leqslant L_0<100$	涵洞	$L<8$	$L_0<5$
中　桥	$30<L<100$	$20\leqslant L_0<40$			

注：① 单孔跨径系指标准跨径而言。

② 多孔跨径总长仅作为划分特大桥、大、中、小桥及涵洞的一个指标；梁式桥、板式桥涵为多孔标准跨径的总长；拱式桥为两岸桥台内起拱线间的距离；其他形式桥梁为桥面车道长度。

③ 圆管涵及箱涵不论管径或跨径大小、孔数多少，均称为涵洞。

桥涵标准跨径规定为：0.75 m、1.0 m、1.25 m、1.5 m、2.0 m、2.5 m、3.0 m、4.0 m、5.0 m、6.0 m、8.0 m、10 m、13 m、16 m、20 m、25 m、30 m、35 m、40 m、45 m、50 m、60 m。

标准跨径：梁式桥、板式桥涵以两桥(涵)墩中线间距离或桥(涵)墩中线与台背前缘间距为准；拱式桥涵、箱涵、圆管涵以净跨径为准。

桥梁由正桥、引桥和导流等工程组成。正桥是主体，位于河岸桥台之间。桥墩均位于河中。引桥是连接正桥与路线的建筑物，常位于河漫滩或阶地之上，它可以是高路堤或桥梁。导流建筑物包括护岸、护坡、导流堤和丁坝等，是保护桥梁等各种建筑物稳定，不受河流冲刷破坏的附属工程。桥梁结构可分为梁桥、拱桥和钢架桥等，不同类型的桥梁对地质有不同的要求，工程地质条件是选择桥梁结构的主要依据。

桥梁工程地质勘察一般有两项内容：一是选择工程地质条件较好的桥位。这是对各比较方案进行调查，并配合路线、桥梁专业人员共同进行的。二是对选定的桥位进行详细的工程地质勘察，为桥梁及其附属工程的设计和施工提供地质资料。

1. 桥梁工程主要工程地质问题

桥梁建设中的工程地质问题主要涉及桥墩台。

(1)桥墩台地基稳定性

桥墩台地基稳定性主要取决于墩台岩土地基的容许承载力，它是桥梁设计中最重要的力学参数，它对确定桥梁的基础和结构形式起决定性的作用。

虽然桥墩台的基底面积不大，但经常遇到基底软弱、强度不一或软硬不均等问题，这严重影响桥基的稳定性，在溪谷沟床、河流阶地、故河湾及古老洪积扇等处修建桥墩台时，往往遇到强度很低的饱和软土层，有时也遇到较大的断层破碎带，近期活动的断裂或基岩面高低不平，风化深槽，软弱夹层，囊状风化带，软硬悬殊的界面或深埋的古滑坡等地段，均能使桥墩台基础产生过大沉降或不均匀下沉，甚至造成整体滑动。

(2)桥台的偏心受压

桥台除了承受垂直压力外，还承受到岸坡的侧向主动土压力，在有滑坡的情况下，还受到滑坡的水平推力，使桥台基底总是处在偏心荷载状态下。桥墩的偏心荷载，主要是由于列车在桥梁上行驶突然中断而产生的，对桥墩台的稳定性影响很大，必须慎重考虑。

(3)桥墩台地基的冲刷

桥墩和桥台的修建，使原来的河槽过水断面减小，局部增大了河水流速，改变了流态，对桥基产生强烈冲刷，有时可把河床中的松散沉积物局部或全部冲走，使桥墩基础直接受到流水的冲刷，威胁桥墩台的安全，因此，桥墩台基础的埋深，除决定于持力层的埋深与性质外，还需考虑冲刷的影响。

2. 桥梁工程勘察要点

(1)初步勘察阶段

在可行性研究勘察资料的基础上，初勘阶段着重于桥位选择的勘察，对各桥位方案进行工程地质勘察，并对建桥的适宜性和稳定性作出结论性评价。

①桥位选择对工程地质条件的要求：

A. 桥位应选在基岩和坚硬土层外露或埋藏较浅、地质条件简单、地基稳定处。

B. 桥位不宜选在活动断层、滑坡、泥石流、岩溶以及其他不良地质现象发育的地段。

②桥位选择对地形、地貌、地物等方面的要求：

A. 桥位应尽量选择在两岸有山嘴或高地等河岸稳固的地段；平原区河流的顺直河段；两岸便于接线的较开阔的地段。

B. 桥位应避免选在其上、下游有山嘴、石梁、沙洲等干扰水流畅通的地段。

C. 桥位应尽量避免选在地面、地下已有重要设施而需要拆迁的地段。

D. 桥位选择应考虑施工场地布置和材料运输等方面的要求。

(2)详细勘察阶段

本阶段勘察的重点是：

①查明桥位区地层岩性、地质构造、不良地质现象的分布及工程地质特性。

②探明桥墩台地层的覆盖层及基岩风化层的厚度、岩体的风化与构造破碎程度、软弱夹层情况和地下水状态。

③测试岩土的物理力学性质，提供地基的基本承载力、桩壁摩阻力、钻孔桩极限摩阻力。

④对边坡及地基的稳定性、不良地质现象的危害程度和地下水对地基的影响程度作出评价。

⑤结合设计要求，对沿线筑路材料场进行复查。

⑥对地质条件复杂的桥基或特大的塔墩、锚锭基础应采用综合勘察。

工程案例

桥梁工程勘察是桥梁工程建设的重要基础，它涉及到桥梁的选址、设计、施工、养护等各个环节。桥梁工程勘察的内容包括桥位勘察、地质勘察、水文勘察、地形测量、桥型方案比选等。下面以一个具体的案例来介绍桥梁工程勘察的过程和方法。

某市计划建设一座跨越某河的公路斜拉桥，桥长约 800 m，主跨 300 m，设计速度为 80 km/h。为了确定桥位和桥型方案，需要进行桥梁工程勘察。具体步骤如下：

(1)桥位勘察

桥位勘察是根据交通需求、地形地貌、河流状况、环境影响等因素，确定桥梁的位置和走向的工作。桥位勘察的方法有实地踏勘、航空摄影、遥感探测等。在本案例中，采用实地踏勘和航空摄影相结合的方法，对沿河两岸的地形地貌、河道宽度、河床形态、水流速度、水位变化、洪水情况等进行了详细的调查和测量，并绘制了桥位平面图和剖面图。根据调查结果，确定了桥梁的位置和走向，以及主要控制点的坐标。

(2)地质勘察

地质勘察是为了了解桥址区域的岩土层次、性质、分布、稳定性等情况，为桥梁设计提供可靠的地基承载力和变形特性等数据的工作。地质勘察的方法有钻探、取样、试验、物探等。在本案例中，采用钻探和物探相结合的方法，对桥址区域进行了系统的地质勘察，共钻取了 20 个岩土钻孔，深度从 10～60 m 不等，并进行了取样和试验，获取了岩土层次、性质、厚度、含水量、密度、抗剪强度等参数，并绘制了地质剖面图和地基承载力图。根据勘察结果，确定了桥梁的基础类型和设计参数。

(3)水文勘察

水文勘察是为了了解桥址区域的水文气象条件，如降雨量、径流量、洪水频率、洪峰流量、最高水位、最低水位等情况，为桥梁设计提供合理的水文设计依据的工作。水文勘察的方法有实测、统计分析等。在本案例中，采用实测和统计分析相结合的方法，对河流的水文资料进行了收集和整理，并进行了洪水频率分析和洪峰流量计算，获取了不同重现期的洪水水位和流速，并绘制了水位流量关系曲线和水位流速关系曲线。根据勘察结果，确定了桥梁的设计洪水标准和防洪措施。

(4)地形测量

地形测量是为了获取桥址区域的地面高程、坡度、曲率等数据，为桥梁设计提供准确的平面和立面形式的工作。地形测量的方法有全站仪、GPS、激光扫描等。在本案例中，采用全站仪和 GPS 相结合的方法，对桥址区域进行了精密的地形测量，并进行了数据处理和图形绘制，获取了桥址区域的数字高程模型(DEM)和数字地面模型(DGM)，并绘制了桥梁的平面图和纵断面图。根据测量结果，确定了桥梁的几何尺寸和坡度。

(5)桥型方案比选

桥型方案比选是根据桥位勘察、地质勘察、水文勘察、地形测量等数据，综合考虑桥梁的功能、结构、经济、美观等因素，确定最优的桥型方案的工作。桥型方案比选的方法有方案设计、方案评价、方案优化等。在本案例中，根据前期勘察数据，设计了三种不同的桥型方案：单塔斜拉桥、双塔斜拉桥和连续刚构桥，进行了方案评价，比较了各方案的结构性能、工程造价、施工难度、景观效果等指标，并进行了方案优化，最终确定了单塔斜拉桥为最优方案。

9.4 地下洞室

地下洞室是指建筑在地面以下及山体内部的各类建筑物。由于地下洞室完全被包围在岩土体介质中，它的安全、经济和正常使用与其所处的工程地质环境密切相关。

1. 地下洞室的主要工程地质问题

(1)地下洞室位置的选择

①地下洞室总体位置应选在区域稳定性较好，地震活动相对稳定，工程场区无区域性断裂通过，第四纪以来没有明显构造活动地段。

②建洞山体应选择山形完整，冲沟、滑坡、崩塌不发育，山体高度或土层厚度能满足工程需要的地段。洞室应尽量选择建在地层岩性均一、厚度大、产状稳定，构造裂隙间距大、组数少，风化轻微、强度较大的岩层中。反之，岩性软弱、层薄或夹有极薄层的易滑动的软弱岩层对修建地下工程则不利。

③洞口宜选在山体坡度较大(大于30°)，岩层完整，松散覆盖层较薄或基岩裸露的地段。洞口标高一般应高于谷底，且高于千年或百年一遇洪水水位0.5～1.0 m。

④洞轴线宜与岩层走向方向垂直或以大角度相交，有利于洞室的稳定；洞室轴线应避开褶皱轴部，因背斜轴部往往破碎，而向斜轴部往往富集大量地下水，对洞室工程极为不利。

(2)围岩稳定性与山岩压力

围岩是指地下洞室周围一定范围内，对工程稳定性能产生影响的岩体。由于地下开挖破坏了岩土体初始应力平衡条件，地下出现了自由空间，原来处于挤压状态的围岩解除束缚向洞室空间松胀变形，当变形超过围岩本身的承受能力时，便发生破坏。山岩压力通常是指围岩发生变形或破坏作用在洞室衬砌上的力。山岩压力是评价洞室围岩稳定性的主要内容，也是衬砌设计的主要依据。影响山岩压力和围岩稳定性的主要因素是岩体完整性与岩石强度。例如软弱面不起控制作用的均质岩，像花岗岩、闪长岩等，属饱和单轴抗压强度大于60 MPa的坚硬岩，在完整岩体中的坑道完全不需做支护。

围岩分类是地下洞室工程地质评价的主要内容之一，通过围岩分类可大致确定开挖难易程度、采用的施工方法及支护设计方案等。《岩土工程勘察规范》(GB 50021—2001，2009年版)规定，地下洞室围岩应根据岩体基本质量的定性特征和岩体基本质量的指标 *BQ* 相结合确定基本质量级别，然后按表9.6确定各级别岩体的自稳能力。隧道围岩分类多采用原铁道部的围岩分类方案。

表9.6 围岩自稳能力

岩体级别	自稳能力
Ⅰ	洞径≤20 m，可长期稳定，偶有掉块，无塌方
Ⅱ	洞径10～20 m，可基本稳定，局部可发生掉块或小塌方； 洞径<10m，可长期稳定，偶有掉块
Ⅲ	洞径10～20 m，可稳定数日至1个月，可发生小—中塌方； 洞径5～10 m，可稳定数月，可发生局部块体位移及小—中塌方； 洞径<5 m，可基本稳定

续表 9.6

岩体级别	自稳能力
Ⅳ	洞径＞5 m，一般无自稳能力，数日至数月内可发生松动变形、小塌方，进而发展为中一大塌方，埋深小时，以拱部松动破坏为主，埋深大时，有明显塑性流动变形和挤压破坏； 洞径≤5 m，可稳定数日至1个月
Ⅴ	无自稳能力

注：小塌方——塌方高度＜3 m，或塌方体积＜30 m^3；中塌方——塌方高度 3～6 m，或塌方体积 30～100 m^3；大塌方——塌方高度＞6 m，或塌方体积＞100 m^3。

(3)地下水与洞室涌水问题

地下水对洞室稳定性的影响，大致有以下几种：

①在地下水长期作用下将降低岩石强度，并使软弱夹层泥化易丁造成层间滑动；

②石膏、岩盐及富含蒙脱石的黏土岩在地下水作用下发生溶解或膨胀而产生附加的山岩压力；

③地下水以静水压力的形式作用于洞室的衬砌，当地下水化学成分具有腐蚀性时，对衬砌将产生侵蚀破坏；

④当地下工程穿过水层时，有时会发生突然涌水，常造成停工和伤亡事故。

造成突然涌水的原因，大多是有丰富的地表水沿着溶洞、暗河或断层破碎带等良好通道涌入地下洞室。因此应密切注意隧道等地下工程与地表水体的连通关系。

(4)有害气体与岩爆

地下洞室钻探与掘进过程中，常会遇到各种有害气体，其名称、颜色、气味和危害性如表 9.7 所示。一般在工程地质勘察过程中应对有害气体进行预测并提出防护措施。

表 9.7 有害气体的危害性

气体名称	化学符号	相对密度（相对于空气）	色、味、臭	爆炸极限（体积）(%)	危害性
氧气	O_2	1.1	无色、无味、无臭	—	助燃
二氧化碳	CO_2	1.5	无色、略带酸臭味	—	缺氧症、略带毒性
一氧化碳	CO	1.0	无色、无味、无臭	12.5～74	中毒、爆炸强烈的有毒体
二氧化硫	SO_2	2.3	无色、具有强烈硫黄味及酸味	—	中毒、有强烈刺激性
甲烷（瓦斯）	CH_4	0.6	无色、无味、无臭	5.3～14	爆炸
二氧化氮	NO_2	1.5	红褐色、青黄色、硝烟味	—	中毒、毒性较剧
硫化氢	H_2S	1.2	无色、臭蛋味	4.3～45	中毒、爆炸

在坚硬岩体深部开挖时，岩石突然飞出和剧烈破坏的现象称为岩爆。岩爆发生的条件主要有：

①岩层经受过较强的地应力作用；

②岩石具有较高的弹性强度；

③埋藏位置具有较严密的围限条件。一旦围限解除便发生岩爆。岩爆多发生在区域性压扭性大断裂带附近和埋藏较深的硅质岩层中。

2. 地下洞室工程勘察要点

(1)可行性研究与初步勘察阶段

主要是搜集已有资料，通过物探和工程地质测绘，初步查明各拟选方案的地质条件。

(2)详细勘察阶段

查明所选洞址的洞口及围岩的工程地质条件;分段进行围岩分类,为设计支护结构和确定施工方案提供依据。

(3)施工勘察阶段

配合导洞或毛洞的开挖进行工程地质测绘。测定围岩的变形和松弛范围,对将开挖地段可能出现的不良地质现象做好施工的超前地质预报。开挖中出现新的不利地质因素或发现与结论有较大出入,应及时提供资料和修改设计的建议。

工程案例

地下洞室是一种在岩体或土层中修建的地下建筑物,通常用于水利、交通、能源等领域。地下洞室的工程勘察是指对地下洞室的选址、布置、设计、施工和运行等方面所涉及的地质、水文、岩土等条件进行调查、分析和评价的工作,是保证地下洞室安全和经济的重要环节。

现以某水电站地下厂房为例,介绍地下洞室工程勘察的主要内容和方法。该水电站位于山区,地形复杂,岩体结构复杂,地下水丰富,存在多种不良地质作用。为了确定地下厂房的最佳位置和形式,需要对场地进行详细的工程勘察。

工程勘察的主要内容包括:

(1)地质调查

通过野外地质测绘、钻探、开挖等手段,获取场地的基本地质资料,如岩性、岩层产状、构造、风化、节理、断裂等,并绘制相应的地质图件。

(2)岩土力学试验

通过室内和现场试验,测定岩体和土体的物理力学性质指标,如密度、含水量、孔隙比、强度、变形模量、渗透系数等,并进行相应的数据处理和分析。

(3)地下水调查

通过水文地质测量、水位观测、水压试验等手段,获取场地的基本水文地质资料,如水文地质单元划分、含水层类型和特征、水位变化规律、渗流方向和速度等,并绘制相应的水文地质图件。

(4)工程岩体分级

根据《工程岩体分级标准》(GB 50218—2014),综合考虑岩体基本质量指标(BQ)、地下水影响修正系数(K_1)、主要软弱结构面产状影响修正系数(K_2)和初始应力状态影响修正系数(K_3),计算出岩体基本质量指标修正值([BQ]),并按其大小将岩体分为Ⅰ～Ⅴ级。

(5)围岩稳定性分析

根据围岩级别和洞室形式选择合适的围岩稳定性分析方法,如理论估算法、经验法、数值模拟法等,计算出围岩压力及其分布规律,并评价围岩自稳能力和支护需求。

(6)工程建议

根据工程勘察结果,提出合理的工程建议,如洞室位置和形式、支护类型和参数、施工方法和技术措施等,并给出相应的技术依据和经济效益分析。

通过上述工程勘察,确定了该水电站地下厂房的最佳位置和形式,为工程设计和施工提供了可靠的依据。该工程勘察工作具有一定的典型性和参考价值,对于类似的地下洞室工程勘察有一定的借鉴意义。

9.5 边 坡 工 程

边坡指一面临空，具有一定的坡度和高度的岩土体斜坡，包括天然斜坡和人工开挖的边坡。斜坡的形成，使岩土体内部原有应力状态发生变化，出现坡体应力重分布；而且其应力状态在各种自然营力及工程影响下，随着斜坡演变又不断变化，使斜坡岩土体发生不同形式的变形与破坏。不稳定的天然斜坡和人工边坡，在岩土体重力、水及振动力以及其他因素作用下，常常发生危害性的变形与破坏，导致交通中断、江河堵塞、塘库淤填，甚至酿成巨大灾害，如导致工程溃决和村镇埋没等。

1.边坡工程的主要工程地质问题

斜坡形成过程中，其原始应力重新分布，岩土体原有平衡状态相应发生变化。在此新的应力条件下，坡体将发生程度不同的局部或整体的变形与破坏，以达到新的平衡。自斜坡形成开始，坡体便处于不断发展变化的趋势中，首先变形，逐步发展成为破坏。斜坡变形与破坏的发展过程，可以是漫长的，如天然斜坡的发展演化；也可以是短暂的，如人工边坡的形成与变化。斜坡变形与破坏的发生条件相当复杂，主要取决于坡体本身所具有的应力特征和坡体抵抗变形与破坏的能力大小，这两者的相互关系和发展变化，是斜坡演变的内在动力。

斜坡变形与破坏是斜坡演变的两大形式，前者以坡体中未出现贯通性破坏面为特点；后者是在坡体中已形成贯通性的破坏面，并由此以一定加速度发生位移为标志。变形与破坏是一个发展的连续过程，其间存在着量与质的转化关系。研究斜坡变形与破坏的整个过程，并重视这一演变过程中变形的研究，对于定性地揭示坡体应力与结构强度的矛盾关系，鉴定现有条件下坡体的稳定状况，预测斜坡破坏的可能程度，有重要意义。

(1)斜坡变形

斜坡变形以坡体未出现贯通性的破坏面为特点，但在坡体各个局部，特别是在坡面附近也可能出现一定程度的破裂与错动，而从整体看，并未产生滑动破坏。它表现为松动和蠕动。

①松动

斜坡形成初始阶段，坡体表部往往出现一系列与坡向近于平行的陡倾角张开裂隙，被这种裂隙切割的岩体向临空方向松开、移动，这种过程和现象称为松动。它是一种斜坡卸荷回弹的过程，是当岩体出现边坡临空面后，岩体内积存的弹性应变能释放而产生的。存在于坡体的这种松动裂隙，可以是应力重分布中新生的，但大多是沿原有的陡倾角裂隙发育而成。它仅有张开而无明显的相对滑动，张开程度及分布密度由坡面向深处逐渐变小。在保证坡体应力不再增加和结构强度不再降低的条件下，斜坡变形不会剧烈发展，坡体稳定不致破坏。

斜坡常有各种松动裂隙，实践中把发育有松动裂隙的坡体部位，称为斜坡卸荷带，也可称为斜坡松动带。其深度通常用坡面线与松动带内侧界线之间的水平间距来度量。斜坡松动使坡体强度降低，又使各种营力因素更易深入坡体，加大坡体内各种营力因素的活跃程度，它是斜坡变形与破坏的初始表现。所以，划分松动带(卸荷带)，确定松动带范围，研究松动带内岩体特征，对论证斜坡稳定性，特别是确定开挖深度或灌浆范围，都具有重要意义。斜坡松动带的深度，除与坡体本身的结构特征有关外，主要受坡形和坡体原始应力状态控制。显然，坡度越高、越陡，地应力越强，斜坡松动裂隙便越发育，松动带深度也便越大。

②蠕动

斜坡岩土体在以自重应力为主的坡体应力长期作用下，向临空方向缓慢而持续的变形，称为斜坡蠕动。研究表明，蠕动的形成机制为岩土的粒间滑动(塑性变形)，或沿岩石裂纹微错，或由岩体中一系列裂隙扩展所致。它是在应力长期作用下，岩土体内部一种缓慢的调整性形变，实际上是趋于破坏的一个演变过程。坡体中由自重应力引起的剪应力与岩土体长期抗剪强度相比很低时，斜坡只能减速蠕动，只有当应力值接近或超过岩土体长期抗剪强度时，斜坡才能加速蠕动。因此，斜坡最终破坏，总要经过一个或短暂或漫长的过程。斜坡蠕动大致可分为表层蠕动和深层蠕动两种基本类型。

斜坡浅部岩土体在重力的长期作用下，向临空方向缓慢变形构成一剪变带，其位移由坡面向坡体内部逐渐降低直至消失，这便是表层蠕动。

深层蠕动主要发育在斜坡下部或坡体内部，按其形成机制有软弱基座蠕动和坡体蠕动两类。坡体基座产状较缓且有一定厚度的相对软弱岩层，在上覆层重力作用下，致使基座部分向临空方向蠕动，并引起上覆层的变形与解体，是软弱基座蠕动的特征。软弱基座塑性较大，向临空方向蠕动、挤出，软弱基座蠕动将引起上覆岩体变形与解体。上覆岩体中软弱层会出现“揉曲”。脆性层又会出现张性裂隙；当上覆岩体整体呈脆性时，则产生不均匀断陷，使上覆岩体破裂解体。上覆岩体中裂隙由下向上发展，且其下端因软弱岩层向坡外牵动而显著张开。此外，当软弱基座略向坡外倾斜时，蠕动更进一步发展，使被解体的上覆岩体缓慢地向下滑移，且被解体成的岩块之间可完全丧失连接，如同漂浮在下伏软弱基座上。

坡体沿缓倾软弱结构面向临空方向缓慢移动变形，称为坡体蠕动，它在卸荷裂隙较发育并有缓倾结构面的坡体中比较普遍。缓倾结构面夹泥，抗滑力很低，会在坡体重力作用下产生缓慢的移动变形。这样，坡体必然发生微量转动，使转折处首先遭到破坏。首先出现张性羽裂，将转折端切断（切角滑移）；继续破坏，形成次一级剪面，并伴随有架空现象；进一步便会形成连续滑动面（滑面形成）。滑面一旦形成，其推滑力超过抗滑力，便导致斜坡破坏。

（2）斜坡破坏

斜坡中出现了与外界连续贯通的裂坏面，被分割的坡体便以一定加速度滑移或崩落，脱离母体，称为斜坡破坏。

天然斜坡的形成过程往往比较缓慢，而坡体中应力的变化和附加荷载的出现可以很迅速，斜坡破坏便可能出现不同情况。当迅速形成的坡体应力超过岩土体极限强度，足以形成贯通性破坏面时，斜坡破坏便急骤发生，松动及蠕动变形的时间很短暂；反之，若坡体应力小于岩土体极限强度而大于长期强度时，斜坡破坏前要经过一段较长时间的松动及蠕动变形过程。此外，自然营力对斜坡破坏的影响很大。某些营力（如地震力、空隙水压力）突然加剧，可使一些原来并未有明显松动及蠕动变形迹象的斜坡，也会突然破坏。斜坡破坏的形式很多，主要有崩塌、滑坡及滑塌等形式。

①崩塌

斜坡前缘的部分岩体，被陡倾结构面分割，并以突然的方式脱离母体，翻滚而下，岩块互相冲撞、破坏，最后堆积于坡脚而形成岩堆，这种现象称为崩塌。其规模相当悬殊，有大规模的山崩，也有小型块石塌落。

②滑坡

斜坡岩土体沿着连续贯通的破坏面向下滑动的过程称为滑坡。显然，滑坡是由于沿着连续贯通的破坏面推滑力超过抗滑力所致，是二者矛盾斗争的结果。

③滑塌

斜坡疏散岩土的坡角大于它的内摩擦角时，因表层蠕动进一步发展，岩土体沿着剪变带以顺坡滑移、滚动与坐塌方式，重新达到稳定坡脚的斜坡破坏过程，称为滑塌，或叫崩滑。塌动部分与未塌动部分的分界，通常在断面上呈直线。滑塌主要是一种松散岩体或岩、土混合体的浅层破坏形式，与风化营力、地表水、壤中水、人工开挖坡角及振动等作用密切有关。

上述崩塌、滑坡及滑塌三种基本破坏形式，在同一斜坡的发生、发展过程中，常是相互联系和相互制约的。在一些高而陡的斜坡破坏过程中，常常先以前缘部分崩塌为主，并伴随滑塌或浅层滑坡。随着时间的推移，再逐渐转变为深层滑坡。由于前缘破坏对深部的变形可起减载作用，所以频繁的前缘破坏，特别对抗风化能力弱的坡体，可能推迟甚至制止深部破坏的发生和发展。

2. 边坡工程的勘察评价要点

边坡工程的勘察评价要点应包括的内容有：

①场地地形和场地所在地貌单元；

②岩土时代、成因、类型、性状、覆盖层厚度、基岩面的形态和坡度、岩石风化和完整程度；

③岩、土体的物理力学性能；

④主要结构面特别是软弱结构面的类型、产状、发育程度、延伸程度、结合程度、充填状况、充水状况、组合关系、力学属性和与临空面的关系；

⑤地下水水位、水量、类型、主要含水层分布情况、补给及动态变化情况；

⑥岩土的透水性和地下水的出露情况；

⑦不良地质现象的范围和性质；

⑧地下水、土对支挡结构材料的腐蚀性；

⑨坡顶邻近(含基坑周边)建(构)筑物的荷载、结构、基础形式和埋深，地下设施的分布和埋深。

工程案例

边坡工程勘察评价是指对边坡的地质条件、稳定性、变形破坏特征、影响因素等进行调查、分析和评价的工作，以保证边坡工程的安全和经济。现以某高速公路边坡工程为例，介绍边坡工程勘察评价的基本内容和方法。

(1)工程概况

某高速公路位于山区，路线全长约 100 km，沿线地形复杂，地质条件多变。为了保证路基的稳定性和平整性，需要对部分路段进行边坡开挖或填筑。其中，有一段路基位于一条河谷的右岸，河谷两侧为陡峭的山坡，岩性为花岗岩。由于河谷宽窄不一，路基需要在部分山坡上进行开挖，形成高达 20 m 以上的边坡。为了保证边坡的稳定性和美观性，需要对边坡进行合理的设计和加固。

(2)边坡工程地质调查

为了了解边坡的地质条件和稳定性，对该段路基的边坡进行了详细的工程地质调查，主要包括以下内容：

①地层岩性调查

通过野外观察、钻探取样、室内试验等方法，确定了边坡所处的地层岩性、厚度、倾向倾角、风化程度等特征。结果表明，边坡所处的地层为中新世花岗岩，厚度约为 100 m 以上，倾向倾角一般为 10°～20°，风化程度从表层到深部逐渐减弱，表层为强风化花岗岩土(厚度约为 2 m)，深部为中风化花岗岩(厚度约为 8 m)和微风化花岗岩(厚度约为 90 m)。

②结构面调查

通过野外观察、测量、统计等方法，确定了边坡中存在的主要结构面的类型、产状、规模、分布规律、组合形式等特征。结果表明，边坡中存在三组主要结构面，分别为节理面(J1)、节理面(J2)和断层面(F)。节理面(J1)的走向为 N30°E～N40°E，倾向倾角为 70°～80°SE；节理面(J2)的走向为 N60°W～N70°W，倾向倾角为 60°～70°NE；断层面(F)的走向为 N10°E～N20°E，倾向倾角为 50°～60°SE。节理面(J1)和节理面(J2)在边坡中广泛分布，规模从几米到几十米不等，组成了复杂的交错网状结构。

断层面(F)在边坡中局部分布，规模从几十米到几百米不等，组成了不连续的线状结构。结构面的存在对边坡的稳定性有重要影响，尤其是断层面(F)的活动性与节理面(J1)和节理面(J2)的交汇形成的楔体。

③地下水调查

通过野外观察、钻探取样、水位监测等方法，确定了边坡中的地下水类型、水位、流向、流速等特征。结果表明，边坡中存在两种类型的地下水，分别为降雨渗透形成的孔隙水和结构面走滑形成的裂隙水。孔隙水主要分布在强风化花岗岩土和中风化花岗岩层中，水位一般为 5～10 m，流向一般为河谷方向，流速一般为 0.1～0.2 m/s；裂隙水主要分布在微风化花岗岩层中，水位一般为 15～20 m，流向一般为断层面(F)方向，流速一般为 0.5～1.0 m/s。地下水的存在对边坡的稳定性有不利影响，尤其是裂隙水的压力和冲刷作用。

(3)边坡工程稳定性分析

根据边坡工程地质调查的结果，对边坡进行了稳定性分析，主要包括以下内容：

①边坡失稳模式判别

通过野外观察、数值模拟等方法，判别了边坡可能发生的失稳模式和失稳范围。结果表明，边坡可能发生三种类型的失稳模式，分别为滑动失稳、倾倒失稳和楔体失稳。滑动失稳是指边坡沿着某一层或某一组结构面发生整体或局部的平行于倾斜方向的下滑；倾倒失稳是指边坡沿着某一层或某一组结构面发生整体或局部的垂直于倾斜方向的翻转；楔体失稳是指边坡由两组或多组交汇的结构面所限定的楔形体发生沿着交汇线方向的滑动或旋转。

根据边坡的地质条件和结构特征，判别出边坡可能发生以下三种失稳模式：

A. 滑动失稳：由于强风化花岗岩土和中风化花岗岩层之间存在明显的强度差异和滑动面，边坡可能沿着这一界面发生整体或局部的滑动失稳，失稳范围约为 20 m×100 m；

B. 倾倒失稳：由于节理面(J1)与边坡倾斜方向基本平行且倾角大于边坡倾角，边坡可能沿着节理面(J1)发生整体或局部的倾倒失稳，失稳范围约为 10 m×50 m；

C. 楔体失稳：由于节理面(J1)和节理面(J2)在边坡中交汇形成多个楔形体，边坡可能发生局部的楔体失稳，失稳范围约为 5 m×10 m。

②边坡稳定性计算

通过野外观察、室内试验、理论分析等方法，确定了边坡的物理力学参数和失稳模式的控制因素，然后采用极限平衡法和有限元法等方法，计算了边坡的安全系数和位移变形。边坡的物理力学参数如表 9.8 所示。

表 9.8　边坡的物理力学参数

参数	强风化花岗岩	中风化花岗岩	微风化花岗岩
密度(g/cm^3)	1.8	2.4	2.6
内摩擦角(°)	25	35	40
黏聚力(kPa)	10	20	30
单轴抗压强度(MPa)	0.5	5.0	50.0
单轴抗拉强度(MPa)	0.1	1.0	10.0

不同失稳模式边坡的控制因素如下：

A. 滑动失稳：主要受到强风化花岗岩土和中风化花岗岩层之间的滑动面的影响，滑动面的摩擦角约为 20°，滑动面上的地下水压力约为 50 kPa；

B. 倾倒失稳：主要受到节理面(J1)的影响，节理面(J1)的摩擦角约为 30°，节理面(J1)上的地下水压力约为 100 kPa；

C. 楔体失稳：主要受到节理面(J1)和节理面(J2)的交汇角和交汇线方向的影响，交汇角约为60°，交汇线方向与边坡倾斜方向夹角约为30°，交汇线上的地下水压力约为150 kPa。

根据以上参数和因素，采用极限平衡法和有限元法分别计算了边坡的安全系数和位移变形。计算结果如下：

A. 滑动失稳：极限平衡法得到的安全系数为1.2，有限元法得到的最大位移为5 cm；

B. 倾倒失稳：极限平衡法得到的安全系数为1.0，有限元法得到的最大位移为10 cm；

C. 楔体失稳：极限平衡法得到的安全系数为0.8，有限元法得到的最大位移为15 cm。

综合以上计算结果，判断边坡的整体稳定性较差，其中楔体失稳是最危险的失稳模式，需要优先进行加固处理。

本章小结

(1)高层建筑在我国越来越多，其结构常采用刚度较大的钢筋混凝土框架-剪力墙结构或剪力墙结构体系。特别是超高层建筑则常采用刚度更大的筒体结构或筒中筒结构。由于其基底荷载大，易产生过大沉降或不均匀沉降，故基础常采用整体性较好的筏式基础或箱式基础，当地基承载力不能满足要求时，常采用桩基础或墩基。

(2)高层建筑工程勘察主要考虑地基承载力及其均匀性，深基坑开挖过程中可能引起的工程地质、水文地质及环境等问题，提出经济合理的持力层、桩基类型，并对场地土类型、建筑场地类型作出判定。

(3)公路建筑物主要由路基工程、桥隧工程及防护建筑物等构成。

(4)在公路选线中，工程勘察工作的任务是查明各比较线路方案沿线的工程地质条件，在满足设计规范要求的前提下，经过技术经济比较，选出最优方案在选线中，需考虑地质构造的影响，在滑坡地带选线，应根据滑坡规模大小采取相应对策。

(5)路基的主要工程地质问题，包括路基边坡稳定性、路基基底稳定性、建筑材料和公路冻害等问题。

(6)公路工程勘察的主要内容，包括根据工程地质条件选线，并对沿线一定范围内的工程地质条件、特殊岩土及不良地质现象以及建筑材料等进行勘察。

(7)桥梁工程勘察一般有两项内容：一是选择工程地质条件较好的桥位，二是对选定的桥位进行详细的工程地质勘察。

(8)桥梁工程地质问题主要有：桥墩台地基稳定性、桥台的偏心受压、桥墩台地基的冲刷等问题。

(9)桥梁工程勘察要点为：在初勘阶段，着重于桥位选择的勘察。在详勘阶段，着重查明桥位区地层岩性、地质构造、不良地质现象的分布及工程地质特性，探明桥墩台地层的覆盖层及基岩风化层厚度、岩体的风化与构造破碎程度、软弱夹层状况和地下水情况、岩土的物理力学性质、边坡及地基的稳定性等。

(10)地下洞室的主要工程地质问题，包括地下洞室位置的选择、围岩稳定性及山岩压力、地下水与洞室涌水、有害气体与岩爆等问题。

(11)地下洞室工程勘察要点，在初勘阶段，搜集已有资料，通过物探和工程地质测绘，初步查明各拟选方案的地质条件；在详勘阶段，查明所选洞址的洞口及围岩的工程地质条件；施工勘察阶段，配合导洞或毛洞的开挖进行工程地质测绘。

习　题

9.1　高层建筑的主要特点是什么？

9.2　高层建筑工程勘察中如何判断地基的不均匀性？

9.3　公路建筑由哪些建筑构成？

9.4　路基的主要工程地质问题有哪些？

9.5　桥梁的工程地质问题主要有哪些？

9.6　桥位选择应注意哪些工程地质问题？

9.7　地下洞室工程总体位置、洞口和洞轴线的选择应注意哪些工程地质问题？

9.8　地下洞室工程勘察的要点是什么？

9.9　边坡工程的主要工程地质问题有哪些？

附录

附录1　工程地质课程实习指导

实习1　矿物、岩石的识别，认识古生物化石

一、目的要求

识别几种主要造岩矿物及常见的沉积岩、火成岩和变质岩。

二、实习内容

(1)预习教材第2.1节第3小节、第2.2节第1小节、第2.2节第2小节和第3小节有关内容；
(2)观察和认识：石英、长石、云母、方解石、白云石、高岭土、黄铁矿等矿物；
(3)观察和认识：砾岩(角砾岩)、砂岩、页岩(泥岩)、石灰岩、花岗岩、玄武岩、大理岩、石英岩、片麻岩；
(4)阅读"附录2.1　认识古生物化石"；
(5)此实习可安排参观地质陈列馆，或在开放实验室完成。

三、实习作业

说明上述矿物和岩石主要的鉴别特征。

实习2　认识地层、观察地质构造与测量岩层产状

一、目的要求

(1)认识与了解地层的一般概念；
(2)认识岩层的层状构造与各种产状的岩层；
(3)观察与认识地质构造；
(4)学习测量岩层产状要素。

二、实习内容

(1)预习第3.1节第1小节以及第4.1节、第4.2节、第4.3节有关内容；
(2)通过阅读"附录2.2　南京市区主要地层简介"，认识和了解地层的概念；
(3)认识岩层的层状构造及水平岩层、倾斜岩层和直立岩层(附图2.1～附图2.3)；
(4)观察附图2.4～附图2.9，并说明各种构造的特征；
(5)预习"附录2.3　岩层产状要素测量"，并进行实际操作；
(6)选择合适的路线，进行野外观察。

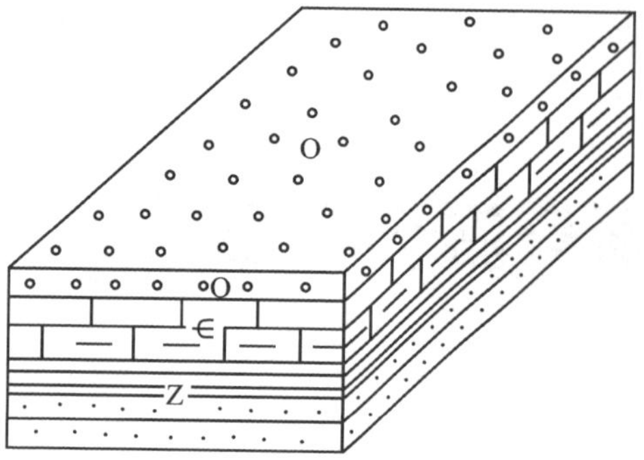

附图 2.1　水平岩层

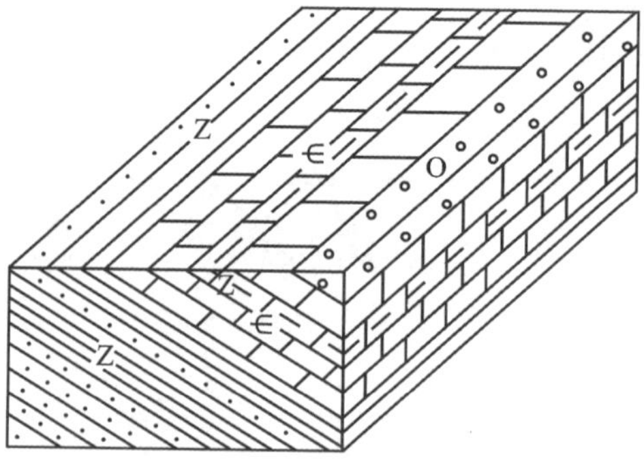

附图 2.2　倾斜岩层

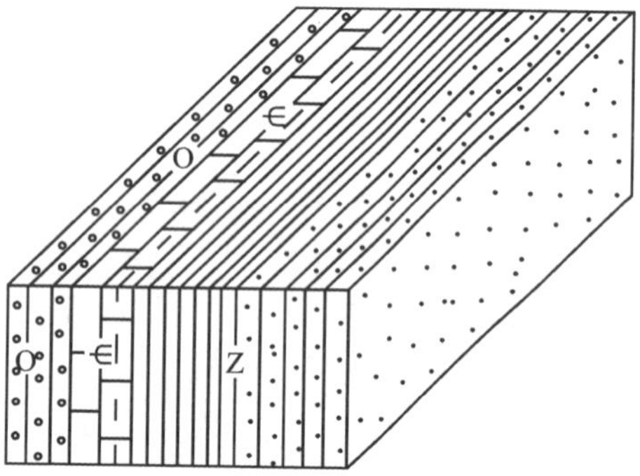

附图 2.3　直立岩层

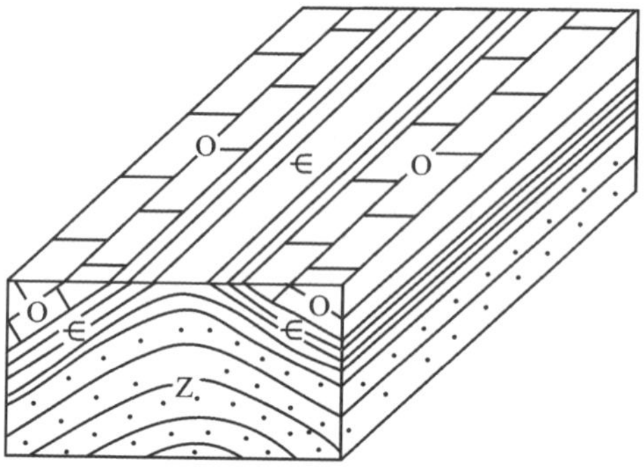

附图 2.4　背斜

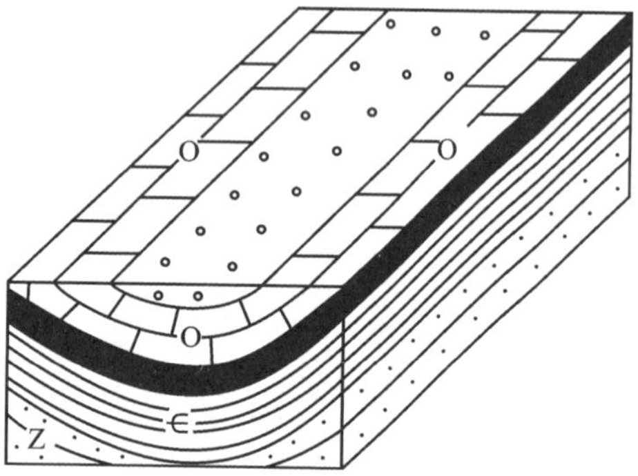

附图 2.5　向斜

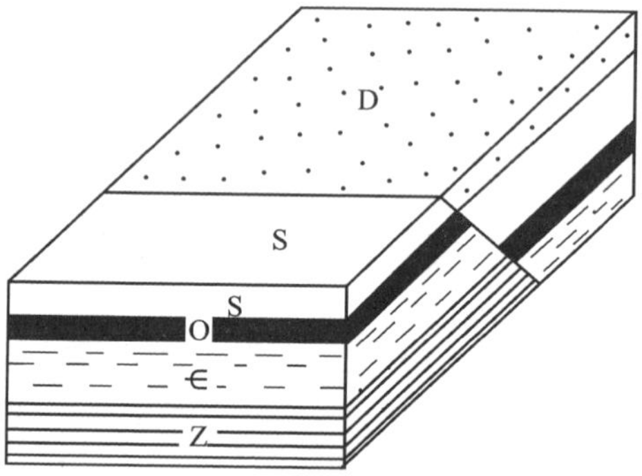

附图 2.6　正断层

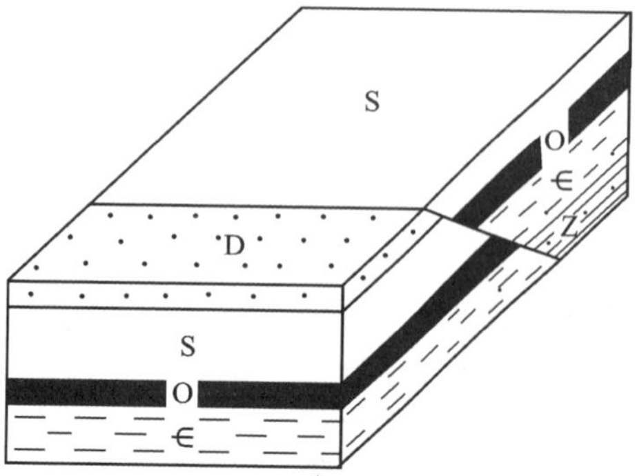

附图 2.7　逆断层

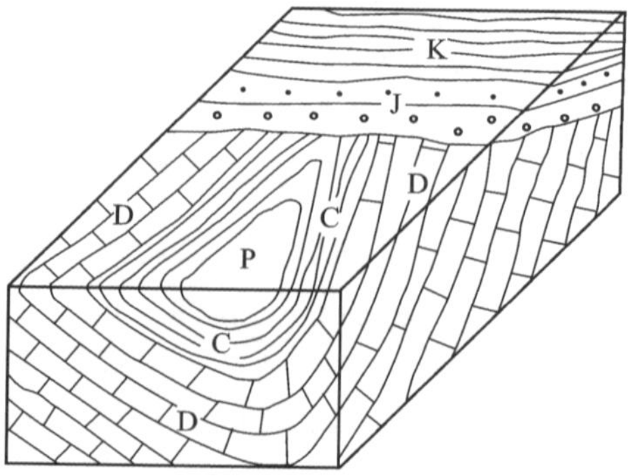

附图 2.8　角度不整合

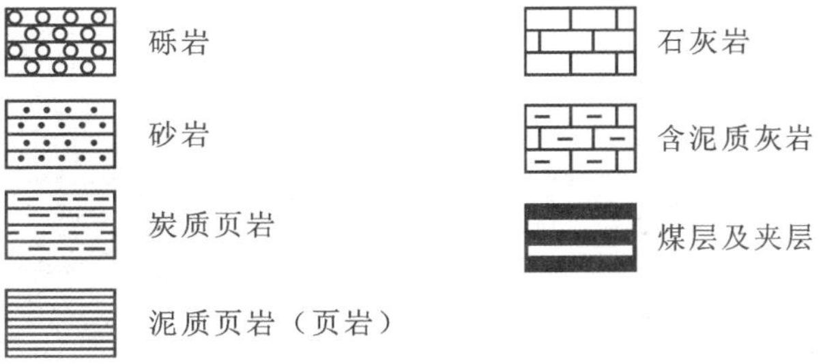

附图 2.9　图例

三、实习作业

(1)通过阅读"南京市区主要地层简介"，了解地层的含义是包括了岩性组合、年代、厚度、古生物化石和与下伏地层的接触关系等内容。地方性地层单位分为群、组等不同级别。地层的命名是以首次发现或沉积序列最完整的地方加以命名。思考一下该地层表中从三叠系至第四系全新统缺失了哪些时代的地层。

(2)说明什么是背斜、向斜、节理、正断层、逆断层。说明什么是水平岩层、倾斜岩层、直立岩层以及角度不整合。

(3)岩层产状包括哪些要素？如何用地质罗盘测量？

实习 3　观察风化作用、河流与海浪地质作用现象

一、目的要求

认识和熟悉风化作用、河流与海浪地质作用形成的一些现象和地貌形态及沉积物。

二、实习内容

预习有关风化作用、河流与海浪地质作用及其产生的地质现象(风化作用参考教材第 6.1 节第 1 小节、第 3.2 节第 1 小节；河流地质作用参考第 6.2 节第 1 小节和第 2 小节；海浪地质作用参考第 6.4 节第 1 小节和第 2 小节有关内容)。完成实习作业并去野外实地观察。

三、实习作业

1. 风化作用现象

(1)观察附图 3.1，说明这种石烂现象发生的过程。

(2)观察附图 3.2，图中所示岩画作于石灰岩之上，石灰岩质纯(化学分析 $CaCO_3$ 含量>90%)，据 ^{14}C 年龄测定，为距今 1680～4200 年以前的作品。岩画产地属亚热带气候，高温多雨。在自然营力作用下古画产生严重地质病害。例如画面的四个边角和中部已模糊不清，中下部出现裂缝等。试从化学风化的角度分析病害产生的原因。

(3)观察附图 3.3。了解根劈作用发生的原因及过程。

(4)观察矿物和岩石的化学风化与生物化学风化现象：地表岩石、矿物受水、氧及二氧化碳的作用发生化学成分的变化并生成新的矿物。

①观察风化花岗岩标本并与新鲜岩石对比：会发现原本硬度为 6，具玻璃光泽的灰白色、浅红色的长石变成用小刀可以轻易划动的白色粉末——高岭土；发现黑云母失去光泽和弹性，变成褐色易折断的蛭石，最后变成蒙脱石、高岭土。如果花岗岩中含有白云母，那么白云母最终风化后形成伊利石或高岭土等黏土矿物。

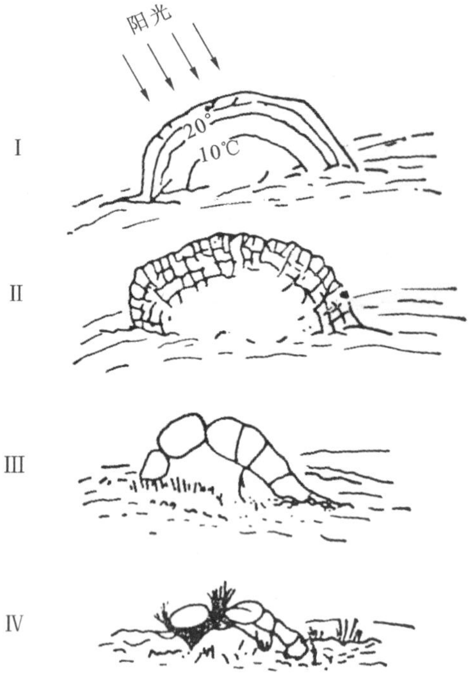

附图 3.1 温度变化引起岩石胀缩不均而崩解过程示意图

附图 3.2 广西宁明花山岩画艺术画(局部)

附图 3.3 根劈作用

②观察对比黄铁矿和褐铁矿:硬度 6～6.5,浅铜黄色具金属光泽和具立方体外形的黄铁矿,经一系列化学风化作用变成褐色土状的褐铁矿。

③观察风化的橄榄岩、辉长岩、玄武岩,就会发现橄榄石、辉石、角闪石等矿物抵抗化学风化作用的能力更差,它们极易在经历一系列化学风化作用后最终形成新的矿物——黏土矿物。

④沉积岩的化学风化:沉积岩中的碎屑矿物主要是石英和黏土矿物,其次是长石和云母,其中石英和黏土矿物在化学风化过程中基本保持稳定,云母和长石的行为同前。沉积岩的化学矿物主要是方解石、白云石、石膏等,它们主要是通过溶解和分解的方式发生溶蚀。因成岩过程中石灰岩、白云岩中常有大量泥质物质,所以溶蚀后,易溶物质随水流失而留下大量泥质堆积物。

总结和思考:矿物和岩石化学风化与生物化学风化的产物是什么?

(5)由前述内容总结:风化作用的类型是什么?形成的产物是什么?

我国西北干旱地区,其地区的特点是基岩裸露的山地和被大小不等的岩块覆盖的凹地与沟谷,就风化作用而言应当以何种类型为主?又如我国东西部温润或湿热气候条件下多见植被发育的浑圆形山丘,就其风化作用而言又有什么特点?

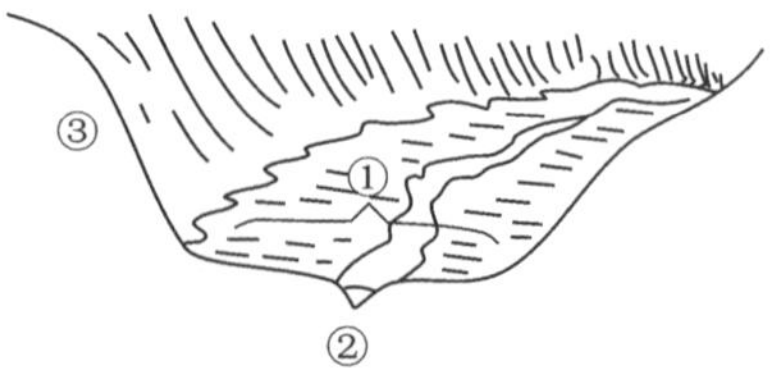

附图 3.4 河谷横剖面的形态要素

①谷底;②河床;③谷坡

2. 河流地质作用现象

(1)观察附图 3.4。说明谷底、河床、谷坡的含意。

(2)观察附图 3.5。叙述①～⑥各种地貌的特点或形成过程。思考河床、河漫滩、牛轭湖的沉积物分别由哪些类型土组成。

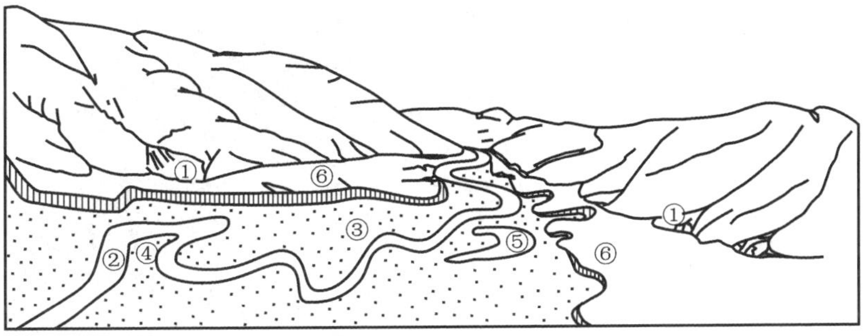

附图 3.5

①谷缘，也是洪积物的堆积处；②河床；③河漫滩；④河曲，也是凸岸；⑤牛轭湖；⑥阶地

【注】：图中①是洪积物分布的位置。从图中可见河谷两边的山坡植被不发育，山坡上发育有许多沟叉（冲沟）是雨季特别是暴雨时洪流的通道。山坡基岩和土层风化侵蚀的碎屑物被洪流搬运到山坡的坡脚或沟口处堆积称洪积物。而这个位置也正好是山坡与谷坡的分界。

3. 海浪地质作用现象

(1)观察附图 3.6：A 显示正在受到侵蚀的陡崖，因陡崖比较低矮，规模小，海蚀地貌不发育；B 显示出各种形态的海蚀地貌；C 显示出海蚀崖后退到海蚀作用达不到的地方，将蚀柱等被侵蚀干净后形成广阔的海滩。根据教材第 6.4 节第 2 小节内容对照附图 3.6，认识各种海蚀地貌（海蚀拱桥、海蚀柱、海蚀凹槽、海蚀沟谷、海蚀平台、海蚀崖）。

(2)观察附图 3.7，认识各种海积地貌。根据教材第 6.4 节第 2 小节描述的内容对照附图 3.7，认识各种海积地貌。附图 3.7 中 4 表示入海河流的三角洲沉积。

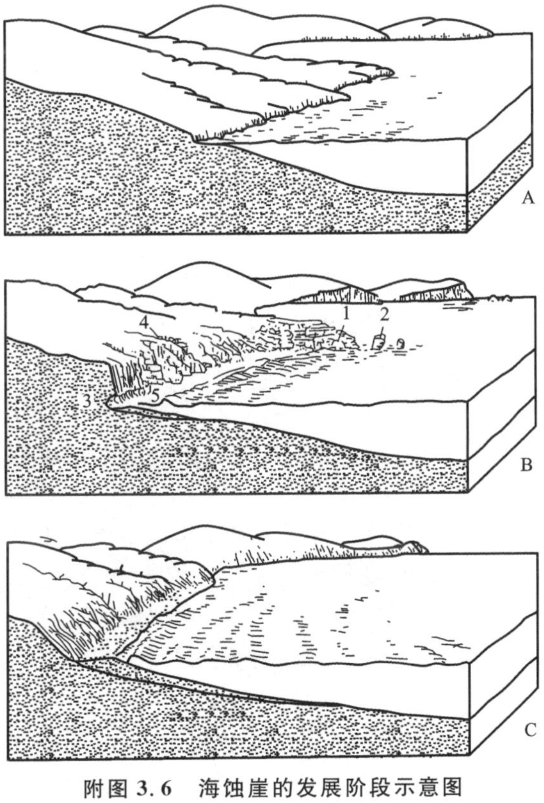

附图 3.6　海蚀崖的发展阶段示意图

A—小规模陡崖受到侵蚀；B—海蚀崖发展、增高，并形成各种地形；C—形成宽阔的海滩

1—海蚀拱桥；2—海蚀柱；3—海蚀凹槽；4—海蚀沟谷；5—海蚀平台

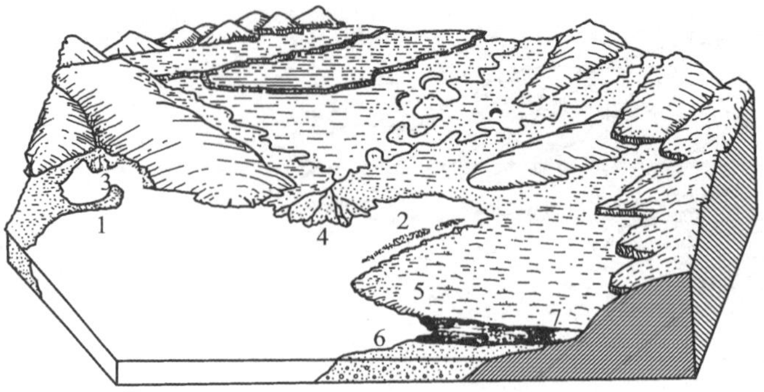

附图 3.7　滨岸带沉积物分布综合示意图

1—沙嘴；2—沙坝；3—岛湖；4—三角洲；5—泥浦；6—波筑台；7—泥炭堆积

实习 4　认识土体的宏观特征和土的野外鉴别

一、目的要求

(1)认识和掌握不同成因类型土体的宏观特征；

(2)通过肉眼观察、用手触摸等简单方法，认识和掌握土的野外鉴别。

二、实习内容

(1)预习教材：第 3.2 节、第 3.3 节第 1 小节和第 2 小节有关内容；

(2)去野外现场实地观察 1～2 种土体，并鉴别土的类型；

(3)完成实习作业。

三、实习作业

1. 认识土体的宏观特征

(1)黄土

附图 4.1　黄土的构造特征

① 预习教材第 3.3 节第 2 小节，说明黄土的颜色、土的类别、矿物成分、土的成因、形成时代及分布特征。

②观察附图 4.1，风成黄土(原生黄土)一般不具有层理，土体均匀、垂直节理发育，经风化或坍塌后常形成土柱。垂直节理及裂隙较发育时增强了土体的透水性，降低了其力学稳定性，在边坡地段易失稳发生滑动。

(2)残积土

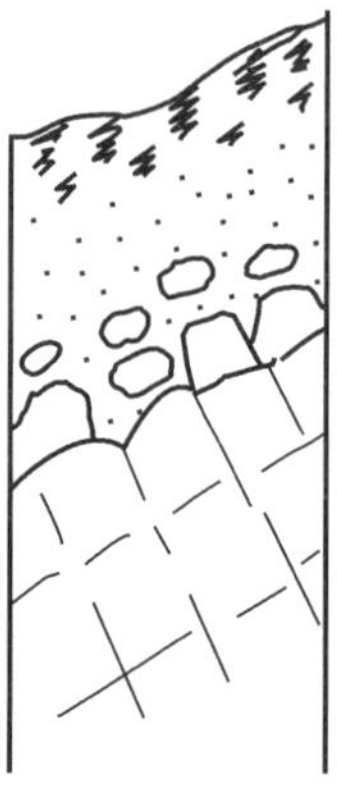

附图 4.2　残积土构造特征

1—土壤带；2—残积土；
3—半风化岩石；4—基岩

残积土作为风化作用的产物，不连续地分布在地表，一般在山顶、山坳、平缓的山坡处厚度较大。①预习教材第 3.2 节第 1 小节，说明气候条件和母岩岩性如何控制残积土的程度和成分；②观察附图 4.2，说明完整的残积土在垂直方向上包括哪几带？各带间为何种关系？③残积土的工程地质特性：表部______________；下部______________。此外，残积土的厚度、组成成分变化大，均匀性差，加上其孔隙度较大，作为建筑物地基极易引起不均匀沉降；斜坡地段还会沿下部基岩面或某种软弱面发生滑动。

(3)坡积土

坡积土的物质来自高处山坡或山顶的岩石风化产物，而与堆积场所的下伏基岩无直接联系。

①预习教材第3.2节第2小节并观察附图4.3，说明坡积土的物质成分、是否具有层理，以及坡积土的分布位置；②观察附图4.4，并参考第3.2节第2小节内容，说明坡积土的工程地质特性。

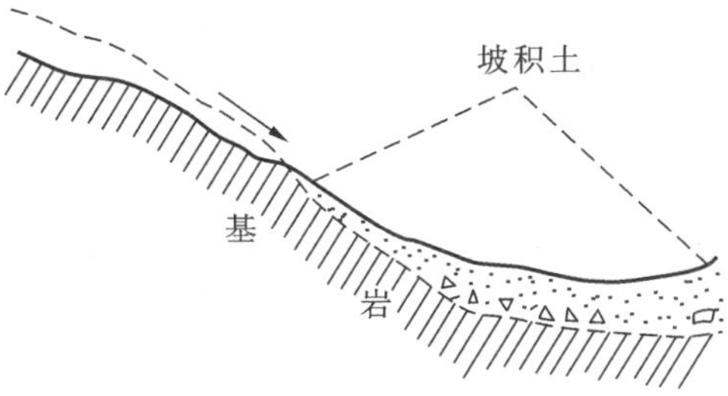

附图4.3　坡积土层剖面

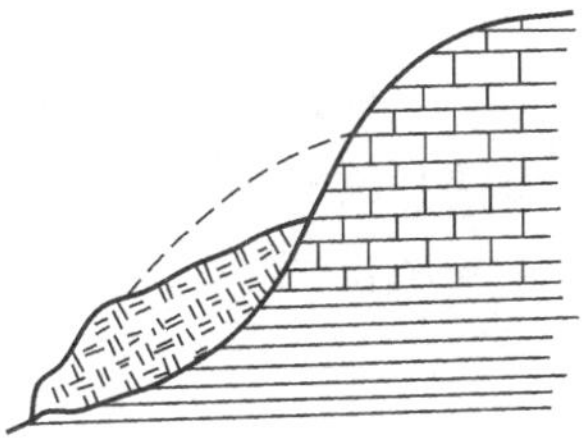

附图4.4　沿坡积层与基岩交界面滑坡

(4)冲积土

① 观察附图4.5，该图显示古冲积土的特征，层理构造、斜层理(主要发育在凸岸沉积物中)都很发育，并参考教材第3.2节及第6.2节第2小节和第3小节，说明冲积土的构造特点以及河谷冲积土根据形成条件一般可分成哪几类？它们各自物质组成的特点是什么？② 简述冲积土的工程地质性质。

(5)洪积土

① 观察图3.6，预习教材第3.2节第3小节，说明洪积扇土体的形成过程及其宏观构造特征；②说明洪积扇土体上、中、下各部分的物质组成及其工程性质。

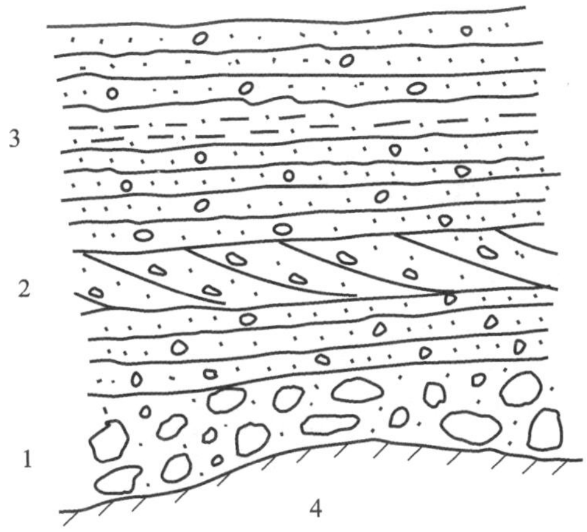

附图4.5　冲积土的构造特征

1—河床沉积；2—斜层理(边滩沉积)；3—河漫滩沉积；4—基岩

(南京菊花台采石场，雨花台组Q_{1y})

2. 土的野外鉴别

土的野外鉴别，除了观察估计一定粒径的碎屑颗粒所占的含量百分比从而确定土的类型外，对于碎石土、矿土还需观察其密实度。下面首先介绍鉴别的方法：

(1)鉴别方法

①碎石土：是指粒径大于2mm(即比荞麦或高粱米粒大)的砾、碎石或岩块的含量超过总体50%的土。碎石土根据粗碎屑的形态和大小进一步分类，可参见教材第3.3节表3.9。

当粗碎屑之间充填有砂和土时，应确定充填物的土类和估计其百分含量，应观察其孔隙的大小以及粗碎屑颗粒间的胶结是否牢固等。碎石土还应当观察其密实度。密实度反映土颗粒排列紧密程度。密实度高的土强度大、结构稳定，密实度差的土强度低、稳定性差。一般在野外用可控性和可钻性进行判断，密实度高的土用锹镐挖掘困难，钻探时钻进困难，井壁和孔壁稳定。密实度差的土用锹可以挖掘，钻进较容易，井壁和孔壁易坍塌。

②砂土：是指粒径大于2 mm的碎屑颗粒含量超过50%，但粒径在2～0.075 mm(相当于小米粒～玉米粉的粗细)的碎屑颗粒含量超过50%的土。砂土根据粒径大小可进一步分类(参见教材第3.3节表3.10)。

观察砂土的粒径和含量百分比、碎屑颗粒主要矿物成分。土的颜色常反映出其中次要或杂质组分的类型，例如当含有大量有机质时，土呈灰色、灰黑色；含氧化铁较多时，土呈红色；含硅质、钙质多时，土呈浅色或黄色。

砂土的湿度表明土的含水量，土越潮湿工程性质就越差。土的湿度一般分为稍湿、很湿、饱和三种，可用手握土时的感觉和使用滤纸测试。若用手紧握感到因潮湿而冰凉，能分成小块放在滤纸上不立即浸湿为稍湿；若放在手上稍摇动即液化成饼状，为饱和状态；介于两者之间为很湿状态。

③ 黏性土：是指粒径大于 0.075 mm 的碎屑颗粒含量不超过 50%，且塑性指数大于 10 的土定名为黏性土，若塑性指数等于或小于 10 则定名为粉土。

黏性土首先应观察颜色，一般采用复合法描述，一般副色在前面，主色在后面，例如“黄褐色”，表示以褐色为主，黄色为副。

黏性土的温度观察：用手紧握感到凉，颜色较深，不易捏塑，放在滤纸上不立即潮湿者定为稍湿；若放在手上有湿感，易于捏塑成任何形状，放在滤纸上浸湿很快者定为很湿；饱和的粉土与砂土相似，放在手上稍摇动即液化成饼状，而饱和的粉质黏土和黏土其特征是水滴在表面不易渗入。

黏性土的状态：采用重为 76 g，尖端为 30°的金属圆锥放入土中的下沉深度(h)划分为：坚硬($h<2$ mm)、硬塑(2 mm$\leqslant h<$3 mm)、可塑(3 mm$\leqslant h<$7 mm)、软塑(7 mm$\leqslant h<$10 mm)、流塑($h\geqslant$10 mm)等。

(2)实习作业

野外观察土体，并运用上述方法鉴别各种类别的土。

实习 5　工程地质勘察报告的阅读

一、目的与要求

通过阅读工程地质勘察报告实例(参见附录 2.4)，熟悉和了解工作过程和主要成果。

二、实习内容

采用学生自学、教师提问的方式，熟悉工程地质勘察报告的主要内容。

附　录　2

附录2.1　认识古生物化石

古生物化石埋藏在沉积岩和土体中，工程开挖施工过程中，在岩石和土层中可能会遇到古生物化石，因此有必要了解有关基本知识。

(1)化石的基本知识

化石是古代(地质历史时期)生物的遗体或遗迹。但不是所有的生物都能保存为化石，生物保存为化石的必须具备一定的条件。

①生物需要具有贝壳、鳞片、骨骼和木质纤维等坚硬部分。这也就明白了为什么常见的化石是贝壳、鳞片、骨骼和木质纤维的原因。但由于生物在死亡后，埋藏前因多种原因常遭到破坏，所以化石常常是上述坚硬部分的碎片。

②具有迅速埋藏、严密封闭、干燥或冷藏等良好的保存条件，所以化石常常保存在细粒的沉积岩中。由于形成时的高温不利于化石保存，所以在火成岩和变质岩中从未发现有化石。

③绝大多数情况下生物的遗体或遗迹都经过了矿物质的充填作用、交代作用或炭化作用，从而成为矿物质成分的化石，这一过程称为石化。

根据化石保存的方式划分为：生物遗体化石；生物遗体在其周围岩石中留下的印模化石以及生物活动留下的遗迹化石(脚印、劳动工具等)。

(2)几种常见化石

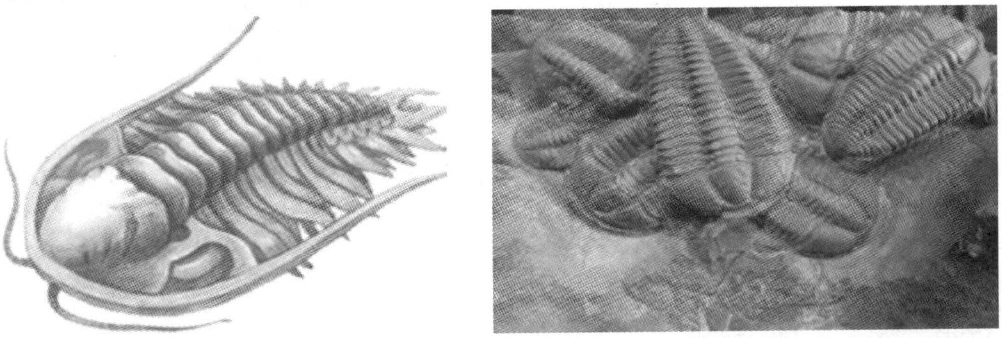

附图1.1　三叶虫(∈)

附图1.2　中华正形贝(O)

(左—背视；右—侧视)

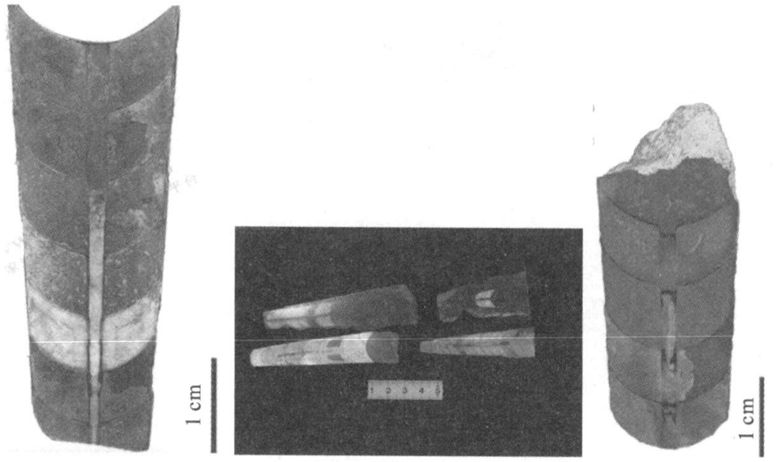

附图 1.3　震旦角石(O_2)

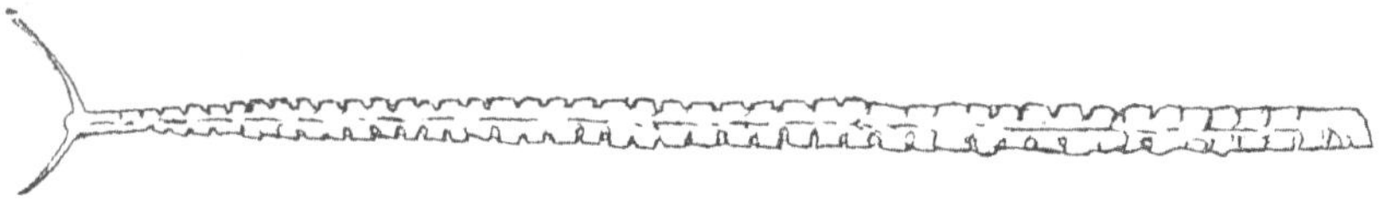

附图 1.4　栅笔石(O_2-S_1)

横切面×15

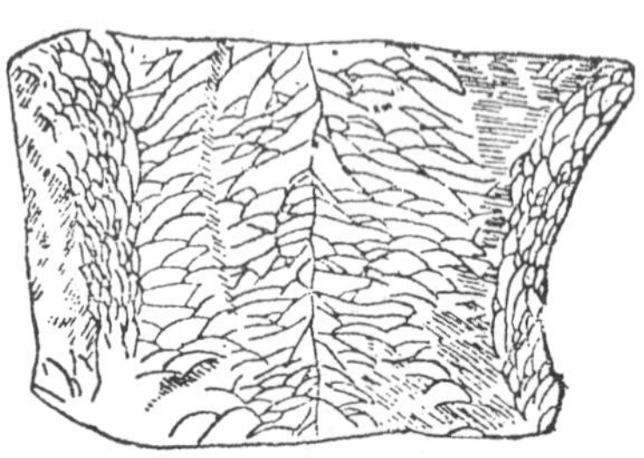

纵切面×14

附图 1.5　袁氏珊瑚(C_1)

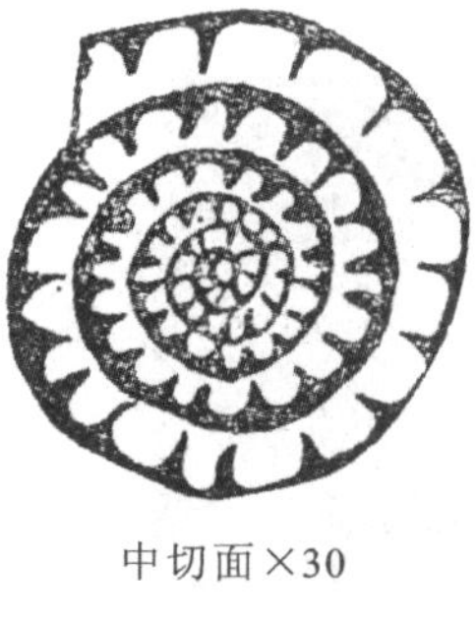

中切面×30

附图 1.6　小蜓(C_2)

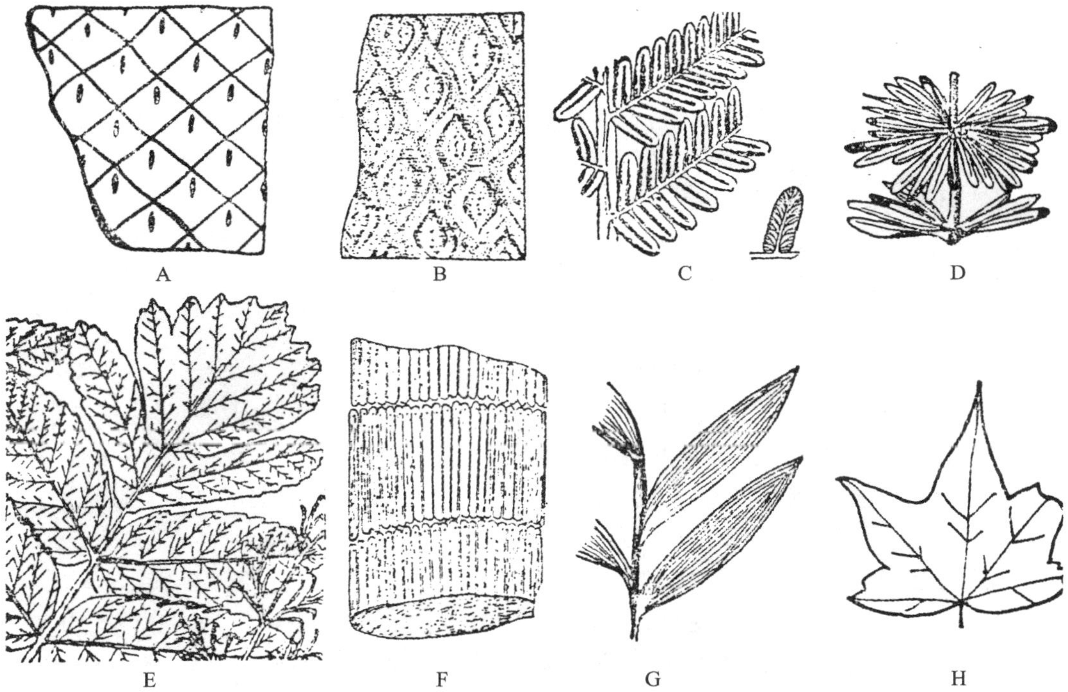

附图 1.7　几种植物的标准化石

A—斜方薄皮木(Leptophloeum rhombicum Dawson)×1,D_3;B—猫眼鳞木(Lepidodendron oculus－felis(Abbado)Zeiller)×1,C_3;

C—栉羊齿(Pecopteris polymorpha Brongniart)×1,C_3;D—星轮叶(Annularia stellata(Schlotheim)wood)×1,P_1;

E—栗叶单网羊齿(Gigantonoclea hallei (Asama)),P_2;F—钝肋芦木(Calamites suckowii Brongniart)×0.7,C_2—P_2;

G—披针苏铁杉(Podozamites lanceolatus(Lindley et Hutton)Braun),T_3—J_{142};H—彩叶槭(Acer subpictum Saporta),N_1

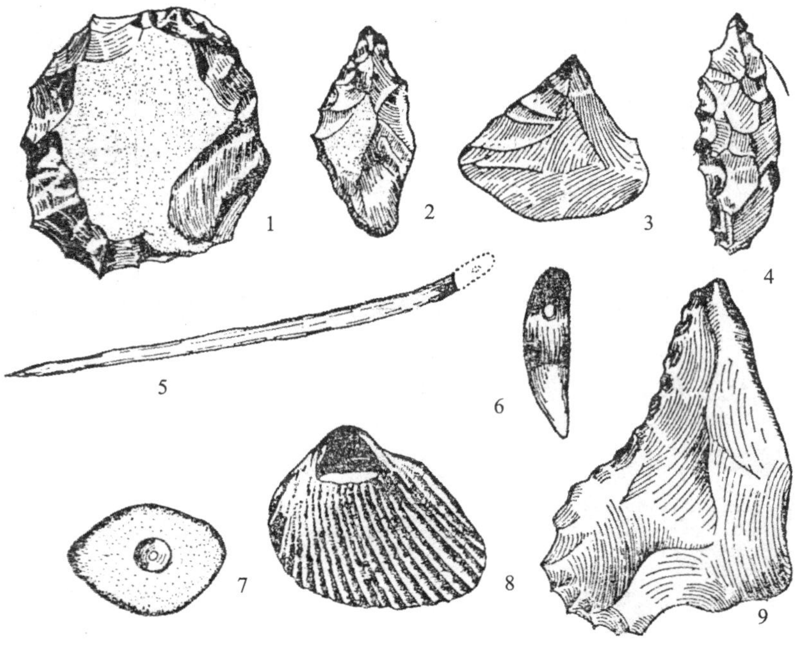

附图 1.8　中国发现的旧石器时代的文化遗物

1～4 和 9 为北京周口店北京猿人使用的旧石器;5～8 为山顶洞人使用的骨针和牙齿、贝壳等装饰器

附录 2.2 南京市区主要地层简介

我国地域辽阔，地层、地质构造复杂，一般皆按地区进行分区。从南京至镇江的丘陵、低山称宁镇山脉，宁镇地区的地层单元属扬子地层区下扬子地层分区宁镇地层小区。本区地层自震旦系至第四系均有出露。南京市区主要出露第四系至三叠系地层，现简介如下：

第四系(Q) 全新统(Q_4)

近代长江冲积土：棕黄及土黄色粉质黏土和粉砂；山间冲沟及坳谷地带为洪积土：底部常有砾石层，上部为淤泥质黏土、粉土等。厚度 0～60 m 不等。

第四系(Q) 中上更新统(Q_{2+3}) 下蜀组(Q_{2+3x})

灰黄色、棕红色黄土质黏土。厚 20 m，与下伏雨花台组呈假整合接触。

第四系(Q) 下更新统(Q_1) 雨花台组(Q_{1y})

上部灰黄色粉土，下部灰色疏松砾石层。产植物化石。厚 40 m，与下伏地层呈不整合接触。

上第三系(N) 上新统(N_2) 方山组(N_{2f})

仅见于方山及汤山。岩性为灰黑色橄榄玄武岩。厚 80 m，与下伏地层呈不整合接触。

上第三系(N) 中新统(N_1) 洞玄观组(N_{1d})

仅见于方山。岩性为棕黄、棕褐色及灰白色粉砂、黏土层，细砂层和砂砾层。属洪积-湖泊沉积。厚 62.8 m。产安琪马化石。与下伏地层呈不整合接触。

白垩系(K) 上统上部 赤山组(K_{2c}^2)

砖红色中厚层粉砂岩与薄层粉、细砂岩互层，底部常具砾石层。厚 30 m，与下伏浦口组为假整合接触。

白垩系(K) 上统下部 浦口组(K_{2p}^1)

下部紫红色砾岩夹粉砂岩细砂岩，上部红色粉砂、页岩。厚度 $>$ 200 m，与下伏地层呈不整合接触。

侏罗系(J) 上统上部 大王山组(J_{3d}^2)

灰紫色英安岩。厚 50 m，与下伏地层呈假整合接触。

侏罗系(J) 上统下部 云台山组(J_{3y}^1)

暗紫黄绿色含砾凝灰质砂岩。厚 50 m，与下伏地层呈不整合接触。

侏罗系(J) 中下统 象山群(J_{1+2xn})

上部紫红色粉砂岩、厚层状长石石英砂岩，产植物化石，中部石英砂岩，下部石英砾岩。厚 120 m，与下伏地层呈假整合或角度不整合接触。

三叠系(T) 上统 黄马青组(T_{3h})

灰色、紫红色粉砂岩与钙质泥岩互层。厚 150 m，与下伏地层呈不整合接触。

三叠系(T) 中下统 青龙群(T_{1-2q})

上部灰色中—薄层灰岩；下部黄绿色页岩夹薄层灰岩。产蛇菊石化石。厚 200 m，与下伏地层呈假整合接触。

附录 2.3 岩层产状要素测量

岩层层面、断层面、节理面等面状构造的产状要素的确定，是通过使用地质罗盘仪测定的，因此必须了解罗盘仪的结构和使用方法。

(1)地质罗盘的结构

地质罗盘的式样，常见的有圆盒式和方形两种，它们的基本结构是一致的。目前常用圆盒式罗盘仪，主要有磁针、刻度盘、测斜仪、水准器、瞄准器等几部分安装在圆形铁盒内组成(附图 3.1)。

① 磁针：一般为菱形钢针，安装在底盘中央的顶针上，可自由转动。不用时应拧紧磁针固定螺旋，以保护顶针尖。使用时放松固定螺旋，使磁针自由摆动，最后静止的方向就是磁子午线方向。由于我国地处北半球，磁针两端所受磁力不等，产生了磁倾角，使磁针失去平衡。为了保持平衡，常在磁针南端绕几圈铜丝，因而也就区分开磁针的南端与北端。

②水平刻度盘(上刻度盘)：水平刻度盘的刻度有两种标记方法：一种以方位角标记，另一种以象限角标记。方位角标记是从 0°开始按顺时针方向每 10°一记，连续刻至 360°。0°和 180°分别为 N(北)和 S(南)两个方向，90°和 270°分别为 E(东)和 W(西)。按这种方法标记的罗盘称为方位角罗盘。利用它可直接测出地面两点间的磁方位角(附图 3.1)。

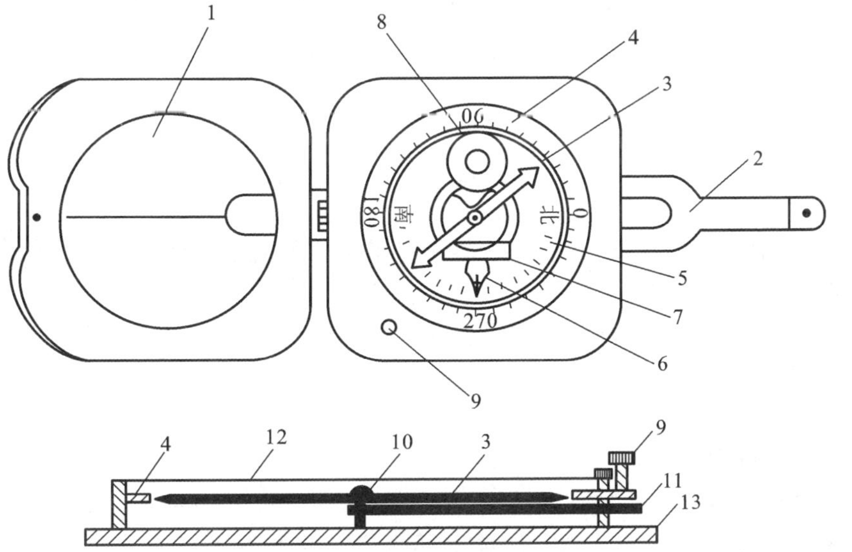

附图 3.1　地质罗盘结构图

1—反光镜；2—瞄准觇板；3—磁针；4—水平刻度盘；5—垂直刻度盘；6—垂直刻度指示器；
7—垂直水准器；8—底盘水准器；9—磁针固定螺旋；10—顶针；11—杠杆；12—玻璃盖；13—罗盘仪圆盘

象限角标记是把刻度盘分成四个象限，南北向直线两端皆记作 0°，分别向左右两边记 10°，20°，…，90°，两个 0°分划线处分别标注 N 和 S。两个 90° 分划线分别注为 W 和 E。这种称作象限角罗盘仪，利用它可测得地面直线的磁象限角(附图 3.2)。方位角和象限角是可以互相换算的，方法见附表 3.1。罗盘仪两种刻度盘中，东(90°)、西(270°)两方向位置的标注与实际相反，是为了测量时能直接读出所求数。因为测量时磁针永远指着磁北和磁南，而移动的却是罗盘底盘，底盘往东转，磁针相对往西转，当刻度盘东、西标记与实际相反后，所得读数即为磁针相对转动的角度数。

附表 3.1　方位角与象限角换算表

象限	方位角度数	象限名称	方位角 A 与象限角 r 的关系
Ⅰ	0°～90°	北东(NE)	$r=A$
Ⅱ	90°～180°	南东(SE)	$r=180°-A$
Ⅲ	180°～270°	南西(SW)	$r=A-180°$
Ⅳ	270°～360°	北西(NW)	$r=360°-A$

③垂直刻度盘(下刻度盘)：专用来测量倾角或坡度角度数。罗盘仪上，以 E 或 W 位置为 0°，以 S 和 N 为 90°，每隔 10°标记相应数字。

④测斜仪：悬挂在磁针轴的下方，由固定在测斜仪上的长形水准器和位于测斜仪下方的垂直刻度指标器组成。通过罗盘底盘外的扳手可使测斜仪转动，用来调节长形水准器上的气泡使其居中。

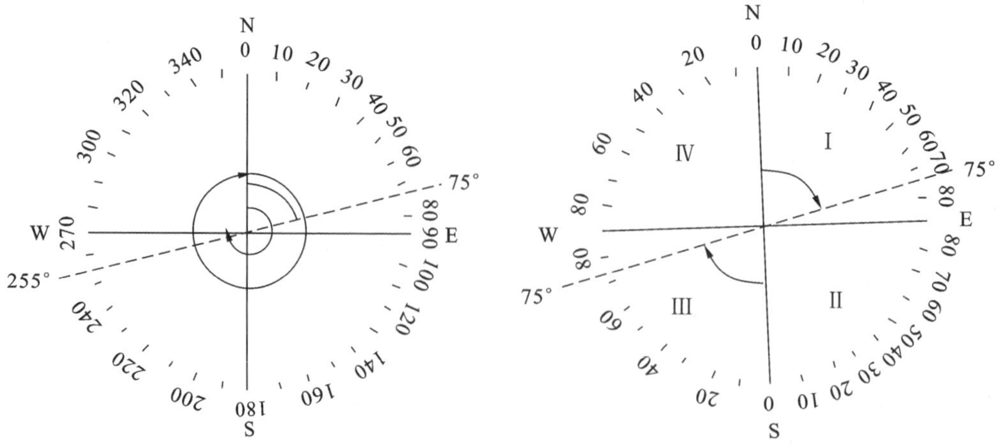

方位角位置图　　　　象限角位置图

附图 3.2

⑤水准器：通常有圆形和长形两个，圆形水准器固定在罗盘底盘上。当圆形水准器气泡居中时指示罗盘底盘平面水平。长形水准器固定在测斜仪上。

⑥瞄准器：包括瞄准觇板，反光镜中间的细线及其下部的透明小孔，使眼睛、透明小孔中的细线、目的物三者成一线作瞄准之用。

(2)地质罗盘的使用方法

①使用前必须进行磁偏角校正

因为地磁的南、北两极与地理南北两极位置不完全相符，即磁子午线与地理子午线不相重合，地球上任一点的磁北方向与该点的正北方向不一致。地球上某点磁针北端偏于正北方向的东边叫作东偏(如附图3.3)，偏于西边称西偏。地球上各地的磁偏角都按期计算、公布。若某地的磁偏角已知，即可对罗盘进行校正。校正时可旋动罗盘外壁的刻度螺旋，使水平刻度盘向左(西偏时)或向右(东偏时)转动，使罗盘底盘 S-N 刻划线与水平刻度盘 0°～180°线间夹角等于磁偏角。经校正后测量时的读数就为真方位角。例如南京及周围地区的磁偏角西偏 4.06°(据国家测绘总局 1969 年资料)，在作磁偏角校正时旋动刻度螺旋使水平刻度盘之 0°分划线向左移动 4.06°即可。

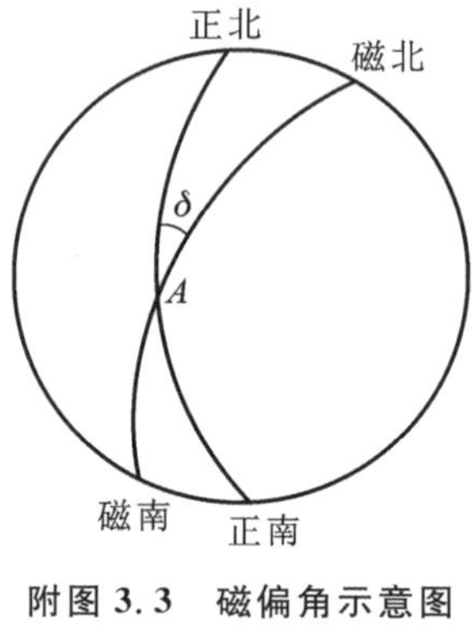

附图 3.3　磁偏角示意图

②岩层产状要素的测量

A. 岩层走向的测定：岩层走向是岩层层面与水平面交线的方向，也就是岩层任意一高度上水平线的延伸方向。测量时将罗盘长边与层面相贴，然后转动罗盘，使底盘水准器的气泡居中，指针所指刻度即为岩层走向(参见本书图 4.2)。走向是代表一条直线的方向，它可以两边延伸，指南针或指北针的读数都是该直线两端的延伸方向，如 N30°E 与 S30°W(用象限角表示)即 30°与 210°(用方位角表示)，均可代表该岩层的走向。

B. 岩层倾向的测定：岩层倾向是指岩层向下最大倾斜方向线在水平面上的投影，恒与岩层走向垂直。测量时将罗盘南端紧靠层面并转动罗盘，使底盘水准气泡居中，指北针所指刻度即为岩层的倾向。

C. 岩层倾角的测定：岩层倾角是岩层层面与水平面间的最大夹角，即真倾角。分辨真倾斜方向甚为重要，可用小石子在层面上向下方滚动或滴水观察水的流动方向来确定层面的真倾斜方向。测量时将罗盘直立，并以长边靠着岩层的真倾斜线，用手指拨动罗盘底盘外的活动扳手，使测斜长形水准泡居中，垂直刻度指示器的读数即为岩层的真倾角。

岩层产状的记录方式通常有两种。一种是方位角记录，如果测出某一岩层走向为 310°，倾向为 220°，倾角为 35°，则记录为：NW310°/SW∠35°；亦可记为：310°/SW∠35°或 220°∠35°。另一种是象限角记录：N50°W/SW∠35°或 S40°W∠35°（象限角 r＝360°－ 310°＝50°，220°－180° ＝ 40°）。

平面图上产状的表示符号为：，长线段表示走向，与其垂直的短线表示倾向，旁边标注的数字为倾角。走向和倾角均以实际的方向展布。

附录 2.4　某校学生浴室工程地质勘察报告书

目　录

1　前言

1.1　工程概况

某大学拟在该校园内建一栋二层学生浴室及一层的锅炉房，为框架结构，建筑占地面积 1200 m^2。某建筑设计院受业主的委托，承担该工程详细勘察工作。

拟建的学生浴室为二层框架结构。根据国家标准《岩土工程勘察规范》（GB 50021—94）中第 2.1.2 条～第 2.1.5 条，其工程安全等级、场地等级、地基等级均为二级，因此，本次岩土工程勘察等级为乙级。根据国家标准《建筑抗震设计规范》（GB 50011—2001）中第 4.1.3 条，其抗震设防类别属丙类。

1.2　勘察目的及要求

1.2.1　勘察目的

查清拟建场地内的岩土工程条件，为拟建建筑物选定合适的基础持力层，对其承载力作出评价，选定合理的基础型式，为地基基础设计提供可靠的岩土物理力学指标参数。

1.2.2 任务与要求

(1)查明拟建场地内的地形、地貌、地层结构、各层地基土的分布及其变化情况。

(2)查明拟建场地内有无影响建筑物稳定的不良地质现象。

(3)查明拟建场地的场地土类型和建筑场地类别。

(4)查明地下水埋藏情况、类型和水位变化幅度及规律,以及对建筑材料的腐蚀性。

(5)提供各层地基土的物理力学性质指标、地基承载力及变形计算参数。

(6)根据拟建场地内地基土的工程性能和拟建建筑物的特征,提出经济合理的地基基础方案设计建议。

1.3 勘察依据

该工程的勘察工作按业主提供的1∶500总平面图设计工作量,根据设计院提出的工程地质勘察技术要求,严格执行以下有关的国家规范及规程:

(1)《岩土工程勘察规范》(GB 50021—94);

(2)《建筑地基基础设计规范》(BG 50007—2002);

(3)《建筑抗震设计规范》(GB 50011—2001);

(4)《建筑桩基技术规范》(JGJ 94—94);

(5)《土工试验方法标准》(GB/T 50123—1999);

(6)《建筑工程地质钻探技术标准》(JGJ 87—92)。

1.4 勘察方法及完成的工作量

本次勘察依据国家现行有关规范及规程,主要采用钻探取样室内试验、静力触探及标准贯入试验相结合的方法进行。勘探点的布设结合拟建建筑物的特点,沿建筑物的角点及边轴线布设、勘探点的位置及高程由测绘人员测量定位。

现场勘察工作于2002年1月16日至19日进行,施工钻孔6个,钻探累计进尺114.8 m,取原状土样25件,扰动土样12件;进行标准贯入试验45次;施工静力触探孔6个,累计进尺105.8 m。勘探孔深度、取土样及原位测试点的位置详见工程地质剖面图。如附图4.1~附图4.4所示。

2 场地岩土工程地质条件

2.1 地形、地貌

拟建场地位于武汉市青山区和平大道与建设一路交汇处,建设一路西侧,地势平坦,场地地貌单元属长江Ⅰ级冲积堆积阶地。

2.2 场区岩土的构成与特征

据钻探揭露,场区在勘察深度范围内赋存的地层主要为第四系全新统冲积成因的黏土层及砂性土层,其岩土工程特征自上而下分述如下:

①层素填土(Q^{ml})

主要为褐黄色粉质黏土或粉土,含少量碎石、砖块及植物根须,潮湿、结构松散,层厚1.0~2.0 m,局部硬杂质含量较多。

②层淤泥质粉质黏土(Q_4^{al})

灰褐、褐灰色,软—流塑状态,局部可塑状态,略具腥臭味,含少量云母片及有机质,具水平微层理,层厚12.1~13.3 m,层顶埋深1.0~2.0 m。承载力特征值 f_{ak}=90 kPa,压缩模量 E_s= 4.1 MPa,为高压缩性土。

③-1 层粉砂、粉质黏土互层(Q_4^{al})

粉砂为青灰色,饱和,稍密状态;粉质黏土为褐灰色,可塑状态,含少量云母片及有机质,偶夹薄层粉土。层厚 3.4～7.0 m,层顶埋深 13.5～14.5 m。承载力特征值 f_{ak}=120 kPa,压缩模量 E_s=5.0 MPa,为中等偏高压缩性土。

④-2 层粉细砂(Q_4^{al})

主要为青灰色石英砂,饱和,中密状态,含少量云母片、长石类及暗色矿物。揭露层厚约 6.0 m,层顶埋深约 17.0 m。仅少量钻孔揭露至该层。

2.3 场区地下水条件

场地地下水类型有赋存于土壤中孔隙潜水,及赋存于砂性土层的微承压水,其补充来源主要为大气降水及排污沟中的生活污水,并与长江水系有密切的水力联系。地下水静止混合水位约 0.4 m,并随季节、气候及长江水位的变化而改变。据邻近场地地下水水质资料分析,该场地地下水对混凝土不具侵蚀性。

2.4 场区地层的地震效应

2.4.1 地震烈度

根据国家标准《建筑抗震设计规范》(GB 50011—2001)附录 A,武汉市抗震设防烈度为 6 度,根据《武汉市建设工程抗震设防管理实施细则》,拟建建筑物的抗震设防烈度为 6 度。

2.4.2 场地土类型和建筑场地类别

根据武汉市统计的相关土层的剪切波速资料,以钻探孔所示地层为例,估算本场地地面以下 15 m 深度范围内土层的剪切波速度加权平均值 v_{sm}=125 m/s,结合场地覆盖层厚度 d_{ov} 满足 9 m≤d_{ov}≤80 m 的条件,本场地土划分为软弱场地土类型,建筑场地类别为Ⅲ类。

2.4.3 地基土液化判定

根据国家标准《建筑抗震设计规范》(GB 50011—2001)第 4.3.1 条,丙类建筑在抗震设防烈度为 6 度时,饱和粉土及饱和砂土可不进行液化判定和处理。

3 岩土参数的统计、分析和选用

3.1 岩土的物理力学性质指标

本次勘察主要采用钻探取样室内试验及各种原位测试相结合的方法分别进行,以获取场地土的物理力学性质指标,各项试验指标分别统计列表如附表 4.1～附表 4.3 所示。

附表 4.1 土的物理力学性质分层统计表

层号	土名	统计项目	含水量 w (%)	容重 γ (kN/m³)	孔隙比 e	液限 w_L (%)	塑性指数 I_P (%)	液性指数 I_L	压缩系数 a_{1-2} (MPa⁻¹)	压缩模量 E_s (MPa)	内聚力 C (kPa)	内摩擦角 φ (°)
②	淤泥质粉质黏土	n	17	17	17	17	17	17	17	17	16	16
		max	38.3	1.98	1.08	39.1	16.3	1.36	0.94	6.2	30.5	16.5
		min	27.6	1.80	0.74	32.8	11.8	0.39	0.28	2.2	5.0	1.0
		μ	32.8	1.88	0.92	36.4	14.4	0.75	0.53	4.10	16.3	10.4
		σ	3.54	0.061	0.112	1.78	1.53	0.323	0.213	1.30	7.92	4.96
		δ	0.11	0.033	0.122	0.05	0.11	0.431	0.401	0.32	0.49	0.48

附表 4.2　静力触探试验分层统计表

地层编号	岩土名称	统计数 n	基本值			标准差 σ	变异系数 δ	修正系数 γ_s	标准值 P_s(MPa)
			max	min	μ				
②	淤泥质粉质黏土	6	0.7	0.6	0.65	0.055	0.084	0.948	0.62
③-1	粉质黏土	6	1.3	0.9	1.07	0.137	0.128	0.921	0.98
	粉砂	6	3.4	3.2	3.32	0.075	0.023	0.981	3.2

附表 4.3　标准贯入试验分层统计表

地层编号	岩土名称	统计数 n	基本值			标准差 σ	变异系数 δ	修正系数 γ_s	标准值 N(击)
			max	min	μ				
②	淤泥质粉质黏土	3	7.3	2.0	4.16	1.605	0.386	0.881	3.7
③-1	粉质黏土	3	8.5	6.2	7.47	1.168	0.156	0.898	6.7
	粉砂	7	17.5	10.2	13.16	2.508	0.191	0.859	11.3

3.2　地基土承载力特征值的综合确定

地基土承载力特征值由室内土工试验现场原位测试结果，经统计修正后综合确定，取值详见附表 4.4。

附表 4.4　地基土承载力建议值表

地层编号	岩土名称	土工试验		静力触探试验		标贯试验		建议值	
		f_{ak}(kPa)	E_s(MPa)	f_{ak}(kPa)	E_s(MPa)	f_{ak}(kPa)	E_s(MPa)	f_{ak}(kPa)	E_s(MPa)
②	淤泥质粉质黏土	138	4.1	82	3.3	114	5.7	90	4.1
③-1	粉质黏土			118	4.6	180	8.7	120	5.0
	粉砂			116	9.2	150	11.5	120	9.2

4　岩土分析与评价

(1)①层素填土，厚度小，承载力低，不可作为拟建建筑物的基础持力层。

(2)②层淤泥质粉质黏土，厚度大，承载力低，压缩性高，仅可作为低层建筑物基础的持力层。

(3)③ 层粉质黏土，粉砂互层，厚度及承载力一般，可作为多层建筑物的桩基础持力层。

5　结论与建议

(1)拟建场地地形平坦，地貌单一，整个场地是稳定的，适宜拟建建(构)筑物的建设。

(2)拟建建筑物只有二层、荷重较小，建议采用天然地基上的浅基础，以 ② 层淤泥质粉质黏土为持力层，钢筋混凝土条形基础比较适宜。

(3)也可将 ② 层淤泥质粉质黏土进行地基处理，形成复合地基。根据场地条件可采用粉喷桩复合地基，选择③-1 层作为桩端持力层。

(4)场地内的地下水对混凝土无腐蚀性，对钢结构具有弱腐蚀性。

(5)拟建建筑物地震烈度 6 度设防。可不考虑地震液化对拟建建筑物的影响。

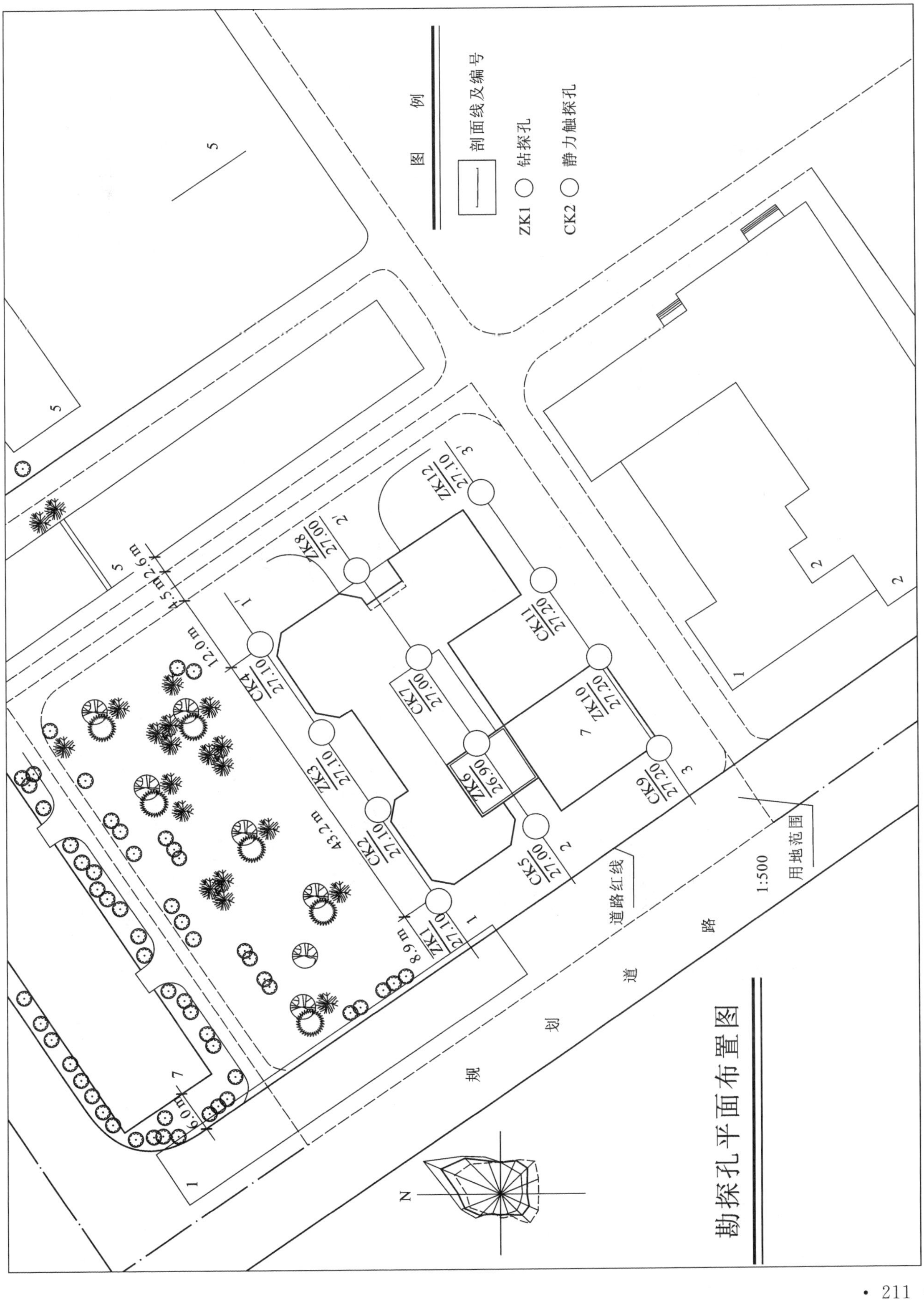

附图 4.1　勘探孔平面布置图

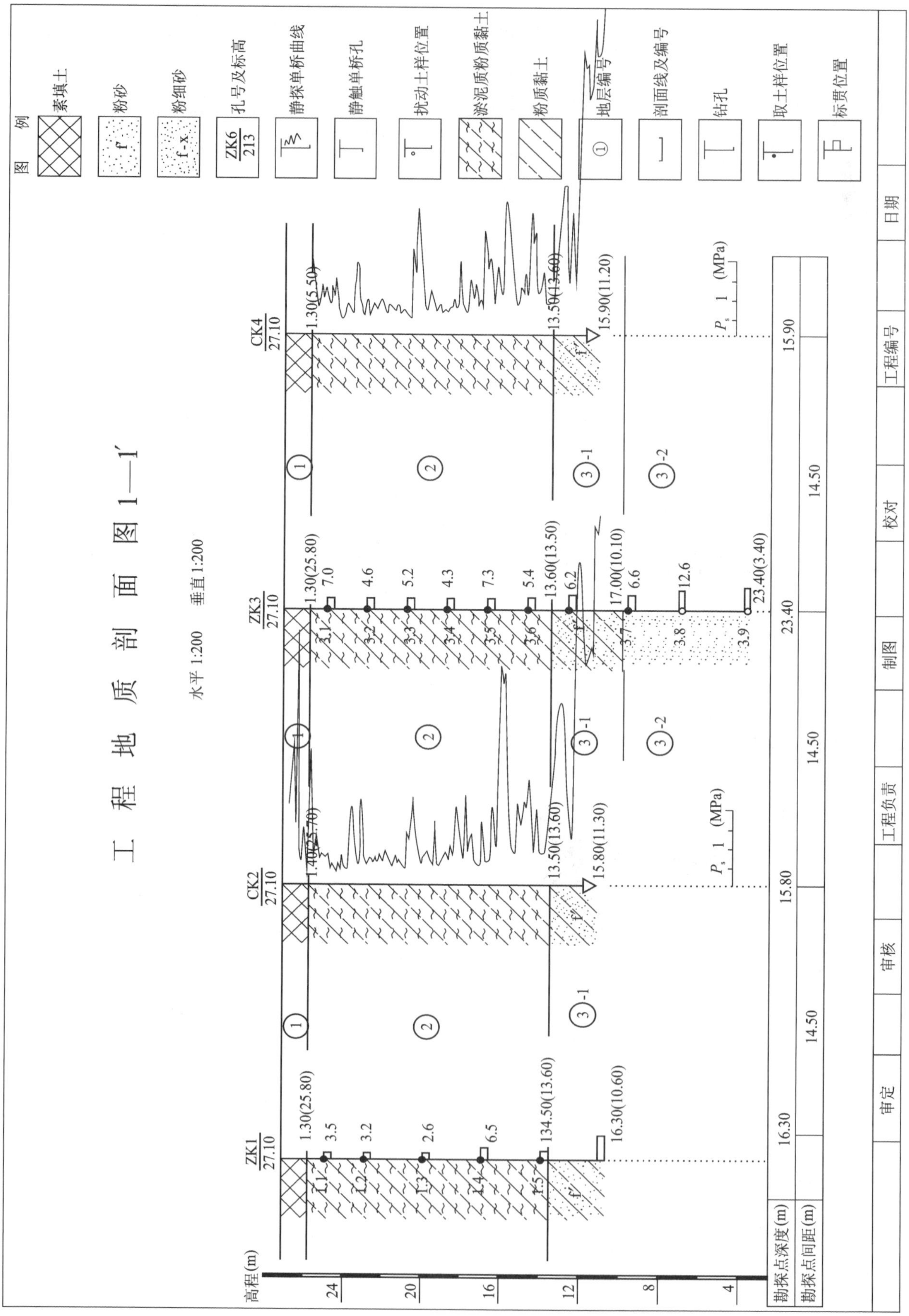

附图 4.2 工程地质剖面图1—1′

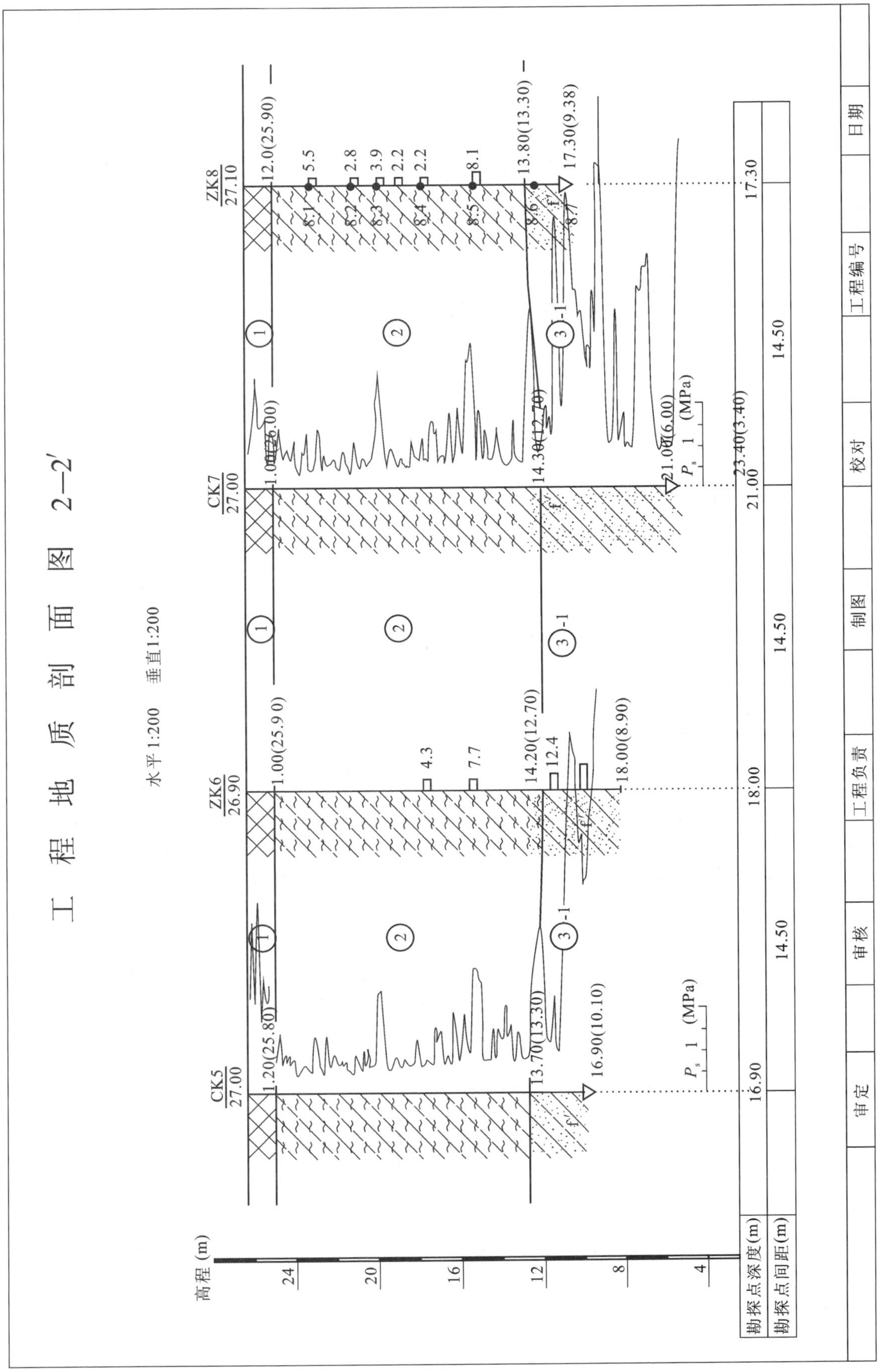

附图4.3　工程地质剖面图2—2′

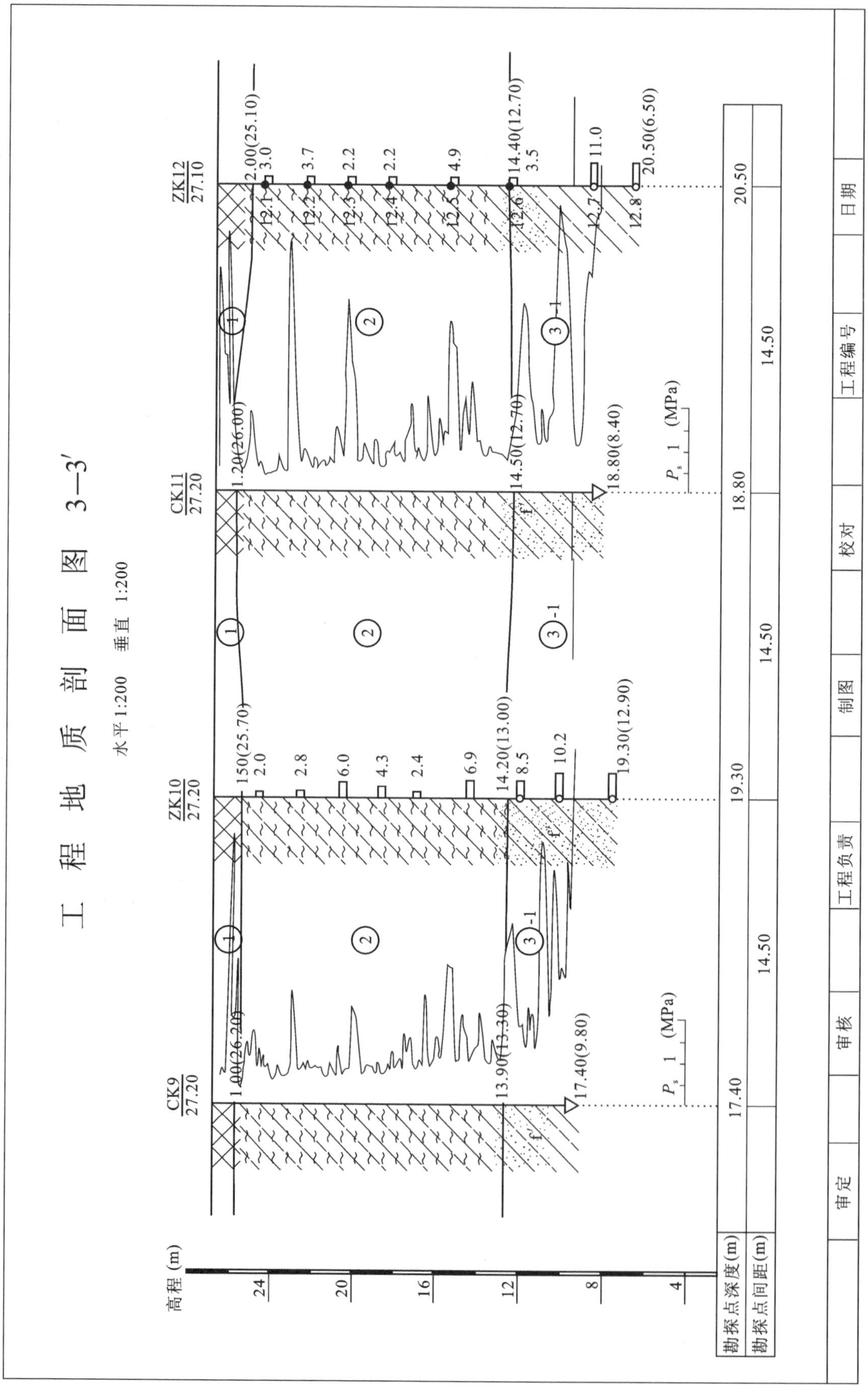

附图 4.4 工程地质剖面图3—3′

部分习题参考答案

第 3 章：

习题 3.4 (D)

习题 3.5 (A)

习题 3.6 (D)

习题 3.7 (B)

习题 3.8 (C)

习题 3.9 (C)

习题 3.10 (A)

第 5 章：

习题 5.8 不安全；8.5 m

习题 5.9 $Q=2KAI=2KL\left(\frac{H+h_0}{2}\right)\left(\frac{H-h_0}{R}\right)=971(m^3/d)$

习题 5.10 (B)

参考文献

[1] 王思敬,黄鼎成.中国工程地质世纪成就.北京:地质出版社,2004
[2] 施斌,阎长虹.工程地质学.北京:科学出版社,2017
[3] SABINOY GANGOPADHYAY. Engineering Geology. Oxford University Press, 2013
[4] TONY WALTHAM. Foundations of Engineering Geology,2009
[5] MCLEAN A C, GRIBBLE C D. Geology for Civil Engineers,2005
[6] 张咸恭,王思敬,张卓元,等.中国工程地质学.北京:科学出版社,2000
[7] 石振明,孔宪立.工程地质学.2版.北京:建筑工业出版社,2011
[8] 唐辉明.工程地质学基础.北京:化学工业出版社,2008
[9] 罗国煜.工程地质学的基本任务与课题.现代地质学讲座.南京:南京大学出版社,1990
[10] 罗谷风,陈武,等.矿物//赵懿英,方一亭.现代地质学讲座.南京:南京大学出版社,1990
[11] 周新民.岩石和岩石学//赵懿英,方一亭.现代地质学讲座.南京:南京大学出版社,1990
[12] 夏邦栋.普通地质学.2版.北京:地质出版社,1995
[13] 夏邦栋,刘寿和.地质学概论.北京:高等教育出版社 ,1992
[14] 马瑞士,张庆龙.活动论与固定论//赵懿英,方一亭.现代地质学讲座.南京:南京大学出版社,1990
[15] 成都地质学院普通地质教研室.动力地质学原理.北京:地质出版社,1978
[16] HAMBLIN W K. EARTHS DYNAMIC SYSTEMS 6th ed. Macmilan publishing com, 1992
[17] RICHARD Z. Goodman, ENGINEERING GEOLOGY:Rook in Enginering construction. John Wiley & Sons. Inc, 1993.
[18] 杨怀仁.第四纪地质.北京:高等教育出版社,1987
[19] 俞鸿年,卢华复.构造地质学原理.南京:南京大学出版社 ,1998
[20] 郭颖,李智陵.构造地质学简明教程.武汉:中国地质大学出版社,1995
[21] 陈希廉,等.地质学.修订版.北京:冶金工业出版社,1986
[22] 谷德振,王思敬.中国工程地质力学的基本研究.工程地质力学研究.北京:地质出版社,1985:4~28
[23] 罗国煜,王培清,等.岩坡优势面分析理论与方法.北京:地质出版社,1992
[24] 刘松玉,罗国煜.城市区域稳定性研究模型与综合评价.南京:东南大学出版社,1992
[25] 强祖基,等.活动构造研究.北京:地震出版社,1992
[26] 李兴唐.活动断裂研究与工程评价.北京:地质出版社,1991
[27] 中华人民共和国地矿部,等.中国地质灾害与防治.北京:地质出版社,1991
[28] 马宗晋.活动构造基础与工程地震.北京:地震出版社,1992
[29] 张倬元,等.工程地质分析原理.北京:地质出版社,1994
[30] 乐昌硕.岩石学.北京:地质出版社,1984
[31] 胡广韬.工程地质学.北京:地质出版社,1983
[32] 陈智娜,颜怀学.普通地质学实验指导书及思考题集.北京:地质出版社,1991
[33] 梁继文.工程地质学.台北:大中国图书公司,1983
[34] 王大纯,张人权,史毅虹,等.水文地质学基础.北京:地质出版社,1996:15-137
[35] 任天培,彭定邦,周柔嘉,等.水文地质学.北京:地质出版社,1986:10-89
[36] 唐益群,叶为民.地下水资源概论.上海:同济大学出版社,1998:27-282
[37] 张传华,马良驹 ,陆际汉,等.水文学与水文地质学.北京:中国建筑工业出版社,1987:72-93
[38] 同济大学,重庆建筑工程学院,哈尔滨建筑工程学院.工程地质.北京:中国建筑工业出版社,1985:68-85
[39] [美]布朗 R H,等编.地下水研究.赵耿忠,叶寿征,等译.北京:学术书刊出版社,1989:8-349
[40] 孔宪立,石振明.工程地质学.北京:中国建筑工业出版社,2001:96-111
[41] 白玉华,张钟声,贺大印.岩土工程地下水.南京:河海大学出版社,1997:9-172
[42] 史如平,张景德,魏浪.土木工程地质学.南昌:江西高校出版社,1994:75-93
[43] 周健,屠洪权,缪俊发.地下水位与环境岩土工程.上海:同济大学出版社,1995:10-25

[44]《工程地质手册》编委会. 工程地质手册. 北京:中国建筑工业出版社,1992:899-915
[45]《城市地下水工程与管理手册》编委会. 城市地下水工程与管理. 北京:中国建筑工业出版社,1993:450-550
[46]《岩土工程手册》编委会. 岩土工程手册. 北京:中国建筑工业出版社,1994:278-1000
[47] 罗国煜,李生林. 工程地质学基础. 南京:南京大学出版社,1990
[48] 北京大学,南京大学等七校. 地貌学. 北京:人民教育出版社,1979
[49] 钱宁,张仁,周志德. 河床演变学. 北京:科学出版社,1987
[50] 邹豹君. 小地貌学原理. 北京:商务印书馆,1985
[51] [美]舒斯特 R L,克利泽克 R J. 滑坡的分析与防治. 北京:中国铁道出版社,1987
[52] [英]贝尔 F G. 工程地质与岩土工程. 汪时敏,等译. 北京:中国建筑工业出版社,1990
[53] [苏]叶米里扬诺娃 E П. 滑坡作用的基本规律. 重庆:重庆出版社,1986
[54] HUNT R E. Geotechnical Enginering Analysis and Evaluation. McGraw-Hill Book Company, 1986
[55] MARSH W M. Landscape Planning—environmental applications. 2nd ed. John Wiley& Sons, Inc. , 1991
[56] FOSTER R J. Physical Geology. 4th ed. Charles. E. Mcrill Publishing Company, 1983
[57] 罗国煜. 我国两类悬河问题的研究与战略对策. 科技导报,1999(5)
[58] 罗国煜. 论两类环境和两类悬河问题的研究. 工程地质学报,2000(1)
[59] 陶振宇. 岩石力学的理论与实践. 北京:水利出版社,1981
[60] 李生林,等. 中国膨胀土的工程地质研究. 南京:江苏科学技术出版社,1992
[61] 华南理工大学,等. 地基及基础. 2版. 北京:中国建筑工业出版社,1995
[62] 施斌,朱志铎,刘松玉. 土工试验原理及方法. 南京:南京大学出版社,1994
[63] 杜恒俭,陈华慧,曹伯勋. 地貌学及第四纪地质学. 北京:地质出版社,1987
[64] 李智毅,等. 工程地质学概论. 武汉:中国地质大学出版社,1994
[65] 匡有为. 高层建筑工程地质. 武汉:中国地质大学出版社,1993
[66] 杨位光. 地基及基础. 北京:中国建筑工业出版社,1998
[67] 彭承先,等. 建筑场地岩土工程勘察规范. 北京:中国建筑工业出版社,1995
[68] 陈希哲. 土力学地基基础. 3版. 北京:清华大学出版社,1998
[69] 徐元恺,陈秀琴,马丽芬,等. 普通地质学实习指导书——附作业及思考题. 武汉:中国地质大学出版社,1987
[70] 李相然. 工程地质学. 北京 :中国电力出版社,2006
[71] 李中林,李子生. 土木工程工程地质学. 广州:华南理工大学出版社,1999
[72] 注册岩土工程师必备规范汇编. 北京:中国建筑工业出版社,2003
[73]《高层建筑岩土工程勘察规程》(JGJ 72—2004). 北京:中国建筑工业出版社,2005
[74] 潘别桐,黄克忠,等. 文物保护与环境地质. 武汉:中国地质大学出版社,1992
[75] 张忠苗. 工程地质学. 北京:中国建筑工业出版社,2007
[76]《中国地貌图集》编辑组. 中国地貌图集. 北京:测绘出版社,1985